"十三五"国家重点出版物出版规划项目

现代机械工程系列精品教材

山东省普通高等教育一流教材

机械工程测试技术

第3版

主　编　许同乐

副主编　丁　亮　李云雷　胥永刚

参　编　孙砚飞　杨小辉　王建军　隋文涛

主　审　潘旭东

机 械 工 业 出 版 社

本书主要内容包括信号描述，测量系统的基本特性，常用传感器，信号调理、显示与记录，信号分析与处理，测试技术的工程应用，现代测试系统与虚拟仪器等。本书着重基本概念和原理的阐述，突出理论知识的应用，加强了针对性和实用性。

本书可作为高等学校机械类专业和相近专业本科生教材，也可作为各类职业学院、职工大学等有关专业教材，还可供相关专业研究生和工程技术人员参考。

本书配有电子课件，向授课教师免费提供，需要者可登录机工教育服务网（www. cmpedu. com）下载。

图书在版编目（CIP）数据

机械工程测试技术/许同乐主编．—3 版．—北京：机械工业出版社，2023.3（2024.2 重印）
“十三五”国家重点出版物出版规划项目　现代机械工程系列精品教材　山东省普通高等教育一流教材
ISBN 978-7-111-72638-8

Ⅰ.①机…　Ⅱ.①许…　Ⅲ.①机械工程-测试技术-高等学校-教材
Ⅳ.①TG806

中国国家版本馆 CIP 数据核字（2023）第 028885 号

机械工业出版社（北京市百万庄大街 22 号　邮政编码 100037）
策划编辑：段晓雅　　　　责任编辑：段晓雅
责任校对：郑　婕　李　婷　　封面设计：张　静
责任印制：单爱军
保定市中画美凯印刷有限公司印刷
2024 年 2 月第 3 版第 3 次印刷
184mm×260mm · 14.5 印张 · 359 千字
标准书号：ISBN 978-7-111-72638-8
定价：48.00 元

电话服务　　　　　　　　网络服务
客服电话：010-88361066　机　工　官　网：www. cmpbook. com
　　　　　010-88379833　机　工　官　博：weibo. com/cmp1952
　　　　　010-68326294　金　书　网：www. golden-book. com
封底无防伪标均为盗版　　机工教育服务网：www. cmpedu. com

前 言

本书为“十三五”国家重点出版物出版规划项目、现代机械工程系列精品教材，山东省普通高等教育一流教材。为了使本书内容更好地适应于教学和科研的需要，在高等教育的相关专业发挥更好的作用，特进行修订。

根据各高校使用该书后所提出的建议，《机械工程测试技术　第3版》仍分为8章，分别为绪论，信号描述，测量系统的基本特性，常用传感器，信号调理、显示与记录，信号分析与处理，测试技术的工程应用，现代测试系统与虚拟仪器。本书与上一版相比，适当删除了教学中触及不多的内容，并修正了某些错误。为了便于读者自学，本书增加了二维码，读者可以通过扫描二维码观看视频动画，学习相关内容，并增加了实验指导书。

本书由山东理工大学许同乐编写绪论、第1章、第5章的5.3~5.6节、第7章、附录，并制作视频动画；山东理工大学李云雷编写第3章的3.1~3.9节；山东理工大学孙砚飞编写第6章的6.1~6.4节，并完成应变测试虚拟仿真实验平台建设；山东理工大学隋文涛编写第6章的6.5节；山东理工大学杨小辉编写第4章的4.1~4.3节；山东理工大学王建军编写第3章的3.10节、第5章的5.1和5.2节；哈尔滨工业大学丁亮编写第3章的3.11和3.12节、第4章的4.4和4.5节；北京工业大学胥永刚编写第2章。本书由许同乐任主编，丁亮、李云雷、胥永刚任副主编。哈尔滨工业大学博士生导师潘旭东教授为本书主审。

在本书编写过程中，研究生孟良、李云凤给予了大力支持，同行专家和老师也给予了热情帮助和支持，在此表示衷心感谢！同时也对参考文献的各位作者表示感谢！

由于编者水平所限，书中难免有不妥和错误之处，敬请同行和广大读者指正，以便进一步修订和完善。

编　者

目　录

绪　论

0.1　测试与测试技术

测试是人们认识客观事物的方法，测试技术是测量技术和试验技术的统称。

测试的目的是获取研究对象中有用的信息，而信息又蕴涵于信号之中。可见，测试工作包括信号的获取、信号的调理和信号的分析等。

从广义的角度来讲，测试技术涉及试验设计、模型试验、传感器、信号加工与处理、误差理论、控制工程、系统辨识和参数估计等内容；从狭义的角度来讲，测试技术是指在选定激励方式下所进行的信号的检测、变换、处理、显示、记录及电量数据输出的数据处理工作。

随着信息科学、材料科学、微电子技术和计算机技术的迅速发展，测试技术所涵盖的内容更加深刻、更加广泛。现代人类的社会生产、生活、经济交往和科学研究都与测试技术息息相关。各个科学领域，特别是机械、电子、生物、海洋、航天、气象、地质、通信、控制等，都离不开测试技术，测试技术在这些领域中也起着越来越重要的作用。因此，测试技术已成为人类社会进步的一门重要基础技术，是各学科高级工程技术人员必须掌握的重要基础技术。

测量是指用实验的方法，将被测量（未知量）与已知的标准量进行比较，以得到被测量大小的过程，是对被测量定量认识的过程。

一个完整的测试过程，一般包括：

（1）信号的提取　通过传感器获取被测信息，并转换成某种电信号，即把被测信号转换成电压、电流或电参量（电阻、电容、电感）的变化等电信号输出。

（2）信号转换存储与传输　用中间转换装置来完成。一般是把信号转换成传输方便、功率足够，可以被传输、存储、记录并具有驱动能力的电压量。

（3）信号的显示和记录　用显示器、指示器、各类存储器和记录仪完成。

（4）信号的处理与分析　用数据分析仪、频谱分析仪、计算机等来完成。找出被测信号的规律，给出测得信号的精确度，为研究和鉴定工作提供有效依据，为控制提供信号。可用图 0-1 所示的流程图来表示。

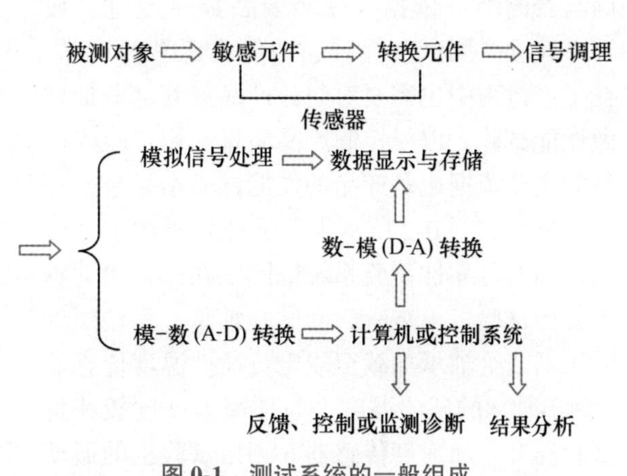

图 0-1　测试系统的一般组成

0.2 测试技术的重要性

测试是人类认识客观世界的手段，是科学研究的基本方法。科学探索需要测试技术，用定量关系和数学语言来表达科学规律和理论需要测试技术，检验科学理论和规律的正确性也需要测试技术，可以认为，精确的测试是科学技术研究的根基。

在工程技术领域中，工程研究、产品开发、生产监督、质量控制和性能试验等都离不开测试技术。特别是近代自动控制技术已越来越多地运用测试技术，测试装置已成为控制系统的重要组成部分。测试工作不仅能为产品的质量和性能提供客观的评价，为生产技术的合理改进提供基础数据，而且是进行一切探索性的、开发性的、创造性的和原始的科学发现或技术发明的手段。

测试技术的先进性已是一个国家、一个地区科技发达程度的重要标志之一，也是一个企业、一个国家参与国内、国际市场竞争的一项重要基础技术。可以肯定，测试技术的作用和地位在今后将更加重要和突出。因此，测试技术是机械工程技术人员必须掌握的一门实践性很强的技术，也是从事生产和科学研究的有力手段。

0.3 测试技术的工程应用

近代科学技术的发展，特别是机械、电子、生物、海洋、航天、气象、地质、通信、控制等，都离不开测试技术，测试技术在这些领域中也起着越来越重要的作用。以下介绍测试技术在机械工程中几个主要方面的应用。

1. 产品开发和性能试验

新产品开发必须经过设计、试验、市场检验、批量生产等过程。目前，随着各专业领域设计理论的日趋完善和计算机数字仿真技术的逐渐普及，产品设计也日趋完美。但真实的产品零部件、整机的性能试验，才是检验设计正确与否的唯一依据。许多产品都要经过“设计—建立—测试”循环，即使已定型的产品，在生产过程中也需要对每一产品或其部分抽样做性能试验，以便控制产品质量。用户验收产品的主要依据也是产品的性能试验结果。

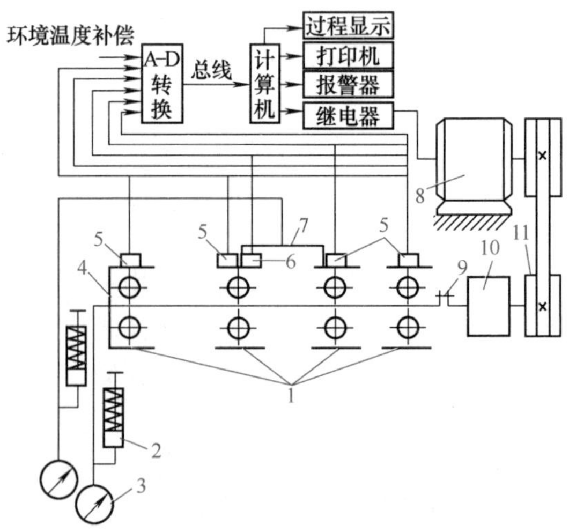

图 0-2 滚动轴承寿命及可靠性试验系统框图
1—轴承 2—手动螺旋液压器 3—压力表 4—轴向加载部件 5—温度传感器 6—加速度传感器 7—径向加载部件 8—电动机 9—联轴器 10—增速器 11—带传动机构

例如，图 0-2 所示为基于计算机的滚动轴承寿命及可靠性试验系统框图。在一台滚动轴承疲劳试验机上装有四套试验轴承，手动螺旋液压器 2 给轴承加载至规定负荷。温度传感器 5 测出轴承的试验温度，与环境温度比较获得试验温升。加速度传感器 6 测出试验机的振动信号。计算机每隔一小时自动巡回检测一次，在屏幕上显示温升和振动的时间历程。一台计算机可监控多台轴承疲劳试验机。当某一轴承温升或某台试验机振动超过预设定值时，计算机发出信号，送至电动机的继电器，使该试验机暂停工作，同时报警。试验人员对现场判断后，做出继续试验或取下失效轴承对剩下轴承继续试验等选择，直到数百小时的试验全部完成。试验记录由计算机保存，并按规定做进一步的处理和分析。

2. 机械故障诊断

随着现代工业设备和系统日益大型化和复杂化，机械设备的可靠性、可用性、可维修性与安全性的问题日益突出，机械设备监测与故障诊断技术被广泛应用于电力、石油化工、冶金等行业的大型、高速旋转机械中。一般的机械故障诊断系统划分为机械测量、监视与保护、数据采集、振动状态分析、网络数据传输五个部分。机械故障诊断能够满足机器设备及其零件的高可靠性和高利用率要求。一旦因故障停止工作，将导致整个生产停顿，造成巨大的经济损失。因此，在这些设备的运行状态下，人们就要了解、掌握其内部状况（如温升、振动、噪声、应力应变、润滑油状况、异味等），保证设备的安全运行，预防和减少恶性事故的发生，消除故障隐患，保障人身和设备安全，提高生产率。

3. 质量控制与生产监督

产品质量是生产者关注的首要问题，在机电产品的零件、组件、部件及整体的各个生产环节中，都必须对产品质量加以严格控制。从技术角度而言，测试则是质量控制与生产监督的基础手段。

0.4　测试技术的发展概况

从专业角度看，测试技术应包括传感器技术、信号处理技术和仪器仪表技术三个方面。从学科关系看，测试技术是综合运用多学科原理和技术，同时也直接为各专业学科服务的一门技术学科。各专业学科的发展不断地向测试技术提出新的要求，推动测试技术的发展，同时，测试技术也在迅速吸取各学科的新成就中得到发展。测试技术的迅速发展主要体现在以下几个方面。

1. 传感器技术的迅速发展

从仪器和测量技术发展的总趋势来看，传感器的研究和发展总被排在首位。这是因为，现代测量的模式大多还是将非电被测量先转换成为电量或者数字量以后，再采用电和数字信号处理的方法来获得对被测量的准确表达。

材料科学是传感器技术的重要基础。材料科学的迅速发展使越来越多的物理和化学现象被应用，并可按人们所要求的性能来设计、配方和制作敏感元件。各类新型传感器的发现和开发，不仅使传感器性能进一步加强，也使可测参量大大增多。如用各种配方的半导体氧化物制造各种气体传感器，应用光导纤维、液晶和生物功能材料制造光纤传感器、液晶传感器和生物传感器，用稀土超磁致伸缩材料制造微位移传感器等。

微电子学、微细加工技术及集成化工艺的发展，使传感器逐渐实现高精度化、小型化、集成化、数字化、智能化和多功能化。如用微细加工可使被加工的半导体材料尺寸达到光的波长级；集成化工艺将同一功能的多个敏感元件排列成线型、面型的传感器，同时进行同一参数的多点测量，或将不同功能的多个敏感元件集成为一体，组成可同时测量多种参数的传感器；或将传感器与预处理电路甚至微处理器集成为一体，成为有初等智能的所谓智能化传感器。

2. 测试仪器微机化、智能化

数字信号处理方法、计算机技术和信息处理技术的迅速发展，使测试仪器发生了根本性的变革。以微处理器为核心的数字式仪器能大大提高测试系统的精度、速度、测试能力和工作效率，有高的性能价格比及可靠性，已成为当前测试仪器的主流。目前数字式仪器正向标准接口总线的模块化插件式发展，向具有逻辑决断、自校准、自适应控制和自动补偿能力的智能化仪器发展，向用户自己构造所需功能的虚拟仪器发展。

机械工程领域的各个方面，包括产品设计、开发、性能试验、自动化生产、智能制造、质量控制、加工动态过程的深入研究、机电设备状态监测、故障诊断和智能维修等都以先进的测试技术为重要支撑。

0.5　测试技术研究的主要内容

对高等学校机械类的各个专业而言，工程测试技术是一门技术基础课。通过对本课程的学习，培养学生合理地选用测试装置的技能，并使学生初步掌握静、动态测量和常用工程试验所需的基本知识，从而为进一步学习、研究和处理工程技术问题打下基础。通过学习本书，学生可以：

1）掌握信号的时域及频域的描述方法，建立明确的信号的频谱结构的概念；掌握频谱分析和相关分析的基本原理和方法；掌握数字信号分析中的一些基本概念。

2）掌握测试装置基本特性的评定方法，包括测试装置传递特性的时域、频域描述，脉冲响应函数和频率响应函数，一阶、二阶系统的动态特性及其参数的测量方法和不失真的测试条件。

3）掌握常用传感器的原理、结构、性能参数以及传感器的典型应用。

4）掌握电桥电路、信号调制与解调、信号的滤波，了解信号的模-数和数-模转换。

5）了解常用显示与记录仪器的工作原理和结构及其动态性能和应用；了解虚拟仪器的基本构成。

测试技术是一门多学科融合交叉的技术学科，需要多种学科知识的综合运用，例如需要具有高等数学、工程力学、物理学、电工电子学、机械振动、计算机、控制工程基础等学科知识。测试技术在培养学生创新精神、提高学生实践能力方面，也起着重要的作用。

测试技术又是一门实践性很强的应用学科，离开实践将无法掌握，只有在学习中加强实践，密切联系实际，通过足够和必要的试验，才能消化、理解所学的基本理论和基本方法，才能获得关于动态测试工作比较完整的概念，才能初步具有处理实际测试工作的能力。

思考题与习题

0-1　举例说明什么是测试。

0-2　以框图的形式说明测试系统的组成，简述其主要组成部分的作用。

0-3　针对工程测试技术课程的特点，思考如何学习该门课程。

第1章

信号描述

对于信息，一般可理解为消息、情报或知识。从物理学观点出发，信息不是物质，也不具备能量，但它却是物质所固有的，是其客观存在或运动状态的特征。信息可以理解为事物运动的状态和方式。信息和物质、能量一样，是人类不可缺少的一种资源。信号具有能量，是某种具体的物理量。信号的变化反映了所携带的信息的变化。可见，测试工作始终都需要与信号打交道。因此，深入了解信号及其描述是工程测试的基础。

1.1　信号分类及描述

通常，信号形式都是随时间变化的。如温度信号、压力信号、光信号和电信号等，它们反映了事物在不同时刻的变化状态。由于电信号处理起来比较方便，所以工程上常把非电信号转化为电信号传输。在电系统中，信号主要有电压信号和电流信号两种形式。信号随时间变化的规律是多种多样的。

1.1.1　信号分类

1.1.1.1　确定性信号与随机信号

1. 确定性信号

根据信号随时间的变化规律，可把信号分为确定性信号和随机信号。能明确地用数学关系式描述其随时间变化关系的信号称为确定性信号。

例如，一个单自由度无阻尼质量-弹簧振动系统（图1-1）的位移信号 $x(t)$ 是确定性的，可用式（1-1）来确定质点瞬时位置，即

$$x(t)=X_0\cos\left(\sqrt{\frac{k}{m}}t+\varphi_0\right) \tag{1-1}$$

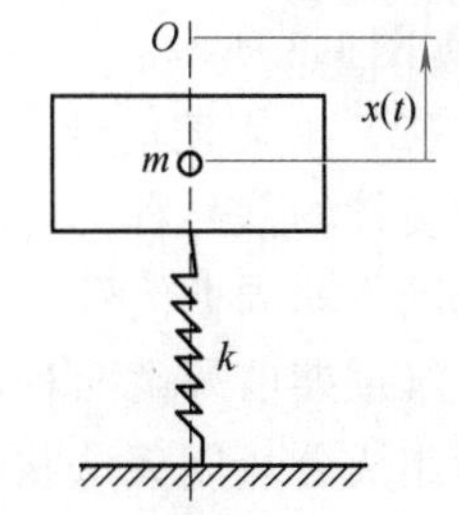

图1-1　单自由度无阻尼质量-弹簧振动系统

O—质量块的静态平衡位置

式中　X_0——振幅；

k——弹簧刚度系数；

m——质量；

t——时间；

φ_0——初相位。

确定性信号又可以分为周期信号与非周期信号。

（1）周期信号　按一定时间间隔周而复始出现的信号称为周期信号。

周期信号的数学表达式为

$$x(t)=x(t+nT_0) \tag{1-2}$$

式中　T_0——信号的周期；

$n=\pm1$，±2，±3，…。

$T_0=2\pi/\omega_0=1/f_0$，其中 ω_0 为角频率，$\omega_0=2\pi f_0$；f_0 为频率。

图 1-2 所示为周期为 T_0 的三角波和正弦波信号。

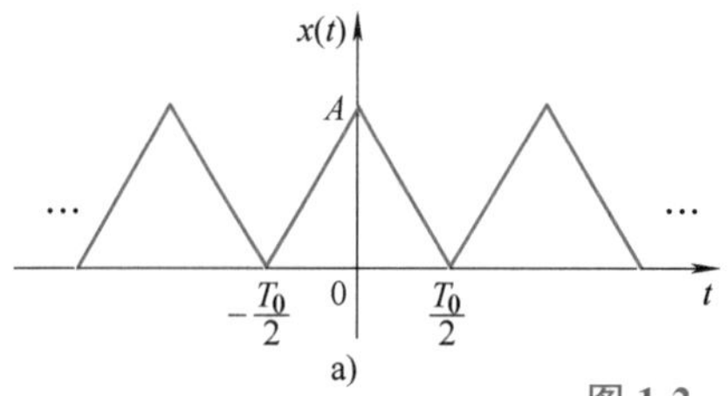

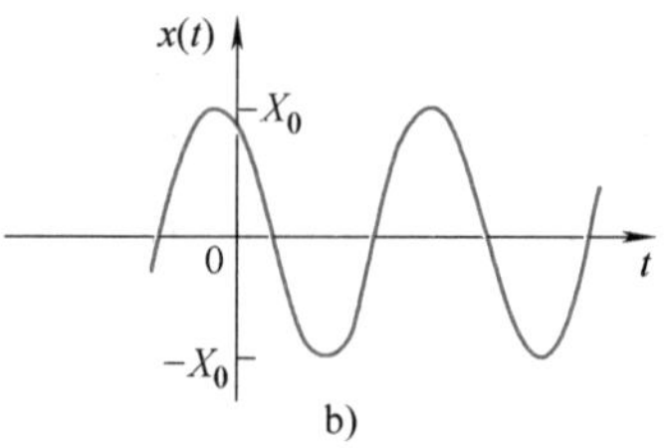

图 1-2　周期信号

a）三角波　b）正弦波

显然，式（1-1）表示的信号也为周期信号，其角频率为 $\omega_0=\sqrt{k/m}$，周期为 $T_0=2\pi/\omega_0$。这种频率单一的正弦或余弦信号称为谐波信号。

由多个乃至无穷多个频率成分叠加而成，叠加后仍存在公共周期的信号称为一般周期信号，如

$$\begin{aligned}x(t)&=x_1(t)+x_2(t)=A_1\sin(2\pi f_1t+\theta_1)+A_2\sin(2\pi f_2t+\theta_2)\\&=8\sin(2\pi\times2t+\pi/4)+3\sin(2\pi\times3t+\pi/6)\end{aligned} \tag{1-3}$$

$x(t)$由两个周期信号 $x_1(t)$、$x_2(t)$叠加而成，周期分别为 $T_1=1/2$、$T_2=1/3$，叠加后信号的周期为 1，如图 1-3 所示。

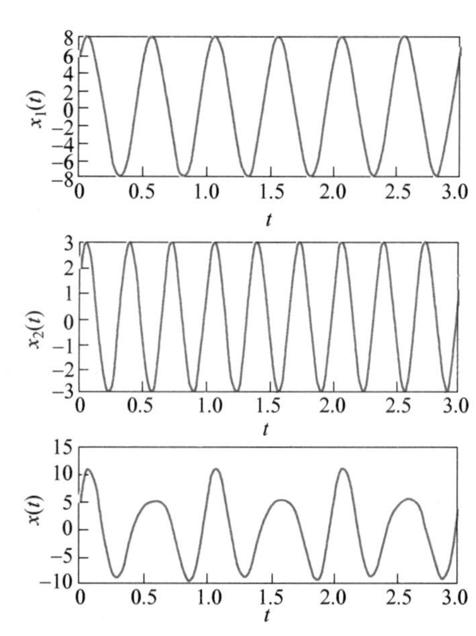

图 1-3　两个正弦信号的叠加

（有公共周期）

（2）非周期信号　将确定信号中那些不具有周期重复性的信号称为非周期信号。它分为准周期信号和瞬变非周期信号。

准周期信号由两种以上的谐波信号叠加，但叠加后组成分量间无法找到公共周期，因而无法按某一时间间隔周而复始重复出现。如

$$\begin{aligned}x(t)&=x_1(t)+x_2(t)\\&=A_1\sin(\sqrt{2}t+\theta_1)+A_2\sin(3t+\theta_2)\end{aligned} \tag{1-4}$$

$x(t)$由两个信号 $x_1(t)$、$x_2(t)$叠加而成，两信号的频率比为无理数，叠加后信号无公共周期，如图 1-4 所示。

除准周期信号之外的其他非周期信号，在有限时间段内存在，或随着时间的增加而幅值衰减至零的信号，称为瞬变非周期信号或指数衰减瞬变信号。图 1-5 所示为常见的瞬变非周期信号，其中图 1-5a 为指数衰减信号；图 1-5b 为指数衰减振荡信号，随时间的无限增加而衰减至零，表示为

$$x(t)=X_0e^{-at}\sin(\omega t+\varphi_0) \tag{1-5}$$

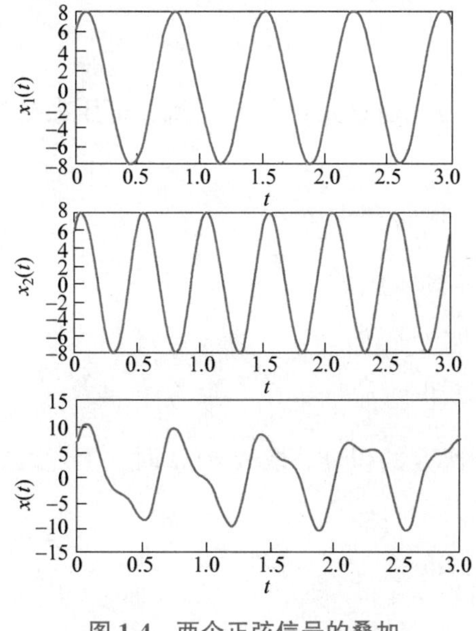

图 1-4 两个正弦信号的叠加（无公共周期）

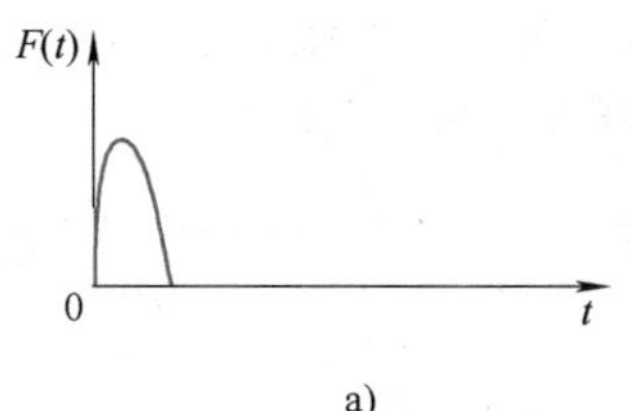

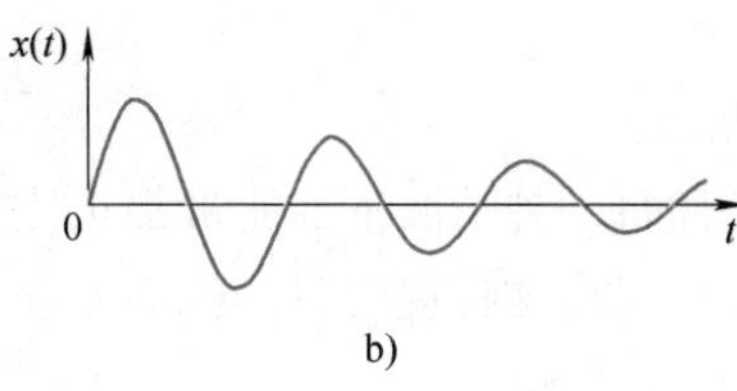

图 1-5 常见的瞬变非周期信号

a）指数衰减信号 b）指数衰减振荡信号

2. 随机信号

无法用明确的数学关系式表达的信号称为非确定性信号，又称为随机信号。随机信号只能用概率统计方法由过去估计未来或找出某些统计特征量，根据统计特性参数的特点，随机信号又可分为平稳随机信号和非平稳随机信号两类。其中，平稳随机信号又可进一步分为各态历经随机信号和非各态历经随机信号。

1.1.1.2 连续信号和离散信号

不论周期信号还是非周期信号，若从时间变量的取值是否连续出发，都可以分为连续信号和离散信号。若信号在所有连续时间上均有定义，则称连续信号（图 1-6）；若信号的取值仅在一些离散时间点上有定义，则称离散信号（图 1-7）。

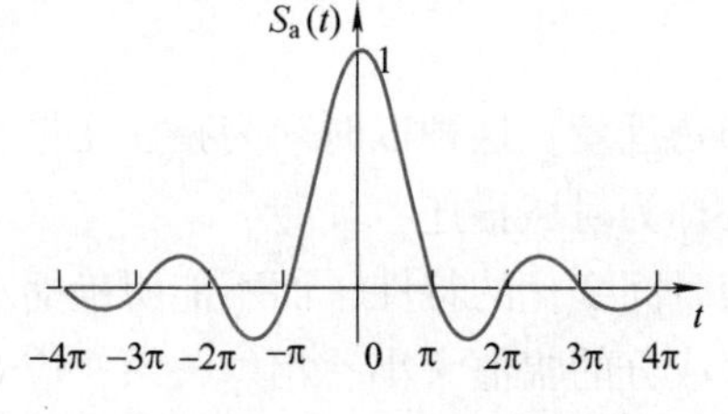

图 1-6 连续信号

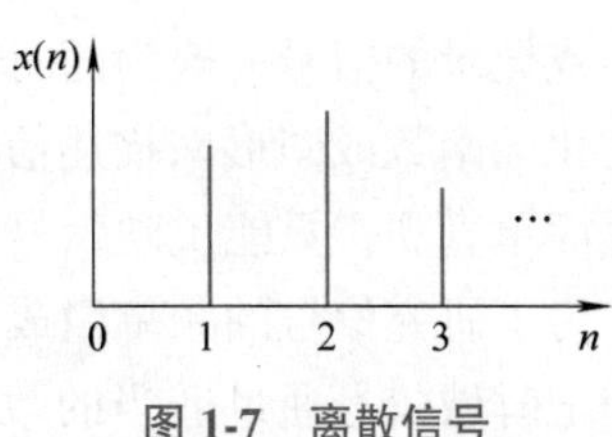

图 1-7 离散信号

1.1.1.3 因果信号与非因果信号

若信号 $x(t)$ 在 $t=0$ 作为初始观察时刻，有 $x(t)=0$，在该输入信号作用下，因果系统的零状态响应只能出现在 $t\geqslant 0$ 的时间区间上，故把从 $t=0$ 时刻开始的信号称为因果信号，否则为非因果信号。

1.1.1.4 能量信号和功率信号

1. 能量信号

在所分析的区间（$-\infty,\infty$），能量为有限值的信号称为能量信号，满足条件

$$\int_{-\infty}^{+\infty} x^2(t)\,\mathrm{d}t < \infty \tag{1-6}$$

关于信号的能量，可做如下解释：对于电信号，通常是电压或电流，电压在已知区间（t_1,t_2）内消耗在电阻上的能量为

$$E = \int_{t_1}^{t_2} \frac{U^2(t)}{R}\mathrm{d}t \tag{1-7}$$

对于电流，能量为

$$E = \int_{t_1}^{t_2} RI^2(t)\,\mathrm{d}t \tag{1-8}$$

在上面每一种情况下，能量都正比于信号二次方的积分。取 $R=1\Omega$ 时，上述两式具有相同形式，采用这种规定时，就称方程

$$E = \int_{t_1}^{t_2} x^2(t)\,\mathrm{d}t \tag{1-9}$$

为任意信号 $x(t)$ 的“能量”。

2. 功率信号

有许多信号，如周期信号、随机信号等，它们在区间（$-\infty$，∞）内能量不是有限值。在这种情况下，研究信号的平均功率更为合适。在区间（t_1，t_2）内，信号的平均功率为

$$P = \frac{1}{t_2 - t_1}\int_{t_1}^{t_2} x^2(t)\,\mathrm{d}t \tag{1-10}$$

当区间变为无穷大时，式（1-10）仍然是一个有限值，信号具有有限的平均功率，称为功率信号。具体讲，功率信号满足条件

$$0 < \lim_{T\to\infty}\frac{1}{2T}\int_{-T}^{T} x^2(t)\,\mathrm{d}t < \infty \tag{1-11}$$

由式（1-11）可知，一个能量信号具有零平均功率，而一个功率信号具有无限大能量。

1.1.2　信号的时域描述和频域描述

直接观测或记录的信号一般为随时间变化的物理量。这种以时间为独立变量，用信号的幅值随时间变化的函数或图形来描述信号的方法称为时域描述。

时域描述简单直观，只能反映信号的幅值随时间变化的特性，而不能明确揭示信号的频率组成关系。为了研究信号的频率组成和各频率成分的幅值大小、相位关系，应对信号进行频谱分析，即把时域信号通过适当的数学方法处理成以频率 f（或角频率 ω）为独立变量、相应的幅值或相位为因变量的频域描述，这种信号描述的方法称为信号的频域描述。对连续系统的信号来说，常采用傅里叶变换和拉普拉斯变换；对离散系统的信号则采用 Z 变换。频域分析法将时域分析法中的微分或差分方程转换为代数方程，有利于问题的分析。

一般说来，实际信号的形式通常比较复杂，直接分析各种信号在一个测试系统中的传输情形常常是困难的，有时甚至是不可能的。所以常常将复杂信号分解成某些特定类型的基本信号之和，这样易于实现和分析。常用的基本信号有正弦信号、复指数信号、阶跃信号、冲击信号。

例 1-1 图 1-8 所示为一个周期方波时域信号描述，其表达式为

$$\begin{cases} x(t)=x(t+nT_0) \\ x(t)=\begin{cases} A & \left(0<t<\dfrac{T_0}{2}\right) \\ -A & \left(-\dfrac{T_0}{2}<t<0\right) \end{cases} \end{cases}$$

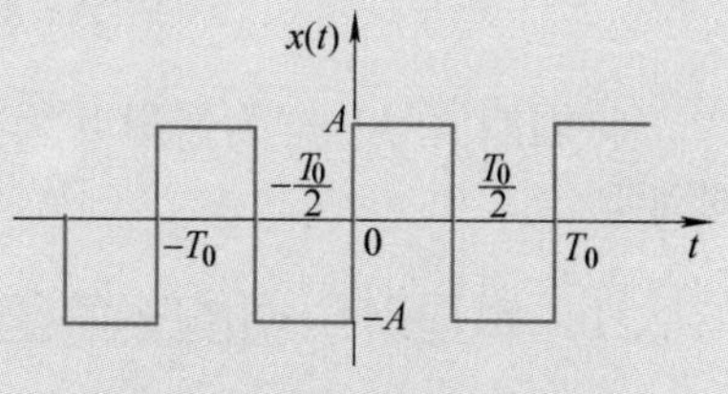

图 1-8 周期方波时域信号描述

将该周期方波应用傅里叶级数展开，可得

$$x(t)=\frac{4A}{\pi}\left(\sin\omega_0 t+\frac{1}{3}\sin 3\omega_0 t+\frac{1}{5}\sin 5\omega_0 t+\frac{1}{7}\sin 7\omega_0 t+\cdots\right)$$

式中 $\omega_0=\dfrac{2\pi}{T_0}$。

从上式可以看出，该信号是由一系列幅值按$\dfrac{1}{n}$衰减和频率不等、相角为零的奇次正弦信号叠加而成的。

在信号的分析中，可以将组成方波的各次谐波频率成分按序排列起来，得出方波的频谱。图 1-9 所示为周期方波时域图形、幅频谱、相频谱三者之间的关系。

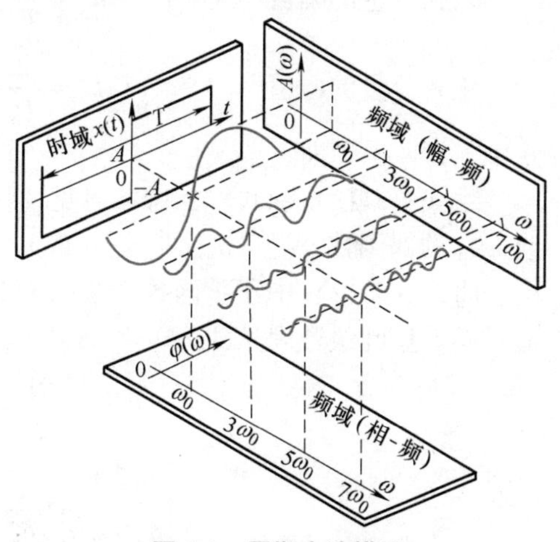

图 1-9 周期方波描述

信号的频谱一般是以频率为横坐标、以各次谐波幅值或初相位为纵坐标分别描述，各次谐波的幅值-频率为幅频谱，相位-频率为相频谱。每个信号都有其特有的幅频谱和相频谱，所以每一个信号在频域描述时都要用幅频谱和相频谱来描述。表 1-1 为两个周期方波及其幅频谱、相频谱。时域中两方波只是相对平移$\dfrac{T_0}{4}$，其余不变。可以看出，幅频谱相同，但相频谱不同，平移使各频率分量产生了$\dfrac{n\pi}{2}$相移。

表 1-1 周期方波的频谱

时域波形	幅频谱	相频谱
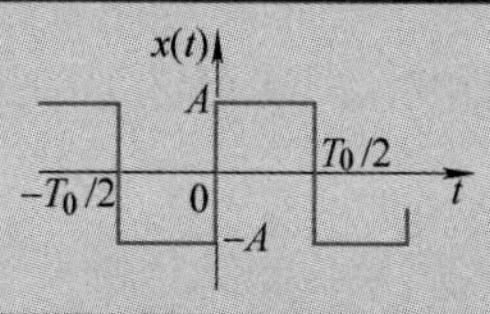 $x(t)$；A；$-T_0/2$；$T_0/2$；0；$-A$；t	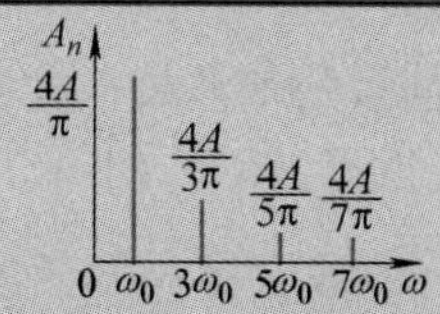 A_n；$\frac{4A}{\pi}$；$\frac{4A}{3\pi}$；$\frac{4A}{5\pi}$；$\frac{4A}{7\pi}$；0 ω_0 $3\omega_0$ $5\omega_0$ $7\omega_0$ ω	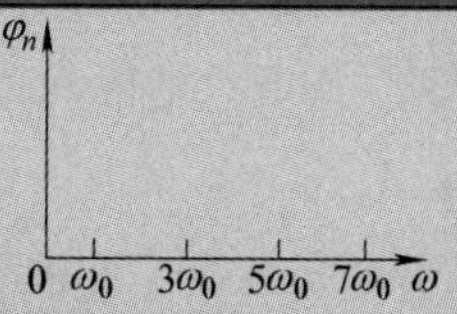 φ_n；0 ω_0 $3\omega_0$ $5\omega_0$ $7\omega_0$ ω
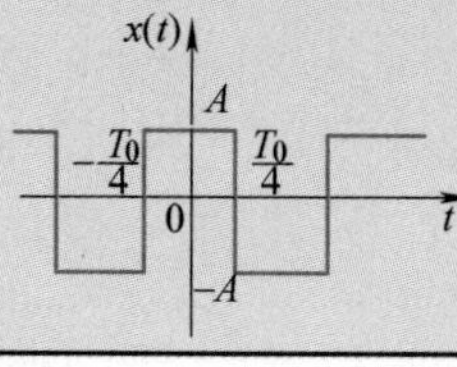 $x(t)$；A；$-\frac{T_0}{4}$；$\frac{T_0}{4}$；0；$-A$；t	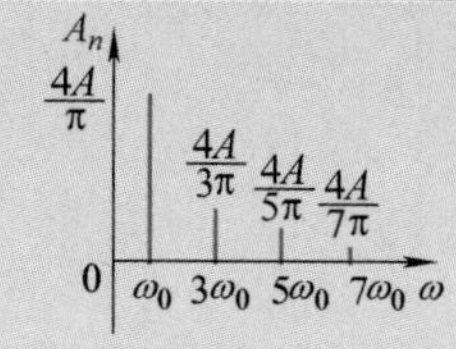 A_n；$\frac{4A}{\pi}$；$\frac{4A}{3\pi}$；$\frac{4A}{5\pi}$；$\frac{4A}{7\pi}$；0 ω_0 $3\omega_0$ $5\omega_0$ $7\omega_0$ ω	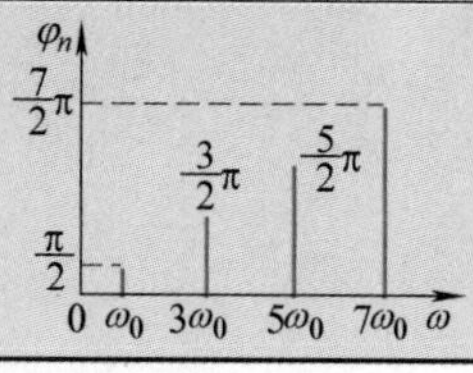 φ_n；$\frac{7}{2}\pi$；$\frac{3}{2}\pi$；$\frac{5}{2}\pi$；$\frac{\pi}{2}$；0 ω_0 $3\omega_0$ $5\omega_0$ $7\omega_0$ ω

1.2　周期信号的频谱

将周期信号分解为傅里叶级数（Fourier Series），为在频域中认识信号的特征提供了重要手段。

1.2.1　傅里叶级数的三角函数展开式

从数学知识得知，在有限区间上，任何一个周期信号 $x(t)$ 只要满足狄里赫利条件，便可将其展开成傅里叶级数，其通式为

$$x(t)=\frac{a_0}{2}+\sum_{n=1}^{\infty}(a_n\cos n\omega_0 t+b_n\sin n\omega_0 t) \tag{1-12}$$

式中　a_0、a_n、b_n——傅里叶系数，只要求得代入通式即可展开；

n——正整数（$n=1, 2, 3, \cdots$）；

ω_0——基波角频率，简称基频，$\omega_0=2\pi/T_0$。

常值分量
$$a_0=\frac{2}{T_0}\int_{-T_0/2}^{T_0/2}x(t)\mathrm{d}t$$

余弦分量的幅值
$$a_n=\frac{2}{T_0}\int_{-T_0/2}^{T_0/2}x(t)\cos n\omega_0 t\mathrm{d}t \tag{1-13}$$

正弦分量的幅值
$$b_n=\frac{2}{T_0}\int_{-T_0/2}^{T_0/2}x(t)\sin n\omega_0 t\mathrm{d}t \tag{1-14}$$

式中　T_0——周期。

由式（1-13）和式（1-14）可见，傅里叶系数 a_n 和 b_n 均为 $n\omega_0$ 的函数，其中，a_n 是 n 或 $n\omega_0$ 的偶函数，$a_{-n}=a_n$；b_n 是 n 或 $n\omega_0$ 的奇函数，$-b_{-n}=b_n$。

将式（1-12）中正弦函数、余弦函数的同频率项合并、整理，可得信号 $x(t)$ 的另一种形式的傅里叶级数表达式为

$$x(t)=\frac{a_0}{2}+\sum_{n=1}^{\infty}A_n\sin(n\omega_0 t+\varphi_n) \tag{1-15}$$

$$\begin{cases}A_0=a_0\\ A_n=\sqrt{a_n^2+b_n^2}\\ \varphi_n=\arctan\dfrac{a_n}{b_n}\end{cases}\quad(n=1, 2, 3, \cdots) \tag{1-16}$$

从式（1-15）可知，周期信号可分解成众多具有不同频率的正、余弦分量，第一项$\dfrac{a_0}{2}$是直流分量，从第二项依次向下分别称为信号的基波或一次谐波、二次谐波、三次谐波、……n 次谐波。A_n 为 n 次谐波的幅值，φ_n 为 n 次谐波的初相角。

例 1-2　图 1-2a 所示为周期性三角波，求该三角波的频谱表达式并绘制频谱图。

$$x(t)=\begin{cases}A+\dfrac{2A}{T_0}t & \left(-\dfrac{T_0}{2}\leqslant t\leqslant 0\right)\\ A-\dfrac{2A}{T_0}t & \left(0\leqslant t\leqslant\dfrac{T_0}{2}\right)\end{cases}$$

解：如图 1-2a 所示，三角波为偶函数，$b_n=0$，则

$$a_0=\frac{2}{T_0}\int_{-T_0/2}^{T_0/2}x(t)\mathrm{d}t=\frac{4A}{T_0}\int_0^{T_0/2}\left(1-\frac{2}{T_0}t\right)\mathrm{d}t=A$$

$$\begin{aligned}a_n&=\frac{2}{T_0}\int_{-T_0/2}^{T_0/2}x(t)\cos n\omega_0t\mathrm{d}t=\frac{4A}{T_0}\int_0^{T_0/2}\left(1-\frac{2}{T_0}t\right)\cos n\omega_0t\mathrm{d}t\\&=\frac{2A}{(n\pi)^2}(1-\cos n\pi)\\&=\begin{cases}0\ (n=2,4,6,\cdots)\\\frac{4A}{(n\pi)^2}\ (n=1,3,5,\cdots)\end{cases}\end{aligned}$$

$$\begin{aligned}x(t)&=\frac{A}{2}+\frac{4A}{\pi^2}\left(\cos\omega_0t+\frac{1}{3^2}\cos3\omega_0t+\frac{1}{5^2}\cos5\omega_0t+\cdots\right)\\&=\frac{A}{2}+\frac{4A}{\pi^2}\sum_{n=1}^{\infty}\frac{1}{n^2}\cos n\omega_0t\quad(n=1,3,5,\cdots)\end{aligned}$$

可见三角波由奇次余弦函数波分量叠加构成，各谐波幅值按基波幅值的 $1/n^2$ 比例衰减。

由上面分析可知，周期信号的频谱由不连续线条组成，每个线条代表一个谐波分量，且与基频有比例关系。

1.2.2 傅里叶级数的复指数形式

傅里叶级数还可以表达为复指数函数形式。根据欧拉公式

$$\mathrm{e}^{\pm\mathrm{j}\omega t}=\cos\omega t\pm\mathrm{j}\sin\omega t\qquad(\mathrm{j}=\sqrt{-1})\tag{1-17}$$

则

$$\cos\omega t=\frac{1}{2}(\mathrm{e}^{-\mathrm{j}\omega t}+\mathrm{e}^{\mathrm{j}\omega t})\tag{1-18}$$

$$\sin\omega t=\frac{1}{2}\mathrm{j}(\mathrm{e}^{-\mathrm{j}\omega t}-\mathrm{e}^{\mathrm{j}\omega t})\tag{1-19}$$

将式（1-18）和式（1-19）代入式（1-12）可得

$$x(t)=\frac{a_0}{2}+\sum_{n=1}^{\infty}\left[\frac{1}{2}(a_n+\mathrm{j}b_n)\mathrm{e}^{-\mathrm{j}n\omega_0t}+\frac{1}{2}(a_n-\mathrm{j}b_n)\mathrm{e}^{\mathrm{j}n\omega_0t}\right]$$

令

$$\left.\begin{aligned}C_0&=a_0/2\\C_n&=\frac{1}{2}(a_n-\mathrm{j}b_n)\\C_{-n}&=\frac{1}{2}(a_n+\mathrm{j}b_n)\end{aligned}\right\}\tag{1-20}$$

C_n 与 C_{-n} 共轭，则

$$x(t)=C_0+\sum_{n=1}^{\infty}C_{-n}\mathrm{e}^{-\mathrm{j}n\omega_0t}+\sum_{n=1}^{\infty}C_n\mathrm{e}^{\mathrm{j}n\omega_0t}\qquad(n=0,1,2,\cdots)\tag{1-21}$$

或写成

$$x(t)=\sum_{n=-\infty}^{\infty}C_n e^{jn\omega_0 t} \qquad (n=0,\ \pm1,\ \pm2,\cdots) \tag{1-22}$$

C_n 称为傅里叶系数，将式（1-13）和式（1-14）代入式（1-20），求得

$$C_n=\frac{1}{T_0}\int_{-T_0/2}^{T_0/2}x(t)e^{-jn\omega_0 t}dt \tag{1-23}$$

一般 C_n 为复数，写成实部和虚部的形式，即

$$C_n=\mathrm{Re}C_n+j\mathrm{Im}C_n=|C_n|e^{j\varphi_n} \tag{1-24}$$

$\mathrm{Re}C_n$、$\mathrm{Im}C_n$ 分别称为实频谱和虚频谱，$|C_n|$、φ_n 分别称为幅频谱和相频谱。它们之间的关系为

$$|C_n|=\sqrt{(\mathrm{Re}C_n)^2+(\mathrm{Im}C_n)^2}=\frac{1}{2}\sqrt{a_n^2+b_n^2}=\frac{1}{2}A_n \tag{1-25}$$

$$\varphi_n=\arctan\frac{\mathrm{Im}C_n}{\mathrm{Re}C_n} \tag{1-26}$$

比较傅里叶级数的两种展开形式可知，三角函数形式的频谱为单边谱（$\omega=0\sim\infty$），复指数函数形式的频谱为双边谱（$\omega=-\infty\sim\infty$）。两种频谱各个谐波幅值在量值上有确定的关系。双边幅频谱为偶函数，双边相频谱为奇函数。

例 1-3　如图 1-8 所示的周期方波，分别以三角函数形式和复指数函数形式求频谱，并绘制频谱图。

解：（1）三角函数形式

$$x(t)=\begin{cases} A & \left(0<t<\dfrac{T_0}{2}\right) \\ -A & \left(-\dfrac{T_0}{2}<t<0\right) \end{cases}$$

因为 $x(t)$ 是奇函数，所以有

$$a_0=0$$

$$a_n=0$$

$$\begin{aligned} b_n &= \frac{2}{T_0}\int_{-T_0/2}^{T_0/2}x(t)\sin n\omega_0 t\,dt=\frac{4}{T_0}\int_0^{T_0/2}A\sin n\omega_0 t\,dt \\ &= -\frac{4A}{T_0}\frac{\cos n\omega_0 t}{n\omega_0}\Bigg|_0^{T_0/2}=-\frac{2A}{n\pi}(\cos n\pi-1) \\ &= \begin{cases} \dfrac{4A}{n\pi} & (n=1,\ 3,\ 5,\ \cdots) \\ 0 & (n=2,\ 4,\ 6,\ \cdots) \end{cases} \end{aligned}$$

所以有

$$x(t)=\frac{4A}{\pi}\left(\sin\omega_0 t+\frac{1}{3}\sin 3\omega_0 t+\frac{1}{5}\sin 5\omega_0 t+\frac{1}{7}\sin 7\omega_0 t+\cdots\right)$$

$$\varphi_n=\arctan\left(\frac{a_n}{b_n}\right)=0$$

其幅频谱和相频谱见表 1-1。

（2）复指数函数形式

$$C_0 = \frac{1}{T_0}\int_{-T_0/2}^{T_0/2} x(t)\,\mathrm{d}t = 0$$

$$C_n = \frac{1}{T_0}\int_{-T_0/2}^{T_0/2} x(t)\mathrm{e}^{-\mathrm{j}n\omega_0 t}\mathrm{d}t = \frac{1}{T_0}\int_{-T_0/2}^{T_0/2} x(t)(\cos n\omega_0 t - \mathrm{j}\sin n\omega_0 t)\,\mathrm{d}t$$

$$= -\mathrm{j}\frac{2}{T_0}\int_{0}^{T_0/2} A\sin n\omega_0 t\mathrm{d}t$$

$$= \begin{cases} -\mathrm{j}\dfrac{2A}{n\pi} & (n = \pm 1, \pm 3, \pm 5, \cdots) \\ 0 & (n = \pm 2, \pm 4, \pm 6, \cdots) \end{cases}$$

所以，幅频谱

$$|C_n| = \begin{cases} \dfrac{2A}{n\pi} & (n=\pm 1, \pm 3, \pm 5, \cdots) \\ 0 & (n=\pm 2, \pm 4, \pm 6, \cdots) \end{cases}$$

相频谱

$$\varphi_n = -\arctan\frac{\frac{2A}{n\pi}}{0} = \begin{cases} -\dfrac{\pi}{2} & (n=1, 3, 5, \cdots) \\ \dfrac{\pi}{2} & (n=-1, -3, -5, \cdots) \\ 0 & (n \text{ 为偶数}) \end{cases}$$

幅频谱和相频谱如图 1-10 所示。

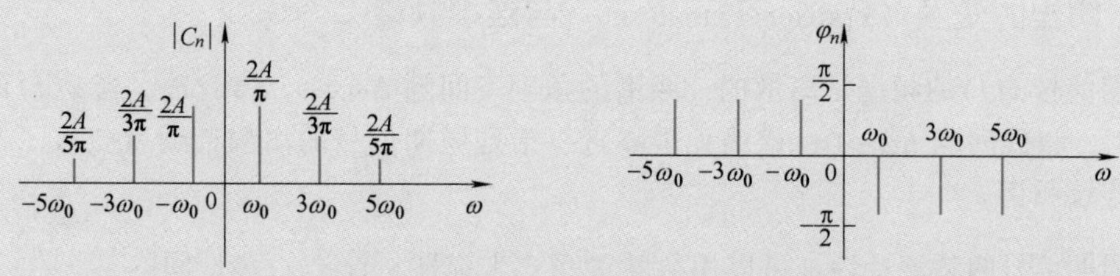

图 1-10 周期方波的双边幅频谱和相频谱

周期信号频谱无论是用三角函数展开式，还是用复指数函数展开式，都具有相同的三个特点：

1）频谱图由频率离散的谱线组成，每根谱线代表一个谐波分量，这样的频谱是不连续频谱或离散频谱。

2）周期信号的谱线仅出现在基波及各次谐波频率处。

3）各频率分量的谱线高度表示该谐波的幅值或初相位角。谐波幅值总的趋势是随谐波次数的增高而逐渐减小。因此，在频谱分析中，不必取那些次数过高的谐波分量。

以上三个特点，分别称为周期信号频谱的离散性、谐波性和收敛性。这些特点虽然是由具体的信号得出的，但除了少数特例外，许多信号的频谱都具有这些特点。

1.2.3 周期信号强度的描述

周期信号 $x(t)$ 的强度可以用信号的时间函数的统计量描述，常用的统计量有以下几个：

周期信号的均值 μ_x 为

$$\mu_x = \frac{1}{T_0}\int_0^{T_0} x(t)\,\mathrm{d}t \tag{1-27}$$

周期信号全波整流后的均值，即信号的绝对均值 $\mu_{|x|}$ 为

$$\mu_{|x|} = \frac{1}{T}\int_0^{T_0} |\ x(t)\ |\ \mathrm{d}t \tag{1-28}$$

均方值是信号有效值的二次方，即信号的平均功率 P_{av} 为

$$P_{\mathrm{av}} = \frac{1}{T_0}\int_0^{T_0} x^2(t)\,\mathrm{d}t \tag{1-29}$$

有效值是信号的方均根值，即

$$x_{\mathrm{rms}} = \sqrt{\frac{1}{T_0}\int_0^{T_0} x^2(t)\,\mathrm{d}t} \tag{1-30}$$

1.3 非周期信号的频谱

在 1.2 节讨论了周期信号表达成傅里叶级数的问题，但实际问题中遇到的信号大都是非周期信号。从对周期信号的研究中可知，要了解一个周期信号，仅需考察该周期信号在一个周期上的变化。而要了解一个非周期信号，则必须考察它在整个时间轴上的变化情况。通常所说的非周期信号是指瞬变非周期信号，下面讨论这种非周期信号的频谱。

1.3.1 傅里叶变换（Fourier Transform）与连续频谱

周期信号 $x(t)$ 的频谱是离散的，频谱的角频率间隔 $\Delta\omega=\omega_0=2\pi/T_0$。当 $x(t)$ 的周期 $T_0\to\infty$ 时，谱线间隔 $\Delta\omega\to 0$，谱线无限靠近，于是周期信号的离散谱线就变成了非周期信号的连续频谱。

非周期信号的频谱特性，可以用数学关系式来描述。设 $x(t)$ 为区间 $\left(-\frac{T_0}{2}, \frac{T_0}{2}\right)$ 上的一个周期函数，它可表达为傅里叶级数的形式

$$x(t) = \sum_{n=-\infty}^{\infty} C_n \mathrm{e}^{\mathrm{j}n\omega_0 t} \tag{1-31}$$

式中

$$C_n = \frac{1}{T_0}\int_{-T_0/2}^{T_0/2} x(t)\,\mathrm{e}^{-\mathrm{j}n\omega_0 t}\mathrm{d}t \tag{1-32}$$

将式（1-32）代入式（1-31），得

$$x(t) = \sum_{n=-\infty}^{\infty}\left[\frac{1}{T_0}\int_{-T_0/2}^{T_0/2} x(t)\,\mathrm{e}^{-\mathrm{j}n\omega_0 t}\right]\mathrm{e}^{\mathrm{j}n\omega_0 t}\mathrm{d}t \tag{1-33}$$

当 $T\to\infty$ 时，区间 $\left(-\frac{T_0}{2}, \frac{T_0}{2}\right)$ 变成（$-\infty$，∞），频率间隔 $\Delta\omega=\omega_0=2\pi/T_0$ 变为无穷小量

$d\omega$，离散频率 $n\omega_0$ 变成连续频率 ω，则由式（1-33）得

$$x(t)=\int_{-\infty}^{\infty}\frac{d\omega}{2\pi}\left[\int_{-\infty}^{\infty}x(t)e^{-j\omega t}dt\right]e^{j\omega t}=\frac{1}{2\pi}\int_{-\infty}^{\infty}\left[\int_{-\infty}^{\infty}x(t)e^{-j\omega t}dt\right]e^{j\omega t}d\omega \tag{1-34}$$

这就是傅里叶积分式。

式（1-34）中括号内的积分，由于时间 t 是积分变量，故积分之后仅是 ω 的函数，记作 $X(\omega)$，则

$$X(\omega)=\int_{-\infty}^{\infty}x(t)e^{-j\omega t}dt \tag{1-35}$$

$$x(t)=\frac{1}{2\pi}\int_{-\infty}^{\infty}X(\omega)e^{j\omega t}d\omega \tag{1-36}$$

式（1-34）也可写成

$$X(\omega)=\frac{1}{2\pi}\int_{-\infty}^{\infty}x(t)e^{-j\omega t}dt \tag{1-37}$$

$$x(t)=\int_{-\infty}^{\infty}X(\omega)e^{j\omega t}d\omega \tag{1-38}$$

本书采用式（1-37）和式（1-38）。

式（1-37）中，$X(\omega)$为 $x(t)$的傅里叶变换，表示为 $F[x(t)]=X(\omega)$；式（1-38）中，$x(t)$为 $X(\omega)$的傅里叶逆变换，表示为 $F^{-1}[X(\omega)]=x(t)$。$x(t)$和 $X(\omega)$称为傅里叶变换对，表示为 $x(t)\Leftrightarrow X(\omega)$。

把 $\omega=2\pi f$ 代入式（1-34）中，则

$$X(f)=\int_{-\infty}^{\infty}x(t)e^{-j2\pi ft}dt \tag{1-39}$$

$$x(t)=\int_{-\infty}^{\infty}X(f)e^{j2\pi ft}df \tag{1-40}$$

这样避免了在傅里叶变换中出现$\frac{1}{2\pi}$的常数因子，使公式形式得到简化，则关系式是

$$X(f)=2\pi X(\omega) \tag{1-41}$$

一般情况下，$X(f)$是变量 f 的复函数，可以写成

$$X(f)=|X(f)|e^{j\varphi(f)} \tag{1-42}$$

$|X(f)|$称为信号 $x(t)$的连续幅频谱；$\varphi(f)$称为信号 $x(t)$的连续相频谱。$|X(f)|$的量纲是单位频宽上的幅值，也称频谱密度或谱密度。而周期信号的幅频谱$|C_n|$是离散的，且量纲与信号幅值的量纲相同，这是非周期信号与周期信号频谱的主要区别。

非周期信号存在傅里叶变换需要满足以下条件：

1）信号 $x(t)$绝对可积，即$\int_{-\infty}^{\infty}|x(t)|dt<\infty$。

2）在任意有限区间内，信号 $x(t)$只有有限个最大值和最小值。

3）在任意有限区间内，信号 $x(t)$仅有有限个不连续点，而且在这些点都必须是有限值。

上述三个条件中，条件 1）是充分条件但不是必要条件，条件 2）、3）则是必要条件而不是充分条件。因此，许多不满足条件 1），但满足狄里赫利条件 2）、3）的函数，即不是绝对可积的函数，如周期函数也能进行傅里叶变换。

例 1-4　求如图 1-11 所示的矩形窗函数 $w(t)$ 的频谱，并做出频谱图，其波形表达式为

$$w(t)=\begin{cases}1 & \left(|t|<\dfrac{T}{2}\right)\\ 0 & \left(|t|>\dfrac{T}{2}\right)\end{cases}$$

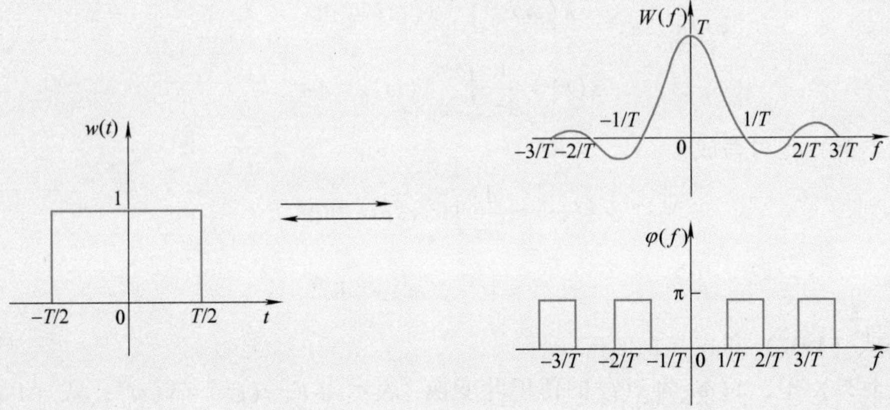

图 1-11　矩形窗函数及其频谱

解：

$$\begin{aligned}W(f)&=\int_{-\infty}^{+\infty}w(t)\mathrm{e}^{-\mathrm{j}2\pi ft}\mathrm{d}t=\int_{-T/2}^{T/2}\mathrm{e}^{-\mathrm{j}2\pi ft}\mathrm{d}t\\&=\frac{-1}{\mathrm{j}2\pi f}(\mathrm{e}^{-\mathrm{j}\pi fT}-\mathrm{e}^{\mathrm{j}\pi fT})\\&=\frac{1}{\pi f}\sin(\pi fT)\\&=T\frac{\sin\pi fT}{\pi fT}\\&=T\mathrm{sin}C(\pi fT)\end{aligned}$$

上式中令 $\theta=\pi fT$，定义 $\mathrm{sin}C\theta=\dfrac{\sin\theta}{\theta}$，$\mathrm{sin}C\theta$ 的函数值有数学表可查，称为采样函数，它为偶函数，以 2π 为周期并随 θ 的增加而做衰减振荡，在 $n\pi$ 处其值为零（$n=\pm1$，±2，…）。

$W(f)$ 只有实部，没有虚部。其幅值为

$$|W(f)|=T|\mathrm{sin}C(\pi fT)|$$

其相位视 $\mathrm{sin}C(\pi fT)$ 的符号而定。当 $\mathrm{sin}C(\pi fT)$ 为正值时，相角为零；当 $\mathrm{sin}C(\pi fT)$ 为负值，且 $f>0$ 时，相角为 π。图 1-11 所示为矩形窗函数及其频谱。

从例 1-4 可知，一个函数在时域上是有限的，在频域上却是无限的。从频谱图上可以看出，信号的能量主要在 $f=0\sim\pm\dfrac{1}{T}$ 之间，其幅值最大，称为主瓣。两侧高频分量的幅值较低，

称为旁瓣，可以忽略不计。主瓣宽度为$\frac{2}{T}$，与时域窗宽度 T 成反比。因此，它可以在时域中用于信号的截取，时域窗宽度 T 越大，即截取信号时间越长，则主瓣宽度越小。

1.3.2 傅里叶变换的基本性质

1. 奇偶虚实性

由于 $X(f)$ 是实变量 f 的复函数，所以它可以写成实、虚部，即

$$X(f) = \int_{-\infty}^{+\infty} x(t)\mathrm{e}^{-\mathrm{j}2\pi ft}\mathrm{d}t = \mathrm{Re}X(f) + \mathrm{j}\mathrm{Im}X(f) \tag{1-43}$$

$$\mathrm{Re}X(f) = \int_{-\infty}^{\infty} x(t)\cos 2\pi ft\mathrm{d}t \tag{1-44}$$

$$\mathrm{Im}X(f) = -\int_{-\infty}^{\infty} x(t)\sin 2\pi ft\mathrm{d}t \tag{1-45}$$

由上式可知，如果 $x(t)$ 是实函数，则 $X(f)$ 一般为具有实部和虚部的复函数，且实部为偶函数 $\mathrm{Re}X(f)=\mathrm{Re}X(-f)$，虚部为奇函数 $\mathrm{Im}X(f)=-\mathrm{Im}X(-f)$。

若 $x(t)$ 为 t 的实函数且为偶函数，亦即 $x(t)=x(-t)$，$x(t)\sin(2\pi ft)$ 便为 t 的奇函数，则有 $\mathrm{Im}X(f)=0$；相反，$x(t)\cos(2\pi ft)$ 便为 t 的偶函数，则有

$$X(f) = \mathrm{Re}X(f) = \int_{-\infty}^{+\infty} x(t)\cos 2\pi ft\mathrm{d}t = 2\int_{0}^{+\infty} x(t)\cos 2\pi ft\mathrm{d}t = X(-f)$$

由此可见，$X(f)$ 为实、偶函数。

若 $x(t)$ 为 t 的实函数且为奇函数，亦即 $x(t)=-x(-t)$，$x(t)\cos(2\pi ft)$ 便为 t 的奇函数，则有 $\mathrm{Re}X(f)=0$；相反，$x(t)\sin(2\pi ft)$ 便为 t 的偶函数，则有

$$X(f) = \mathrm{j}\mathrm{Im}X(f) = -\mathrm{j}\int_{-\infty}^{+\infty} x(t)\sin 2\pi ft\mathrm{d}t = -2\mathrm{j}\int_{0}^{+\infty} x(t)\sin 2\pi ft\mathrm{d}t = -X(-f)$$

由此可见，$X(f)$ 为虚、奇函数。

如果 $x(t)$ 是虚函数，则上述结论的虚实位置相互交换。

2. 线性叠加性

若 $x(t)\Leftrightarrow X(f)$，$y(t)\Leftrightarrow Y(f)$，则

$$ax(t)+by(t)\Leftrightarrow aX(f)+bY(f) \tag{1-46}$$

式中　a、b——常数。

即两函数在时域相加，则转到频域也相加。

3. 时—频对称性（对偶性）

研究发现，信号的时域变化与其频谱特性之间存在一定的对称性。其关系是：

若 $x(t)\Leftrightarrow X(f)$，则

$$X(t)\Leftrightarrow x(-f) \tag{1-47}$$

证明：$x(t) = \int_{-\infty}^{\infty} X(f)\mathrm{e}^{\mathrm{j}2\pi ft}\mathrm{d}f$，以 $-t$ 替换 t，则有

$$x(-t) = \int_{-\infty}^{\infty} X(f)\mathrm{e}^{-\mathrm{j}2\pi ft}\mathrm{d}f$$

将 t 与 f 互换，得 $X(t)$ 的傅里叶变换为

$$x(-f) = \int_{-\infty}^{\infty} X(t)\mathrm{e}^{-\mathrm{j}2\pi ft}\mathrm{d}t$$

即
$$X(t) \Leftrightarrow x(-f)$$

它表明傅里叶变换与傅里叶逆变换之间存在对称关系，即信号的波形与信号频谱函数的波形有相互置换关系。利用这个性质，可以根据已知的傅里叶变换，得出相应的变换对。图 1-12所示为对称性示例。

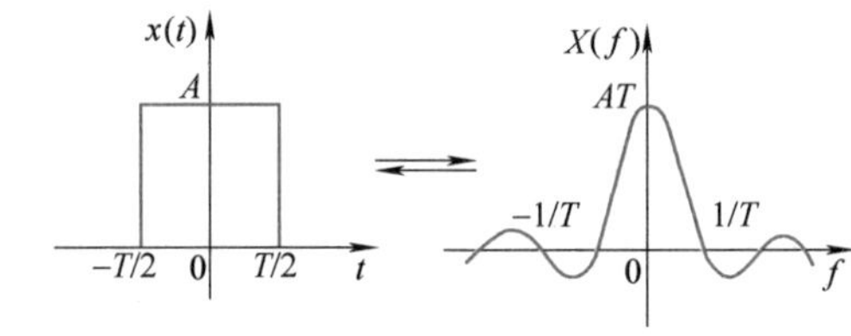

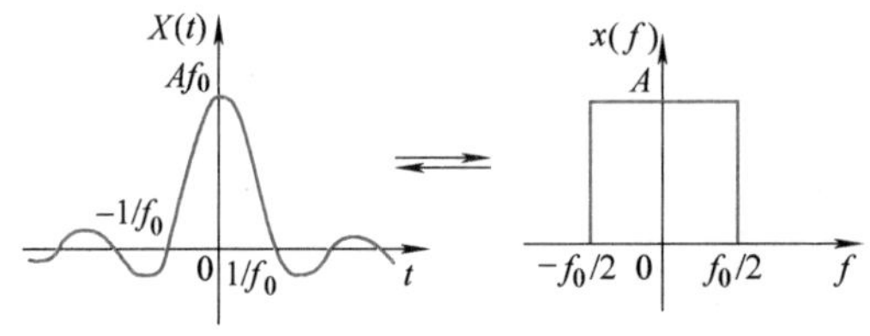

图 1-12　对称性示例

4. 时移与频移特性

（1）时移特性　若 $x(t) \Leftrightarrow X(f)$，把信号在时域沿时间轴平移一常值 t_0，则在频域引起相应的相移 $2\pi f t_0$，即

$$x(t \pm t_0) \Leftrightarrow X(f)\mathrm{e}^{\pm \mathrm{j}2\pi f t_0} \tag{1-48}$$

证明：$\int_{-\infty}^{\infty} x(t \pm t_0)\mathrm{e}^{-\mathrm{j}2\pi f t}\mathrm{d}t = \left[\int_{-\infty}^{\infty} x(t \pm t_0)\mathrm{e}^{-\mathrm{j}2\pi f(t \pm t_0)}\mathrm{d}(t \pm t_0)\right]\mathrm{e}^{\pm \mathrm{j}2\pi f t_0} = X(f)\mathrm{e}^{\pm \mathrm{j}2\pi f t_0}$

结论：信号在时域中平移，相当于改变信号频谱中的相角。

（2）频移特性　在频域中，将频谱沿频率轴平移一常值 f_0，则相当于在时域中将信号乘以 $\mathrm{e}^{\mathrm{j}2\pi f_0 t}$，即

$$x(t)\mathrm{e}^{\pm \mathrm{j}2\pi f_0 t} \Leftrightarrow X(f \mp f_0) \tag{1-49}$$

信号的调制和解调中会应用到此性质。

5. 卷积特性

函数 $x_1(t)$ 与 $x_2(t)$ 的卷积积分（Convolution Integral），简称卷积，定义为 $\int_{-\infty}^{\infty} x_1(\tau)x_2(t-\tau)\mathrm{d}\tau$，记作 $x_1(t) * x_2(t)$。

卷积积分有以下几种重要的性质，掌握它们有助于简化信号的分析。

（1）交换律

$$x_1(t) * x_2(t) = x_2(t) * x_1(t) \tag{1-50}$$

（2）分配律

$$x_1(t) * [x_2(t) + x_3(t)] = x_1(t) * x_2(t) + x_1(t) * x_3(t) \tag{1-51}$$

（3）结合律

$$[x_1(t) * x_2(t)] * x_3(t) = x_1(t) * [x_2(t) * x_3(t)] \tag{1-52}$$

许多卷积积分在时域内用积分的方法计算是有困难的，但利用傅里叶变换到频域中去解决，将信号分析工作大为简化，它将在后面处理中发挥很大作用。卷积定理是：

若

$$x_1(t) \Leftrightarrow X_1(f)$$

$$x_2(t) \Leftrightarrow X_2(f)$$

则

$$x_1(t) * x_2(t) \Leftrightarrow X_1(f)X_2(f) \tag{1-53}$$

$$x_1(t)x_2(t) \Leftrightarrow X_1(f) * X_2(f) \tag{1-54}$$

证明（以时域卷积为例）：

$$\begin{aligned}\int_{-\infty}^{\infty}\left[\int_{-\infty}^{\infty} x_1(\tau)x_2(t-\tau)\mathrm{d}\tau\right]\mathrm{e}^{-\mathrm{j}2\pi ft}\mathrm{d}t &= \int_{-\infty}^{\infty} x_1(\tau)\left[\int_{-\infty}^{\infty} x_2(t-\tau)\mathrm{e}^{-\mathrm{j}2\pi ft}\mathrm{d}t\right]\mathrm{d}\tau \\ &= \int_{-\infty}^{\infty} x_1(\tau)X_2(f)\mathrm{e}^{-\mathrm{j}2\pi f\tau}\mathrm{d}\tau \\ &= X_1(f)X_2(f)\end{aligned}$$

6. 微分和积分特性

若 $x(t) \Leftrightarrow X(f)$，则对式(1-40)两边取时间微分，可得

$$\frac{\mathrm{d}x(t)}{\mathrm{d}t} \Leftrightarrow \mathrm{j}2\pi fX(f)$$

可以看出，一个函数求导后经傅里叶变换，等于其傅里叶变换乘以因子 $\mathrm{j}2\pi f$。一般有

$$\frac{\mathrm{d}^n x(t)}{\mathrm{d}t^n} \Leftrightarrow (\mathrm{j}2\pi f)^n X(f) \tag{1-55}$$

同样，对式（1-39）两边对频率 f 微分，可得频域微分特性表达式为

$$\frac{\mathrm{d}^n X(f)}{\mathrm{d}f^n} \Leftrightarrow (-\mathrm{j}2\pi t)^n x(t) \tag{1-56}$$

积分特性表达式为

$$\int_{-\infty}^{t} x(t)\mathrm{d}t \Leftrightarrow \frac{1}{\mathrm{j}2\pi f}X(f) \tag{1-57}$$

这说明一个函数积分后经傅里叶变换，等于其傅里叶变换除以因子 $\mathrm{j}2\pi f$。

在振动测试中，如果测得振动系统的位移、速度或加速度中的任一参数，则可以通过微分、积分特性获得其他参数。

7. 尺度变换特性

若 $x(t) \Leftrightarrow X(f)$，则对于实常数 $a>0$，有

$$x(at) \Leftrightarrow \frac{1}{a}X\left(\frac{f}{a}\right) \tag{1-58}$$

式中 a——尺度因子。

式（1-58）表明，若信号 $x(t)$ 在时间轴被压缩至原信号的 $1/a$，则其频率函数在频率轴上将展宽 a 倍，而其幅值相应地减至原信号幅值的 $1/a$。亦即信号在时域上所占据时间的压缩对应于其频谱在频域中占有带宽的扩展；反之，信号在时域上的扩展对应于其频谱在频域中的压缩。这一性质称尺度变换特性或时频域展缩性。图 1-13 所示为窗函数 $x(t)$ 在尺度因子 $a=3$ 时的时频域波形变换情况。

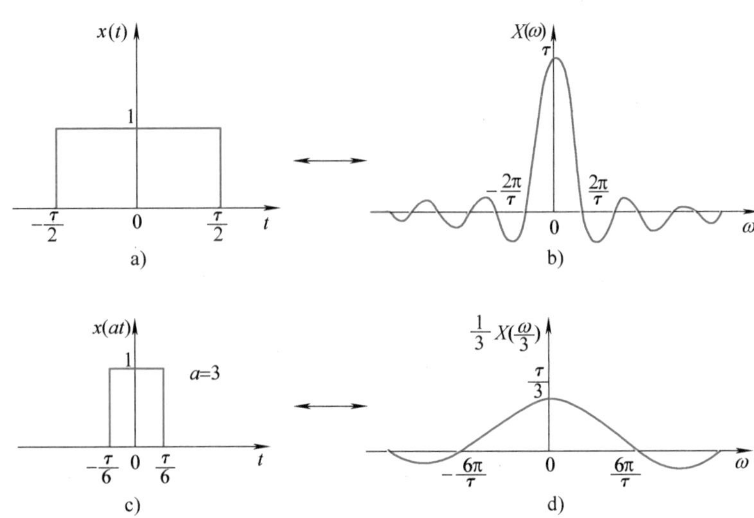

图 1-13　窗函数尺度变换

a）窗函数　b）窗函数的频谱　c）时域压缩的窗函数　d）被展宽的频谱

1.3.3　几种典型信号的频谱

非周期信号的连续频谱可以采用傅里叶变换的方法求得。周期信号的离散频谱，既可以采用傅里叶级数求得（幅值谱），又可以采用傅里叶变换法间接求得（谱密度）。

1. 单位脉冲函数及其频谱

(1) 单位脉冲函数的定义　在 τ 时间内激发一个宽度为 τ、高度为 $1/\tau$ 的矩形脉冲 $S_\tau(t)$，其面积为 1，如图 1-14 所示。

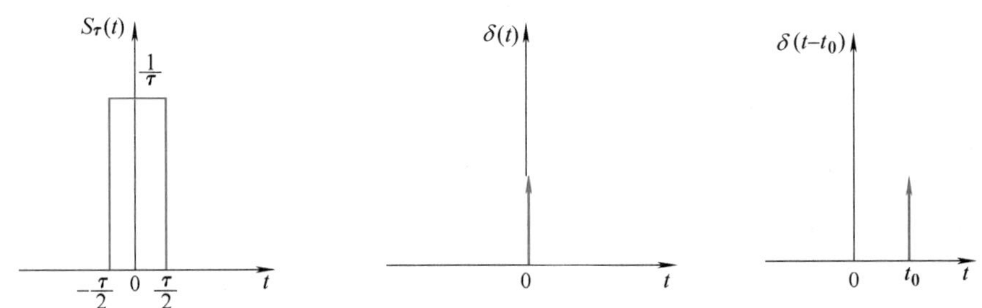

图 1-14　矩形脉冲与 δ 函数

当 $\tau\to 0$ 时，$S_\tau(t)$ 的极限就是单位脉冲函数(又称 δ 函数)，表达式为

$$\delta(t)=\lim_{\tau\to 0}S_\tau(t) \tag{1-59}$$

也可写成

$$\delta(t)=\begin{cases}\infty & (t=0)\\ 0 & (t\neq 0)\end{cases} \tag{1-60}$$

若延时 t_0 时刻，则有

$$\delta(t-t_0)=\begin{cases}\infty & (t=t_0)\\ 0 & (t\neq t_0)\end{cases} \tag{1-61}$$

从面积（也称 δ 函数的强度）角度来看

$$\int_{-\infty}^{\infty}\delta(t)\,\mathrm{d}t=\lim_{\tau\to 0}\int_{-\infty}^{\infty}S_{\tau}(t)\,\mathrm{d}t=1 \tag{1-62}$$

（2）δ 函数的采样性质　如果 δ 函数与一个连续的函数 $x(t)$ 相乘，其乘积只有在 $t=0$ 处为 $x(0)\delta(t)$，其余 $t\neq 0$ 处乘积均为零，其中 $x(0)\delta(t)$ 是一个强度为 $x(0)$ 的 δ 函数，如果 δ 函数与一个连续函数 $x(t)$ 相乘，并在$(-\infty,\infty)$区间积分，则有

$$\int_{-\infty}^{\infty}\delta(t)x(t)\,\mathrm{d}t=\int_{-\infty}^{\infty}\delta(t)x(0)\,\mathrm{d}t=x(0)\int_{-\infty}^{\infty}\delta(t)\,\mathrm{d}t=x(0) \tag{1-63}$$

同理，对于有延时 t_0 时刻的 δ 函数 $\delta(t-t_0)$，它与连续函数 $x(t)$ 相乘，只有在 $t-t_0$ 时刻不等于零，而强度为 $x(t_0)$ 的 δ 函数，在$(-\infty,\infty)$区间内积分，则有

$$\int_{-\infty}^{\infty}\delta(t-t_0)x(t)\,\mathrm{d}t=\int_{-\infty}^{\infty}\delta(t-t_0)x(t_0)\,\mathrm{d}t=x(t_0) \tag{1-64}$$

式（1-63）和式（1-64）表示 δ 函数的采样性质。该性质可实现连续信号离散化。

（3）δ 函数与其他函数卷积　根据卷积定义，任何一函数 $x(t)$ 与 δ 函数 $\delta(t)$ 卷积仍是此函数本身，如图 1-15 所示。

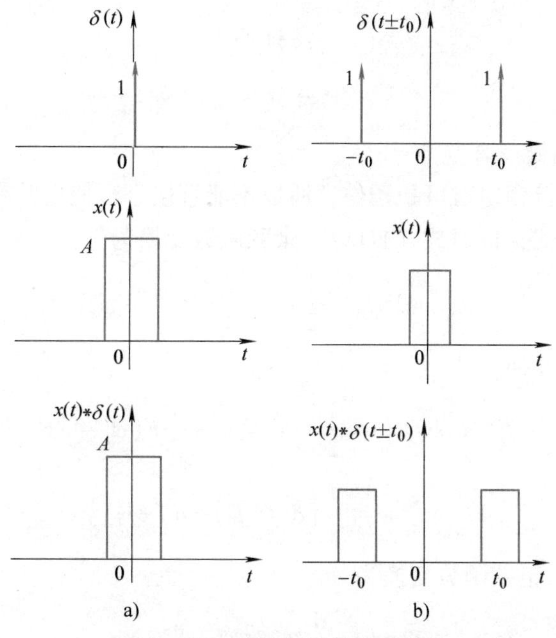

图 1-15　δ 函数与其他函数卷积

$$x(t)*\delta(t)=\int_{-\infty}^{\infty}x(\tau)\delta(t-\tau)\,\mathrm{d}\tau=\int_{-\infty}^{\infty}x(\tau)\delta(\tau-t)\,\mathrm{d}\tau=x(t) \tag{1-65}$$

同理，任何一函数 $x(t)$ 与具有时移 t_0 的 δ 函数 $\delta(t\pm t_0)$ 的卷积是时移后的该函数 $x(t\pm t_0)$，如图 1-15 所示。

$$x(t)*\delta(t\pm t_0)=\int_{-\infty}^{\infty}x(\tau)\delta(t\pm t_0-\tau)\,\mathrm{d}\tau=x(t\pm t_0) \tag{1-66}$$

（4）$\delta(t)$ 频谱　$\delta(t)$ 是一非周期函数，其频谱函数应按傅里叶变换求取，如图 1-16 所示为 $\delta(t)$ 的时频域波形，即

$$\Delta(f)=F[\delta(t)]=\int_{-\infty}^{\infty}\delta(t)\mathrm{e}^{-\mathrm{j}2\pi ft}\mathrm{d}t=\mathrm{e}^{-\mathrm{j}2\pi f\times 0}=1 \tag{1-67}$$

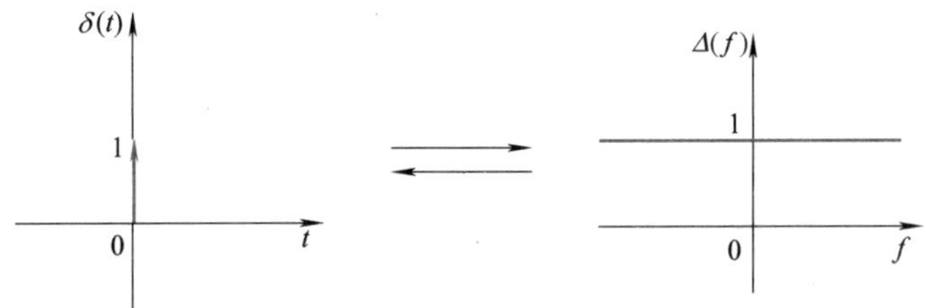

图 1-16　$\delta(t)$ 频谱

其傅里叶逆变换为

$$\delta(t)=\int_{-\infty}^{+\infty}1\times \mathrm{e}^{\mathrm{j}2\pi ft}\mathrm{d}f \tag{1-68}$$

可以看出，δ 函数具有无限宽广频谱，且在所有的频段上等强度，故称均匀谱。

根据傅里叶变换的时移和频移特性，可以得到在时域有时移和在频域有频移的 δ 函数对应域的表达式，即

$$\delta(t-t_0)\Leftrightarrow 1\times \mathrm{e}^{-\mathrm{j}2\pi ft_0} \tag{1-69}$$

$$\mathrm{e}^{\mathrm{j}2\pi f_0 t}\Leftrightarrow \delta(f-f_0) \tag{1-70}$$

2. 正、余弦函数的傅里叶变换

这两种周期函数不符合绝对可积条件，所以不能直接进行傅里叶变换，但可以通过 δ 函数的特点求其频域表达式，根据式（1-18），余弦函数变换为

$$\cos 2\pi f_0 t=\frac{1}{2}(\mathrm{e}^{-\mathrm{j}2\pi f_0 t}+\mathrm{e}^{\mathrm{j}2\pi f_0 t}) \tag{1-71}$$

将等号两侧进行傅里叶变换，得

$$\begin{aligned}F(\cos 2\pi f_0 t)&=\frac{1}{2}F(\mathrm{e}^{-\mathrm{j}2\pi f_0 t})+\frac{1}{2}F(\mathrm{e}^{\mathrm{j}2\pi f_0 t})\\&=\frac{1}{2}[\delta(f-f_0)+\delta(f+f_0)]\end{aligned} \tag{1-72}$$

同理，根据式（1-19），正弦函数变换为

$$\sin 2\pi f_0 t=\frac{1}{2}\mathrm{j}(\mathrm{e}^{-\mathrm{j}2\pi f_0 t}-\mathrm{e}^{\mathrm{j}2\pi f_0 t}) \tag{1-73}$$

其傅里叶变换为

$$\begin{aligned}F(\sin 2\pi f_0 t)&=\frac{1}{2}\mathrm{j}F(\mathrm{e}^{-\mathrm{j}2\pi f_0 t})-\frac{1}{2}\mathrm{j}F(\mathrm{e}^{\mathrm{j}2\pi f_0 t})\\&=\frac{\mathrm{j}}{2}[\delta(f+f_0)-\delta(f-f_0)]\end{aligned} \tag{1-74}$$

正、余弦函数及其频谱如图 1-17 所示。

3. 周期函数的傅里叶变换

一个周期函数可以表示为式（1-22）所示的复指数和的形式，根据式（1-70）可以求得一般周期函数的傅里叶变换为

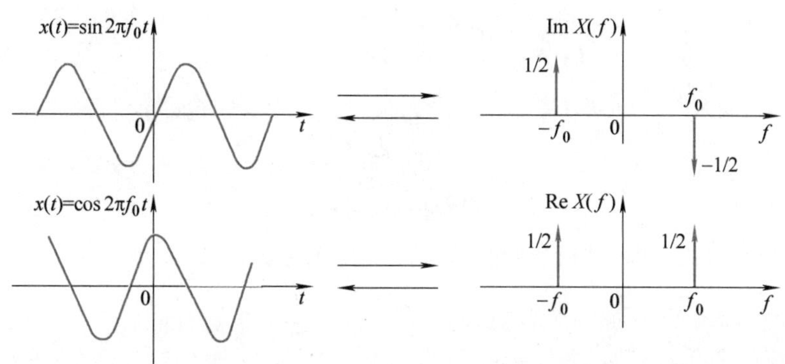

图 1-17 正、余弦函数及其频谱

$$x(t)=\sum_{i=-\infty}^{\infty}C_n\mathrm{e}^{\mathrm{j}n\omega_0 t}$$

傅里叶系数 C_n 为

$$C_n=\frac{1}{T_0}\int_{-T_0/2}^{T_0/2}x(t)\mathrm{e}^{-\mathrm{j}n\omega_0 t}\mathrm{d}t$$

$$\begin{aligned}X(\omega)=F[x(t)]&=F\left(\sum_{n=-\infty}^{\infty}C_n\mathrm{e}^{\mathrm{j}n\omega_0 t}\right)=\sum_{n=-\infty}^{\infty}C_nF(\mathrm{e}^{\mathrm{j}n\omega_0 t})\\&=2\pi\sum_{n=-\infty}^{\infty}C_n\delta(\omega-n\omega_0)\end{aligned}\tag{1-75}$$

式（1-75）表明，一个周期函数的傅里叶变换由无穷多个位于 $x(t)$ 的各谐波频率上的脉冲函数组成。

例 1-5 图 1-18a 所示为周期单位脉冲序列，常称为梳状函数，其表达式为

$$x(t)=\sum_{n=-\infty}^{\infty}\delta(t-nT_s)$$

式中 T_s——周期；

n——整数，$n=0, \pm1, \pm2, \cdots$。

求它的傅里叶变换。

解：将 $x(t)$ 表达为傅里叶级数的复指数形式

$$x(t)=\sum_{k=-\infty}^{\infty}C_k\mathrm{e}^{\mathrm{j}2\pi kf_s t}$$

式中 $f_s=1/T_s$；

k——整数，$k=0, \pm1, \pm2, \cdots$。

系数 C_k 为

$$C_k=\frac{1}{T_s}\int_{-T_s/2}^{T_s/2}x(t)\mathrm{e}^{-\mathrm{j}2\pi kf_s t}\mathrm{d}t$$

在（$-T_s/2$, $T_s/2$）区间内，$x(t)$ 只有一个 δ 函数 $\delta(t)$，而当 $t=0$ 时，$\mathrm{e}^{-\mathrm{j}2\pi f_s t}=\mathrm{e}^0=1$，

所以
$$C_k = \frac{1}{T_s}\int_{-T_s/2}^{T_s/2}\delta(t)\mathrm{e}^{-\mathrm{j}2\pi k f_s t}\mathrm{d}t = \frac{1}{T_s}$$

则
$$x(t) = \frac{1}{T_s}\sum_{k=-\infty}^{\infty}\mathrm{e}^{\mathrm{j}2\pi k f_s t}$$

由
$$\mathrm{e}^{\mathrm{j}2\pi k f_s t} \Leftrightarrow \delta(f-kf_s)$$

可得 $x(t)$ 的频谱 $X(f)$，也是梳状函数，如图 1-18b 所示。

$$X(f) = \frac{1}{T_s}\sum_{k=-\infty}^{\infty}\delta\left(f-\frac{k}{T_s}\right)$$

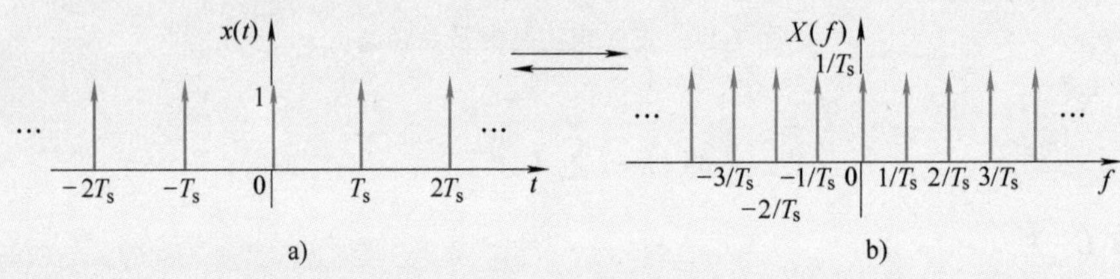

图 1-18　周期单位脉冲序列及其频谱

由图 1-18 可见，时域周期单位脉冲序列的频谱也是周期脉冲序列。若时域周期为 T_s，则频域脉冲序列的周期为 $1/T_s$；若时域脉冲强度为 1，则频域中强度为 $1/T_s$。

思考题与习题

1-1　信号的分类以及特点是什么？

1-2　什么是单位脉冲函数 $\delta(t)$？它有什么特性？如何求其频谱？

1-3　正弦信号有何特点？如何求其频谱？

1-4　求指数函数的频谱和双边指数函数的频谱。

1-5　设有一组合信号，由频率分别为 724Hz、44Hz、500Hz、600Hz 的同相正弦波叠加而成。求该信号的周期。

1-6　从示波器荧光屏中测得正弦波图形的“起点”坐标为（0，1），振幅为 2，周期为 4π。求该正弦波的表达式。

1-7　求正弦信号 $x(t)=A\sin\left(\frac{2\pi}{T}t\right)$ 的单边、双边频谱。如果该信号延时$\frac{T}{4}$，其频谱如何变化？

1-8　求被矩形窗截断的余弦函数 $\cos\omega_0 t$ 的傅里叶变换。

$$x(t)=\begin{cases}\cos\omega_0 t & (|t|<T)\\ 0 & (|t|\geqslant T)\end{cases}$$

1-9　求指数衰减振荡信号 $f(t)=\mathrm{e}^{-\alpha t}\sin\omega_0 t$ $(t>0)$ 的频谱。

第2章 测量系统的基本特性

测试的基本任务是通过测试手段，对研究对象中的有关信息量做出比较客观、准确的描述，使人们对其有一个恰当、全面的认识，并达到进一步改造和控制研究对象的目的，即解决如何获取有关被测对象的状态、运动和特征等方面的信息的问题。例如，弹簧在外力作用下产生变形的测量；一个回转圆盘不平衡量的大小及其分布信息的测量；机械系统动态特性的测试等。

一个完整的测量系统通常由传感器、信号调理、信号处理、信号显示和记录等环节组成，必要时，也可包含激励装置、标定装置等内容。依据测试的内容、目的和要求等不同，测量系统的组成可能会存在很大的差别。如测量温度时，可以使用简单的液柱式温度计，也可以使用较为复杂的红外测温仪；测试机床主轴的动态特性时，则需要用到力锤（或激振器）、加速度传感器、电荷放大器、A-D 转换模块、数据记录仪、模态分析软件等，构成一个复杂的测量系统，从而得到机床主轴的固有频率、阻尼、振型等模态参数。本章所提及的“测量系统”，既可以是复杂的测量系统，也可以是测量系统中的不同环节，如一个传感器或简单的 *RC* 滤波电路等。

本章主要讨论测量系统及其与输入、输出之间的关系，使读者掌握测量系统静态、动态特性的评价方法和特性参数的测定方法，尤其是测量系统的频率响应函数的物理意义；熟悉测量系统在典型输入下的响应和实现不失真测试的条件；正确地选用仪器设备来组成合理的测量系统。

2.1 测量系统及其主要性质

一般而言，把外界对系统的作用称为系统的输入或激励，而将系统对这种作用的反应称为系统的输出或响应。一个系统无论多么复杂，其传递特性与输入、输出量之间的关系可用图 2-1 表示，其中 $x(t)$ 和 $y(t)$ 分别表示输入量与输出量，$h(t)$ 表示系统的传递特性。三者之间一般有如下的几种关系：

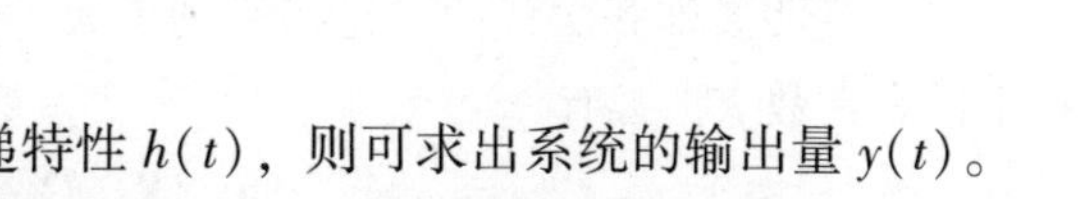

$x(t)$ 输入 激励 → $h(t)$ 系统 → 输出 响应 $y(t)$

图 2-1 测量系统原理框图

（1）预测　已知输入量 $x(t)$ 和系统的传递特性 $h(t)$，则可求出系统的输出量 $y(t)$。

（2）系统辨识　已知系统的输入量 $x(t)$ 和输出量 $y(t)$，求系统的传递特性 $h(t)$。

（3）反求　已知系统的传递特性 $h(t)$ 和输出量 $y(t)$，来推知系统的输入量 $x(t)$。

依据被测量在测量过程中是否发生变化，将测量过程分为静态测量和动态测量两种。静态测量是指被测量在测量期间可视为恒定量的测量，动态测量是指为确定被测量的瞬时值或被测量的值在测量期间随时间（或其他影响因素）变化所进行的测量。

测量系统的输出量 $y(t)$ 能否正确地反映输入量 $x(t)$，显然与测量系统本身的特性有密切关系。理想的测量系统应该具有单值的、确定的输入-输出关系，其中以输出量和输入量呈线性关系为最佳。对于静态测量而言，测量系统的特性可用代数方程进行描述，且在测量过程中易于实现测量结果的校正和补偿，故测量系统的线性关系不是必需的，但仍是期望的。对于动态测量来说，测量系统的输入量和输出量都随时间的变化而变化，不能再用简单的代数方程式表达输入信号与输出信号之间的关系，而是需要用输入/输出信号对时间的微分方程式表达。鉴于目前对线性系统的数学处理和分析方法比较完善，且动态测量中的非线性校正比较困难，故动态测量系统应力求是线性系统。

测量的目的是准确了解被测物理量，但人们通过测量永远测不到被测物理量的真值，只能观测到经过测量系统的各个变换环节对被测物理量传递后的输出量。研究系统的特性就是为了能使系统尽可能在准确、真实地反映被测物理量方面做得更好，同时也是为了对现有的测量系统优劣提供客观评价。

从数学上讲，线性系统是指可以用线性方程（线性代数方程、线性微分方程和线性差分方程）描述的系统。如果系统的输入量 $x(t)$ 和输出量 $y(t)$ 之间的关系可以用如下微分方程描述，即

$$\begin{aligned}&a_n\frac{\mathrm{d}^n y(t)}{\mathrm{d}t^n}+a_{n-1}\frac{\mathrm{d}^{n-1}y(t)}{\mathrm{d}t^{n-1}}+\cdots+a_i\frac{\mathrm{d}^i y(t)}{\mathrm{d}t^i}+\cdots+a_1\frac{\mathrm{d}y(t)}{\mathrm{d}t}+a_0y(t)\\&=b_m\frac{\mathrm{d}^m x(t)}{\mathrm{d}t^m}+b_{m-1}\frac{\mathrm{d}^{m-1}x(t)}{\mathrm{d}t^{m-1}}+\cdots+b_j\frac{\mathrm{d}^j x(t)}{\mathrm{d}t^j}+\cdots+b_1\frac{\mathrm{d}x(t)}{\mathrm{d}t}+b_0x(t)\end{aligned}\tag{2-1}$$

且方程中的系数 a_i、b_j 均为不随时间而变化的常数，则该方程为常系数微分方程，所描述的系统为线性定常系统或线性时不变系统。

线性时不变系统具有如下基本性质。

1. 叠加性

叠加性是指当几个激励同时作用于系统时，其响应等于每个激励单独作用于系统的响应之和，即若

$$x_1(t)\to y_1(t),\ x_2(t)\to y_2(t)$$

则

$$[x_1(t)\pm x_2(t)]\to[y_1(t)\pm y_2(t)]\tag{2-2}$$

叠加性表明，对于线性系统，各个输入量产生的响应是互不影响的。因此，可以将一个复杂的输入量分解为一系列简单的输入量之和，系统对复杂激励的响应便等于这些简单输入量的响应之和。

2. 比例特性

比例特性又称齐次特性，是指激励扩大了 K 倍，则响应也扩大 K 倍，即若 $x(t)\to y(t)$，对于任意常数 K，必有

$$Kx(t)\to Ky(t)\tag{2-3}$$

3. 微分特性

线性系统对输入导数的响应等于对该输入响应的导数，即若 $x(t)\to y(t)$，则

$$\frac{\mathrm{d}x(t)}{\mathrm{d}t}\to\frac{\mathrm{d}y(t)}{\mathrm{d}t}\tag{2-4}$$

4. 积分特性

若线性系统的初始状态为零（即当输入为零时，其输出也为零），则对输入积分的响应等于对该输入响应的积分，即若 $x(t)\rightarrow y(t)$，则

$$\int_0^t x(t)\,\mathrm{d}t \rightarrow \int_0^t y(t)\,\mathrm{d}t \tag{2-5}$$

5. 频率保持特性

若线性系统的输入量是某一频率的简谐信号，则其稳态响应必是同一频率的简谐信号。

证明：若 $x(t)\rightarrow y(t)$，ω 为某一已知频率，根据比例特性和微分特性有

$$\omega^2 x(t)\rightarrow\omega^2 y(t),\qquad \frac{\mathrm{d}^2x(t)}{\mathrm{d}t^2}\rightarrow\frac{\mathrm{d}^2y(t)}{\mathrm{d}t^2}$$

由线性系统的叠加性，有

$$\frac{\mathrm{d}^2x(t)}{\mathrm{d}t^2}+\omega^2x(t)\rightarrow\frac{\mathrm{d}^2y(t)}{\mathrm{d}t^2}+\omega^2y(t)$$

设输入信号为 $x(t)=x_0\mathrm{e}^{\mathrm{j}\omega t}$，则

$$\frac{\mathrm{d}^2x(t)}{\mathrm{d}t^2}=(\mathrm{j}\omega)^2x_0\mathrm{e}^{\mathrm{j}\omega t}=-\omega^2x(t)$$

由此，得

$$\frac{\mathrm{d}^2x(t)}{\mathrm{d}t^2}+\omega^2x(t)=0$$

相应的输出量也应为

$$\frac{\mathrm{d}^2y(t)}{\mathrm{d}t^2}+\omega^2y(t)=0$$

于是输出量 $y(t)$ 的唯一可能解只能是

$$y(t)=y_0\mathrm{e}^{\mathrm{j}(\omega t+\varphi)}$$

线性系统的这些基本性质，尤其是频率保持特性在动态测试中具有非常重要的作用。对于线性系统而言，若已知其输入的激励频率，则所测信号中只有与之相同的频率成分才是该激励引起的响应，而其他频率成分则一概视为噪声或干扰。进而可以依据这一特性，采用相应的滤波技术，在很强的噪声干扰下，把有用的信息提取出来。实际上，研究复杂输入信号所引起的输出时，就可以转换到频域中去研究，研究输入频域函数所产生的输出的频域函数。在频域处理问题，往往比较方便和简捷。

2.2　测量系统的静态特性

测量系统的特性分为静态特性和动态特性。如果测量系统的输入量和输出量不随时间变化，或变化极慢（在所观察的时间内可忽略其变化而视作常量），则式（2-1）中输入量和输出量的各阶导数均为零，于是，有

$$y(t)=\frac{b_0}{a_0}x(t)=Kx(t) \tag{2-6}$$

在此基础上所确定的测量系统的响应特性称为静态特性。简单地说，静态特性就是在静态测

量情况下描述实际测试系统与理想时不变线性系统的接近程度。

描述测量系统静态特性的主要参数有灵敏度、线性度、回程误差、量程、精确度、分辨力、重复性、漂移和稳定性等。

1. 灵敏度

单位输入量变化所引起的输出量的变化称为灵敏度，通常用输出量与输入量的变化量之比来表示，即

$$K=\frac{\Delta y(t)}{\Delta x(t)} \tag{2-7}$$

对呈线性关系的测量系统而言，其灵敏度为常量，如图 2-2a 所示。

$$K=\frac{\Delta y(t)}{\Delta x(t)}=\frac{y(t)}{x(t)}=\frac{b_0}{a_0}=\text{常量} \tag{2-8}$$

对于呈非线性关系的测量系统而言，其灵敏度为系统特性曲线的斜率，即对不同的输入 x，其灵敏度是变化的，如图 2-2b 所示。

$$K=\frac{\mathrm{d}y}{\mathrm{d}x}$$

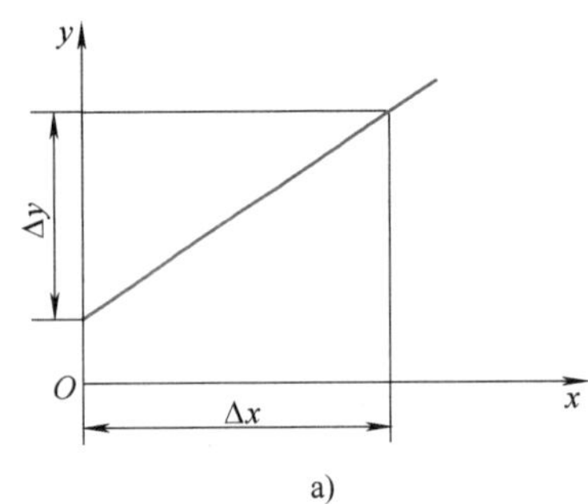

a)

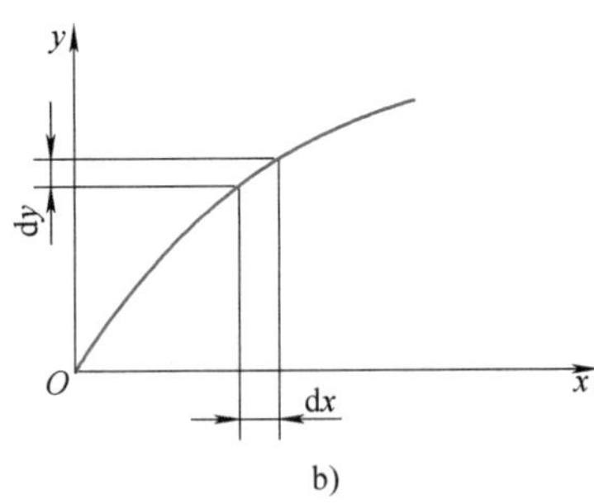

b)

图 2-2　灵敏度的定义

a）线性系统灵敏度　b）非线性系统灵敏度

灵敏度反映了测量系统对输入信号变化的一种反应能力。灵敏度量纲取决于输出量与输入量的量纲。若系统的输出量与输入量为同量纲，灵敏度就是该测量系统的放大倍数。

注意：测量系统灵敏度越高，说明在相同的输入下，该测量系统可以得到越大的输出。但在设计或选择测量系统的灵敏度时，并非越高越好，因为通常情况下，测量系统的灵敏度越高，则其测量范围越窄，系统的稳定性往往也越差。

2. 线性度

在静态测量中，测量系统的输出量与输入量之间的关系曲线称为定标曲线（也称输入-输出特性曲线），通常用实验的方法求取。理想的测量系统（线性系统）的定标曲线是直线，实际测量系统是很难做到的。一般测量系统的定标曲线是一条具有特定形状的曲线。

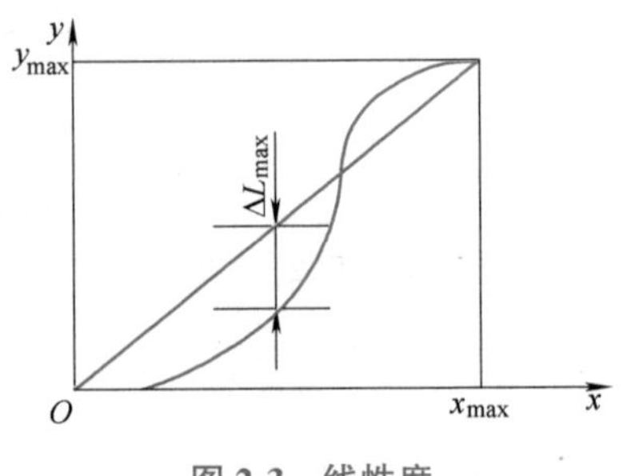

图 2-3　线性度

定标曲线与拟合直线的偏离程度称为线性度，也称非线性误差。如图 2-3 所示，作为技术指标，则采用测量系统的定标曲线与拟合直线的最大偏差 ΔL_{max} 与满量程输出

Y_{FS}的百分比来表示，即

$$线性度=\frac{\Delta L_{max}}{Y_{FS}}\times 100\% \tag{2-9}$$

线性度值越小，表明该系统的线性特性越好。由于线性度是以所参考的拟合直线为基准得到的，因此拟合直线不同时，线性度的数值也不同。常用的确定拟合直线的方法有以下两种。

（1）两点连线法　在测得的定标曲线上，把通过零点和满量程输出点的连线作为拟合直线，如图 2-3 所示。此方法简单但不精确，在使用时，易造成最大误差 ΔL_{max} 偏大，影响测量系统的使用精度。

（2）最小二乘法　也称为线性回归法，其原则是使拟合直线在全量程范围内拟合精度最高，使它与定标曲线输出量偏差的二次方和为最小，尽可能减小使用时的测量误差。这一方法比较精确，但计算复杂。具体算法如下：

设在定标过程中，分别输入 N 个不同的输入量 $x_i(i=1, 2, \cdots, N)$，得到对应的 N 个输出量 $y_i(i=1, 2, \cdots, N)$，运用数理统计的线性回归方法（即最小二乘法）可得到所确定的拟合直线的方程为

$$y=a_0+kx \tag{2-10}$$

式中 $a_0=\dfrac{\sum\limits_{i=1}^{N}x_i^2\cdot\sum\limits_{i=1}^{N}y_i-\sum\limits_{i=1}^{N}x_i\cdot\sum\limits_{i=1}^{N}x_iy_i}{N\sum\limits_{i=1}^{N}x_i^2-(\sum\limits_{i=1}^{N}x_i)^2}$，$k=\dfrac{N\sum\limits_{i=1}^{N}x_iy_i-\sum\limits_{i=1}^{N}x_i\cdot\sum\limits_{i=1}^{N}y_i}{N\sum\limits_{i=1}^{N}x_i^2-(\sum\limits_{i=1}^{N}x_i)^2}$。

3. 回程误差

回程误差也称滞后误差。实际测量系统在测量时，在同样的测试条件和全量程范围内，当输入量由小增大和再由大减小时，定标曲线并不重合，如图 2-4 所示。对于同一个输入量，按不同的方向可得到两个数值，回程误差的技术指标采用这两个输出量之间差值的最大者 ΔH_{max} 与满量程输出的百分比来表示，即

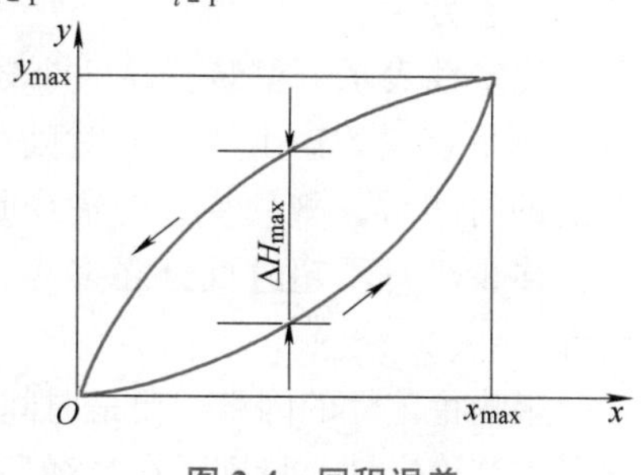

图 2-4　回程误差

$$回程误差=\frac{\Delta H_{max}}{Y_{FS}}\times 100\% \tag{2-11}$$

产生回程误差的原因可归纳为系统内部各种类型的摩擦、间隙以及某些机械材料和电气材料的滞后特性等。

4. 量程

量程是指测量装置允许测量的输入量的上、下极限值。输入量超过允许承受的最大值时，称为过载。超量程使用，不仅会引起较大测试误差，还有可能对测量装置造成毁坏，一般是不允许的，但测量装置应具有一定的过载能力。过载能力通常用一个允许的最大值或者用满量程值的百分数来表示。

5. 精确度

精确度是指测量仪器的指示值和被测量真值之间的接近程度。精确度是受诸如非线性、迟滞、温度变化、漂移等一系列因素的影响，反映测量中各类误差的综合。

6. 分辨力

分辨力是指测量系统所能检测出来的输入量的最小变化量，通常是以最小单位输出量所对应的输入量来表示。一个测量系统的分辨力越高，表示它所能检测出的输入量的最小变化量值越小。

7. 重复性

重复性表示测量系统在同一工作条件下，按同一方向进行全量程多次（三次以上）测量时，对于同一个激励量其测量结果的不一致程度，如图2-5所示。重复性误差为随机误差，用正、反行程中最大偏差 Δ_{max} 与满量程输出 Y_{FS} 的百分数来表示，即

$$\eta=\frac{\Delta_{max}}{Y_{FS}}\times 100\% \tag{2-12}$$

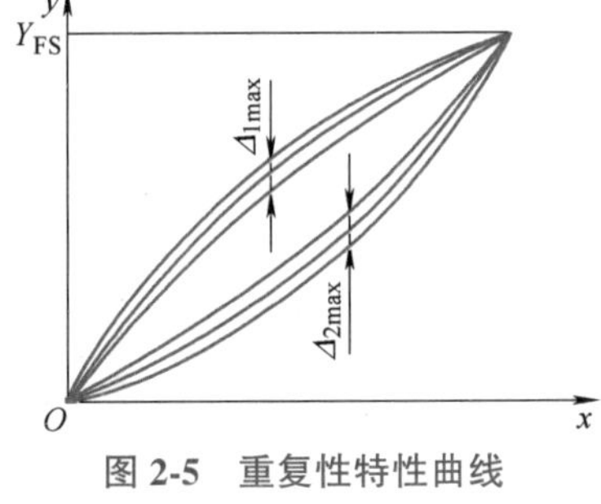

图 2-5　重复性特性曲线

重复性是测量系统最基本的技术指标，是其他各项指标的前提和保证。

8. 漂移

仪器的输入量未发生变化时，其输出量所发生的变化称为漂移。在规定条件下，对一个恒定的输入量在规定的时间内的输出量变化，称为点漂。在测量装置测试范围最低值处的点漂，称为零点漂移，简称零漂。随环境温度变化所产生的漂移称为温漂。

漂移常由仪器的内部温度变化和元件的不稳定性所引起，它反映了测量系统对各种干扰，包括温度、湿度、电磁场的适应能力。

9. 稳定性

稳定性表示测量装置在一个较长时间内保持其性能参数的能力，也就是在规定的条件下，测量装置的输出特性随时间的推移而保持不变的能力。一般以室温条件下经过一个规定的时间后，测量装置的输出量与起始标定时的输出量差异程度来表示其稳定性。例如：多少个月不超过百分之多少满量程输出，有时也采用给出标定的有效期来表示其稳定性。

影响稳定性的因素主要是时间、环境、干扰和测量装置的器件状况。选用测量装置时应该考虑其稳定性，特别是在复杂环境下工作时，应考虑各种干扰（如磁辐射和电网干扰等）的影响，提高测量装置的抗干扰能力和稳定性。

2.3　测量系统的动态特性

测量系统的动态特性指输入量随着时间变化时，其输出随着输入而变化的关系。动态特性仅解决系统对信号的响应问题，而测试结果的精度、误差、读数的刻度，则完全取决于测试系统的静态特性。用于静态测量的测量装置，一般只需利用静态特性指标来考察其质量。在动态测量中，因为两方面的特性都将影响测量结果，所以不仅需要用静态特性指标，还需要用动态特性指标来描述测试仪器的质量。

线性系统的动态特性有许多描述方法。一般认为测量系统在所考虑的测量范围内是线性系统。因此，可以用式（2-1）描述测量系统输入量 $x(t)$ 与输出量 $y(t)$ 之间的关系。本节介绍的传递函数、频率响应函数和脉冲响应函数是在不同的域描述线性系统传输特性的

方法，其中频率响应函数是系统动态特性的频域描述，脉冲响应函数是系统动态特性的时域描述。

2.3.1 传递函数

若系统的初始条件为零，即认为输入量和输出量以及它们的各阶导数的初始值均为零，记输入量 $x(t)$ 的拉普拉斯变换为 $X(s)$，输出量 $y(t)$ 的拉普拉斯变换为 $Y(s)$，对式（2-1）的两边进行拉普拉斯变换，可以得到

$$(a_n s^n + a_{n-1} s^{n-1} + \cdots + a_1 s + a_0) Y(s) = (b_m s^m + b_{m-1} s^{m-1} + \cdots + b_1 s + b_0) X(s)$$

系统的传递函数 $H(s)$ 定义为输出量和输入量的拉普拉斯变换之比，即

$$H(s) = \frac{Y(s)}{X(s)} = \frac{b_m s^m + b_{m-1} s^{m-1} + \cdots + b_1 s + b_0}{a_n s^n + a_{n-1} s^{n-1} + \cdots + a_1 s + a_0} \tag{2-13}$$

传递函数 $H(s)$ 以数学函数的形式表征了系统本身的传递特性，包含瞬态、稳态时间响应和频率响应的全部信息。它具有以下几个特点：

1）$H(s)$ 只反映系统的特性，与输入量 $x(t)$ 及系统的初始状态无关。对任一输入量 $x(t)$ 都能明确确定出相应的输出量 $y(t)$，并且联系输入量与输出量所必需的量纲。

2）$H(s)$ 作为对物理系统特性描述的一种数学模型，不能确定系统的具体物理结构，因为两个完全不同的物理系统，可能具有相似的传递特性，能用相同形式的传递函数表示。

3）$H(s)$ 等式中的各系数 a_n，a_{n-1}，…，a_1，a_0 和 b_m，b_{m-1}，…，b_1，b_0 是由测量系统本身结构特性所唯一确定的常数。

4）$H(s)$ 中的分母取决于系统的结构，而分子则表示系统同外界之间的联系，如输入点的位置、输入方式、被测量以及测点布置情况等。分母中 s 的幂次 n 代表了系统微分方程的阶数，若 $n=k$，则称 k 阶系统。

通过传递函数的形式可以判断系统的稳定性，一般测量系统都是稳定系统。其分母中 s 的幂次总是高于分子中 s 的幂次（$n>m$）。

2.3.2 频率响应函数

传递函数 $H(s)$ 是在复频域中描述和考察系统的特性，与在时域中用微分方程来描述和考察系统的特性相比，有许多优点。频率响应函数则是在频域中描述和考察系统特性。简谐信号是最基本的典型信号，为了便于研究测量系统的动态特性，经常以简谐信号作为输入量，求测量系统的稳态响应。频率响应函数（Frequency Response Function）是测量系统输出信号的傅里叶变换与输入信号的傅里叶变换之比。与传递函数相比，频率响应函数易通过实验来建立，并且物理概念明确。因此，频率响应函数成为实验研究系统的重要工具。

在已经知道系统传递函数 $H(s)$ 的情况下，令 $H(s)$ 中的 s 实部为零，即 $s=\mathrm{j}\omega$，便可以求得频率响应函数 $H(\mathrm{j}\omega)$。对于线性时不变系统，频率响应函数为

$$H(\mathrm{j}\omega) = \frac{Y(\mathrm{j}\omega)}{X(\mathrm{j}\omega)} = \frac{b_m (\mathrm{j}\omega)^m + b_{m-1}(\mathrm{j}\omega)^{m-1} + \cdots + b_1(\mathrm{j}\omega) + b_0}{a_n (\mathrm{j}\omega)^n + a_{n-1}(\mathrm{j}\omega)^{n-1} + \cdots + a_1(\mathrm{j}\omega) + a_0} \tag{2-14}$$

有时简写成 $H(\omega)$，它是一个复函数，具有相应的模和相角。若用 $P(\omega)$ 和 $Q(\omega)$ 分别表示

$H(\mathrm{j}\omega)$的实部、虚部，则

$$H(\mathrm{j}\omega)=P(\omega)+\mathrm{j}Q(\omega) \tag{2-15}$$

由欧拉公式 $H(\mathrm{j}\omega)$ 可写成指数形式，即

$$H(\mathrm{j}\omega)=A(\omega)\,\mathrm{e}^{\mathrm{j}\varphi(\omega)} \tag{2-16}$$

则

$$A(\omega)=|H(\mathrm{j}\omega)|=\sqrt{P^2(\omega)+Q^2(\omega)} \tag{2-17}$$

$$\varphi(\omega)=\arctan\frac{Q(\omega)}{P(\omega)} \tag{2-18}$$

式（2-17）称为系统的幅频特性，表达了输出信号与输入信号的幅值比随频率变化的关系。式（2-18）称为相频特性，表达了输出信号与输入信号的相位差随频率变化的关系。

除了数学表达式外，还常用图形法表示频率特性，把 $A(\omega)$-ω 曲线称为幅频特性曲线，把 $\varphi(\omega)$-ω 曲线称为相频特性曲线。图形法不仅直观，而且用起来十分方便。在实际应用中，这两种曲线常取对数值作图，即分别画出对数幅频曲线 $20\lg A(\omega)$-$\lg\omega$ 和对数相频曲线 $\varphi(\omega)$-$\lg\omega$，总称为伯德（Bode）图。以频率响应函数 $H(\mathrm{j}\omega)$ 的实部 $P(\omega)$ 为横坐标，虚部 $Q(\omega)$ 为纵坐标画出 $Q(\omega)$-$P(\omega)$ 的曲线，并在曲线上标明相应的频率 ω 所得的图，称为奈奎斯特（Nyquist）图。

2.3.3 脉冲响应函数

初始条件为零的情况下，在 $t=0$ 时刻，给测量系统输入一单位脉冲（冲激）函数，即 $x(t)=\delta(t)$。如果测量系统是稳定的，那么经过一段时间后它会渐渐地又恢复到原来的平衡位置，如图 2-6 所示。测量系统对单位脉冲输入的响应称为测量系统的脉冲响应函数，也称为权函数，用 $h(t)$ 表示。脉冲响应函数是对测量系统动态响应特性的一种时域描述。对于单输入、单输出系统，系统的输入量 $x(t)$、输出量 $y(t)$ 及脉冲响应函数 $h(t)$ 三者之间的关系为

$$y(t)=x(t)*h(t) \tag{2-19}$$

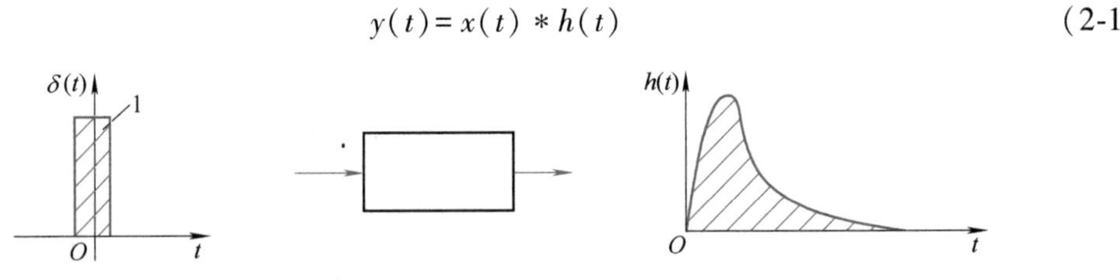

图 2-6 单位脉冲响应函数

即测量系统在任意输入下所产生的响应等于系统的脉冲响应函数与输入信号的卷积。

式（2-19）两边同取傅里叶变换，可得

$$Y(\mathrm{j}\omega)=X(\mathrm{j}\omega)H(\mathrm{j}\omega) \tag{2-20}$$

如果将 $s=\mathrm{j}\omega$ 代入式（2-20），可得

$$Y(s)=H(s)X(s) \tag{2-21}$$

也就是说，脉冲响应函数 $h(t)$ 与频率响应函数 $H(\mathrm{j}\omega)$ 之间是傅里叶变换和逆变换的关系，与传递函数 $H(s)$ 之间是拉普拉斯变换和拉普拉斯逆变换的关系。

虽然传递函数 $H(s)$ 只要把 s 换成 $j\omega$ 就可得到频响函数 $H(j\omega)$，但二者含义上是有差别的。传递函数 $H(s)$ 是输出量与输入量拉普拉斯变换之比，其输入量并不限于正弦激励，而且传递函数不仅决定着测量系统的稳态性能，也决定着它的瞬态性能，因此在控制系统中应用得较多。频率响应函数 $H(j\omega)$ 是在正弦信号激励下，测量系统达到稳态后输出量与输入量之间的关系。对一个测试过程，为得到准确的被测信号，常使测量系统工作到稳态阶段，所以在测量系统中频率响应函数应用得较多。

2.3.4　测试环节之间的连接

一个测量系统，通常由若干环节连接而成，整个系统的传递函数与各环节的传递函数之间的关系除了取决于各环节之间的结构形式之外，还与各环节之间是否存在能量交换和相互影响有关。

1. 环节的串联

若一个系统由两个环节串联组成，如图 2-7a 所示，且传递函数分别为 $H_1(s)$ 和 $H_2(s)$，则系统的总传递函数为

$$H(s)=\frac{Y(s)}{X(s)}=\frac{Y_1(s)}{X(s)}\cdot\frac{Y(s)}{Y_1(s)}=H_1(s)H_2(s) \tag{2-22}$$

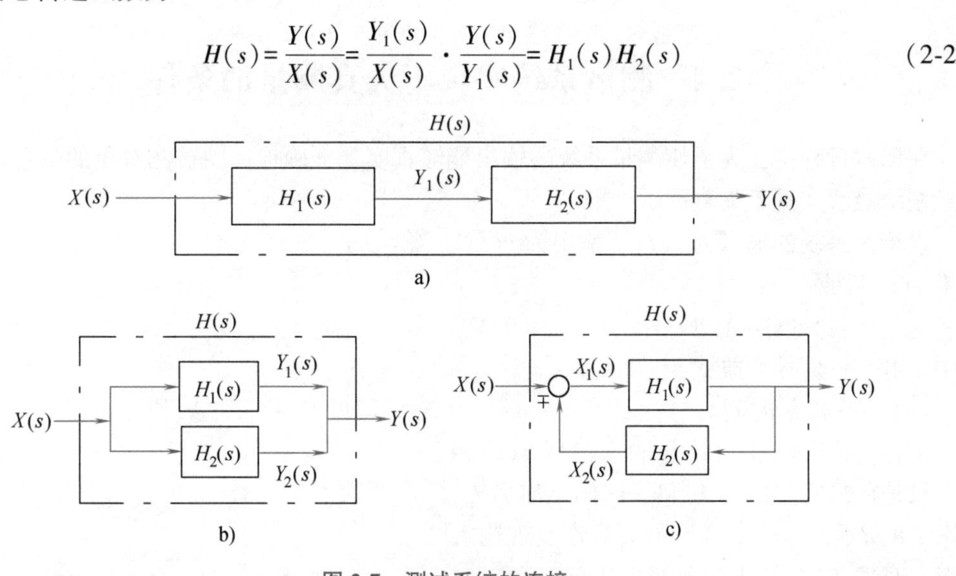

图 2-7　测试系统的连接

a）串联　b）并联　c）存在反馈

类似地，对于 n 个环节串联组成的系统，有

$$H(s)=\prod_{i=1}^{n}H_i(s) \tag{2-23}$$

2. 环节的并联

若一个系统由两个环节并联组成，如图 2-7b 所示，且传递函数分别为 $H_1(s)$ 和 $H_2(s)$，则系统的总传递函数为

$$H(s)=\frac{Y(s)}{X(s)}=\frac{Y_1(s)}{X(s)}+\frac{Y_2(s)}{X(s)}=H_1(s)+H_2(s) \tag{2-24}$$

对于 n 个环节并联组成的系统，也有类似的公式

$$H(s)=\sum_{i=1}^{n}H_i(s) \tag{2-25}$$

3. 存在反馈

如图 2-7c 所示，有

$$\begin{cases}Y(s)=X_1(s)H_1(s)\\X_2(s)=Y(s)H_2(s)\\X_1(s)=X(s)\mp X_2(s)\end{cases}$$

则系统的总传递函数为

$$H(s)=\frac{Y(s)}{X(s)}=\frac{H_1(s)}{1\mp H_1(s)H_2(s)} \tag{2-26}$$

式中，正反馈时，分母中的“∓”符号取负号，负反馈时取正号。

理论分析表明，任何分母中 s 高于三次（$n>3$）的高阶系统都可以看成若干一阶环节和二阶环节的并联或串联，因此，一阶和二阶系统的传递特性是研究高阶系统传递特性的基础。

2.4　测量系统实现不失真测量的条件

在测试过程中，为了使测量系统的输出能够真实、准确地反映被测对象的信息，就希望测量系统能够实现不失真测试。

设测量系统的输入为 $x(t)$，输出为 $y(t)$，如果 $y(t)$ 满足

$$y(t)=A_0x(t-t_0) \tag{2-27}$$

式中　A_0——信号增益；

t_0——滞后时间。

这样，输出信号 $y(t)$ 与输入信号 $x(t)$ 相比，只是在幅值上扩大 A_0 倍，时间上滞后 t_0，如图 2-8 所示，即输出波形不失真地复现输入波形。对式（2-27）两边取傅里叶变换，得

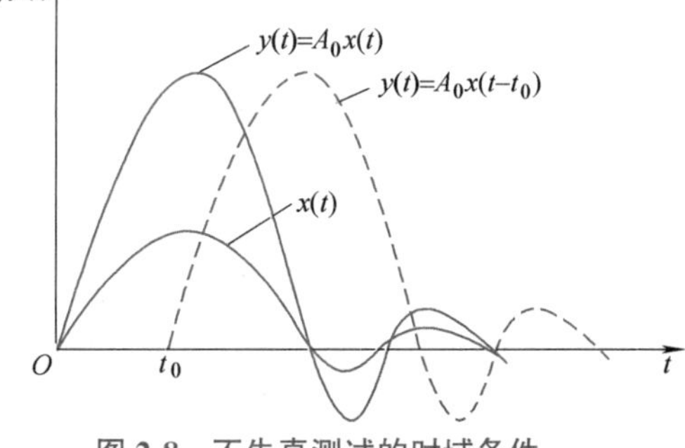

图 2-8　不失真测试的时域条件

$$Y(\mathrm{j}\omega)=A_0\mathrm{e}^{-\mathrm{j}\omega t_0}X(\mathrm{j}\omega)$$

系统的频响函数
$$H(\mathrm{j}\omega)=\frac{Y(\mathrm{j}\omega)}{X(\mathrm{j}\omega)}=A_0\mathrm{e}^{-\mathrm{j}\omega t_0}$$

从而得到系统的幅频特性

$$A(\omega)=A_0=\text{常数}$$

相频特性

$$\varphi(\omega)=-t_0\omega$$

可见，在频域内实现不失真测试的条件即为幅频特性是一条平行于 ω 轴的直线，相频特性是斜率为 $-t_0$ 的直线，分别如图 2-9a、b 所示。

应当指出，测量系统必须同时满足幅值条件和相位条件才能实现不失真测试。将 $A(\omega)$ 不等于常数时所引起的失真称为幅值失真，$\varphi(\omega)$ 与 ω 之间的非线性关系所引起的失真称为

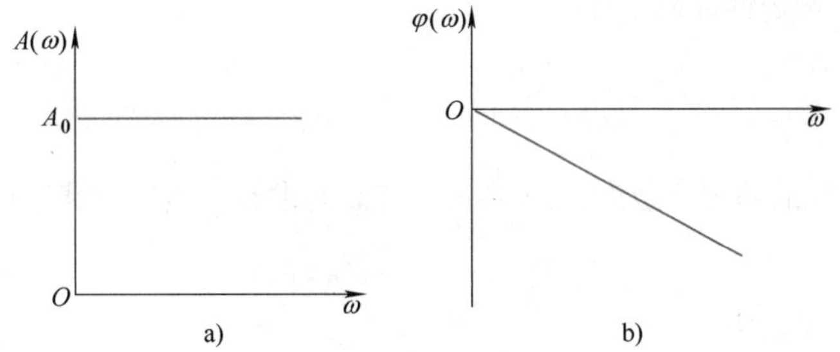

图 2-9　不失真测试的频域条件

相位失真。一般情况下，测量系统既有幅值失真又有相位失真，理想的精确测试是不可能实现的。为此，只能尽量地采取一定的技术手段将波形失真控制在一定的误差范围之内。

当对测量系统有实时要求时，或将测量系统置入一个反馈系统中，那么系统输出对于输入的滞后可能会影响到整个控制系统的稳定性。此时要求测量结果无滞后，即 $\varphi(\omega)=0$。

任何一个测量系统都不可能在非常宽广的频带内满足不失真测试的条件，往往只能在一定的工作频率范围内近似认为是可实现精确测量的。

2.5　常见测量系统的频率响应特性

2.5.1　一阶系统

一阶系统方程式的一般形式为

$$a_1\frac{\mathrm{d}y(t)}{\mathrm{d}t}+a_0y(t)=b_0x(t) \tag{2-28}$$

例如忽略质量的单自由度振动系统，如图 2-10a 所示。输入量为力 $x(t)$，输出量为位移 $y(t)$，k 为弹簧刚度系数，c 为阻尼系数，其数学模型可表示为

$$c\frac{\mathrm{d}y(t)}{\mathrm{d}t}+ky(t)=x(t)$$

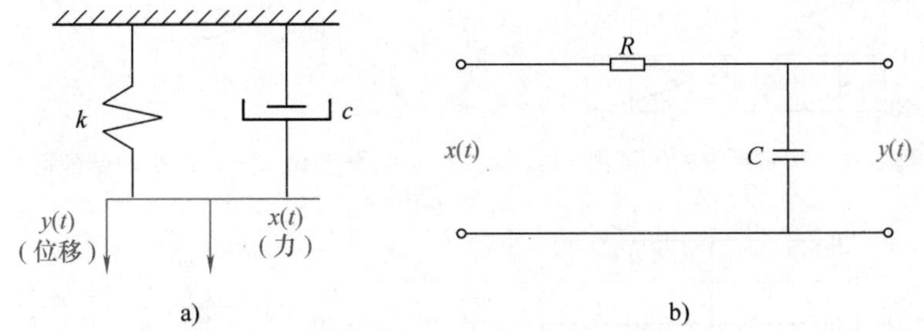

图 2-10　典型的一阶系统

再如，一个简单的 RC 低通滤波电路，如图 2-10b 所示。输入量为电压 $x(t)$，输出量为电压 $y(t)$，电阻为 R，电容为 C，其数学模型为

$$RC\frac{\mathrm{d}y(t)}{\mathrm{d}t}+y(t)=x(t)$$

将式（2-28）两边同除以 a_0 得

$$\frac{a_1}{a_0}\frac{\mathrm{d}y(t)}{\mathrm{d}t}+y(t)=\frac{b_0}{a_0}x(t)$$

令 $K=\frac{b_0}{a_0}$为系统的静态灵敏度，$\tau=\frac{a_1}{a_0}$为系统时间常数，然后对其进行拉普拉斯变换，有

$$\tau sY(s)+Y(s)=KX(s)$$

故一阶系统的传递函数为

$$H(s)=\frac{Y(s)}{X(s)}=\frac{K}{\tau s+1} \tag{2-29}$$

为了研究问题方便，通常将系统的静态灵敏度 K 归一化为 1，可得一阶系统的动态特性。

传递函数 $$H(s)=\frac{Y(s)}{X(s)}=\frac{1}{\tau s+1} \tag{2-30}$$

频率响应函数 $$H(\mathrm{j}\omega)=\frac{Y(\mathrm{j}\omega)}{X(\mathrm{j}\omega)}=\frac{1}{\mathrm{j}\tau\omega+1} \tag{2-31}$$

幅频特性 $$A(\omega)=\frac{1}{\sqrt{1+(\tau\omega)^2}} \tag{2-32}$$

相频特性 $$\varphi(\omega)=-\arctan(\tau\omega) \tag{2-33}$$

图 2-11～图 2-13 所示分别为一阶系统的伯德图、奈奎斯特图、幅频特性曲线和相频特性曲线。

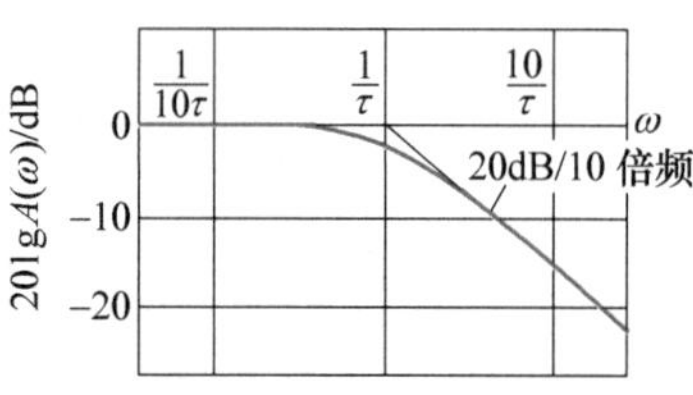

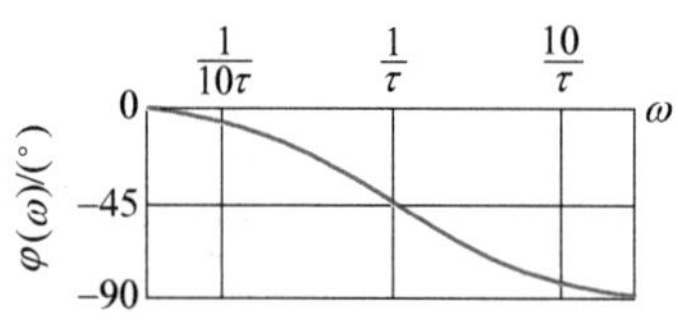

图 2-11 一阶系统的伯德图

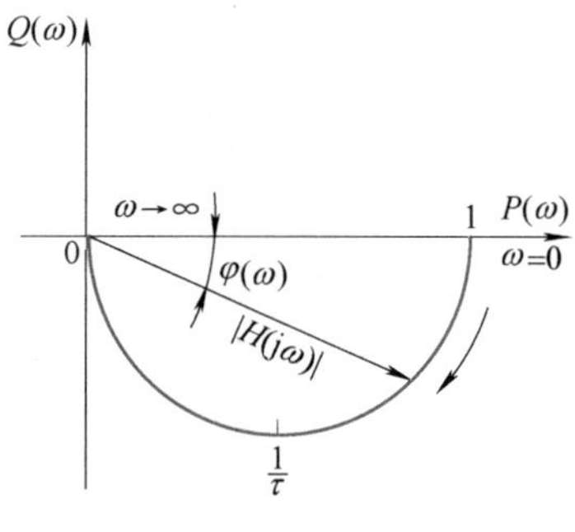

图 2-12 一阶系统的奈奎斯特图

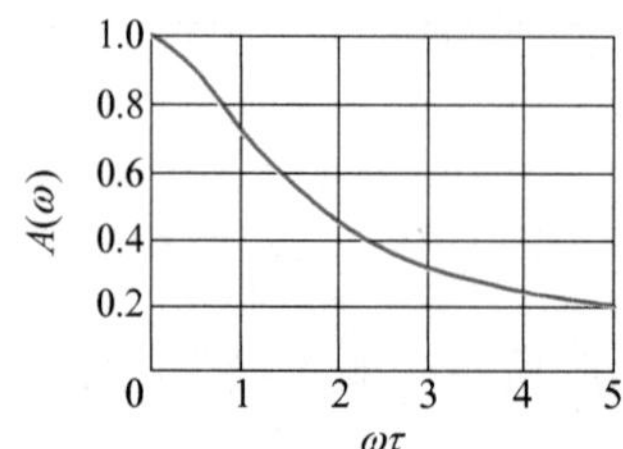

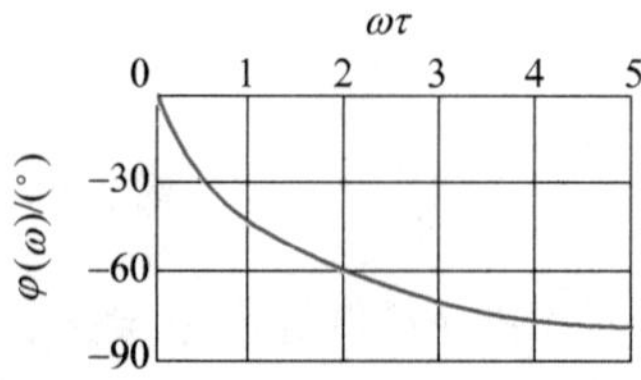

图 2-13 一阶系统的幅频特性曲线和相频特性曲线

从图形可知，一阶系统有如下特点：

1）当激励频率 ω 远小于 $1/\tau$ 时（约 $\omega<1/5\tau$），其 $A(\omega)$ 值接近 1（误差不超过 2%），输出、输入幅值几乎相等。当 $\omega>3/\tau$，即 $\omega\tau\gg1$ 时，$H(\omega)\approx1/(\mathrm{j}\omega\tau)$，与之相应的微分方程为

$$y(t)=\frac{1}{\tau}\int_0^t x(t)\,\mathrm{d}t$$

系统相当于一个积分器。其中幅值几乎与激励频率成反比，相位滞后 90°。故一阶测量系统适用于测量缓变或低频的被测量。

2）时间常数是反映一阶系统特性的重要参数，实际上决定了该系统适用的频率范围。在图 2-11 中，当 $\omega=1/\tau$ 时，$A(\omega)$ 为 0.707[$20\lg A(\omega)=-3\mathrm{dB}$]，相角滞后45°。

3）一阶系统的伯德图可以用一条折线来近似描述。该折线在 $\omega<1/\tau$ 段为 $A(\omega)=1$ 的水平线，在 $\omega>1/\tau$ 段为-20dB/10 倍频斜率的直线。$1/\tau$ 点称为转折频率，在该点，折线偏离实际曲线误差最大（为-3dB）。所谓“-20dB/10 倍频”，指频率每增加 10 倍，$A(\omega)$ 下降 20dB。

2.5.2　二阶系统

二阶系统方程式的一般形式为

$$a_2\frac{\mathrm{d}^2y(t)}{\mathrm{d}t^2}+a_1\frac{\mathrm{d}y(t)}{\mathrm{d}t}+a_0y(t)=b_0x(t) \tag{2-34}$$

典型的二阶系统如图 2-14a 所示的质量弹簧阻尼系统，输入量为力 $x(t)$，输出量为位移 $y(t)$，m 为物体的质量，k 为弹簧刚度系数，c 为阻尼系数，其数学模型可表示为

$$m\frac{\mathrm{d}^2y(t)}{\mathrm{d}t^2}+c\frac{\mathrm{d}y(t)}{\mathrm{d}t}+ky(t)=x(t)$$

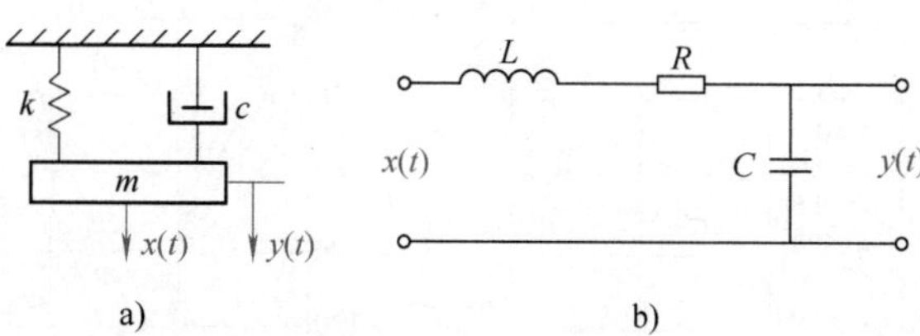

图 2-14　典型的二阶系统

再如图 2-14b 所示的 RLC 电路，输入量为电压 $x(t)$，输出量为电压 $y(t)$，电感为 L，电阻为 R，电容为 C，其数学模型可表示为

$$LC\frac{\mathrm{d}^2y(t)}{\mathrm{d}t^2}+RC\frac{\mathrm{d}y(t)}{\mathrm{d}t}+y(t)=x(t)$$

同样令 $\omega_\mathrm{n}=\sqrt{\dfrac{a_0}{a_2}}$ 为二阶系统的固有频率（rad/s），$\zeta=\dfrac{a_1}{2\sqrt{a_0a_2}}$ 为系统阻尼比，$K=\dfrac{b_0}{a_0}$ 为系统的静态灵敏度，则有

$$\frac{1}{\omega_n^2}\frac{d^2y(t)}{dt^2}+\frac{2\zeta}{\omega_n}\frac{dy(t)}{dt}+y(t)=Kx(t)$$

进行拉普拉斯变换得

$$\left(\frac{1}{\omega_n^2}s^2+\frac{2\zeta}{\omega_n}s+1\right)Y(s)=KX(s)$$

二阶系统的传递函数为

$$H(s)=\frac{Y(s)}{X(s)}=K\frac{\omega_n^2}{s^2+2\zeta\omega_n s+\omega_n^2} \tag{2-35}$$

归一化处理（设 $K=1$）后，二阶系统的动态特性为

传递函数
$$H(s)=\frac{\omega_n^2}{s^2+2\zeta\omega_n s+\omega_n^2} \tag{2-36}$$

频率响应函数
$$H(j\omega)=\frac{1}{1-\left(\frac{\omega}{\omega_n}\right)^2+j2\zeta\frac{\omega}{\omega_n}} \tag{2-37}$$

幅频特性
$$A(\omega)=\frac{1}{\sqrt{\left[1-\left(\frac{\omega}{\omega_n}\right)^2\right]^2+\left(2\zeta\frac{\omega}{\omega_n}\right)^2}} \tag{2-38}$$

相频特性
$$\varphi(\omega)=-\arctan\frac{2\zeta\left(\frac{\omega}{\omega_n}\right)}{1-\left(\frac{\omega}{\omega_n}\right)^2} \tag{2-39}$$

图2-15~图2-17所示分别为二阶系统的幅频特性曲线和相频特性曲线、伯德图、奈奎斯特图。

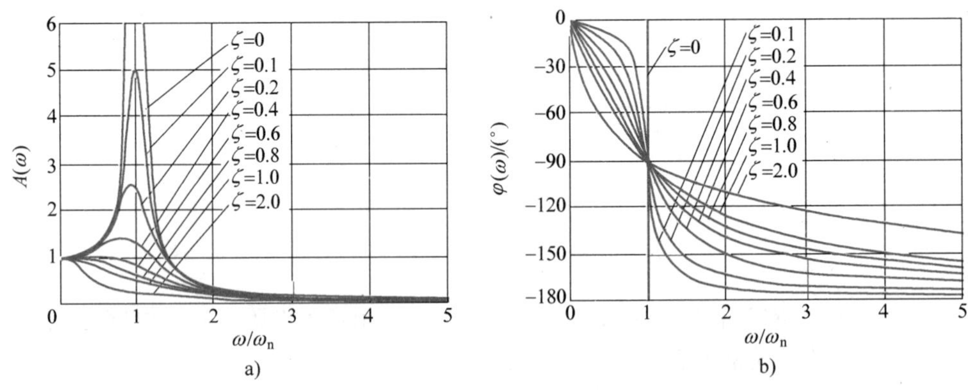

图2-15　二阶系统的幅频特性曲线和相频特性曲线

从图形可知，二阶系统有如下特点：

1）如图2-15a所示，当 $\omega \ll \omega_n$ 时，$A(\omega)\approx 1$；当 $\omega \gg \omega_n$ 时，$A(\omega)\to 0$。

2）影响二阶系统动态特性的参数是固有频率和阻尼比。应以其工作频率范围为依据，选择二阶系统的固有频率 ω_n。在 $\omega=\omega_n$ 附近，系统的幅频特性受阻尼比的影响极大。当

$\omega \approx \omega_n$时，系统将发生共振，作为实用装置，应该避开这种情况。然而，在测定系统本身的参数时，却可以利用这个特点。这时，$A(\omega)=1/(2\zeta)$，$\varphi(\omega)=-90°$，且不因阻尼比的不同而改变。

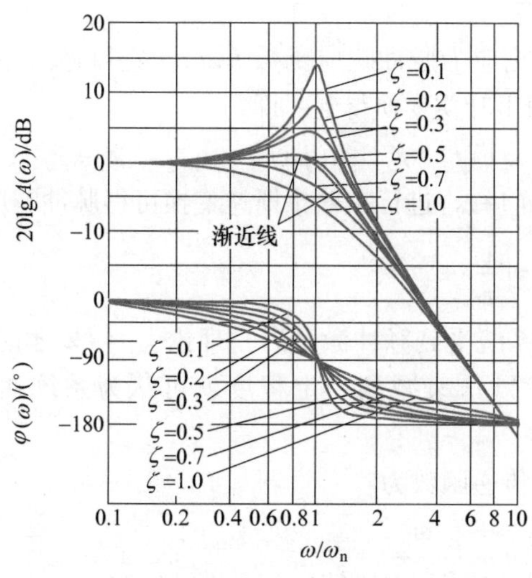

图 2-16　二阶系统的伯德图

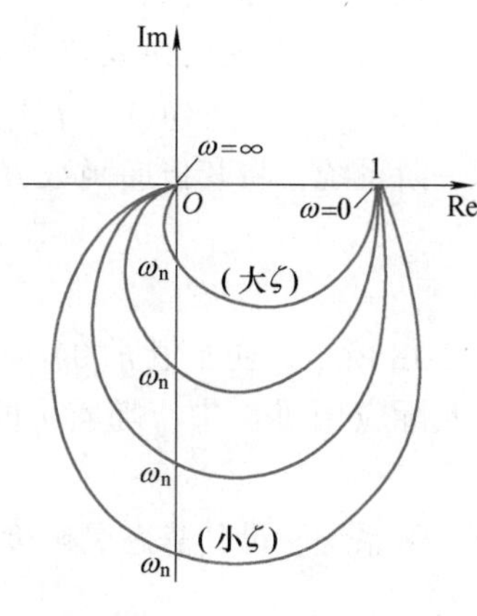

图 2-17　二阶系统的奈奎斯特图

3）当$\omega \ll \omega_n$时，$\varphi(\omega)$非常小，并且与频率成正比增加。当$\omega \gg \omega_n$时，$\varphi(\omega)$趋近于$-180°$，即输出与输入相位相反。在靠近ω_n区间，$\varphi(\omega)$随着频率的变化而剧烈变化，并且ζ越小，变化越剧烈。

4）二阶系统的伯德图可以用折线来近似。在$\omega<0.5\omega_n$段，$A(\omega)$可用0dB水平线近似；在$\omega>2\omega_n$段，$A(\omega)$可用斜率-40dB/10倍频的直线来近似。在$\omega=(0.5\sim2)\omega_n$区间，因为共振现象，近似折线偏离实际曲线非常大。

从测量工作的角度，总是希望测量装置在宽广的频带内，由于特性不理想所引起的误差尽可能小。为此，要选择适当的固有频率和阻尼比的组合，以便获得较小的误差。

2.5.3　一阶、二阶系统不失真分析

由于测量系统通常由若干个测试装置组成，因此，只有保证所使用的每一个测试装置都满足不失真的测试条件，才能使最终的输出波形不失真。

对于一阶系统来说，时间常数τ越小，系统的响应越快，近似满足不失真条件的频率范围越宽。对于二阶系统来说，当$\omega<0.3\omega_n$或$\omega>(2.5\sim3)\omega_n$时，其频率特性受阻尼比的影响较小。当$\omega<0.3\omega_n$时，相频特性$\varphi(\omega)$-$\omega$接近直线，$A(\omega)$的变化不超过10%，输出波形失真较小；当$\omega>(2.5\sim3)\omega_n$时，$\varphi(\omega)\approx180°$，此时可以通过在实际测试电路中采用反相器或在数据处理时减去固定的180°相差的办法，使其相频特性满足不失真测试的条件，但此时$A(\omega)$值较小，如果需要可提高增益。在阻尼比上，一般取$\zeta=0.6\sim0.8$。二阶系统具有良好的综合性能，例如当$\zeta=0.7$时，在$0\sim0.58\omega_n$的带宽内，$A(\omega)$接近常数（变化不超过5%），$\varphi(\omega)$接近直线，基本满足不失真条件。

2.6　测量系统在典型输入下的响应

2.6.1　测量系统对单位脉冲输入的响应

测量系统在单位脉冲函数 $\delta(t)$ 激励下的响应为脉冲响应函数 $h(t)$。它可通过系统传递函数 $H(s)$ 的拉普拉斯逆变换或频响函数的傅里叶逆变换得到，即

$$h(t)=L^{-1}[H(s)],\quad h(t)=F^{-1}[H(\mathrm{j}\omega)]$$

对于一阶系统，将其传递函数 $H(s)=1/(1+\tau s)$ 进行拉普拉斯逆变换可得脉冲响应函数

$$h(t)=\frac{1}{\tau}\mathrm{e}^{-t/\tau}$$

如图 2-18 所示，初始值 $h(0)=1/\tau$。当系统受到脉冲激励后，理论上 $t\to\infty$ 才能达到稳定状态，实际应用过程中，随着 t 的增加，$h(t)$ 衰减到一定程度就可认为系统达到稳定状态。

对于二阶系统，设其静态灵敏度 $K=1$，传递函数为

$$H(s)=\frac{Y(s)}{X(s)}=\frac{\omega_n^2}{s^2+2\zeta\omega_n s+\omega_n^2}$$

进行拉普拉斯逆变换可求得脉冲响应函数

$$h(t)=\frac{\omega_n}{\sqrt{1-\zeta^2}}\mathrm{e}^{-\zeta\omega_n t}\sin(\sqrt{1-\zeta^2}\,\omega_n t)\quad(0<\zeta<1)\tag{2-40}$$

二阶系统的脉冲响应在 $0<\zeta<1$ 表现为一种衰减振荡，其波形如图 2-19 所示。

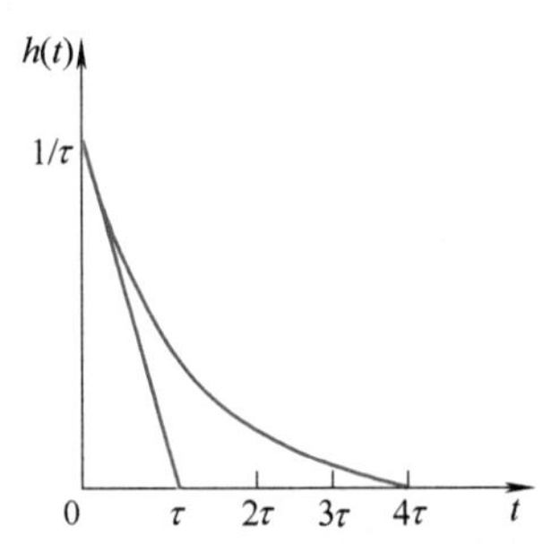

图 2-18　一阶系统的脉冲响应函数

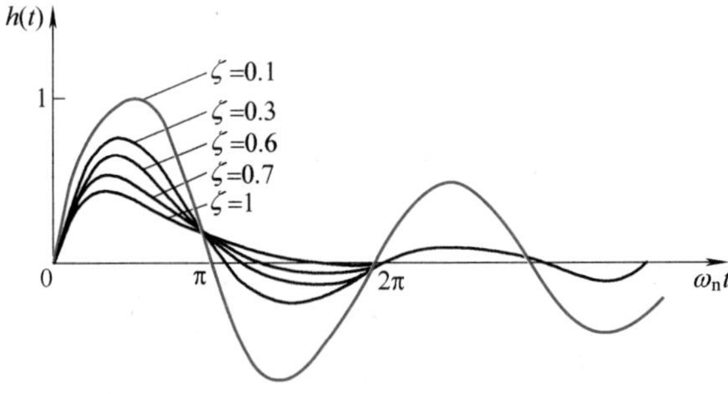

图 2-19　二阶系统的脉冲响应函数

2.6.2　测量系统对单位阶跃输入的响应

单位阶跃（Unit Step）输入的定义（图 2-20）为

$$x(t)=\begin{cases}0 & (t<0)\\1 & (t\geqslant 0)\end{cases}$$

其拉普拉斯变换为

$$X(s)=\frac{1}{s}$$

一阶系统的阶跃响应（图 2-21）为

$$y(t)=1-e^{-t/\tau} \tag{2-41}$$

二阶系统的阶跃响应（图 2-22）为

$$y(t)=1-\frac{e^{-\zeta\omega_n t}}{\sqrt{1-\zeta^2}}\sin(\sqrt{1-\zeta^2}\,\omega_n t+\varphi_1)\quad (0<\zeta<1) \tag{2-42}$$

其中，$\varphi_1=\arctan\frac{\sqrt{1-\zeta^2}}{\zeta}$。

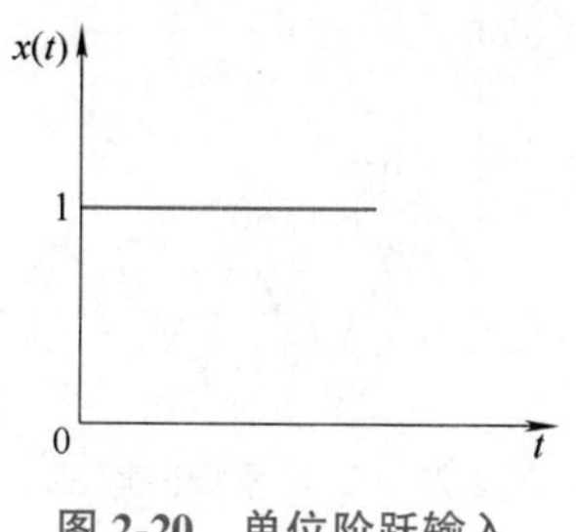

图 2-20　单位阶跃输入

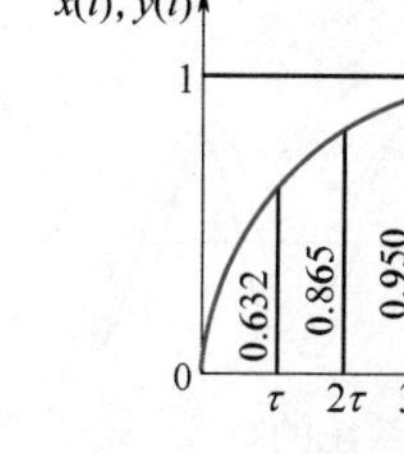

图 2-21　一阶系统的阶跃响应

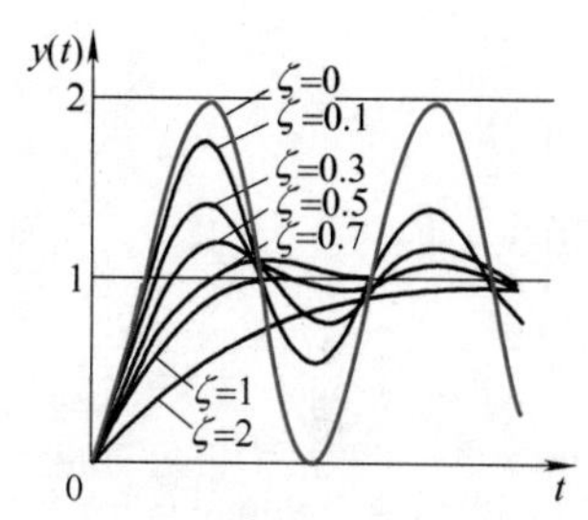

图 2-22　二阶系统的阶跃响应

由于单位阶跃函数可看成单位脉冲函数的积分，故单位阶跃输入作用下的输出就是系统脉冲响应的积分。对系统的突然加载或者突然卸载可视为施加阶跃输入量。施加这种输入量既简单易行，又能充分揭示测量系统的动态特性，故常被采用。

从理论上看，一阶系统在单位阶跃激励下的稳态输出误差为零，系统的初始上升斜率为 $1/\tau$。当 $t=\tau$ 时，$y(t)=0.632$，即达到稳态值的 63.2%；$t=4\tau$ 时，$y(t)=0.982$，达到稳态值的 98.2%；$t=5\tau$ 时，$y(t)=0.993$，达到稳态值的 99.3%。理论上，系统的响应当 t 趋向于无穷大时达到稳态。由此可知，一阶系统的时间常数 τ 越小越好。

二阶系统在单位阶跃激励下的稳态输出误差也为零。但是系统的影响在很大程度上取决于阻尼比和固有频率 ω_n。系统固有频率由系统的主要结构参数所决定。ω_n 越高，系统的响应越快。阻尼比 ζ 直接影响超调量和振荡次数。$\zeta=0$ 时，超调量为 100%，且持续不息地振荡下去，达不到稳态。$\zeta\geqslant1$ 时，则系统等同于两个一阶环节的串联。此时虽不发生振荡，但也需经较长的时间才能达到稳态。如果 ζ 选在 0.6～0.8，则最大超调量将不超过 2.5%～10%，其以允许 5%～2%的误差而趋近“稳态”的调整时间也最短，为 $(3\sim4)/\zeta\omega_n$，这也是很多测量系统在设计时常把阻尼比选在这一区间的理由之一。

2.6.3　测量系统对正弦输入的响应

单位正弦输入信号（图 2-23）为

$$x(t)=\sin\omega t\quad (t>0)$$

其拉普拉斯变换为

$$X(s)=\frac{\omega}{s^2+\omega^2} \tag{2-43}$$

一阶系统的响应（图 2-24）为

$$y(t)=L^{-1}[H(s)X(s)]=L^{-1}\left[\frac{1}{1+\tau s}\frac{\omega}{s^2+\omega^2}\right]$$

$$=\frac{1}{\sqrt{1+(\omega\tau)^2}}\left[\sin(\omega t+\varphi_1)-\mathrm{e}^{-t/\tau}\cos\varphi_1\right] \tag{2-44}$$

式中　$\varphi_1=-\arctan(\omega\tau)$。

二阶系统的响应（图 2-25）为

$$y(t)=A(\omega)\sin[\omega t+\varphi(\omega)]-\mathrm{e}^{-\zeta\omega_n t}[K_1\cos\omega_d t+K_2\sin\omega_d t]\quad(0<\zeta<1) \tag{2-45}$$

式中　$A(\omega)$ 和 $\varphi(\omega)$——二阶系统的幅频特性和相频特性；

K_1 和 K_2——与 ω_n 和 ζ 有关的系数。

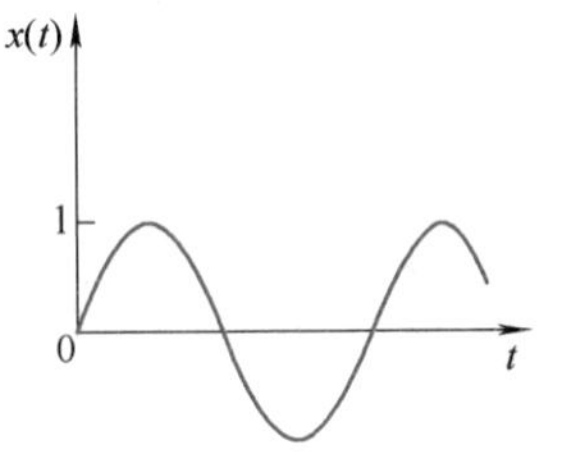

图 2-23　单位正弦输入信号

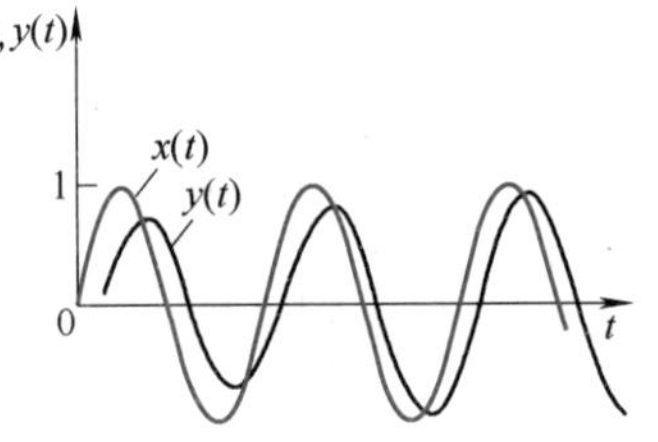

图 2-24　一阶系统的响应

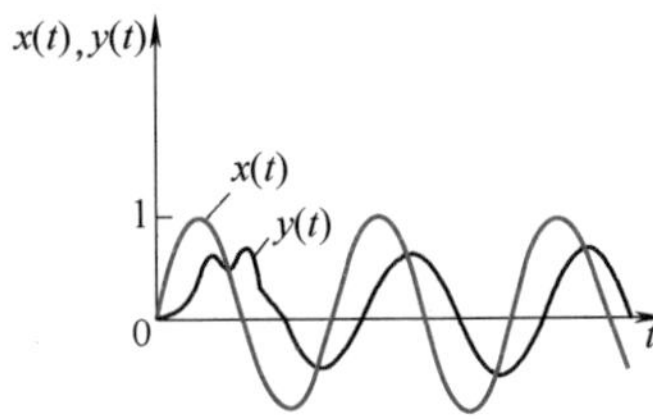

图 2-25　二阶系统的响应

可见，在正弦激励下，一阶、二阶系统的稳态输出也是同频率的正弦信号，但在不同频率下，有不同的幅值增益和相位滞后，并且在激励之初，还有一段过渡过程。因此，可以用不同的正弦信号去激励测试系统，观察其稳态响应的幅值变化和相位滞后，从而得到系统的动态特性。这是系统动态标定的常用方法之一。

2.6.4　测量系统对任意输入的响应

利用脉冲响应函数，就可以推导测量系统在任意输入下的响应。先将输入信号 $x(t)$ 按照时间轴分割，令每个小间隔等于 Δt，分别位于时间坐标轴的不同位置 t_i 上。假定时间间隔 Δt 足够小，那么，每个小窄条都相当于一个脉冲，其面积近似为 $x(t_i)\Delta t$，如图 2-26 所示。如果能求出系统对各小窄条输入的响应，那么把各个小窄条输入的响应叠加起来，就可以近似地求出该系统对输入信号 $x(t)$ 总的响应 $y(t)$。

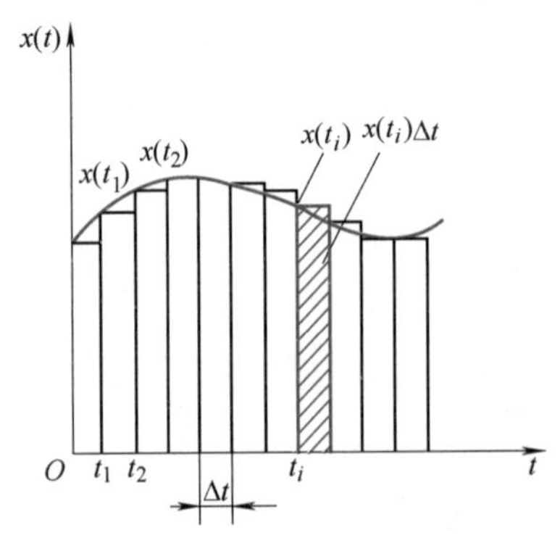

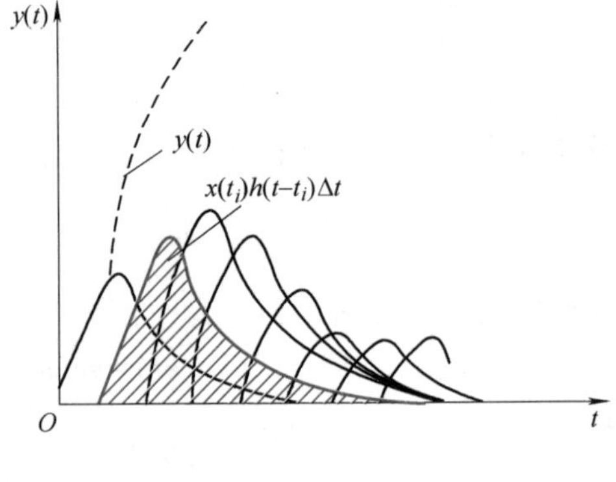

图 2-26　任意输入的响应

在 t 时刻，系统的输入应该是所有 $t_i<t$ 的各输入 $[x(t_i)\Delta t]\delta(t-t_i)$ 的总和，即

$$x(t)\approx\sum_{i=0}^{n}[x(t_i)\Delta t]\delta(t-t_i)$$

若测量系统的脉冲响应函数 $h(t)$ 已知，则在上述一系列脉冲的作用下，测试系统的响应可表示为

$$y(t) \approx \sum_{i=0}^{n} [x(t_i)\Delta t]h(t-t_i)$$

对 Δt 取极限，写成积分形式，就得到

$$y(t) = \int_0^t x(t_i)h(t-t_i)\,\mathrm{d}t = x(t) * h(t) \tag{2-46}$$

式（2-46）表明，测量系统对任意输入的响应，是输入与系统脉冲响应函数的卷积。

2.7 测量系统动态特性的测量

为了保证测量结果准确可信，测量装置或仪器在出厂前一般都进行了专门标定，但在使用过程中仍需要进行定期校准。对测量系统特性参数的测定，包括静态参数的测定和动态参数的测定。

测量系统静态参数的测定相对简单，一般以标准量作为输入，测出输出-输入曲线，从该曲线可以确定该测量系统的灵敏度、非线性度及回程误差等各参数。

测量系统动态特性参数的测定比较复杂，系统只有受到激励后才能表现出来，并且隐含在系统的响应之中。一阶系统的动态特性参数就是时间常数 τ；二阶系统的动态特性参数就是阻尼比 ζ 和固有频率 ω_n。常用的测定方法有阶跃响应法和频率响应法等。

2.7.1 阶跃响应法

阶跃响应法是以阶跃信号作为测量系统的输入，通过对系统输出响应的测试，从中计算出系统的动态特性参数。这种方法实质上是一种瞬态响应法，即通过对输出响应的过渡过程来测定系统的动态特性。

对于一阶系统来说，由其阶跃响应曲线可知，当输出响应达到稳态值的 63.2%时，所需要的时间就是一阶系统的时间常数 τ。为了获得较高的测试精度，常采用如下方法：

将一阶系统的阶跃响应函数

$$y(t) = 1-\mathrm{e}^{-t/\tau}$$

改写成

$$1-y(t) = \mathrm{e}^{-t/\tau}$$

两边取对数，有

$$\ln[1-y(t)] = -t/\tau \tag{2-47}$$

式（2-47）表明，$\ln[1-y(t)]$与 t 呈线性关系，因此可根据测得的 $y(t)$ 值做出 $\ln[1-y(t)]$ 与 t 的关系曲线，求出直线的斜率，即可确定时间常数 τ。显然，这种方法运用了全部测量数据，即考虑了瞬态响应的全过程。

对于二阶系统，在欠阻尼情况下，由式（2-42）可知其瞬态响应是以 $\omega_d = \sqrt{1-\zeta^2}\,\omega_n$ 为角频率做衰减振荡的，其各峰值所对应的时间 $t_P = 0,\ \pi/\omega_d,\ 2\pi/\omega_d,\ \cdots$。当 $t_P = \pi/\omega_d$ 时，$y(t)$ 取得最大值，则最大超调量 M（图 2-27）与阻尼比 ζ 的关系为

$$M = y\left(\frac{\pi}{\omega_d}\right) - 1 = \mathrm{e}^{-\left(\frac{\zeta\pi}{\sqrt{1-\zeta^2}}\right)} \tag{2-48}$$

或

$$\zeta=\sqrt{\frac{1}{\left(\frac{\pi}{\ln M}\right)^2+1}} \tag{2-49}$$

因此，当从输出曲线上测得 M 后，便可以按式（2-49）求出阻尼比 ζ。

如果测得的阶跃响应是较长的瞬变过程，则可利用任意两个超调量来求取其阻尼比，如图 2-27 所示。设第 i 个超调量为 M_i，第 $i+n$ 个超调量为 M_{i+n}，相间隔整数 n 个周期，它们分别对应的时间是 $t_{i'}$ 和 t_{i+n}，则有

$$t_{i+n}=t_i+\frac{2n\pi}{\omega_n\sqrt{1-\zeta^2}}$$

将 t_i 和 t_{i+n}代入阶跃响应函数，有

$$\ln\frac{M_i}{M_{i+n}}=\frac{2n\pi\zeta}{\sqrt{1-\zeta^2}} \tag{2-50}$$

整理后，可得

$$\zeta=\sqrt{\frac{\delta_n^2}{\delta_n^2+4\pi^2n^2}} \tag{2-51}$$

其中，$\delta_n=\ln\frac{M_i}{M_{i+n}}$。

超调量与阻尼比的关系如图 2-28 所示。测得振荡周期 T_d 后，可按式（2-52）求出系统的固有频率

$$\omega_n=\frac{\omega_d}{\sqrt{1-\zeta^2}}=\frac{2\pi}{T_d\sqrt{1-\zeta^2}} \tag{2-52}$$

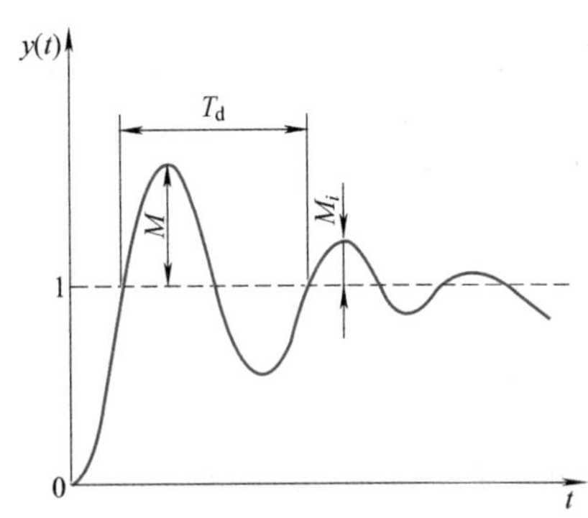

图 2-27　欠阻尼二阶系统的阶跃响应

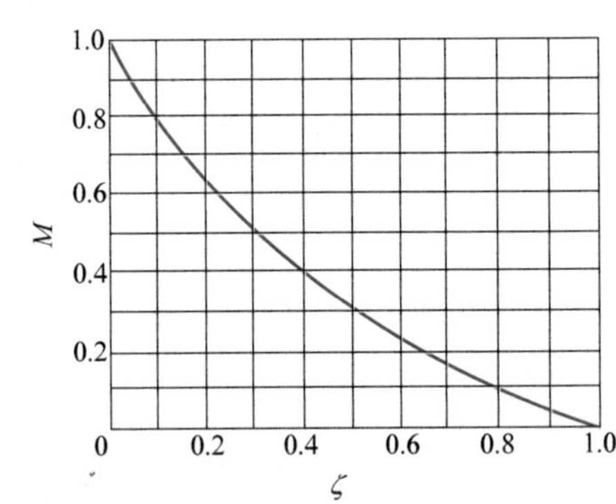

图 2-28　欠阻尼二阶系统的 M-ζ 关系

2.7.2　频率响应法

频率响应法是以一组频率可调的标准正弦信号作为系统的输入，通过对系统输出幅值和相位的测试，即可得到幅频和相频特性曲线，进而求得系统的动态特性参数。这种方法实质上是一种稳态响应法，即通过输出的稳态响应来测定系统的动态特性。

对于一阶系统，可通过幅频特性和相频特性直接求取时间常数 τ，即

$$A(\omega)=\frac{1}{\sqrt{1+(\tau\omega)^2}}$$

$$\varphi(\omega)=-\arctan(\tau\omega)$$

对于二阶系统，可以从相频特性曲线直接估计其动态特性参数：固有频率 ω_n 和阻尼比 ζ。在 $\omega=\omega_n$ 处，输出对输入的相位角滞后为90°，该点斜率直接反映阻尼比的大小。但是一般来说，相位角测量比较困难。所以，通常通过幅频特性曲线估计其动态特性参数。对于欠阻尼系数 $\zeta<1$，幅频特性曲线的峰值在稍偏离 ω_n 的 ω_r 处，且 $\omega_n=\frac{\omega_r}{\sqrt{1-2\zeta^2}}$。

当 ζ 很小时，峰值频率 $\omega_r\approx\omega_n$，$A(\omega)$ 非常接近峰值。由式(2-38)可知，在 $\omega=\omega_n$ 时，$A(\omega)=\frac{1}{2\zeta}$。令 $\omega_1=(1-\zeta)\omega_n$、$\omega_2=(1+\zeta)\omega_n$，代入式(2-38)分别得 $A(\omega_1)\approx A(\omega_2)\approx\frac{1}{2\sqrt{2}\zeta}$。在幅频特性曲线的峰值$\frac{1}{\sqrt{2}}$处，做一条水平线与幅频特性曲线（图 2-29）相交于 a、b 两点，它们对应的频率将是 ω_1、ω_2，则阻尼比的估计值为 $\zeta=\frac{\omega_2-\omega_1}{2\omega_n}$。

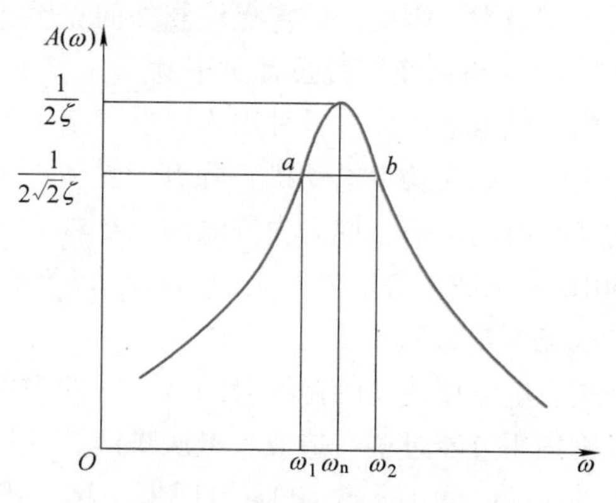

图 2-29　二阶系统阻尼比的估计

也可根据式$\frac{A(\omega_r)}{A(0)}=\frac{1}{2\zeta\sqrt{1-\zeta^2}}$，求阻尼比 ζ，其中，$A(0)$ 为实验中最低频率的幅值，$A(\omega_r)$ 为 ω_r 对应的幅值；再由 $\omega_n=\frac{\omega_r}{\sqrt{1-2\zeta^2}}$得到固有频率。在这种方法中，$A(\omega)$ 和 ω_r 的测量可以达到一定的精度，所以由此解出的固有频率 ω_n 和阻尼比 ζ 具有较高的精度。

2.8　测量系统的抗干扰性与负载效应

2.8.1　测量系统的抗干扰性

在测试过程中，除了待测信号以外，各种不可见的、随机的信号可能出现在测量系统中。这些信号与有用信号叠加在一起，会严重歪曲测量结果。轻则测量结果偏离正常值，重则淹没了有用信号，无法获得测量结果。测量系统中的无用信号就是干扰。显然，一个测量系统的抗干扰能力在很大程度上决定了该系统的可靠性，是测量系统重要的特性之一。因此，认识干扰信号、重视抗干扰技术是测量工作中不可忽视的问题。

2.8.1.1　测量系统的干扰源

测量系统的干扰来自多方面。机械振动或冲击会对测量装置（尤其传感器）产生严重

的干扰，温度的变化会导致电路参数的变动而产生干扰，以及电磁干扰等。

干扰窜入测量系统主要有三条途径：

(1) 电磁干扰　电磁干扰以电磁波辐射的方式经空间窜入测量系统。

(2) 信道干扰　信道干扰信号在传输过程中，通道中各元器件产生的噪声或非线性畸变所造成的干扰。

(3) 电源干扰　电源干扰是由于电源波动、市电电网干扰信号的窜入以及装置供电电源电路内阻引起各单元电路相互耦合造成的干扰。

一般说来，良好的屏蔽及正确的接地可除去大部分的电磁干扰。而绝大部分测量系统都需要供电，所以外部电网对系统的干扰以及系统内部通过电源内阻相互耦合造成的干扰对系统的影响最大。因此，应重点注意如何克服通过电源造成的干扰。

2.8.1.2　供电系统干扰及其抗干扰

由于供电电网面对各种用户，电网上并联着各种各样的用电器。用电器（特别是感应性用电器，如大功率电动机）在开、关机时都会给电网带来强度不一的电压跳变。这种跳变的持续时间很短，称为尖峰电压。在有大功率耗电设备的电网中，经常可以检测到在供电的 50Hz 正弦波上叠加着有害的 1000V 以上的尖峰电压，它会影响测量装置的正常工作。

1. 电网电源噪声

把供电电压跳变的持续时间 $\Delta t>1s$ 的现象，称为过电压和欠电压噪声。供电电网内阻过大或网内用电器过多会造成欠电压噪声。三相供电零线开路可能造成某相过电压。供电电压跳变的持续时间 $1ms<\Delta t<1s$ 的现象，称为浪涌和下陷噪声。它主要产生于感应性用电器（如大功率电动机）在开、关机时产生的感应电动势。

供电电压跳变的持续时间 $\Delta t<1ms$，称为尖峰噪声。这类噪声产生的原因较复杂，用电器间断的通断产生的高频分量、汽车点火器所产生的高频干扰耦合到电网都可能产生尖峰噪声。

2. 供电系统的抗干扰

(1) 交流稳压器　它可消除过电压、欠电压造成的影响，保证供电的稳定。

(2) 隔离稳压器　由于浪涌和尖峰噪声的主要成分是高频分量，它们不是通过变压器线圈之间互感耦合，而是通过线圈间寄生电容耦合的。隔离稳压器一次、二次侧间用屏蔽层隔离，减少级间耦合电容，从而减少高频噪声的窜入。

(3) 低通滤波器　它可滤去大于 50Hz 市电基波的高频干扰。对于 50Hz 市电基波，则通过整流滤波后也可完全滤除。

(4) 独立功能块单独供电　电路设计时，有意识地把各种功能的电路（如前置、放大、A-D 转换等电路）单独设置供电系统电源。这样做可以基本消除各单元因共用电源而引起相互耦合所造成的干扰。图 2-30 所示为合理的供电系统示例。

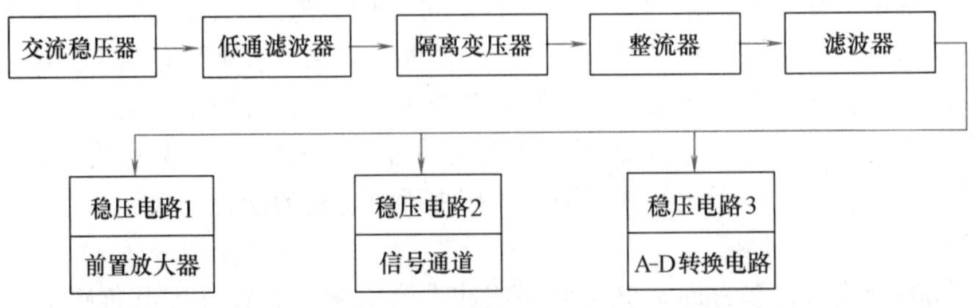

图 2-30　合理的供电系统示例

2.8.1.3　信道通道的干扰及其抗干扰

1. 信道干扰的种类

（1）信道通道元器件噪声干扰　它是由于测量通道中各种电子元器件所产生的热噪声（如电阻器的热噪声、半导体元器件的散粒噪声等）造成的。

（2）信号通道中信号的窜扰　元器件排放位置和电路板信号走向不合理会造成这种干扰。

（3）长线传输干扰　对于高频信号来说，当传输距离与信号波长可比时，应该考虑此种干扰的影响。

2. 信道通道的抗干扰措施

1）合理选用元器件和设计方案，如尽量采用低噪声材料，放大器采用低噪声设计，根据测量信号频谱合理选择滤波器等。

2）印制电路板设计时元器件排放要合理。小信号区与大信号区要明确分开，并尽可能地远离；输出线之间避免靠近或平行；有可能产生电磁辐射的元器件（如大电感元器件、变压器等）尽可能地远离输入端；采用合理的接地和屏蔽。

3）在有一定传输长度的信号输出中，尤其是数字信号的传输可采用光耦合隔离技术、双绞线传输。双绞线可最大可能地降低电磁干扰的影响。对于远距离的数据传送，可采用平衡输出的驱动器和平衡输入的接收器。

2.8.1.4　接地技术

测量系统中的电子线路接地对干扰有较大的影响。接地合理可以有效地抑制干扰；接地不合理非但不能抑制干扰，反而会给系统引入新的干扰。因此，设计测量系统时绝不能忽略接地技术，而应遵守一定的原则。

1. 接地线的种类

（1）保护接地线　保护接地线是指出于安全防护的目的将测量装置的外壳屏蔽层接地用的地线。

（2）信号地线　信号接地线只是测量装置的输入与输出的零信号电位公共线，除特别情况之外，一般与真正大地是隔绝的。信号地线分为两种，即模拟信号地线与数字信号地线，因前者信号较弱，故对地线要求较高，而后者则要求可低些。

（3）信号源地线　信号源地线是传感器本身的信号电位基准公共线。

（4）交流电源地线

在测试系统中，上列四种地线一般应分别设置，以消除各地线之间的相互干扰。

2. 接地方式

（1）单点接地　各单元电路的地点接在一点上，称为单点接地（图2-31）。其优点是不

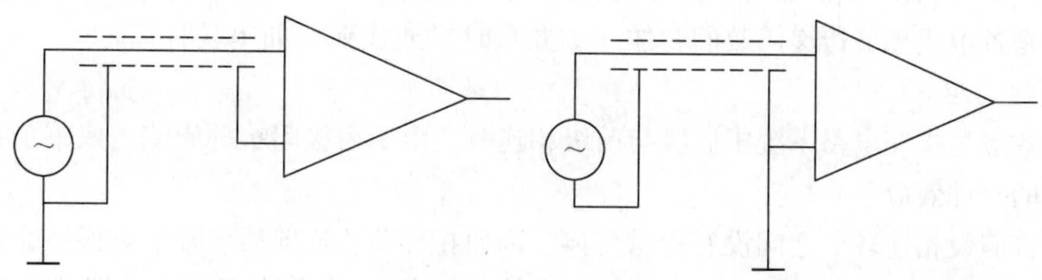

图2-31　单点接地

存在环形回路，因而不存在环路的电流。各单元电路地点电位只与本电路的地电流及接地电阻有关，相互干扰较小。

（2）串联接地　各单元电路的地点顺序连接在一条公共的地线上（图2-32），称为串联接地。每个电路的地电位都受到其他电路的影响，干扰通过公共地线相互耦合。但串联接地因接法简便，虽然接法不合理，还是常被采用。采用串联接地时应注意：信号电路应尽可能靠近电源，即靠近真正的地点；所有地线应尽可能粗些，以降低地线电阻。

（3）多点接地　做电路板时把尽可能多的地方做成地，或者说，把地做成一片，称为多点接地。这样就有尽可能宽的接地母线及尽可能低的接地电阻。各单元电路就近接到接地母线（图2-33）。接地母线的一端接到供电电源的地线上，形成工作接地。

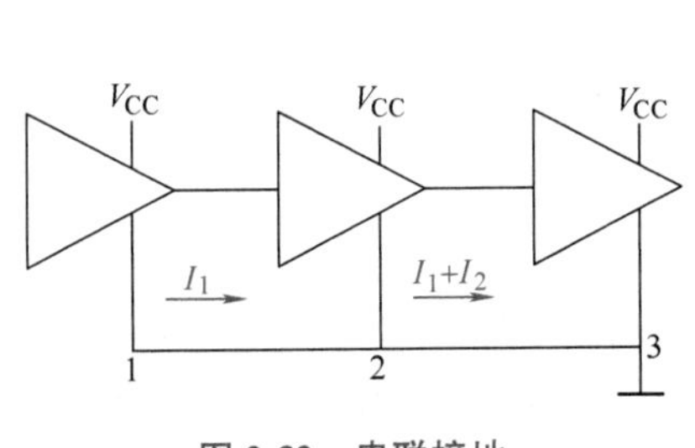

图2-32　串联接地

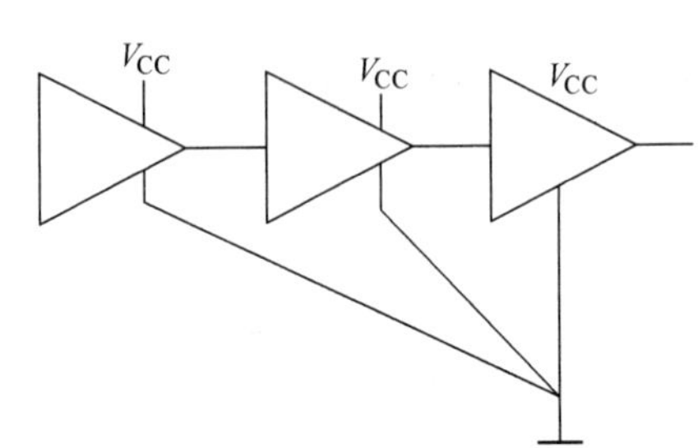

图2-33　多点接地

（4）模拟地和数字地　现代测量系统都同时具有模拟电路和数字电路。由于数字电路在开关状态下工作，电流起伏波动大，很有可能通过地线干扰模拟电路。如有可能应采用两套整流电路分别供电给模拟电路和数字电路，它们之间采用光耦合器耦合，如图2-34所示。

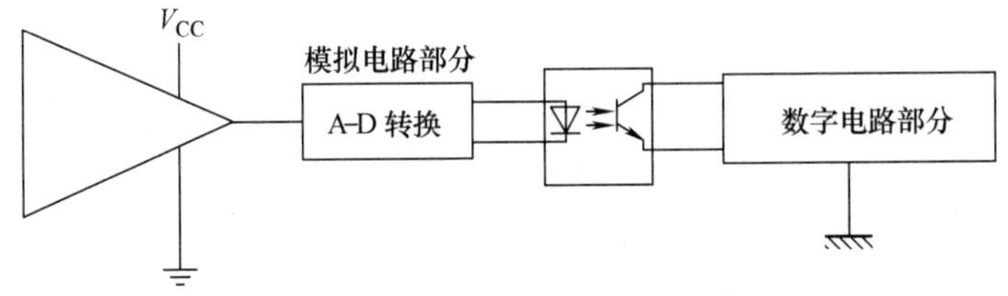

图2-34　模拟地和数字地

2.8.2　负载效应

在实际测量工作中，测量系统和被测对象之间、测量系统内部各环节之间互相连接必然产生相互作用。接入的测量装置构成被测对象的负载；后续环节总是成为前面环节的负载，并对前面环节的工作状况产生影响。两者总是存在着能量交换和相互影响，以致系统的传递函数不再是各组成环节传递函数的叠加（如并联时）或连乘（如串联时）。

1. 负载效应

负载效应是指在电路系统中后级与前级相连时，由于后级阻抗的影响造成整个系统阻抗发生变化的一种效应。

前面曾假设相连环节之间没有能量交换，因而在环节相连前后各环节仍保持原有的传递函数的基础上导出了环节串、并联后所形成的系统的传递函数表达式，即式（2-23）和式（2-25）。实际上这种情况很少见。一般情况下，环节相连接，后续环节总是成为前面环节的负载，环节间总是存在能量交换和相互影响，系统的传递函数不再是各组成环节传递函数的简单叠加或连乘。例如，若用一个带探头的温度计去测量集成电路芯片工作时的温度，则显然温度计会变成芯片的散热元件，节点的温度会下降，不能测出正确的节点工作温度。又例如，在一个简单的单自由度振动系统的质量块 m 上安装一个质量为 m_c 的传感器，这将导致单自由度振动系统的固有频率下降。前一例是由于接入了能量耗散性负载，后一例中的附加质量 m_c 虽不是耗能负载，但它参与了振动，改变了系统中的动、势能交换，因而改变了系统的固有频率。上面所说的这些现象，通常也称为“负载效应”。

2. 减少负载效应的措施

1）提高后续环节的输入阻抗。

2）在原来两个相连接的环节之中，插入高输入阻抗、低输出阻抗的放大器，一方面减小从前面环节吸取的能量，另一方面在承受后一环节（负载）后又能减小电压输出的变化，从而减轻总的负载效应。

3）使用反馈或零点测量原理，使后续环节几乎不从前面环节吸取能量，例如用电位差计测量电压等。

总之，在测量工作中，应当建立系统整体的概念，充分考虑各种装置、环节连接时可能产生的影响。测量装置的接入就成为被测对象的负载，将会引起测量误差。两环节的连接，后续环节将成为前面环节的负载，产生相应的负载效应。在选择成品传感器时，必须仔细考虑传感器对被测对象的负载效应。在组成测量系统时，要考虑各组成环节之间连接时的负载效应，尽可能减小负载效应的影响。对于成套仪器系统来说，各组成部分之间相互影响，仪器生产厂家应该有充分的考虑，使用者只需考虑传感器对被测对象所产生的负载效应。

思考题与习题

2-1　简要说明线性系统的主要性质。为何说理想的测量系统应是线性系统？

2-2　测量系统的静态特性和动态特性各包括哪些？

2-3　什么是传递函数？什么是频响函数？什么是脉冲响应函数？试说明它们之间的关系。

2-4　已知系统的脉冲响应函数，则测量系统对任意输入时的响应是什么？

2-5　从时域说明测量系统实现不失真测量的条件是什么。

2-6　从频域说明测量系统实现不失真测量的条件是什么。

2-7　一压电式压力传感器的灵敏度为10pC/MPa，后接灵敏度为8mV/pC的电荷放大器，最后用灵敏度为25mm/V的笔式记录仪记录信号。试求系统总的灵敏度，并求当被测压力变化 $\Delta p=8\text{MPa}$ 时记录笔在记录纸上的偏移量 Δy。

2-8　图2-35所示为由三个环节串联组成的测量系统。分别指出它们各属于哪一种环节？求出系统总的传递函数和总的静态灵敏度。

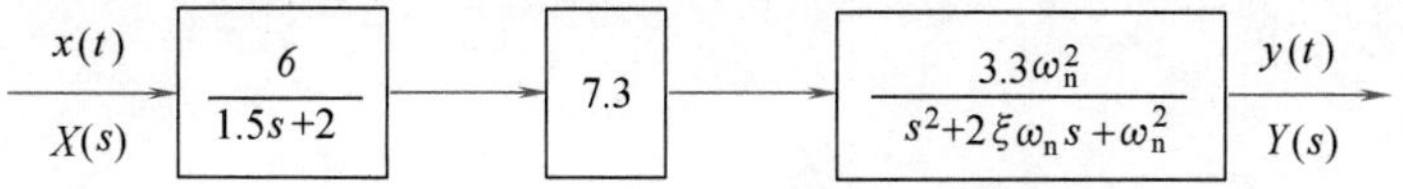

图2-35　题2-8图

2-9　将周期信号 $x(t)=2\cos 10t+\cos(100t-30°)$ 输入一个频响函数为 $H(j\omega)=\frac{1}{1+0.05j\omega}$ 的测量系统，试求其稳态输出 $y(t)$。

2-10　已知某线性装置的幅频特性和相频特性分别为

$$A(\omega)=\frac{1}{\sqrt{1+0.01\omega^2}},\varphi(\omega)=-\arctan(0.1\omega)$$

现测得该装置的稳态输出为 $y(t)=10\sin(30t-45°)$，试求该装置的输入信号 $x(t)$。

2-11　想用一个时间常数 $\tau=0.0005$s 的一阶装置做正弦信号的测量，如要求限制振幅误差在5%以内。试问：

1）该装置所能测量的正弦信号的最高频率为何值？

2）利用该装置测量周期为0.02s的正弦信号，其幅值误差是多少？

2-12　由质量弹簧阻尼组成的二阶系统如图2-36所示，m 为物体的质量，k 为弹簧刚度系数，c 为阻尼系数，若系统输入为力 $x(t)$，输出为位移 $y(t)$。试求：

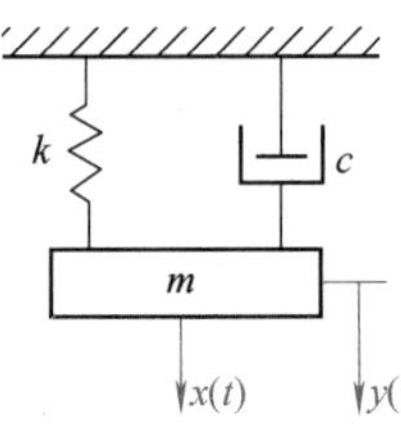

图2-36　题2-12图

1）系统微分方程。

2）系统的传递函数、幅频特性和相频特性。

3）试说明系统阻尼比多采用 $\zeta=0.6\sim0.8$ 的原因。

4）结合不失真测量的条件，说明其工作频段应如何选择。

第3章 常用传感器

人类为了从外界获取信息，必须借助于感觉器官。而人类在研究自然现象和规律以及在生产活动中，单靠自身感觉器官的作用就远远不够了。为适应这种情况，就需要传感器。传感器是人类五官的延伸，是获取自然界和生产领域中信息的基本工具，是测量或检测系统的首要环节。

传感器与计算机、通信和自动控制技术等一起，构成一条从信息采集、处理、传输到应用的完整信息链。深入研究传感器的类型、原理和应用，研制开发新型传感器，对于科学技术和生产过程中的自动控制和智能化发展，以及人类观测研究自然界事物的深度和广度都有重要的实际意义。

本章内容主要包括传感器的基本概念、各类传感器（电阻式、电容式、电感式、压电式、磁电式、热电式、光电、光纤、半导体、激光、红外、超声波传感器等）的工作原理、测量电路及其典型应用。

3.1 传感器的基本概念

3.1.1 传感器的定义与组成

根据我国国家标准（GB/T 7665—2005），传感器（Transducer/Sensor）的定义为能够感受规定的被测量并按照一定规律转换成可用输出信号的器件和装置，通常由敏感元件和转换元件组成。其中，敏感元件是指传感器中能直接感受和响应被测量的部分；转换元件是指传感器中能将敏感元件感受或响应的被测量转换成适合于传输和测量的电信号部分。

根据传感器的定义，传感器的基本组成分为敏感元件和转换元件，分别完成检测和转换两个基本功能。但值得注意的是，一方面，并非所有传感器都能明显地区分敏感元件和转换元件这两部分，如热电偶（图 3-1），两种不同的金属材料 A 和 B，一端连接在一起，放在被测温度 T 中，另一端为参考，温度为 T_0，则在回路中产生一个与温度 T、T_0 有关的电动势，由此可见，热电偶的敏感元件兼有转换元件的功能；另一方面，只由敏感元件和转换元件组成的传感器通常输出信号较弱或还不便于处理，此时需通过信号调理转换电路将其输出信号放大或转换为便于测量的电压、电流、频率等电信号。常见的信号调理转换电路有电桥、放大器、振荡器、电荷放大器等。另外，传感器的基本部分和信号调理转换电路还需辅助电源提供能量。

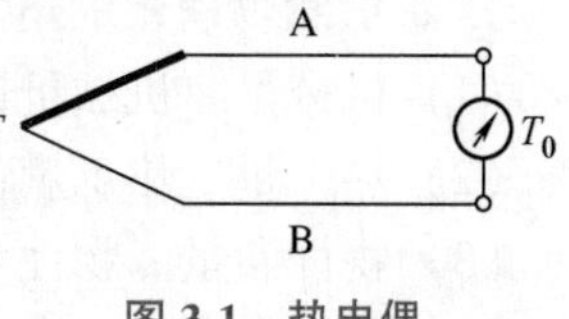

图 3-1 热电偶

传感器的典型组成如图 3-2 所示。

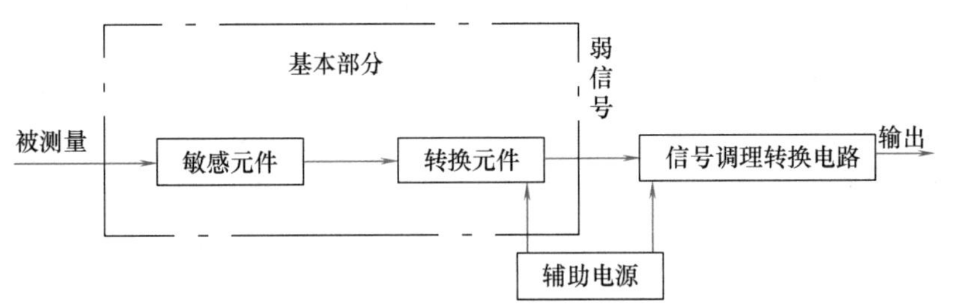

图 3-2　传感器的典型组成

图 3-3 所示为一种气体压力传感器的示意图，通过其工作原理可对传感器的组成有更深入的理解。膜盒 2 的下半部与壳体 1 固接，上半部通过连杆与磁心 4 相连，磁心 4 置于两个电感线圈 3 中，后者接入信号调理转换电路 5。

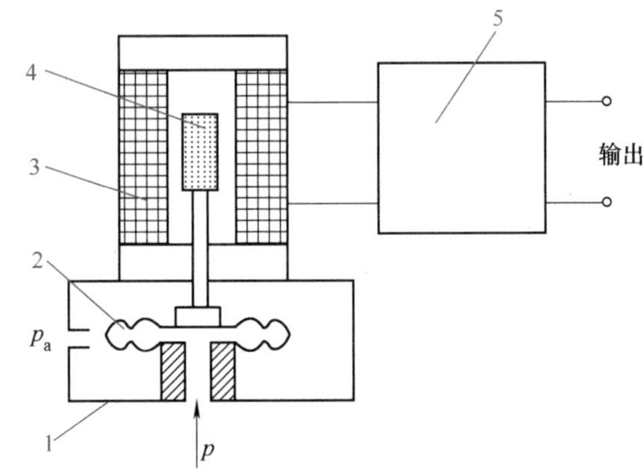

图 3-3　气体压力传感器

1—壳体　2—膜盒　3—线圈　4—磁心　5—信号调理转换电路

膜盒 2 是敏感元件，其外部与大气压力 p_a 相通，内部感受被测压力 p，当 p 变化时，引起膜盒上半部移动，输出相应的位移量；可变电感线圈 3 为转换元件，它把输入的位移量转换成电感的变化；信号调理转换电路 5（可采用交流电桥的形式）把电感参量的变化转换为便于测量的电压或电流信号。

3.1.2　传感器的分类

工程中常用传感器种类繁多，往往同一种物理量可以用不同类型的传感器来测量，而同一原理的传感器也可用于多种物理量的测量。因此，传感器有许多种分类方法，下面分别介绍常用的分类方法。

1. 按被测物理量的不同分类

（1）机械量　机械量包括位移、力、速度、加速度等。

（2）热工量　热工量包括温度、热量、流量、流速、压力、液位等。

（3）物性参量　物性参量包括浓度、黏度、比重、酸碱度等。

（4）状态参量　状态参量包括裂纹、缺陷、泄漏、磨损等。

2. 按传感器工作原理的不同分类

按工作原理的不同，传感器可分为机械式传感器、电气式传感器、光学式传感器、流体式传感器等。

其中，机械式传感器常以弹性体作为敏感元件，它的输入量可以是力、压力、温度等物理量，而输出则为弹性元件自身的弹性变形。这种变形可以转变成其他形式的变量，例如被测量可放大成为仪表指针的偏转，借助刻度指示被测量大小。图 3-4 所示为这种传感器的典型应用实例。

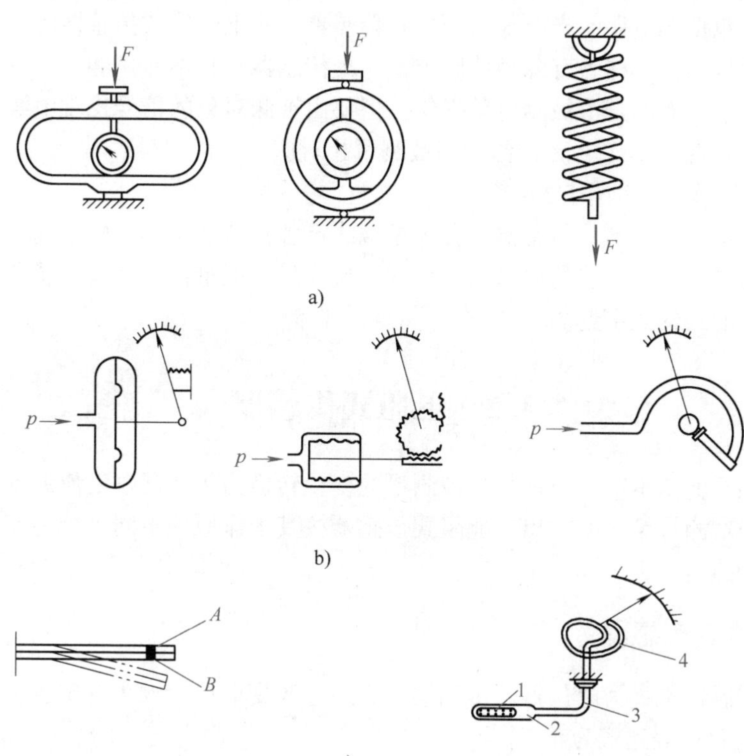

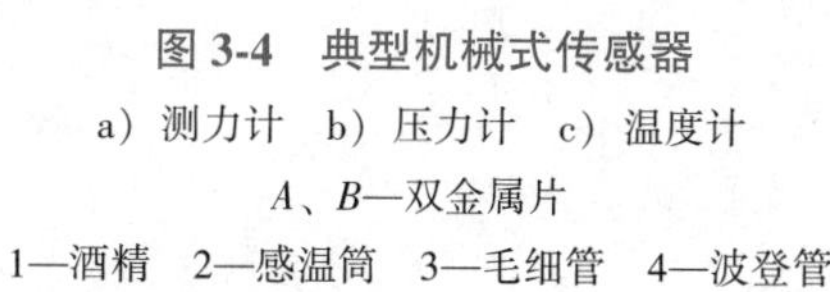

图 3-4　典型机械式传感器

a）测力计　b）压力计　c）温度计

A、B—双金属片

1—酒精　2—感温筒　3—毛细管　4—波登管

电气式传感器主要包括电阻式、电容式、电感式、压电式、热电式传感器等；光学式传感器有光电传感器、光纤传感器等；流体式传感器则包括气动量仪、各种类型的流量计等。

3. 按信号变换特征的不同分类

按信号变换特征的不同，传感器可分为结构型传感器与物性型传感器。

结构型传感器主要是通过传感器结构参量的变化实现信号变换的。例如，电容式传感器依靠极板间距离变化引起电容量的变化；电感式传感器依靠衔铁位移引起自感或互感的变化。

物性型传感器则是利用敏感元件材料本身物理性质的变化来实现信号变换。例如，水银温度计是利用水银的热胀冷缩性质；压电式传感器是利用石英晶体的压电效应等。

4. 按传感器的能量关系不同分类

按传感器的能量关系不同，传感器可分为能量转换型传感器和能量控制型传感器。

能量转换型传感器又称为无源型传感器，其输出端的能量是由被测对象取出的能量转换而来的。它无需外加电源就能将被测的非电能量转换为电能量输出。这类传感器包括热电偶、光电池、压电式传感器、磁电感应式传感器等。

能量控制型传感器又称为有源型传感器，这类传感器自身不能换能，其输出的电能量必须由外加电源供给，而不是由被测对象提供。但要由被测对象的信号控制电源提供给传感器输出端的能量，并将电压（电流）作为与被测量相对应的输出信号。

5. 按传感器的输出量不同分类

按传感器的输出量不同，传感器可分为模拟式传感器和数字式传感器。

模拟式传感器是指传感器的输出信号为连续形式的模拟量；数字式传感器是指传感器的输出信号为离散形式的数字量。

3.2　电阻式传感器

电阻式传感器的基本工作原理是将被测量的变化转换为传感器电阻值的变化，再经一定的测量电路实现对测量结果的输出。电阻式传感器按其工作原理不同可分为变阻器式传感器和电阻应变式传感器两类。

3.2.1　变阻器式传感器

变阻器式传感器也称为电位器式传感器，它通过改变电位器触头的位置，实现将位移转换为电阻 R 的变化。表达式为

$$R=\rho\frac{l}{A} \tag{3-1}$$

式中　ρ——电阻率；

l——电阻丝长度；

A——电阻丝截面积。

如果电阻丝直径和材质保持不变，则电阻值随导线长度 l 而变化。

常用变阻器式传感器有直线位移型、角位移型和非线性型等，如图3-5所示。图3-5a所示为直线位移型。触点 C 沿变阻器移动。若移动 x，则点 C 与点 A 之间的电阻值为

$$R=k_l x \tag{3-2}$$

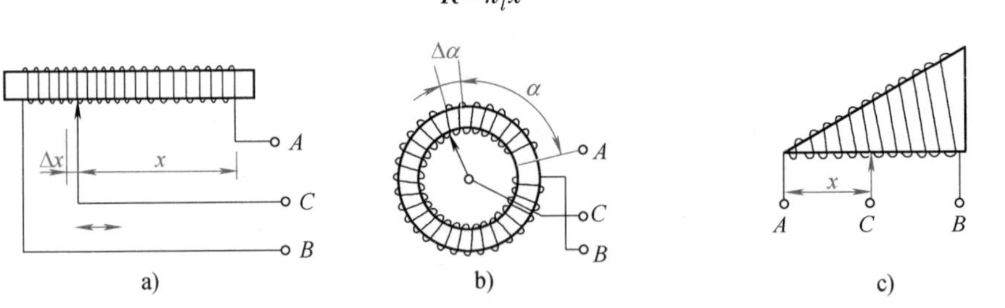

图3-5　变阻器式传感器

a）直线位移型　b）角位移型　c）非线性型

传感器的灵敏度为

$$S=\frac{\mathrm{d}R}{\mathrm{d}x}=k_l \tag{3-3}$$

式中 k_l——单位长度的电阻值。

当导线分布均匀时，k_l 为常值。此时传感器的输出（电阻）R 与输入（位移）x 呈线性关系。

图 3-5b 所示为角位移型，其电阻值随电刷转角而变化。其灵敏度为

$$S=\frac{\mathrm{d}R}{\mathrm{d}\alpha}=k_{\alpha} \tag{3-4}$$

式中 α——电刷转角（rad）；

k_{α}——单位弧度对应的电阻值。

图 3-5c 所示为一种非线性变阻器式传感器，其骨架形状需根据所要求的输出 $f(x)$ 来决定。例如，输出 $f(x)=kx^2$，其中 x 为输入位移，为使输出电阻值 $R(x)$ 与 $f(x)$ 呈线性关系，变阻器骨架应做成直角三角形。

变阻器式传感器的后接电路，一般采用电阻分压电路，如图 3-6 所示。在直流激励电压 u_e 的作用下，传感器将位移变成输出电压的变化。当电刷移动 x 距离时，传感器的输出电压 u_o 可用下式计算，即

$$u_o=\frac{u_e}{\frac{x_p}{x}+\frac{R_p}{R_L}\left(1-\frac{x}{x_p}\right)} \tag{3-5}$$

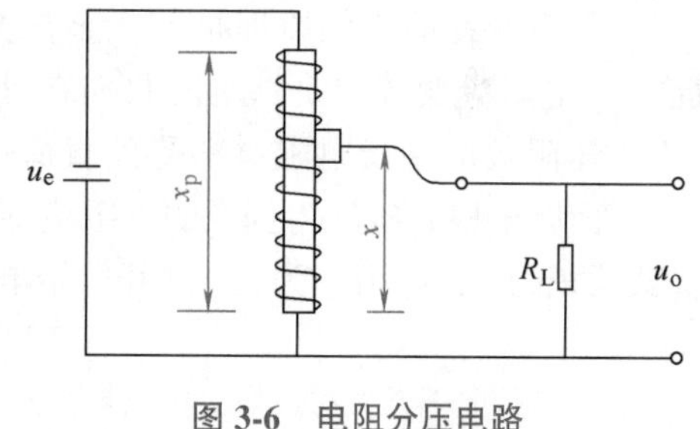

图 3-6 电阻分压电路

式中 R_p——变阻器的总电阻；

x_p——变阻器的总长度；

R_L——后接电路的输入电阻。

式（3-5）表明，只有当 R_p/R_L 趋于零，输出电压 u_o 才与位移呈线性关系。

变阻器式传感器的优点是结构简单，性能稳定，使用方便；缺点是分辨力不高，因为受到电阻丝直径的限制。提高分辨力需使用更细的电阻丝，其绕制较困难。所以变阻器式传感器的分辨力很难小于 20μm。

由于结构上的特点，变阻器式传感器还有较大的噪声，电刷和电阻元件之间接触面变动和磨损、尘埃附着等，都会使电刷在滑动中的接触电阻发生不规则的变化，从而产生噪声。

变阻器式传感器常用于线位移、角位移测量，在测量仪器中用于伺服记录仪器或电子位差计等。

3.2.2 电阻应变式传感器

电阻应变式传感器由弹性敏感元件和电阻应变片组成。当弹性敏感元件受到被测量作用时，将产生位移、应力和应变，粘贴在弹性敏感元件上的电阻应变片将应变转换成电阻的变化。这样，通过测量电阻应变片的电阻值变化，来确定被测量的大小。

电阻应变式传感器是应用最广泛的传感器之一，它可采用不同的弹性敏感元件形式，构成测量位移、力、压力、加速度等各种参数的电阻应变式传感器。

1. 电阻应变式传感器的工作原理

电阻应变式传感器的核心是电阻应变片，它将弹性敏感元件（或试件）的应变变化转换成电阻的变化。电阻应变片（简称应变片）种类繁多，但基本结构大体相同。图3-7所示为金属丝电阻应变片，它主要由敏感栅、基底、覆盖层和引出线构成。

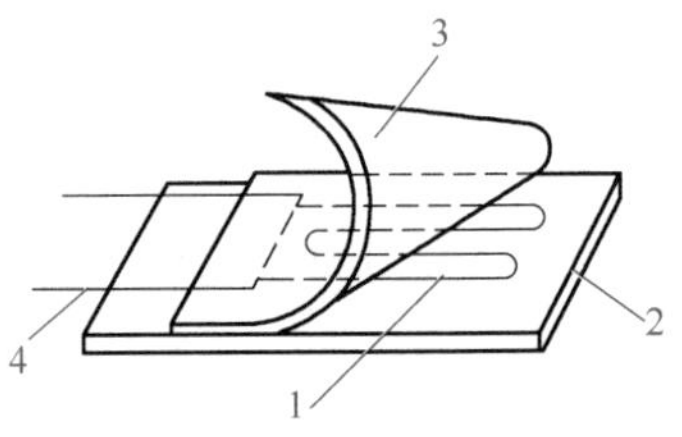

图3-7　金属丝电阻应变片
1—敏感栅　2—基底
3—覆盖层　4—引出线

敏感栅由金属材料（半导体应变片为半导体材料）制成，用来感受应变；基底和覆盖层（厚度一般在0.03mm左右）用来保护敏感栅、传递应变并使敏感栅和弹性敏感元件（或试件）之间具有良好的绝缘性能，常用材料为纸基和胶基；引出线将敏感栅接到测量电路中去，它由直径为0.15~0.30mm的镀银铜丝或镍铬铝丝制成。

电阻应变片的工作原理是基于金属导体和半导体材料的“电阻应变效应”和“压阻效应”。电阻应变效应是指电阻材料在外力作用下发生机械变形时，其电阻值发生变化的现象；压阻效应是指电阻材料受到载荷作用而产生应力时，其电阻率发生变化的现象。

下面以单根金属丝为例说明电阻应变片的工作原理。如图3-8所示，设电阻丝的长度为L，截面积为A，电阻率为ρ，则其初始电阻值为

$$R=\frac{\rho L}{A} \tag{3-6}$$

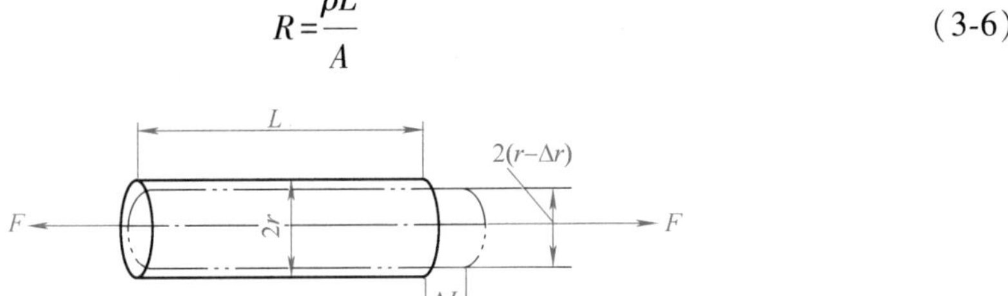

图3-8　金属丝的应变效应

当电阻丝受到拉力F作用时将伸长，截面积相应减小，电阻率也因变形而改变（增加），故引起电阻值的增量为

$$\mathrm{d}R=\frac{L}{A}\mathrm{d}\rho+\frac{\rho}{A}\mathrm{d}L-\frac{\rho L}{A^2}\mathrm{d}A \tag{3-7}$$

结合式（3-6）可得电阻的相对变化量为

$$\frac{\mathrm{d}R}{R}=\frac{\mathrm{d}\rho}{\rho}+\frac{\mathrm{d}L}{L}-\frac{\mathrm{d}A}{A} \tag{3-8}$$

又因电阻丝的截面积$A=\pi r^2$，故式（3-8）可变为

$$\frac{\mathrm{d}R}{R}=\frac{\mathrm{d}\rho}{\rho}+\frac{\mathrm{d}L}{L}-2\frac{\mathrm{d}r}{r} \tag{3-9}$$

式中　$\frac{\mathrm{d}L}{L}$——电阻丝的纵向应变，$\frac{\mathrm{d}L}{L}=\varepsilon$；

$\frac{\mathrm{d}r}{r}$——电阻丝的横向应变，且$\frac{\mathrm{d}r}{r}=-\mu\frac{\mathrm{d}L}{L}=-\mu\varepsilon$，$\mu$为电阻丝材料的泊松比。

于是，式（3-9）可写为

$$\frac{\mathrm{d}R}{R}=(1+2\mu)\varepsilon+\frac{\mathrm{d}\rho}{\rho} \tag{3-10}$$

由此可知，电阻丝电阻的相对变化是由两部分引起的：$(1+2\mu)\varepsilon$ 是由电阻丝几何尺寸变化引起的电阻变化，即电阻应变效应；$\frac{\mathrm{d}\rho}{\rho}$是电阻丝受到应力作用而引起电阻率的变化，即压阻效应。

对于金属材料，电阻应变效应是主要的，电阻率的变化可忽略不计，所以有

$$\frac{\mathrm{d}R}{R}=(1+2\mu)\varepsilon \tag{3-11}$$

对于半导体材料，压阻效应是主要的，有

$$\frac{\mathrm{d}R}{R}=\frac{\mathrm{d}\rho}{\rho} \tag{3-12}$$

由于电阻率的相对变化量 $\mathrm{d}\rho/\rho$ 与电阻丝轴向应力 σ 的大小有关，即

$$\frac{\mathrm{d}\rho}{\rho}=\lambda\sigma=\lambda E\varepsilon \tag{3-13}$$

式中 λ——压阻系数，与半导体材料的材质有关；

E——电阻丝材料的弹性模量。

于是，对于半导体材料有

$$\frac{\mathrm{d}R}{R}=\lambda E\varepsilon \tag{3-14}$$

定义电阻丝的灵敏度系数为

$$S_0=\frac{\mathrm{d}R/R}{\varepsilon} \tag{3-15}$$

灵敏度系数的物理意义为单位应变所引起的电阻相对变化。显然，对于金属材料，$S_0=1+2\mu$，通常为1.8~3.6；对于半导体材料，$S_0=\lambda E$，通常在100以上，可见半导体材料的灵敏度远远高于金属材料的灵敏度。

制作应变片敏感栅常用的合金材料有康铜、镍铬合金、镍铬铝合金等；常用的半导体材料有硅、锗和锑化铟等。常用材料性能见表3-1和表3-2。

表3-1 应变片敏感栅常用合金材料及主要性能

材料名称	成分质量分数		灵敏度	电阻率 /(Ω·mm²/m)	电阻温度系数 /(×10⁻⁶/℃)	线膨胀系数 /(×10⁻⁶/℃)
	元素	质量分数（%）	S_0			
康铜	Cu Ni	57 43	1.7~2.1	0.49	−20~20	14.9
镍铬合金	Ni Cr	80 20	2.1~2.5	0.9~1.1	110~150	14.0

(续)

材料名称	成分质量分数		灵敏度	电阻率 /(Ω·mm²/m)	电阻温度系数 /($\times10^{-6}$/℃)	线膨胀系数 /($\times10^{-6}$/℃)
	元素	质量分数(%)	S_0			
镍铬铝合金	Ni Cr Al Fe	73 20 3~4 余量	2.4	1.33	-10~10	13.3

表 3-2　应变片敏感栅常用半导体材料及主要性能

材料	电阻率 ρ/($\times10^2\Omega\cdot$m)	弹性模量 E/($\times10^2$N/cm²)	灵敏度	晶向
P型硅	7.8	1.87	175	[111]
N型硅	11.7	1.23	-132	[100]
P型锗	15.0	1.55	102	[111]
N型锗	16.6	1.55	-157	[111]

2. 电阻应变片的种类

常用的电阻应变片有两种：金属电阻应变片和半导体应变片。

(1) 金属电阻应变片　金属电阻应变片有丝式和箔式等结构形式。丝式应变片如图 3-9a 所示，将一根电阻丝绕成栅状，用胶黏剂贴于基底，其直径在 0.012~0.050mm 之间。箔式应变片如图 3-9b、c、d 所示，它是用光刻、腐蚀等工艺方法制成的一种很薄的金属箔栅，其厚度一般在0.003~0.010mm。它的优点是表面积和截面积之比大，散热条件好，故允许通过较大的电流，并可做成任意的形状，适于大批量生产。鉴于这些特点，箔式应变片的使用范围日益广泛，并有逐渐取代丝式应变片的趋势。

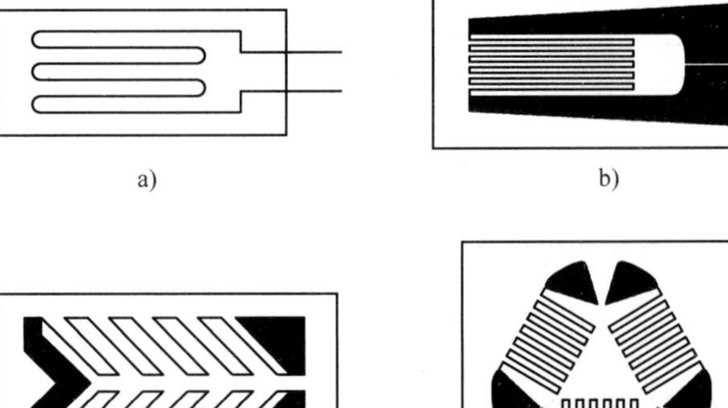

图 3-9　金属电阻应变片

a) 丝式应变片　b) 单轴　c) 侧切应变、扭矩　d) 多轴

(2) 半导体应变片　半导体应变片的结构如图 3-10 所示，常用硅、锗等材料做成单根状的敏感栅。它的使用方法与金属电阻应变片相同，即粘贴在弹性敏感元件或试件上感知应变，其电阻值相应发生变化。

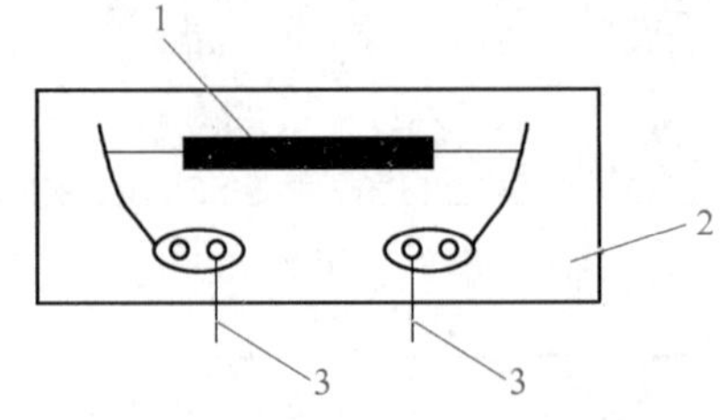

图 3-10　半导体应变片的结构

1—半导体敏感栅　2—基底　3—引出线

半导体应变片的突出优点是灵敏度很大，是金属电阻应变片的 50~70 倍（可参考表 3-1 和表 3-2），可测微小应变，尺寸小，横向效应和机械滞后也小。其主要缺点是温

度稳定性差，测量较大应变时，非线性严重，必须采取补偿措施。

金属电阻应变片与半导体应变片的主要区别在于：前者是基于电阻应变效应工作的；后者则是基于压阻效应工作的。

3. 电阻应变式传感器的应用

电阻应变片可直接用来测定结构的应变或应力。例如，为了研究机械、桥梁、建筑等的某些构件在工作状态下的受力、变形情况，可利用不同形状的应变片，粘贴在构件的预定部位，可以测得构件的拉压应力、转矩及弯矩等，为结构设计、应力校核或构件破坏的预测提供可靠测试数据。几种应用实例如图 3-11 所示。

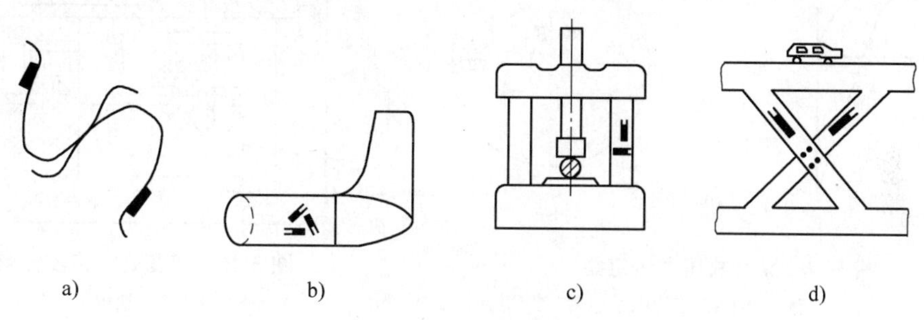

图 3-11 构件应力测定的应用实例

a）齿轮轮齿弯矩测量 b）飞机机身应力测量 c）立柱应力测量 d）桥梁应力测量

电阻应变片除了能直接测量构件的应力、应变外，还可以和弹性敏感元件配合制成各种电阻应变式传感器，用来测量力、压力、转矩、加速度等物理量。

图 3-12 所示为圆柱式力传感器，应变片粘贴在弹性敏感元件外壁应力分布均匀的中间部分，对称地粘贴多片。贴片在圆柱面上的展开位置及其在桥路中的连接，如图 3-13 所示，其特点是 R_1、R_3 串联，R_2、R_4 串联并置于相对位置的臂上，以减小弯矩的影响。横向贴片作温度补偿用。

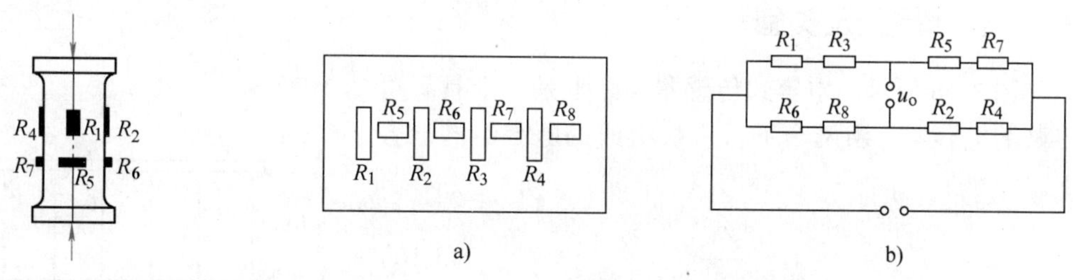

图 3-12 圆柱式力传感器

图 3-13 圆柱面展开及电桥

a）圆柱面展开图 b）桥路连接图

图 3-14 所示为膜片式压力传感器，应变片贴于膜片内壁，在压力 p 作用下，膜片产生径向应变 ε_r 和切向应变 ε_t。由图 3-14a 可知，切向应变始终为正值，中心处最大；而径向应变有正有负，在中心处和切向应变相等，在边缘处最大。一般在膜片圆心处沿切向贴两片（R_1、R_4）感受 ε_t，因为圆心处切向应变最大；在边缘处沿径向贴两片（R_2、R_3）感受 ε_r，因为边缘处径向应变最大；然后接成全桥测量电路，以提高灵敏度和实现温度补偿。

图 3-15 所示为应变式加速度传感器，在悬臂梁的一端固定质量块，另一端用螺钉固定在壳体上，梁的上、下两面粘贴应变片，传感器内部充满硅油（阻尼液），用以产生合适的阻尼。测量加速度时，将传感器的壳体刚性连接在被测体上，当有加速度作用在壳体上时，由于梁的刚度很大，惯性质量块也以同样的加速度运动，其产生的惯性力作用在梁的端部使梁产生变形，应变片的阻值也发生相应变化。为了防止传感器在过载时被破坏，对应质量块上、下端面处安装了限位块。

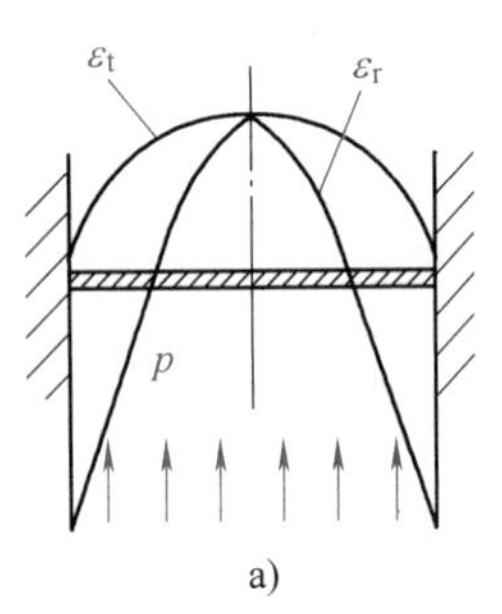

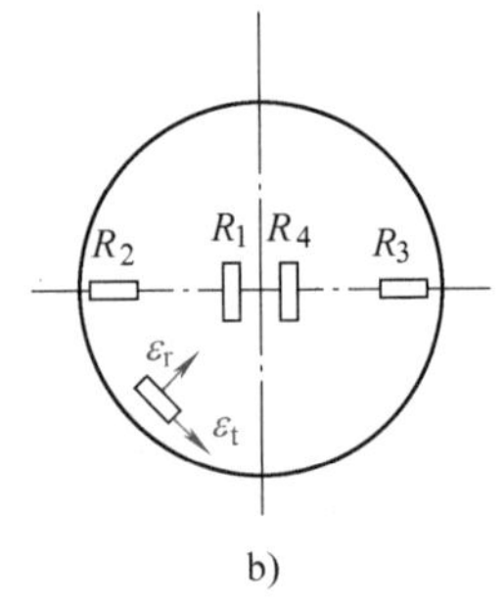

图 3-14 膜片式压力传感器

a）应力变化 b）应变片粘贴位置

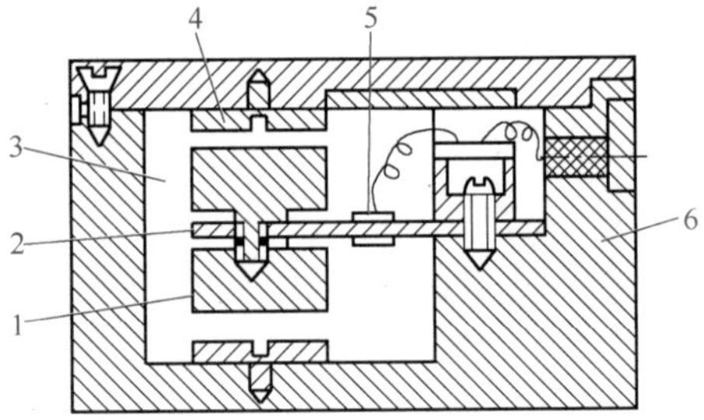

图 3-15 应变式加速度传感器

1—质量块 2—悬臂梁 3—硅油 4—限位块 5—应变片 6—壳体

3.3 电容式传感器

电容式传感器是将非电量的变化转换为电容变化的一种装置。它具有结构简单、体积小、动态响应快、温度稳定性好、易实现非接触测量等优点。其主要缺点是易受外界干扰和分布电容影响，随着电子技术的发展，其缺点不断得以克服。电容式传感器广泛用于位移、振动、角度、加速度，以及压力、压差、液位、成分含量等参数的测量中。

3.3.1 工作原理及类型

如图 3-16 所示，电容式传感器实际上是一个具有可变参数的电容器。由两个平行极板组成的电容器的电容 C(F)为

$$C=\frac{\varepsilon_r\varepsilon_0 A}{\delta} \tag{3-16}$$

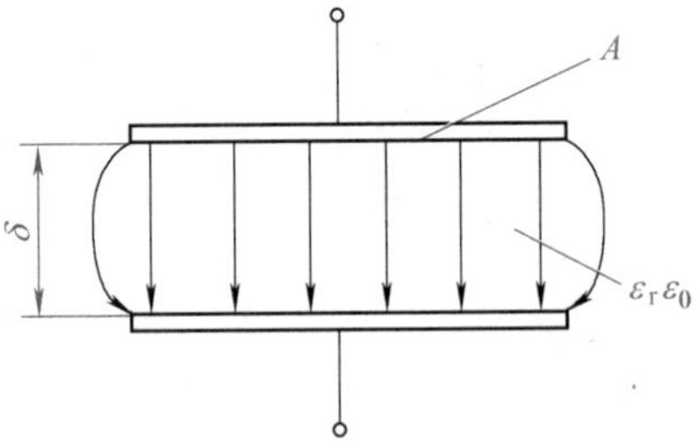

图 3-16 平板电容器

式中 A——两极板所覆盖的面积；

δ——两极板间的距离；

ε_r——极板间介质的相对介电常数，在空气中 $\varepsilon_r=1$；

ε_0——真空的介电常数，$\varepsilon_0=8.85\times10^{-12}\text{F/m}$。

式（3-16）表明，当被测量使 δ、A 或 ε_r 发生变化时，都会引起电容 C 的变化。如果保持其中的两个参数不变，而仅改变另一个参数，就可把该参数的变化变换成电容的变化。根据电容器变化的参数不同，可将电容式传感器分为极距变化型、面积变化型和介质变化型。在实际应用中，极距变化型与面积变化型的应用较为广泛。

（1）极距变化型　根据式（3-16），如果电容器的两极板覆盖面积及极间介质不变，则电容 C 与极距 δ 呈非线性关系，如图 3-17 所示。当极距有一定微小变化量 $\mathrm{d}\delta$ 时，引起电容的变化量 $\mathrm{d}C$ 为

$$\mathrm{d}C=-\varepsilon_{\mathrm{r}}\varepsilon_0 A\frac{1}{\delta^2}\mathrm{d}\delta \tag{3-17}$$

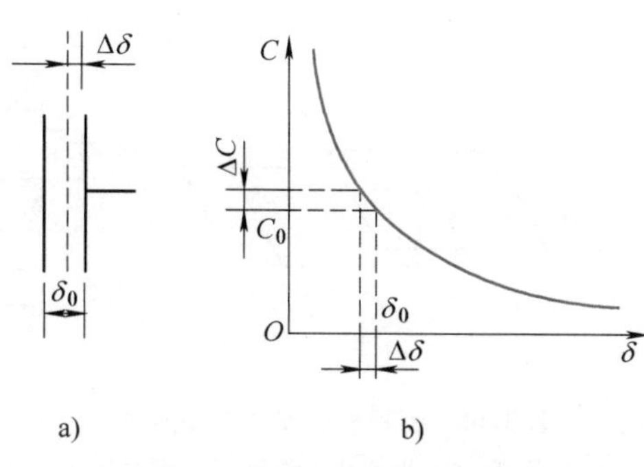

图 3-17　极距变化型电容式传感器及输出特性

a）极距变化　b）输出特性

由此可以得到传感器的灵敏度为

$$S=\frac{\mathrm{d}C}{\mathrm{d}\delta}=-\varepsilon_{\mathrm{r}}\varepsilon_0 A\frac{1}{\delta^2} \tag{3-18}$$

即灵敏度 S 与极距 δ 的二次方成反比。为了提高灵敏度，应减小初始间隙 δ_0，但 δ_0 过小时，一方面使测量范围减小，另一方面容易使电容击穿，因此一般 δ_0 控制在 0.1～1mm。由于两极板间电容 C 与极距 δ 呈非线性关系，为了减小非线性误差，应限制间隙的变化范围 $\Delta\delta$，使极距在初始间隙 δ_0 附近很小的范围内变动，一般 $\Delta\delta=(0.01\sim0.1)\delta_0$。

在实际应用中，为了提高传感器的灵敏度，增大线性工作范围和克服外界条件（如电源电压、环境温度等）的变化对测量精度的影响，常采用差动式电容传感器，其结构如图 3-18 所示。中间极板为动片，两边极板为定片，当动片移动距离 x 后，一边的间隙为 $\delta-x$，而另一边的间隙为 $\delta+x$。两边电容的变化通过差动电桥叠加，使灵敏度提高了一倍，线性工作区扩大。

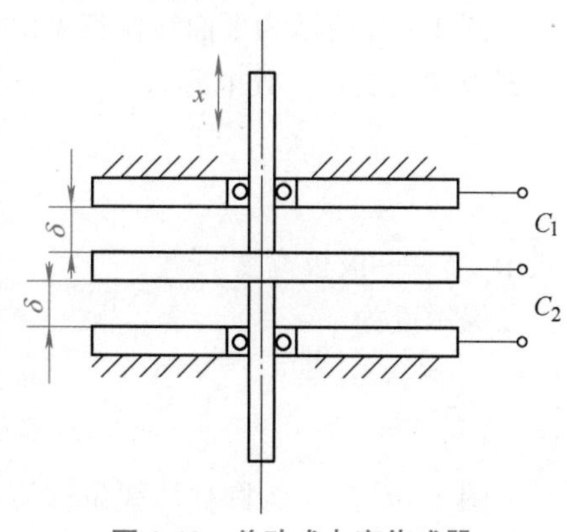

图 3-18　差动式电容传感器

极距变化型电容式传感器的优点是灵敏度高，可进行非接触式测量，对被测系统的影响小，适用于微小位移（0.01μm 至数百微米）的测量。但这种传感器具有非线性特性，传感器的杂散电容也对灵敏度和测量精度有影响，与传感器配合使用的电子线路也比较复杂，由于这些缺点，其使用范围受到一定限制。

（2）面积变化型　在变换极板面积的电容式传感器中，一般常用的有角位移型与线位移型两种。

图 3-19a 所示为角位移型电容式传感器，当动板有一转角时，与定板之间相覆盖的面积

就会发生变化，因而导致电容的变化。由于覆盖面积为

$$A=\frac{\alpha r^2}{2} \tag{3-19}$$

式中　α——覆盖面积对应的中心角；

r——极板半径。

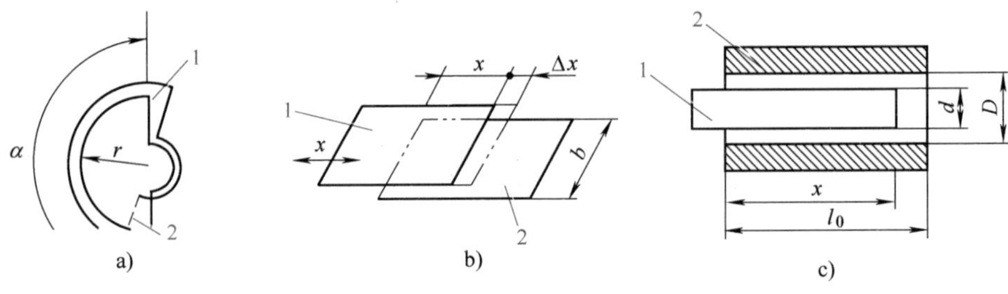

图 3-19　面积变化型电容式传感器

a）角位移型　b）平面线位移型　c）圆柱体线位移型

1—动板　2—定板

所以电容为

$$C=\frac{\varepsilon_r\varepsilon_0\alpha r^2}{2\delta} \tag{3-20}$$

灵敏度为

$$S=\frac{\mathrm{d}C}{\mathrm{d}\alpha}=\frac{\varepsilon_r\varepsilon_0 r^2}{2\delta}=\text{常数} \tag{3-21}$$

此种传感器的输出与输入呈线性关系。

图 3-19b 所示为平面线位移型电容式传感器。当动板沿 x 方向移动时，覆盖面积变化，电容也随之变化。其电容为

$$C=\frac{\varepsilon_r\varepsilon_0 bx}{\delta} \tag{3-22}$$

式中　b——极板宽度。

灵敏度为

$$S=\frac{\mathrm{d}C}{\mathrm{d}x}=\frac{\varepsilon_r\varepsilon_0 b}{\delta}=\text{常数} \tag{3-23}$$

图 3-19c 所示为圆柱体线位移型电容式传感器，动板（圆柱）与定板（圆筒）相互覆盖，其电容为

$$C=\frac{2\pi\varepsilon_r\varepsilon_0 x}{\ln(D/d)} \tag{3-24}$$

式中　D——圆筒孔径；

d——圆柱外径。

当覆盖长度 x 变化时，电容 C 发生变化，其灵敏度为

$$S=\frac{\mathrm{d}C}{\mathrm{d}x}=\frac{2\pi\varepsilon_r\varepsilon_0}{\ln(D/d)}=\text{常数} \tag{3-25}$$

面积变化型电容式传感器的优点是输出与输入呈线性关系，但与极距变化型电容式传感器相比，灵敏度较低，适用于较大直线位移及角位移测量。

（3）介质变化型　介质变化型电容式传感器大多用来测量电介质的液位或某些材料的厚度、温度和湿度等。图 3-20a 所示为一种介质液位计，当被测液面位置发生变化时，两电极浸入高度也发生变化，引起电容的变化。图 3-20b 所示为在两固定极板间有一个介质层（如纸张、电影胶片等）通过。当介质层的厚度、温度或湿度发生变化时，其介电常数发生变化，引起电极之间的电容变化。

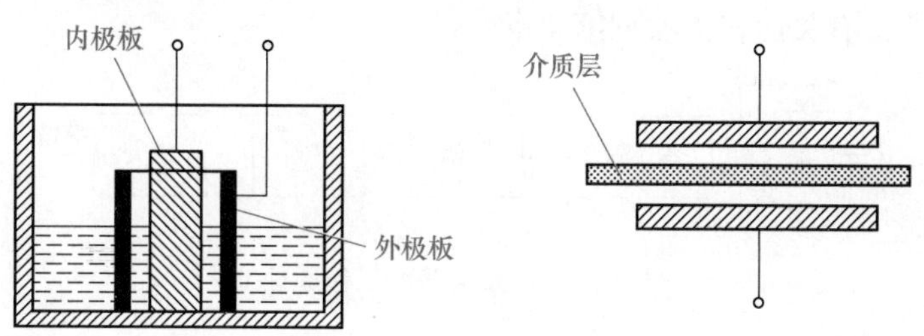

图 3-20　介质变化型电容式传感器应用实例

a）介质液位计　b）介质厚度、温度、湿度计

3.3.2　测量电路

电容式传感器将被测物理量的变化转换为电容的变化之后，由后续电路转换为电压、电流或频率信号。常用的测量电路有以下几种。

1. 变压器式交流电桥

电容式传感器所用变压器式交流电桥测量电路如图 3-21 所示，电桥两臂 C_1、C_2 为差动式电容传感器的电容，另外两臂为交流变压器二次绕组阻抗的一半，即 L_1 和 L_2。电桥的输出为一调幅波，经放大、相敏检波、滤波后获得输出，再推动显示仪表。

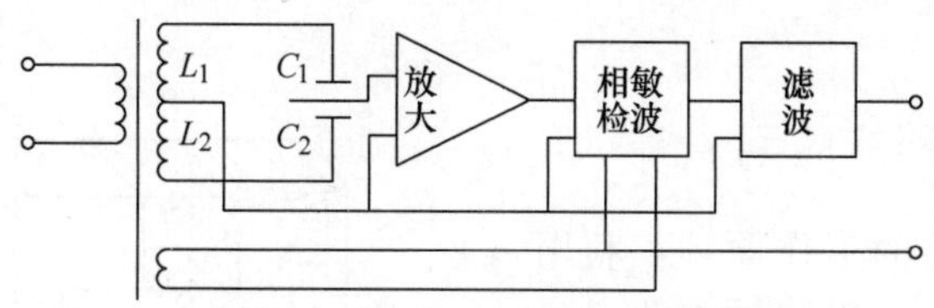

图 3-21　变压器式交流电桥测量电路

2. 直流极化电路

此电路又称为静压电容式传感器电路，多用于电容式传感器或压力传感器。如图 3-22 所示，弹性膜片在外力（气压、液压等）作用下发生位移，使电容发生变化。电容器接于具有直流极化电压 E_0 的电路中，电容的变化由高阻值电阻 R 转换为电压变化。由图 3-22 可知，电压输出为

$$u_g = RE_0 \frac{dC}{dt} = -RE_0 \frac{\varepsilon_r \varepsilon_0 A}{\delta^2} \frac{d\delta}{dt} \tag{3-26}$$

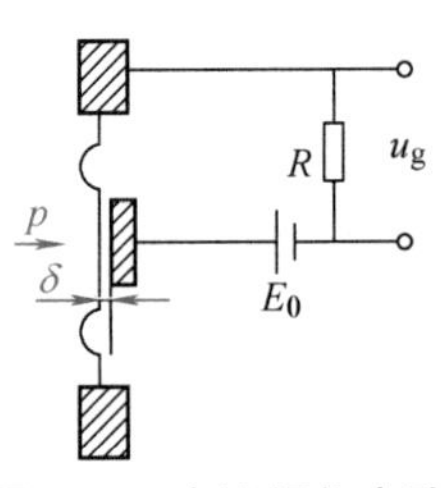

图 3-22　直流极化电路

显然，输出电压与膜片运动速度成正比，因此这种传感器可以测量气流（或液流）的振动速度，进而得到压力。

3. 调频电路

调频电路的工作原理如图 3-23 所示，传感器电容作为振荡器谐振回路的一部分，当被测量使传感器电容发生变化时，振荡器的振动频率也随之变化（调频信号），其输出经限幅、鉴频和放大后变成电压信号输出。电路中鉴频器的作用是将调频信号的瞬时频率变化恢复成原调制信号电压的变化，它是调频信号的解调器。有关内容请参见第 4 章。

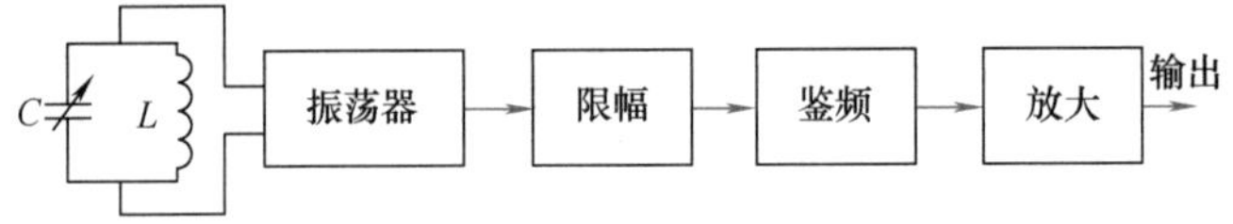

图 3-23　调频电路的工作原理

4. 运算放大器电路

由前述已知，极距变化型电容式传感器的极距变化与电容变化量呈非线性关系，这一缺点使电容式传感器的应用受到一定限制。为此采用比例运算放大器电路可得到输出电压 u_g 与位移量的线性关系，如图 3-24 所示。输入阻抗采用固定电容 C_0，反馈阻抗采用电容式传感器的电容 C_x，根据比例运算放大器的运算关系，当激励电压为 u_o 时，有

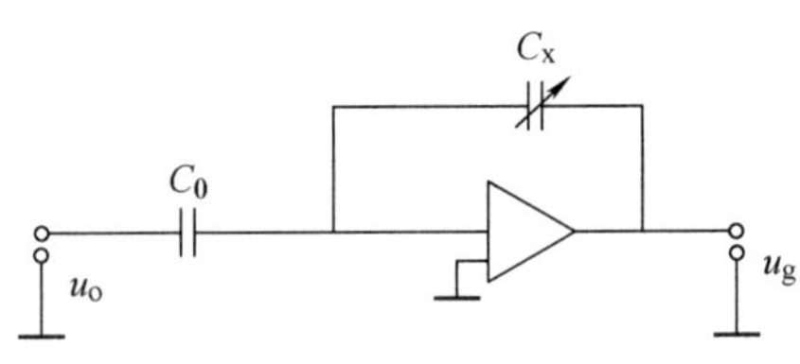

图 3-24　运算放大器电路

$$u_g = -u_o \frac{C_0}{C_x}$$

$$u_g = -u_o \frac{C_0 \delta}{\varepsilon_r \varepsilon_0 A} \tag{3-27}$$

式中　u_o——激励电压。

3.3.3　电容式传感器的应用

根据电容式传感器的工作原理：利用极板间距 δ 和极板覆盖面积 A 的变化，可以测量直线位移或角位移；也可借助弹性敏感元件测量压力、位移、振动或加速度等。下面介绍电容式传感器的几个应用实例。

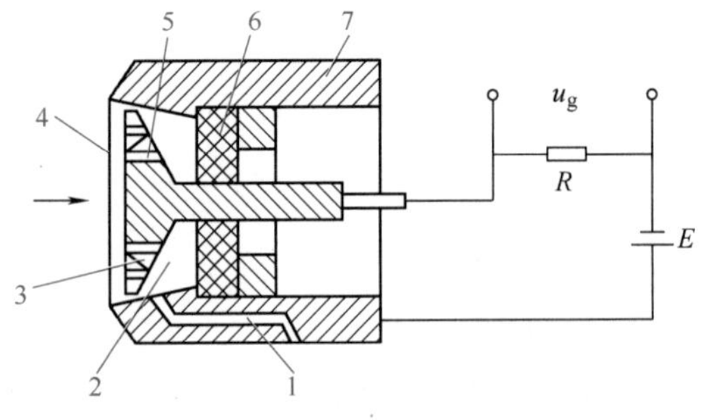

图 3-25　电容式传声器
1—减压孔　2—内腔　3—固定极板　4—膜片
5—阻尼孔　6—绝缘支架　7—外壳

图 3-25 所示为电容式传声器。传声器用来把声压转换为电信号。声电转换分两

步：首先由膜片感受声压变成膜片的振动；然后由传感器将膜片振动转换为电信号。传声器由很薄的金属膜片和紧靠它的固定极板组成，二者之间留有空气薄层，构成空气介质电容器。当声压作用在膜片上时，膜片内外产生压差，使膜片产生与外界声波信号一致的振动，导致膜片与固定极板之间的距离改变，引起电容的变化，通过测量电路变成电压输出。

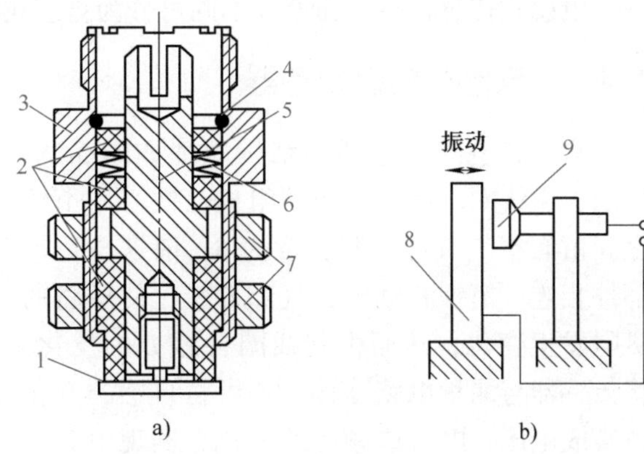

图 3-26 电容式振动位移传感器

a）结构 b）应用

1—测端电极 2—绝缘衬套 3—壳体 4—弹簧卡圈 5—电极座 6—盘形弹簧 7—螺母 8—被测物 9—电容式传感器

图 3-26a 所示为一种单电极的电容式振动位移传感器。它的平面测端电极 1 作为电容器的一个极板，通过电极座 5 由引线接入电路，另一极是被测物体表面。金属壳体 3 与测端电极 1 之间有绝缘衬套 2 使彼此绝缘。使用时壳体 3 为夹持部分，传感器通过螺母 7 被夹持在标准台架或其他支承上。壳体 3 接大地可起屏蔽作用，弹簧卡圈 4 和盘形弹簧 6 起固定作用。这种传感器可测振动位移（图 3-26b），还可测量转轴的回转精度和轴心动态偏摆等。

图 3-27 所示为差动式电容加速度传感器结构图。它有两个固定极板，中间质量块的两个端面作为动极板。当测量垂直方向上的直线加速度时，传感器壳体固定在被测振动体上，质量块因惯性相对静止，因此将导致固定电极与动极板间的距离发生变化，一个增加、另一个减小，可证明两个电容的差值正比于被测加速度。这种加速度传感器的特点是频率响应快、量程大、精度较高。

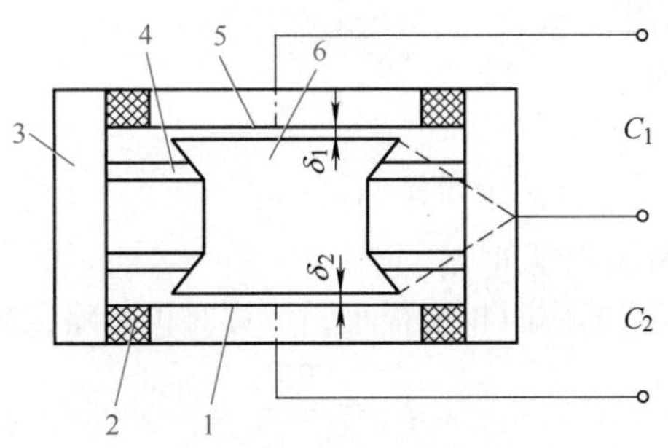

图 3-27 差动式电容加速度传感器

1—下固定极板 2—绝缘垫 3—壳体 4—弹簧 5—上固定极板 6—质量块

3.4 电感式传感器

电感式传感器是利用电磁感应原理，将被测非电量转换成线圈自感或互感变化的一种装置，常用来测量位移、振动、压力、加速度等物理量。其优点是结构简单可靠、输出功率大、灵敏度和分辨率高、重复性好、线性度优良等；缺点是频率响应低，不宜用于快速测量。

电感式传感器按工作原理不同可分为自感式、互感式和电涡流式三种。

3.4.1 自感式电感传感器

自感式电感传感器的结构原理如图 3-28a 所示，由线圈、铁心和衔铁组成，铁心与衔铁之间留有空气气隙，其长度为 δ，衔铁与运动部件相连。衔铁移动时，气隙 δ 变化使磁路的磁阻发生变化，从而引起线圈自感 L 的变化。将传感器与测量电路连接后，可将自感的变化转换成电压、电流或频率的变化，实现由非电量到电量的转换。常用的有变气隙型、变面积型和螺管型。

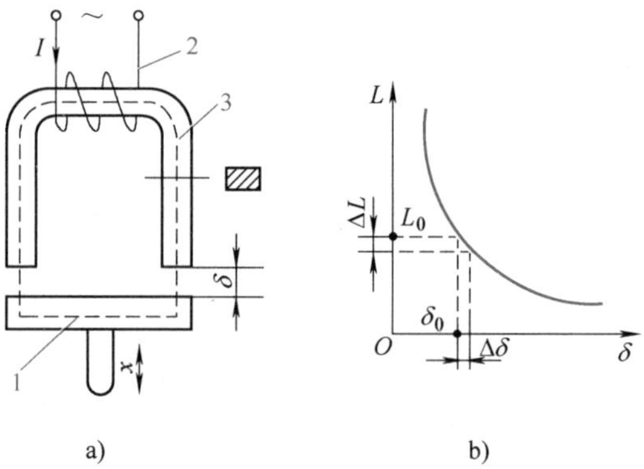

a) b)

图 3-28 自感式电感传感器（变气隙型）

a）结构 b）特性曲线

1—衔铁 2—线圈 3—铁心

由电工学可知，线圈自感 L 为

$$L=\frac{N^2}{R_m} \tag{3-28}$$

式中 N——线圈匝数；

R_m——磁路总磁阻（H^{-1}）。

如果气隙 δ 较小，而且不考虑磁路的铁损时，则总磁阻为

$$R_m=\frac{l}{\mu A}+\frac{2\delta}{\mu_0 A_0} \tag{3-29}$$

式中 l——铁心和衔铁的导磁长度；

μ——铁心的磁导率；

A——铁心的导磁截面积；

δ——气隙长度；

μ_0——空气的磁导率，$\mu_0=4\pi\times10^{-7}\text{H/m}$；

A_0——空气气隙导磁截面积（m^2）。

因为铁心磁阻与空气气隙的磁阻相比很小，计算时可忽略，故

$$R_m\approx\frac{2\delta}{\mu_0 A_0} \tag{3-30}$$

代入式（3-28），则有

$$L=\frac{N^2\mu_0 A_0}{2\delta} \tag{3-31}$$

由式（3-31）可知，当线圈匝数 N 确定之后，自感 L 与气隙导磁截面积 A_0 成正比，而与气隙 δ 成反比。若保持 A_0 不变，则自感 L 是 δ 的单值函数（图 3-28b），这就是变气隙型自感传感器的工作原理。此时变气隙型自感传感器的灵敏度为

$$S=-\frac{N^2\mu_0 A_0}{2\delta^2} \tag{3-32}$$

灵敏度 S 与气隙长度的二次方成反比，δ 越小，灵敏度越高。因 S 不是常数，故会出现非线性误差。为了减小这一误差，通常规定在较小间隙变化范围内工作，常取 $\Delta\delta/\delta_0 \leqslant 0.1$。这种传感器适用于较小位移的测量，一般为 0.001~1mm。

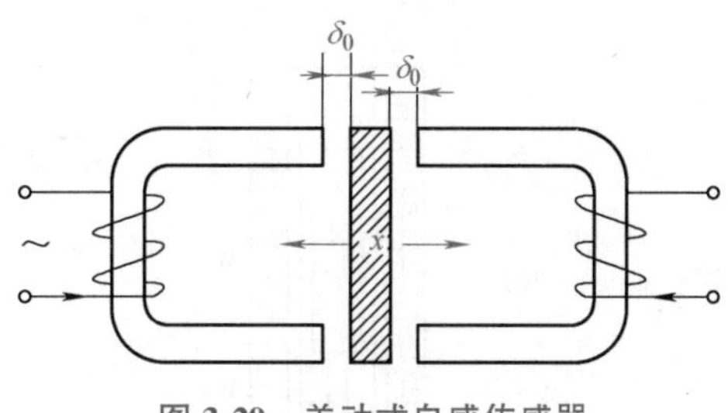

图 3-29 差动式自感传感器

实际应用中，为了提高自感式电感传感器的灵敏度，增大其线性工作范围，常将两个结构相同的自感线圈组合在一起形成差动式自感传感器，如图 3-29 所示。

图 3-30 所示为变面积型自感传感器，工作时气隙长度 δ 保持不变，使气隙导磁截面积 A_0 随被测量变化，其自感 L 与 A_0 呈线性关系。

图 3-31 所示为差动式螺管型自感传感器，被用于电感测微仪上，常用测量范围为 0~300μm，最小分辨力为 0.5μm。其测量电路可采用图 3-21 所示的变压器式交流电桥，只需将电桥中的差动电容换为差动电感线圈即可。

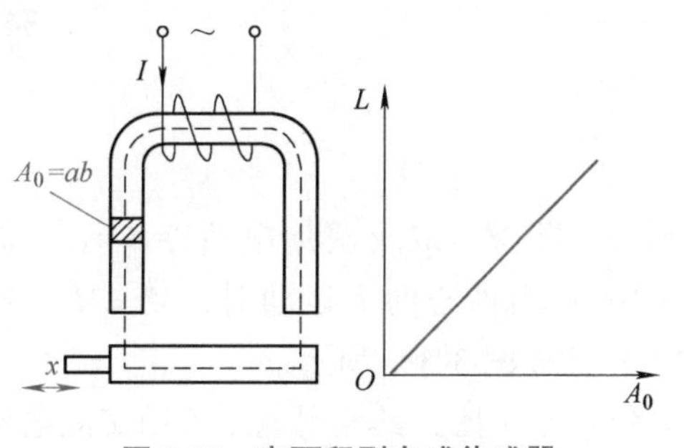

图 3-30 变面积型自感传感器

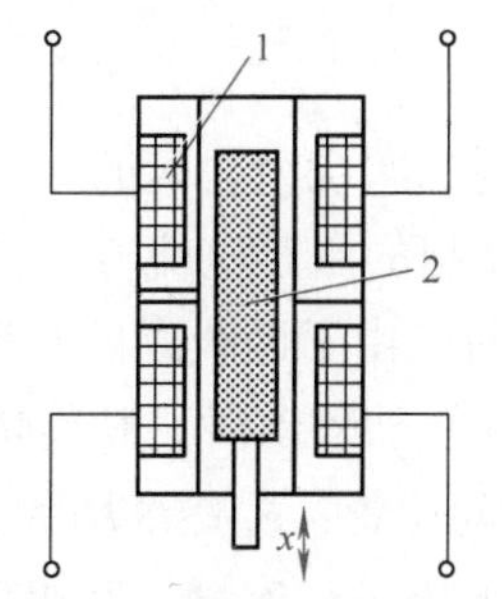

图 3-31 差动式螺管型自感传感器

1—线圈 2—铁心

3.4.2 互感式电感传感器

互感式电感传感器是利用电磁感应中的互感现象工作的，如图 3-32 所示。这种传感器实质上就是一个变压器，其一次绕组 W_1 接入稳定交流电压，二次绕组 W_2 因互感作用产生一输出电压 e_{12}，当被测参数使两线圈之间的互感系数变化时，二次绕组输出电压也产生相应变化。由于常常采用两个二次绕组组成差动式，故又称为差动变压器式传感器，简称差动变压器。

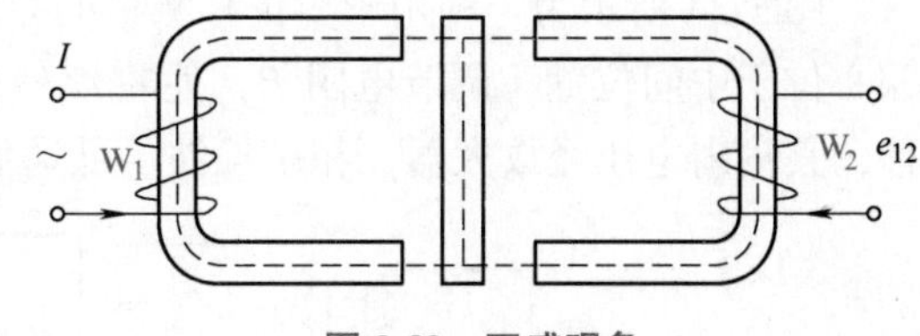

图 3-32 互感现象

差动变压器的结构形式较多，实际应用较多的是螺管型差动变压器。如图 3-33a 所示，螺管型差动变压器由一次绕组 W 和两个参数完全相同的二次绕组 W_1、W_2 组成，线圈中心插入圆柱形铁心。当一次绕组 W 加上一定的交流电压时，二次绕组 W_1 和 W_2 由于电磁感应分别产生感应电动势 e_1 和 e_2，其大小与铁心在线圈中的位置有关。把感应电动势反极性串联（图 3-33b），则输出电动势为

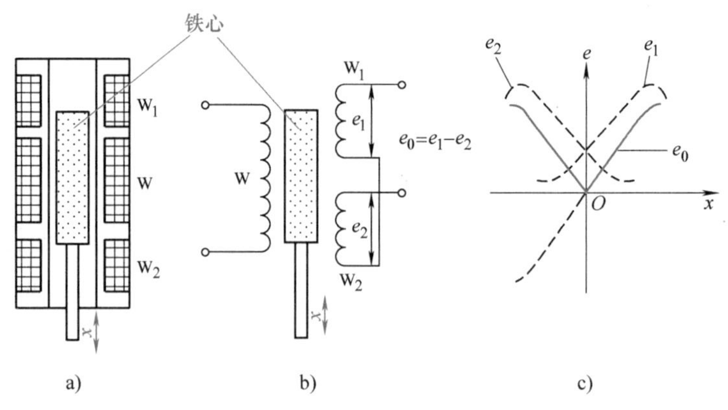

图 3-33　螺管型差动变压器

a）结构原理　b）等效电路　c）输出特性

$$e_0 = e_1 - e_2 \tag{3-33}$$

二次绕组产生的感应电动势为

$$e = -M\frac{\mathrm{d}i}{\mathrm{d}t} \tag{3-34}$$

式中　M——一次绕组与二次绕组之间的互感系数；

i——流过一次绕组的激励电流。

当铁心在中间位置时，由于两线圈的互感系数相等，即 $M_1 = M_2$，感应电动势 $e_1 = e_2$，故输出电压 $e_0 = 0$；当铁心向上运动时，$M_1 > M_2$，则 $e_1 > e_2$；当铁心向下运动时，$M_1 < M_2$，则 $e_1 < e_2$，随着铁心偏离中间位置，e_0 逐渐增大，其输出特性如图 3-33c 所示。

差动变压器的输出电压是交流量，其幅值与铁心位移成正比，其输出电压若用交流电压表示，输出值只能反映铁心位移的大小，不能反映移动的方向性。而且，当铁心位于中间位置时，差动变压器的输出电压 e_0 也不为零，而是一较小的电压值，称为零点残余电压。零点残余电压产生的主要原因是两个二次绕组结构不对称，以及一次绕组铜损电阻、铁磁质材料不均匀、线圈间分布电容影响等。为此，差动变压器的后接电路需采用既能反映铁心位移方向，又能补偿零点残余电压的差动直流输出电路。

图 3-34 所示为一种用于小位移测量的差动相敏检波电路的工作原理。当无输入信号时，铁心位于中间位置，调节电阻 R，使零点残余电压最小；当有输入信号时，铁心上移或下移，其输出电压经放大器、相敏检波、低通滤波后得到直流输出，由表头指示输入位移量的

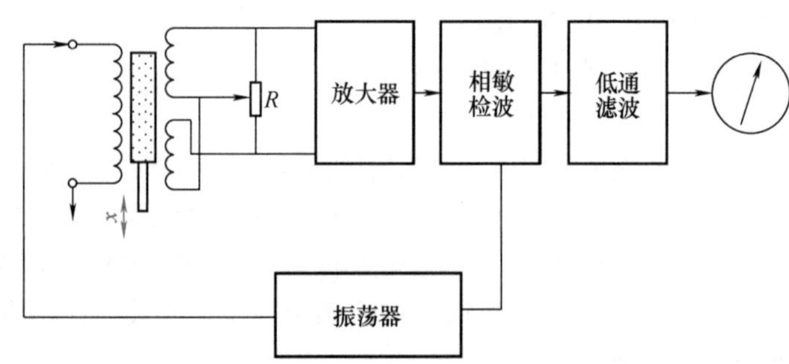

图 3-34　差动相敏检波电路的工作原理

大小和方向。

差动变压器具有测量精度高（最高分辨力可达0.1μm）、线性范围大（±100mm）、灵敏度高、稳定性好和结构简单等优点，被广泛用于直线位移的测量。借助于弹性敏感元件可将压力、重量等物理量转换为位移的变化，故也将这类传感器用于压力、重量的测量。

3.4.3 电涡流式传感器

根据法拉第电磁感应定律，当金属导体置于变化的磁场中或在磁场中做切割磁力线运动时，导体内就会产生漩涡状的感应电流，这一现象称为电涡流效应。电涡流式传感器就是利用电涡流效应工作的。

电涡流式传感器的结构原理如图 3-35 所示，当传感器励磁线圈中通以正弦交变电流 I_1 时，线圈的周围空间就产生了正弦交变磁场 H_1，处于此交变磁场中的金属导体内就会产生涡流 I_2，此涡流也将产生交变磁场 H_2，H_2 的方向与 H_1 的方向相反。磁场 H_2 对磁场 H_1 的反抗作用，导致传感器励磁线圈的等效阻抗发生变化。励磁线圈受到金属导体影响后的等效阻抗 Z 为

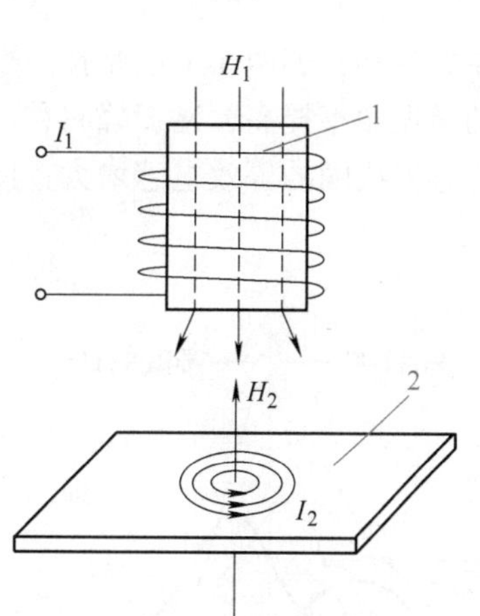

图 3-35 电涡流式传感器的结构原理
1—传感器励磁线圈 2—被测金属导体

$$Z=f(\rho,\mu,x,\omega) \tag{3-35}$$

式中 ρ——被测金属导体的电阻率；

μ——被测金属导体的磁导率；

x——线圈与金属导体之间的距离；

ω——线圈中激励电流的频率。

式（3-35）表明，影响线圈阻抗 Z 的因素，主要是线圈与金属导体之间的距离 x，金属导体的电阻率 ρ、磁导率 μ，以及线圈中的励磁电流的频率 ω 等。如果只改变一个参数，保持其他参数不变，传感器励磁线圈的阻抗 Z 就只与该参数有关，只要测出线圈阻抗的变化，就可确定该参数。例如，变化 x 值，可作为位移、振动测量；变化 ρ 或 μ 值，可作为材质鉴别或探伤等。

电涡流式传感器的测量电路一般有阻抗分压式调幅电路及调频电路。图 3-36 所示为分压式调幅电路的工作原理，它主要包括振荡器、并联谐振回路、放大器、检波器及滤波器

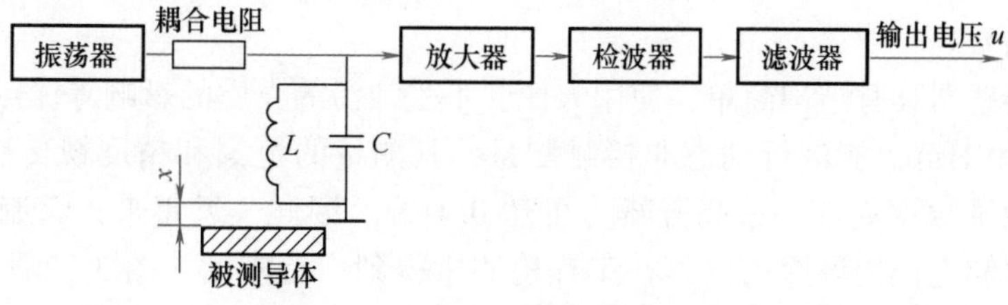

图 3-36 分压式调幅电路的工作原理

等。传感器线圈 L 和电容 C 组成并联谐振回路，其谐振频率为

$$f=\frac{1}{2\pi\sqrt{LC}} \tag{3-36}$$

电路中由振荡器提供一个频率及幅值稳定的高频信号激励并联谐振回路 LC。测量开始前，传感器线圈远离被测导体，调整 LC 回路的谐振频率 f_0 等于振荡器的振荡频率，这时 LC 回路的阻抗最大，激励电流在 LC 回路产生的压降最大，即回路的输出电压也最大。当传感器线圈接近被测导体时，线圈的等效电感发生变化，致使回路失谐而偏离激励频率，回路的谐振峰将向左右移动，如图 3-37a 所示。若被测导体为非磁性材料，传感器线圈的等效电感减少，回路的谐振频率提高，谐振峰右移，输出电压将由 u_0 降为 u_1' 或 u_2'；若被测导体为磁性材料，则传感器线圈的等效电感增大，回路的谐振频率降低，谐振峰左移，输出电压将由 u_0 降为 u_1 或 u_2。

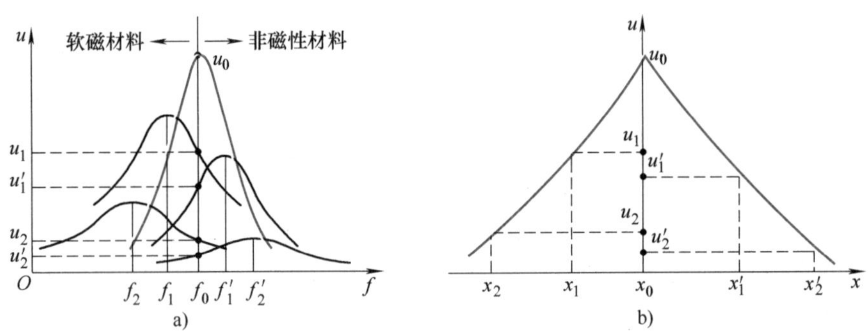

图 3-37　分压调幅电路谐振曲线和特性曲线

a）谐振曲线　b）特性曲线

调幅电路的输出特性如图 3-37b 所示。因 LC 谐振回路的激励频率保持不变，所以谐振回路输出电压的频率始终不变，但幅值随位移 x 变化，它相当于一个调幅波，经放大、检波、滤波后，可得到一个与被测信号对应的电压信号。

调频电路的工作原理如图 3-38 所示。这种方法也是把传感器线圈接入 LC 谐振回路，与调幅法的不同之处是取回路的谐振频率作为输出量。当金属导体至传感器之间的距离 x 发生变化时，将引起线圈电感变化，从而使振荡器的振荡频率 f 发生变化，再通过鉴频器进行频率—电压转换，即可得到与位移 x 成比例的电压信号。

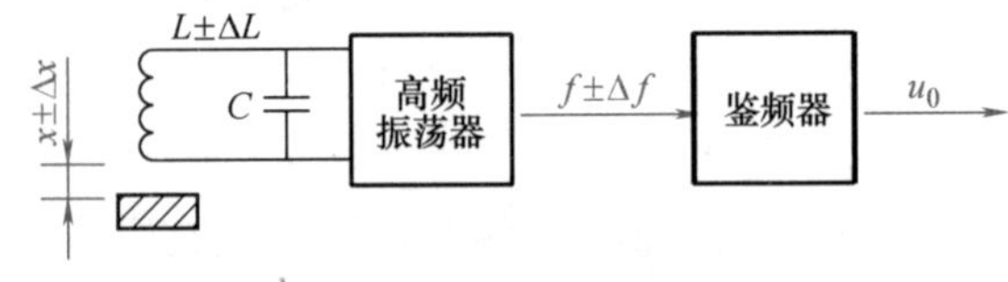

图 3-38　调频电路的工作原理

电涡流式传感器具有结构简单、使用方便、不受油污等介质的影响等优点，而且频率响应范围宽（$0\sim10^4$Hz），能进行动态非接触测量，其测量的范围和精度视传感器结构尺寸、线圈匝数以及激励频率而异，最高分辨力可达 0.1μm。因此，近年来，涡流式位移和振动测量仪、测厚仪和无损检测探伤仪等在工程检测中得到广泛应用。图 3-39 所示为电涡流式传感器的工程应用实例。

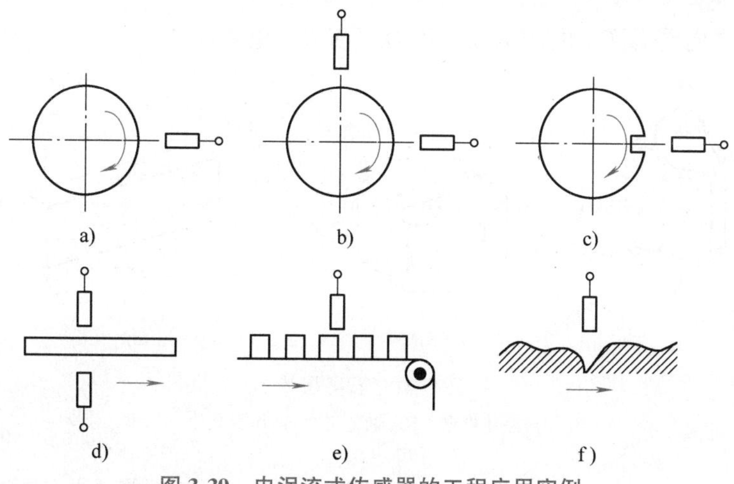

图 3-39 电涡流式传感器的工程应用实例

a）测量轴的径向振摆 b）测量轴心轨迹 c）测量转速 d）测量厚度 e）零件计数 f）表面探伤

3.5 压电式传感器

压电式传感器是一种可逆型换能器，即可以将机械能转换为电能，又可以将电能转换为机械能。这种性能使它被广泛用于压力、加速度、机械冲击和振动的测量，也被用于超声波发射与接收装置。这种传感器具有体积小、重量轻、工作频带宽、灵敏度高等优点。现在与之配套的后续仪器，如电荷放大器等的性能日益提高，使这种传感器的应用越来越广泛。

3.5.1 压电效应

压电式传感器的工作原理是基于某些介质的压电效应。对某些介质沿一定方向施加外力使其变形时，其内部将产生极化现象从而在一定表面上产生电荷；当外力去掉后，又重新回到不带电状态，这一现象称为正压电效应，如图 3-40 所示。当在介质的极化方向施加电场，这些介质就在一定方向产生机械变形；当外电场撤去时，这些变形也随之消失，此即称为逆压电效应。

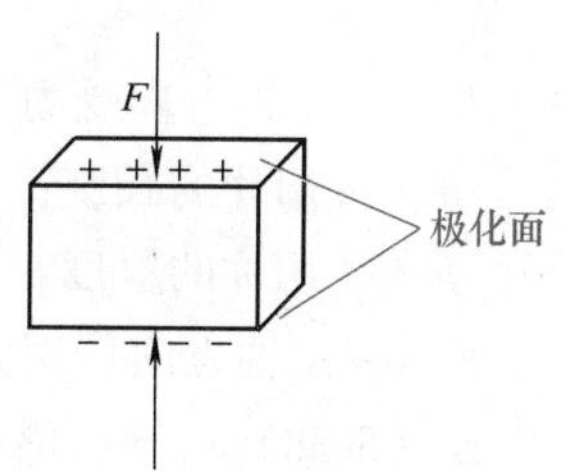

图 3-40 正压电效应示意图

具有压电效应的晶体称为压电晶体，如石英、钛酸钡（$BaTiO_3$）、锆钛酸铅（PZT）等。许多天然晶体都具有压电效应，例如石英、电气石、闪锌矿等。因天然晶体不易获得且价格昂贵，故研制了许多人造晶体，如酒石酸钾钠（罗谢耳盐）、磷酸二氢铵、磷酸二氢钾、酒石酸乙二钾、硫酸锂等。

下面以石英晶体为例介绍压电效应。石英晶体的化学成分是 SiO_2，是单晶体，两端为一对称的棱锥，六棱柱是它的基本结构，如图 3-41a 所示。石英晶体是各向异性材料，不同晶向具有不同的物理特性，可用 x、y、z 轴来描述，如图 3-41b 所示。z 轴是通过棱锥顶端的轴线，称为光轴，沿该方向受力不会产生压电效应；x 轴是经过六面体的棱线并垂直于 z 轴的轴线，称为电轴（垂直于此轴的面上压电效应最强），沿该方向受力产生的压电效应称为“纵向压电效应”；y 轴是与 x、z 轴同时垂直的轴线，称为机械轴（沿该轴方向的机械变形最明显)，沿该方向受力产生的压电效应称为“横向压电效应”。

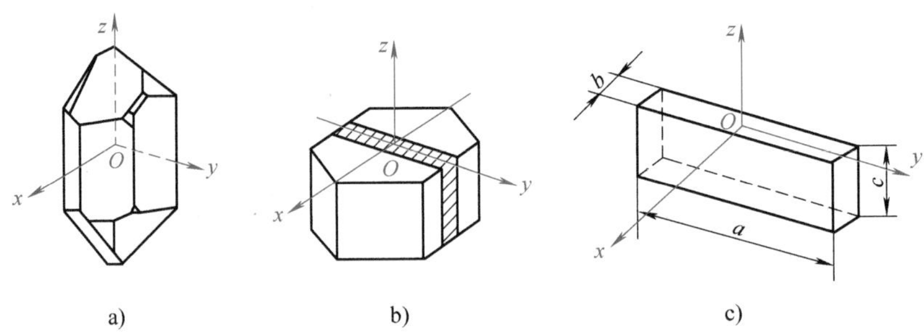

图 3-41　石英晶体

a）晶体外形　b）轴定义　c）切割晶片

如果从晶体上沿 y 轴方向切下一块晶片，如图 3-41c 所示。对其压电效应情况做如下分析：

1）沿 x 轴方向施加作用力，将在 yOz 平面上产生电荷，其大小为

$$q_x = d_{11} F_x \tag{3-37}$$

式中　d_{11}——x 轴方向受力的压电系数；

F_x——x 轴方向作用力。

电荷 q_x 的符号视 F_x 为压力或拉力而定。由式（3-37）可知，沿电轴方向的力作用于晶体时产生的电荷 q_x 的大小与切片的几何尺寸无关。

2）沿 y 轴方向施加作用力，仍然在 yOz 平面产生电荷，但极性方向相反，其大小为

$$q_y = d_{12} \frac{a}{b} F_y = -d_{11} \frac{a}{b} F_y \tag{3-38}$$

式中　d_{12}——y 轴方向受力的压电系数（石英轴对称，有 $d_{12} = -d_{11}$）；

a——切片的长度；

b——切片的厚度；

F_y——y 轴方向作用力。

由式（3-38）可知，沿机械轴方向的力作用于晶体时产生的电荷 q_y 与晶体切片的几何尺寸有关。式中的“-”说明沿 y 轴的压力所引起的电荷极性与沿 x 轴的压力所引起的电荷极性相反。

3）沿 z 轴方向施加作用力，不会产生压电效应，无电荷产生。

根据以上分析，石英晶体切片上受力发生压电效应时，所产生的电荷符号与受力方向的关系如图 3-42 所示。

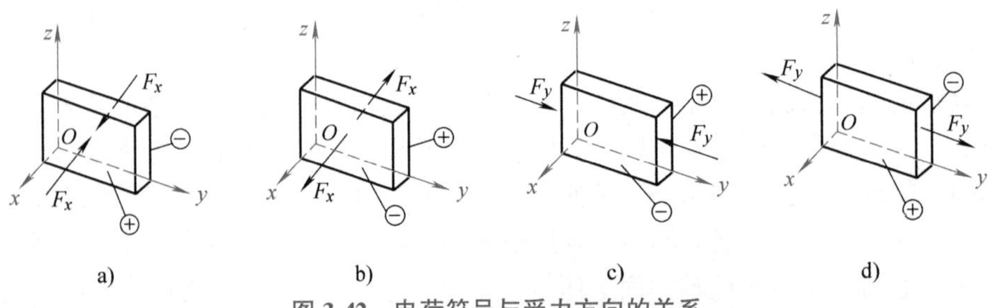

图 3-42　电荷符号与受力方向的关系

a）x 轴向受压力　b）x 轴向受拉力　c）y 轴向受压力　d）y 轴向受拉力

3.5.2 压电材料

常用的压电材料大致可分为三类：压电单晶、压电陶瓷和高分子压电薄膜。

压电单晶为单晶体，常用的有 α-石英（SiO_2）、铌酸锂（$LiNbO_3$）、钽酸锂（$LiTaO_3$）等。石英是压电单晶的典型代表，其压电常数不高，但具有较好的机械强度和时间、温度稳定性。在常温下，石英晶体的压电常数几乎不随温度变化。当温度达到575℃时，石英晶体就会失去压电性，该温度称为石英晶体的居里点。由于价格昂贵，石英晶体构成的压电元件常应用在高精度的压电式传感器中。由于天然石英晶体产量有限，目前广泛采用的是人工石英晶体。

压电陶瓷多为多晶体，常用的有钛酸钡（$BaTiO_3$）、锆钛酸铅（PZT）、铌镁酸铅（PMN）等。压电陶瓷由无数细微的电畴组成。当加上机械应力时，它的每个电畴的自发极化会产生变化，但由于电畴的无规则排列，因而总体上不呈现电性，无压电效应。为此，要对其在一定温度下进行极化处理，即利用强电场（1~4MV/m）使其电畴规则排列，呈现压电性。极化电场去除后，电畴选取方向保持不变，在常温下可呈压电性，如图 3-43 所示。压电陶瓷的压电常数比单晶体高得多，一般比石英高数百倍。现在的压电元件大多数采用压电陶瓷。

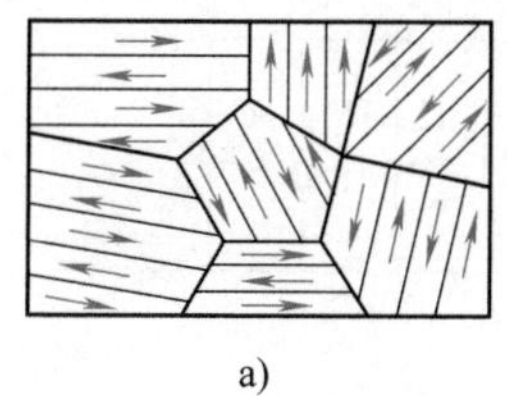

a)

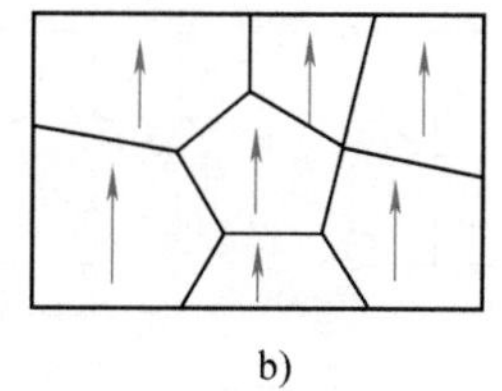

b)

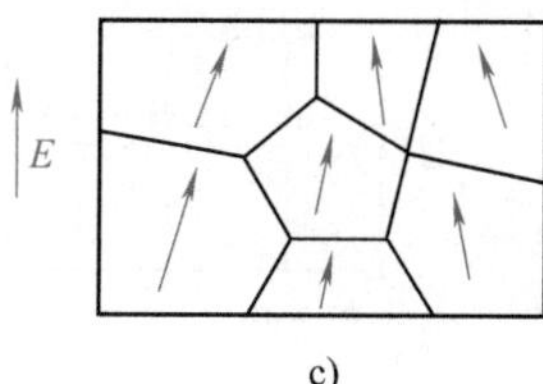

c)

图 3-43　极化处理示意图

a）极化前　b）极化　c）极化后

高分子压电薄膜的压电特性并不是很好，但它易于大批量生产，且具有面积大、柔软不易破碎等优点，可用于微压测量和机器人的触觉。其中以聚偏二氟乙烯（PVDF）最为著名。常用压电材料的主要性能指标见表 3-3。

表 3-3　常用压电材料的主要性能指标

压电材料	石　英	钛 酸 钡	锆 钛 酸 铅	聚偏二氟乙烯
压电系数/(pC/N)	(d_{11}) 2.31	(d_{31}) -78 (d_{33}) 190	(d_{31}) -100~-185 (d_{33}) 200~600	(d_{33}) 6.7
相对介电常数	4.5	1200	1000~2100	5
居里点温度/℃	575	115	180~350	120
密度/(kg/m³)	2650	5500	7500	5600

3.5.3 等效电路

在压电晶片的两个工作面上进行金属蒸镀，形成金属膜，构成两个电极，如图 3-44 所

示。相当于一个以压电材料为介质的电容器，其电容 C_a 为

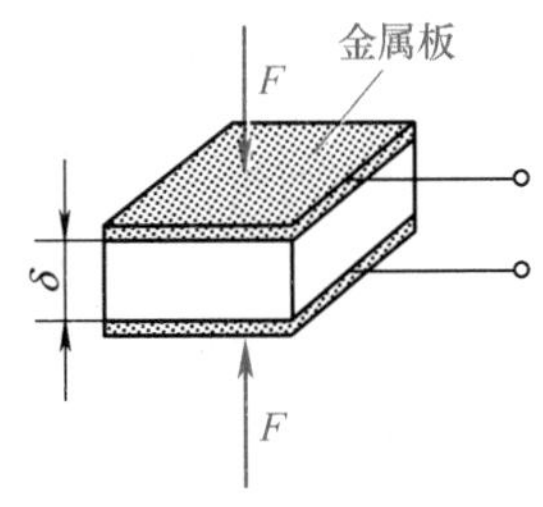

图 3-44　压电晶片

$$C_a=\frac{\varepsilon_r\varepsilon_0 A}{\delta} \tag{3-39}$$

式中　ε_r——压电材料的相对介电常数；

δ——极板间距，即晶片的厚度；

A——压电晶片工作面的面积。

当有外力作用时，在压电晶片的两个极板上产生数量相等、极性相反的电荷 Q，其开路电压（认为其负载电阻为无穷大）U 为

$$U=\frac{Q}{C_a} \tag{3-40}$$

这样，可以把压电元件等效为一个电荷源 Q 和一个电容器电容 C_a 并联的等效电路，如图 3-45a 的点画线框所示；同时也可等效为一个电压源 U 和一个电容器电容 C_a 串联的等效电路，如图 3-45b 的点画线框所示。其中 R_a 为压电元件的漏电阻。

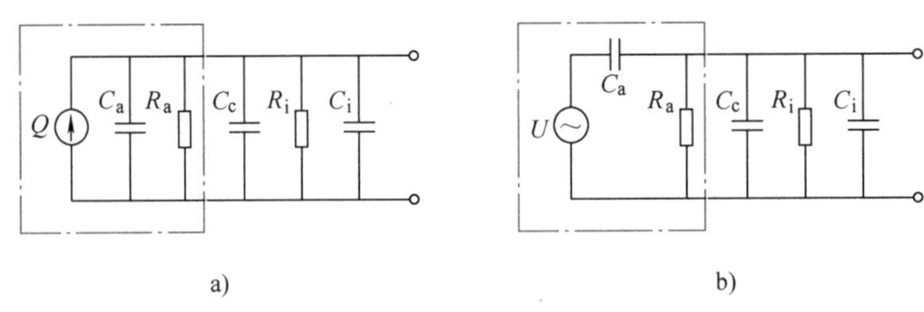

图 3-45　压电式传感器测试系统完整的等效电路

a）电荷等效电路　b）电压等效电路

工作时，压电元件与二次仪表配套使用必定与测量电路相连接，这就要考虑连接电缆寄生电容 C_c、放大器的输入电阻 R_i 和输入电容 C_i。图 3-45 所示为压电式传感器测试系统完整的等效电路，两种电路只是表示方法不同，它们的工作原理是相同的。

由图 3-44 可见，如果施加于晶片的外力不变，积聚在极板上的电荷无内部泄漏，外电路阻抗无穷大，那么在外力作用期间，电荷将始终保持不变，直到外力的作用终止，电荷才随之消失。如果负载不是无穷大，电路将按指数规律放电，极板上的电荷无法保持不变，从而造成测量误差。因此，利用压电式传感器测量静态或准静态量时，必须采用极高阻抗的负载，这在实现上是有困难的，故压电式传感器不适宜静态测量。在动态测量时，因外力不断变化，电荷可以不断得到补充，漏电量相对较少，故压电式传感器适宜动态测量。

在实际应用中，压电式传感器往往采用两个和两个以上压电元件进行并联或串联。并联时（图 3-46a），两晶片负极集中在中间极板上，正电极在两侧的极板上。并联法输出电荷大、本身电容大，适宜测量缓变信号且以电荷作为输出量的场合。串联时（图 3-46b），正电荷集中在上极板，负电荷集中在下极板。串联法输出电压大、本身电容小，适宜以电压作输出信号且测量电路输入阻抗很高的场合。

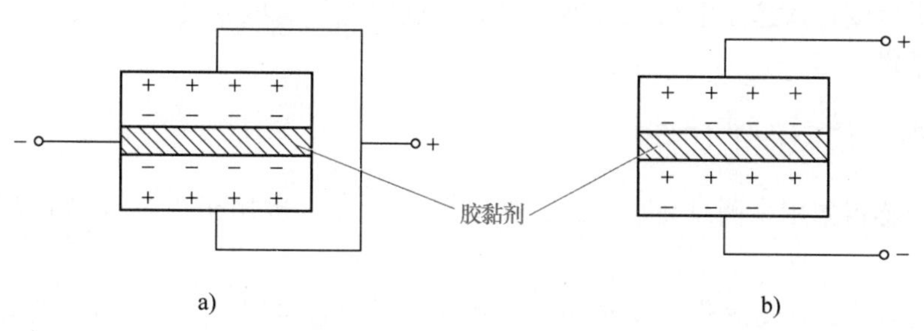

图 3-46 压电元件连接方式

a）并联 b）串联

3.5.4 测量电路

压电式传感器输出信号很微弱，本身内阻很大，故输出能量甚微，给后接电路带来一定困难。为此，通常把传感器输出信号先送到一个高阻抗放大器，经阻抗变换后再接入一般的放大、检波电路处理。与传感器配接的高阻抗放大器称为前置放大器，它有两个作用：一是将传感器的高阻抗输出变换为低阻抗输出；二是放大传感器输出微弱电信号。

对应图 3-45 所示的两种等效电路，前置放大器也有电荷放大器和电压放大器两种形式。

从图 3-45b 可以看出，若使用电压放大器，其输出电压与电容 C（包括连接电缆寄生电容 C_c、放大器的输入电容 C_i 和压电式传感器的等效电容 C_a）密切相关，因连接电缆寄生电容 C_c 比 C_i 和 C_a 都大，故整个测量系统对电缆寄生电容的变化非常敏感。连接电缆的长度和形状变化会引起 C_c 的变化，导致传感器的输出电压变化，从而使仪器的灵敏度也发生变化。故目前多采用性能稳定的电荷放大器。

电荷放大器是一个带有反馈电容 C_f 的高增益运算放大器。因传感器的漏电阻和电荷放大器的输入电阻都很大，可视为开路，压电式传感器与电荷放大器连接的等效电路如图 3-47 所示。由于忽略漏电阻，故

$$Q \approx U_i(C_a+C_c+C_i)+(U_i-U_o)C_f=U_iC+(U_i-U_o)C_f \quad (3\text{-}41)$$

式中 U_i——放大器的输入电压；

U_o——放大器的输出电压，$U_o=-KU_i$，K 为电荷放大器的开环放大倍数；

C_f——电荷放大器的反馈电容。

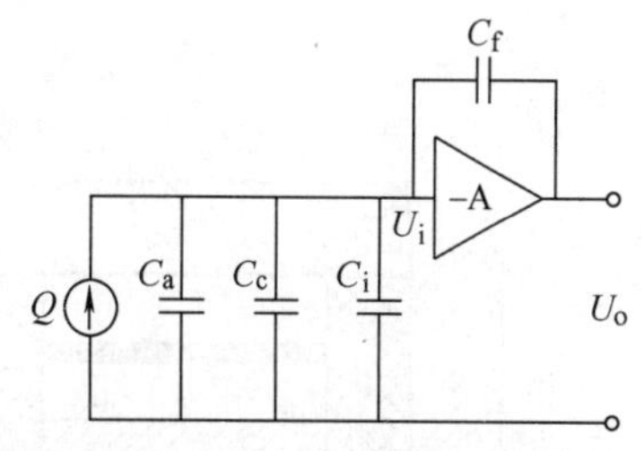

图 3-47 压电式传感器与电荷放大器连接的等效电路

则有

$$U_o=\frac{-KQ}{(C+C_f)+KC_f} \quad (3\text{-}42)$$

当放大器的开环放大倍数 K 足够大时，$KC_f \gg C+C_f$，则式（3-42）可简化为

$$U_o \approx \frac{-Q}{C_f} \quad (3\text{-}43)$$

这样，输出电压与电荷量成正比。若在制作电路时保持 C_f 不变，则输出电压仅取决于电荷量 Q。因此电荷放大器消除了电缆分布电容的影响，即使连接电缆长度达百米以上，其

灵敏度也无明显变化，这是电荷放大器突出的优点。但与电压放大器相比，电荷放大器电路复杂，价格昂贵。

3.5.5 压电式传感器的应用

压电式传感器常用来测量力、压力、振动的加速度，也用于声学（包括超声）和声发射等的测量。

根据压电效应，压电元件可实现力—电转换，可以直接用于力的测量。压电式测力传感器的测力范围为 $10^{-3}\sim10^{4}$kN，动态范围一般为 60dB，测量频率上限高达数十千赫兹，故适合动态力，尤其是冲击力的测量，测量方向有单向的，也有多向的。图 3-48 所示为压电式单向测力传感器的结构，它主要由石英晶片、绝缘套、电极、上盖和基座等组成。上盖为传力元件，当受外力时，它将产生弹性变形，将力传递到石英晶片，利用石英晶片的压电效应实现力—电转换。该测力传感器的测量范围是 0~50N，最小分辨力是 0.01N，可用于机床动态切削力的测量。

目前广泛采用压电式传感器测量加速度。压电式加速度传感器具有体积小、质量小、频带宽（从几赫兹至几十千赫兹）、测量范围宽［（$10^{-6}\sim10^{3}$）g］等优点。图 3-49 所示为其典型结构。压电元件一般由两片压电晶片组成，在压电晶片上放置质量块（m），然后用硬弹簧或螺栓、螺母对质量块预加载荷。整个组件装在一个厚底座的金属壳体中。测量时，将传感器与被测试件刚性连接，传感器感受与试件同样的振动，质量块产生一个与加速度成正比的惯性力 $F(F=ma)$ 作用于压电晶片，因压电效应而在压电晶片表面产生电荷（电压），且该电荷（电压）与被测加速度 a 成正比。

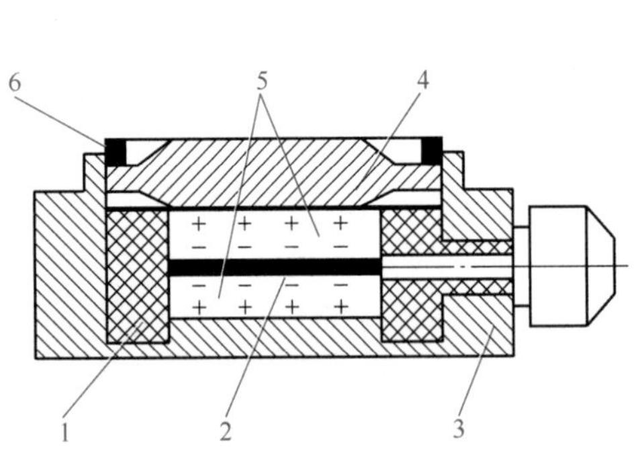

图 3-48 压电式单向测力传感器的结构
1—绝缘套 2—电极 3—基座
4—上盖 5—石英晶片 6—电子束焊接

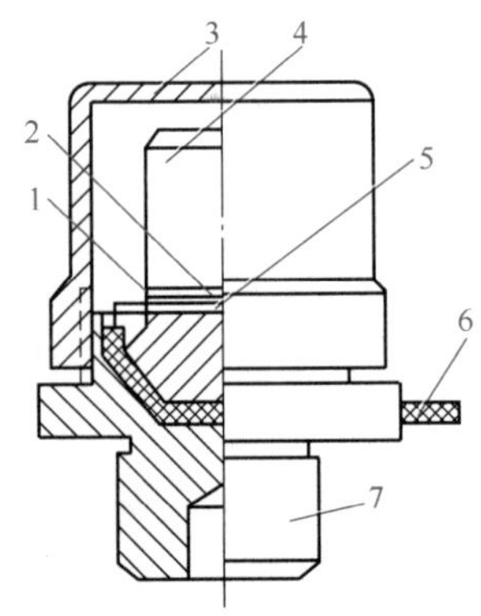

图 3-49 压电式加速度传感器的典型结构
1—电极夹层 2—晶片 3—外壳 4—质量块
5—晶片 6—引线 7—底层

3.6 磁电与热电式传感器

3.6.1 磁电式传感器

磁电式传感器是将被测物理量转换为感应电动势的一种传感器，又称磁电感应式或电动式传感器。它是一种实现机械能与电能转换的传感器，不需要供电电源，电路简单，性能稳定，输出阻抗小，又具有一定的频率响应范围（一般为 10~1000Hz），适于振动、转速、转矩等的测量。

磁电式传感器是以电磁感应原理为基础的。根据法拉第电磁感应定律，N 匝线圈在磁场中运动切割磁力线或线圈所在磁场的磁通发生变化时，线圈中产生的感应电动势 e 的大小取决于穿过线圈的磁通 Φ 的变化率，即

$$e=-N\frac{\mathrm{d}\Phi}{\mathrm{d}t} \tag{3-44}$$

根据这个原理，可将磁电式传感器分为恒定磁通式和变磁通式两类。

(1) 恒定磁通式　如图 3-50 所示，恒定磁通式磁电传感器由永久磁铁、线圈、金属骨架、弹簧和壳体组成。磁路系统产生恒定的直流磁场，磁路中的工作气隙 d 不变，故气隙中的磁通也固定不变。永久磁铁与壳体固定，线圈和金属骨架用柔软弹簧支承。当壳体随被测振动体一起振动时，因弹簧较软，线圈惯性相对较大，来不及跟随振动体一起振动，近于静止不动，永久磁铁与线圈之间的相对运动速度接近于振动体的振动速度。磁铁与线圈相对运动使线圈切割磁力线，产生与运动速度 v 成正比的感应电动势 e 为

图 3-50　恒定磁通式磁电传感器

1—线圈　2—弹簧　3—金属骨架　4—永久磁铁　5—壳体

$$e=-BlN_0v \tag{3-45}$$

式中　B——工作气隙的磁感应强度；

N_0——线圈处于工作气隙磁场中的匝数，称为工作匝数；

l——每匝线圈的平均长度。

由式（3-45）可知，当传感器结构参数确定后，B、N_0、l 均为定值，因此感应电动势 e 与线圈相对磁场的运动速度 v 成正比，这就是一般常见的惯性式速度计的工作原理。

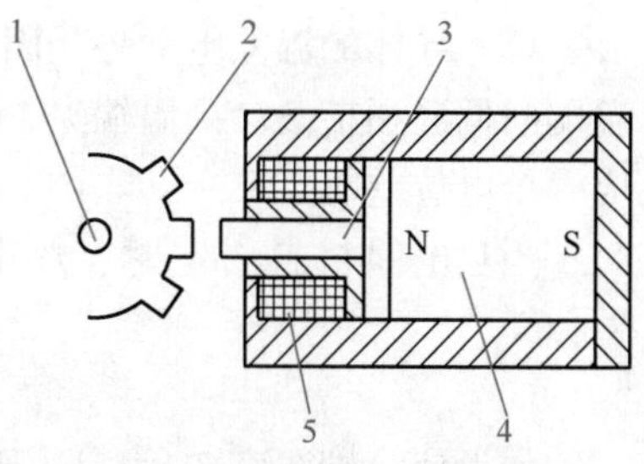

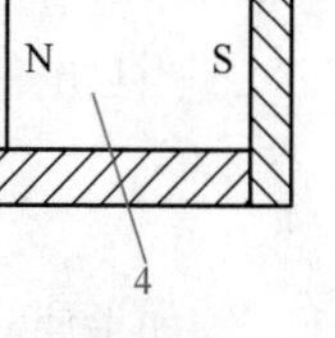

图 3-51　变磁通式磁电传感器的结构

1—被测旋转体　2—测量齿轮

3—软铁　4—永久磁铁　5—线圈

(2) 变磁通式　变磁通式磁电传感器又称变磁阻式磁电传感器，常用来测量旋转体的角速度，其结构如图 3-51 所示。线圈和永久磁铁均静止不动，测量齿轮安装在被测旋转体上，随之一起转动，每转过一齿，它与软铁之间构成的磁路磁阻变化一次，穿过线圈的磁通就变化一次，线圈中就会产生周期变化的感应电动势。感应电动势的变化频率为

$$f=\frac{nz}{60} \tag{3-46}$$

式中　n——测量齿轮的转速（$\mathrm{r\cdot min^{-1}}$）；

z——测量齿轮的齿数。

这种传感器结构简单，但需在被测对象上加装齿轮，使用不便，且因在高速轴加装齿轮会带来不平衡，因此不易测高转速。

由以上对两类磁电式传感器的工作原理分析可知，磁电式传感器只适用于动态测量，可直接测量振动物体的速度或角速度。如果在测量电路中接入积分电路或微分电路，那么还可用来测量位移或加速度。

3.6.2　热电式传感器

热电式传感器是将温度变化转换为电量变化的元件。在各种热电式传感器中，通常采用的方法是将温度变化转换为电动势或电阻的变化，对应的元件分别为热电偶和热电阻。即热电偶是将温度变化转换为电动势变化的测温元件；热电阻是将温度变化转换为电阻值变化的测温元件。

1. 热电偶

（1）热电偶的工作原理　把两种不同性质的导体A、B连接成图3-52所示的闭合回路，如果两接点处的温度不同（$T_0 \neq T$），则在该回路内就会产生热电动势，这种现象称为热电效应。在此闭合回路中两种导体称为热电极；两个接点中，一个称为工作端或热端（T），另一个称为参比端或冷端（T_0）。由这两种导体组合并将温度转换为热电动势的传感器称为热电偶。

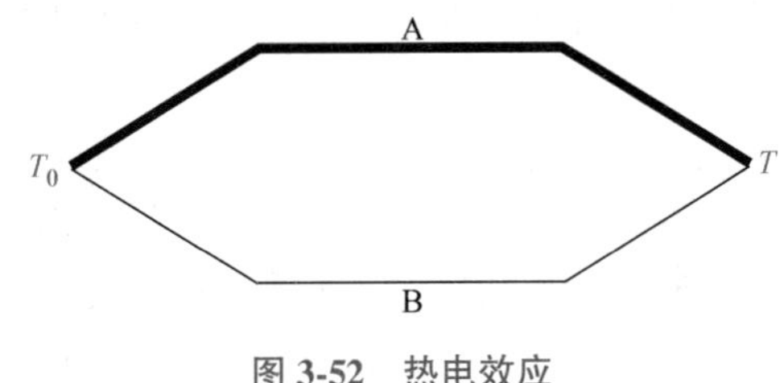

图3-52　热电效应

热电动势是由两种导体的接触电动势和单一导体的温差电动势组成。

接触电动势是由于不同的金属材料所具有的电子密度不同，当两种不同的金属导体接触时，在接触面上发生电子扩散，形成电场。电场又阻碍了电子继续扩散，达到动态平衡时，在接触区形成一个稳定的电位差，即接触电动势。

单一导体的温差电动势是因导体（A或B）两端温度不同，使得导体内部自由电子由高温端向低温端扩散，高温端失去电子带正电，低温端获得电子带负电，从而在高、低温端形成一个电位差。

当热电偶材料一定时，热电偶的总热电动势 E_{AB}（T，T_0）称为温度 T 和 T_0 的函数差，即

$$E_{AB}(T,T_0)=f(T)-f(T_0) \tag{3-47}$$

如果使冷端温度 T_0 固定，则对一定材料的热电偶，其总热电动势就只与温度 T 成单值函数关系，即

$$E_{AB}(T,T_0)=f(T)-C=\varphi(T) \tag{3-48}$$

式中　C——由固定温度 T_0 决定的常数。

这一关系式可通过实验方法获得，它在实际测温时是很有用处的。

热电偶回路有以下特点：

1）如果构成热电偶回路的两种导体相同，则无论两接点温度如何，热电偶回路中的总热电动势为零。

2）如果热电偶两接点温度相同，则尽管导体A、B的材料不同，热电偶回路内的总电动势也为零。

3）热电偶AB的热电动势与导体材料A、B的中间温度无关，只与接点温度有关。

（2）热电偶的基本定律

1）中间导体定律。在热电偶回路中接入第三种导体，只要其两端温度相同，则第三种导体的引入不会影响热电偶的热电动势。根据该定律可进一步得到如下结论：当回路中加入第 4 种、第 5 种或更多种导体后，如果保证加入的导体两端的温度相等，同样不影响回路中的总热电动势。

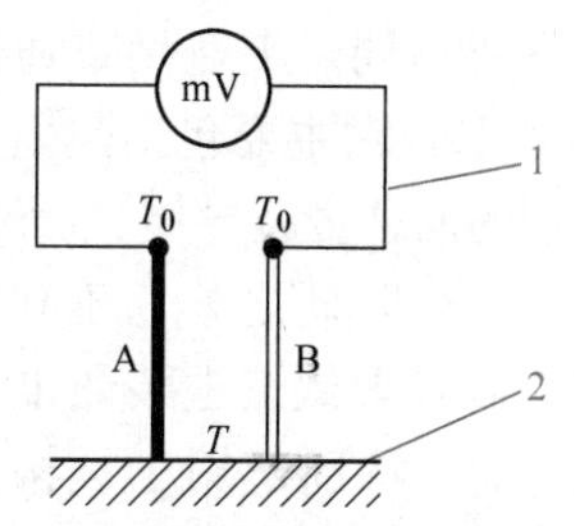

图 3-53 采用开路热电偶测量金属壁面温度的原理图
1—仪表连线 2—金属壁面

中间导体定律具有重要的实用意义，可以在回路中引入各种仪表、连接导线等，而不必担心会对热电动势有影响。图 3-53 所示为采用开路热电偶测量金属壁面温度的原理图。测温回路中，仪表连线、金属壁面可视为引入的金属导体，仪表连线两端温度均为 T_0，金属壁面两端的温度均为 T，因此它们的引入不会影响回路的总热电动势。

2）参考电极定律。图 3-54 所示为参考电极定律示意图，导体 C 接在 A、B 之间，当热电偶两个接点温度为 T、T_0 时，用导体 A、B 组成的热电偶的热电动势等于 AC 热电偶和 CB 热电偶的热电动势的代数和，即

$$E_{AB}(T,T_0)=E_{AC}(T,T_0)+E_{CB}(T,T_0) \tag{3-49}$$

导体 C 称为标准电极，这一规律称为参考电极定律。

由于纯铂丝的物理化学性能稳定，熔点较高，易提纯，所以目前常用纯铂丝作为标准电极。如果已求出各种材料的热电极对铂电极的热电特性，可大大简化热电偶的选配工作。

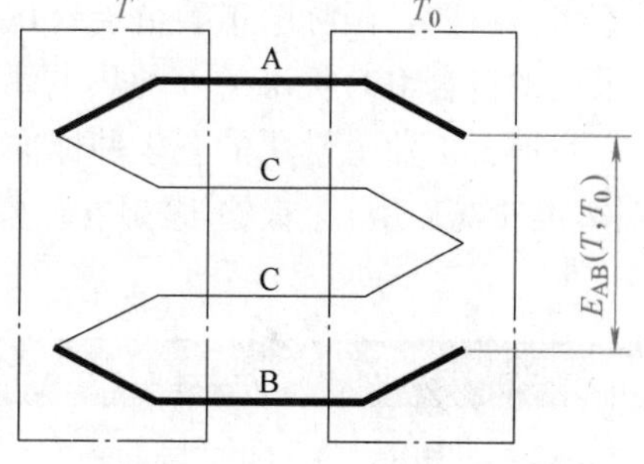

图 3-54 参考电极定律示意图

3）中间温度定律。如图 3-55 所示，当热电偶 AB 的两个接点温度为 T、T_1 时，热电动势为 E_{AB}（T，T_1）；当热电偶 AB 的两个接点温度为 T_1、T_0 时，热电动势为 E_{AB}（T_1，T_0）。

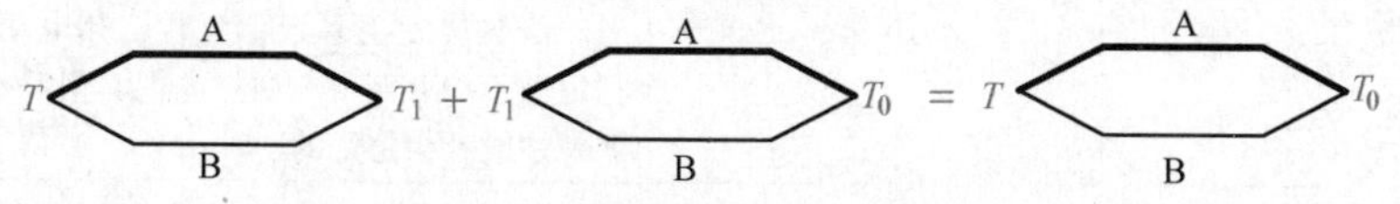

图 3-55 中间温度定律示意图

当热电偶 AB 的两个接点温度为 T、T_0 时，热电动势为

$$E_{AB}(T,T_1)+E_{AB}(T_1,T_0)=E_{AB}(T,T_0) \tag{3-50}$$

同一种热电偶，当两接点温度 T、T_0 不同时，产生的热电动势也不同。要将对应各种（T，T_0）温度的热电动势—温度关系都列于图表中是不现实的。中间温度定律为热电偶制定分度表提供了理论依据。根据这一定律，只要列出参考温度 0℃ 的热电动势—温度关系，那么参考温度不等于 0℃ 的热电动势都可以由式（3-50）求得。如热电偶 AB 两端温度分别为 100℃ 和 20℃，则热电偶的热电动势可根据下式计算，即

$$E_{AB}(100,0)=E_{AB}(100,20)+E_{AB}(20,0) \tag{3-51}$$

$E_{AB}(100,0)$ 和 $E_{AB}(20,0)$ 可由分度表查得，从而求出该热电偶的热电动势 $E_{AB}(100,20)$。

(3) 热电偶的结构与种类　为了适应不同测量对象的测温条件和要求，热电偶的结构形式也有所不同。工业用普通热电偶的结构如图3-56所示，它主要包括热电极（即在测温接点处相接的两种金属导体）、绝缘套管、保护管和接线盒等。除此之外，还有铠装热电偶和薄膜式热电偶等形式，铠装热电偶的特点是挠性好，易弯曲，特别适用于结构复杂的装置；薄膜式热电偶的特点是接点做得很薄（0.01～0.1μm），热容量小，响应速度快（毫秒级）等，适用于微小面积上的表面温度以及快速变化的动态温度的测量。

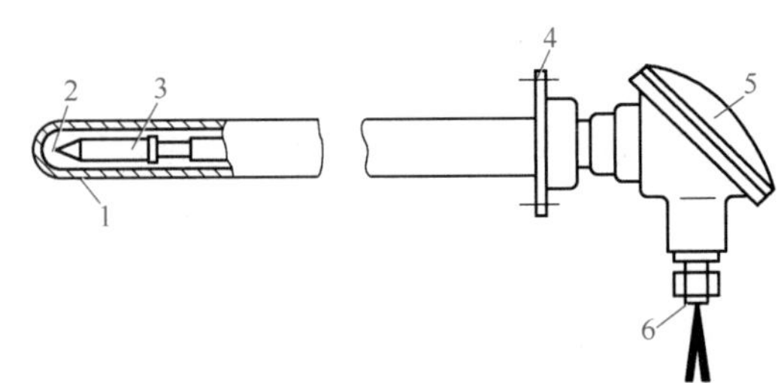

图3-56　工业用普通热电偶的结构
1—保护管　2—测温接点　3—绝缘套管
4—法兰盘　5—接线盒　6—导线引出口

根据热电效应原理，理论上讲，任何两种不同材料的导体都可以组成热电偶，但为了准确可靠地测量温度，对组成热电偶的材料有严格的选择条件。这些条件主要有性能稳定、温度测量范围广、物理化学性能稳定、电导率高、机械强度高等。满足上述条件的热电极材料并不多。目前，国际电工委员会（IEC）向世界各国推荐了8种标准化热电偶，表3-4是我国采用的符合IEC标准的6种热电偶的主要性能和特点。

目前，工业上常用的有4种标准化热电偶，即铂铑$_{30}$-铂铑$_{6}$（B型）、铂铑$_{10}$-铂（S型）、镍铬-镍硅（K型）、镍铬-康铜（E型）热电偶。

表3-4　标准化热电偶的主要性能和特点

热电偶名称	正热电极	负热电极	分度号	测温范围/℃	特　点
铂铑$_{30}$-铂铑$_{6}$	铂铑$_{30}$	铂铑$_{6}$	B	0～1700（超高温）	适用于氧化性气氛中测温；测温上限高，稳定性好；在冶金、钢水等高温领域得到广泛应用
铂铑$_{10}$-铂	铂铑$_{10}$	纯铂	S	0～1600（超高温）	适用于氧化性、惰性气氛中测温；热电性能稳定，抗氧化性强，精度高，但价格贵、热电动势较小；常用作标准热电偶或用于高温测量
镍铬-镍硅	镍铬合金	镍硅	K	-200～1200（高温）	适用于氧化和中性气氛中测温；测温范围很宽，热电动势与温度关系近似线性，热电动势大，价格低；稳定性不如B型、S型热电偶，但是在非贵金属热电偶中性能最为稳定的一种
镍铬-康铜	镍铬合金	铜镍合金	E	-200～900（中温）	适用于还原性或惰性气氛中测温；热电动势比其他热电偶大，稳定性好，灵敏度高，价格低
铁-康铜	铁	铜镍合金	J	-200～750（中温）	适用于还原性气氛中测温；价格低，热电动势较大，仅次于E型热电偶；缺点是铁极易氧化
铜-康铜	铜	铜镍合金	T	-200～350（低温）	适用于还原性气氛中测温；精度高，价格低；在-200～0℃可制成标准热电偶；缺点是铜极易氧化

2. 热电阻

利用电阻随温度变化的特点制成的传感器称为热电阻。按照热电阻所用材料的不同，可分为金属热电阻和半导体热电阻两大类，前者通常简称为热电阻，后者称为热敏电阻。

大多数金属的电阻都随温度变化，但作为测温用的材料应具有以下特点：电阻温度系数大而且稳定；电阻率高；电阻与温度尽可能为线性关系；在测温范围内，物理化学性能保持稳定；工艺性良好，以便于批量生产，降低成本。目前应用较广泛的金属热电阻材料是铂和铜等。

热电阻主要包括电阻体、保护套管和接线盒等部件，如图 3-57a 所示。热电阻丝绕制在骨架之上，骨架采用石英、云母、陶瓷等材料制成，可根据需要将骨架制成不同的形状。为了防止电阻体出现电感，热电阻丝通常采用双线并绕法，如图 3-57b 所示。

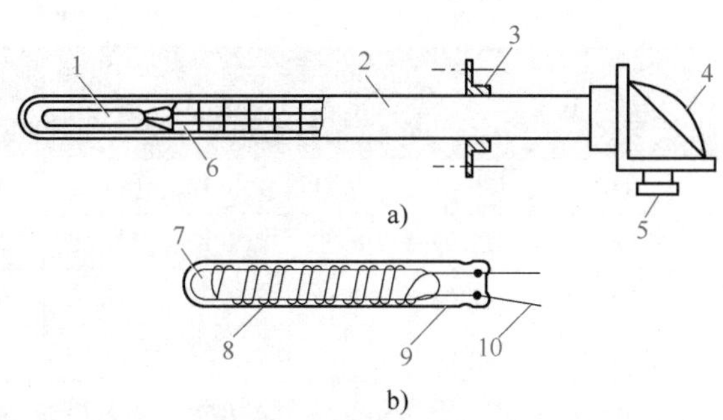

图 3-57 热电阻结构图

a）热电阻组成 b）双线并绕

1—电阻体 2—不锈钢套管 3—安装固定件 4—接线盒 5—引线口 6—瓷绝缘套管 7—支架 8—电阻丝 9—保护膜 10—引线

（1）铂电阻 铂是一种贵重金属，其主要优点是物理化学性能极为稳定，并且有良好的工艺性，易于提纯，可以制成极细的铂丝（直径可达到 0.02mm 或更细）或极薄的铂箔。其缺点是电阻温度系数较小。

我国已采用 IEC 标准制作铂电阻温度计。按 IEC 标准，铂的使用温度为-200～850℃。铂电阻温度计除了作为温度标准外，还广泛用于高精度的工业测量。由于铂为贵重金属，在测量精度要求不高的场合，均采用铜电阻。

铂电阻阻值与温度变化之间的关系可近似表达为

在-200～0℃范围内

$$R_t=R_0[1+At+Bt^2+C(t-100)t^3] \tag{3-52}$$

在 0～850℃范围内

$$R_t=R_0(1+At+Bt^2) \tag{3-53}$$

式中 R_0、R_t——0℃和 t℃时的电阻值；

A、B、C——系数，对于常用的工业铂电阻，$A=3.90802\times10^{-3}/℃$，$B=-5.802\times10^{-7}/℃^2$，$C=-4.27350\times10^{-12}/℃^4$。

从式（3-52）、式（3-53）可以看出，热电阻在温度 t 时的电阻值与 R_0（标称电阻）有关。我国规定工业用铂电阻有 $R_0=10\Omega$ 和 $R_0=100\Omega$ 两种，它们的分度号分别为 Pt_{10} 和 Pt_{100}，后者较常用。分度号为 Pt_{100} 的铂电阻分度表见表 3-5。实际测量中，只要测得热电阻的阻值 R_t，便可从表中查出对应的温度值。对于分度号为 Pt_{10} 的铂电阻，可由表 3-5 查得的电阻值除以 10 得到。

表 3-5 铂电阻分度表（分度号 Pt_{100}，$R_0=100\Omega$）

温度/℃	0	10	20	30	40	50	60	70	80	90
	电阻/Ω									
-200	18.49									
-100	60.25	56.19	52.11	48.00	43.87	39.71	35.53	31.32	27.08	22.80
-0	100.00	96.09	92.16	88.22	84.27	80.31	76.33	72.33	68.33	64.30
+0	100.00	103.90	107.79	111.67	115.54	119.40	123.34	127.07	130.89	134.70
100	138.50	142.29	146.06	149.82	153.58	157.31	161.04	164.76	168.46	172.16

（续）

温度/℃	0	10	20	30	40	50	60	70	80	90
	电阻/Ω									
200	175.84	179.51	183.17	186.82	190.45	194.07	197.69	201.29	204.88	208.45
300	212.02	215.57	219.12	222.65	226.17	229.67	233.17	236.65	240.13	243.59
400	247.04	250.48	253.90	257.32	260.72	264.11	267.49	270.86	274.22	277.56
500	280.90	284.22	287.53	290.83	294.11	297.39	300.65	303.91	307.15	310.38
600	313.59	316.80	319.99	323.18	326.35	329.51	332.66	335.79	338.92	342.03
700	345.13	348.22	351.30	354.37	357.37	360.47	363.50	366.52	369.53	372.52
800	375.51	378.48	381.45	384.40	387.34	390.26	—	—	—	—

（2）铜电阻　铜电阻以金属铜为感温元件。它的特点是：电阻温度系数较大，线性好，价格低廉。它的缺点是：电阻率较低，电阻体的体积较大，热惯性较大，稳定性较差，在100℃以上易氧化，因此只能用于低温及没有侵蚀性的介质中。铜电阻的使用温度为-50～150℃，在此温度范围内铜电阻阻值与温度的关系可表达为

$$R_t=R_0(1+At+Bt^2+Ct^3) \tag{3-54}$$

式中　R_0、R_t——0℃和t℃时的电阻值；

A、B、C——系数，对于常用的工业铜电阻，$A=4.289\times10^{-3}/℃$，$B=-2.133\times10^{-7}/℃^2$，$C=1.233\times10^{-9}/℃^3$。

铜电阻有两种分度号：$Cu_{50}(R_0=50\Omega)$和$Cu_{100}(R_0=100\Omega)$，后者为常用。分度号为Cu_{50}的铜电阻的分度表见表3-6。对于分度号为Cu_{100}的铜电阻，将表3-6中的电阻值乘2即可。

表3-6　铜电阻分度表（分度号Cu_{50}，$R_0=50\Omega$）

温度/℃	0	10	20	30	40	50	60	70	80	90
	电阻/Ω									
-0	50.00	47.85	45.70	43.55	41.40	39.24	—	—	—	—
+0	50.00	52.14	54.28	56.42	58.56	60.70	62.84	64.98	67.12	69.26
100	71.40	73.54	75.68	77.83	79.98	82.13	—	—	—	—

3.7　光电式传感器

光电式传感器是以光电器件为转换元件的传感器，其工作原理是：首先将被测量的变化转换为光信号的变化，然后通过光电器件转换成电信号。图3-58所示为光电式传感器原理。光电式传感器一般由辐射源、光学通路和光电器件三部分组成。被测量通过对辐射源或光学通路的影响，将被测信息调制到光波上，通常改变光波的强度、相位、空间分布和频谱分布等，光电器件将光信号转换为电信号。

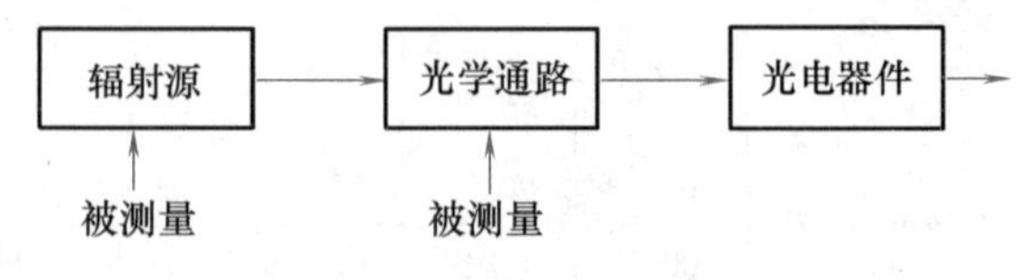

图3-58　光电式传感器原理

电信号经后续电路的解调分离出被测信息，从而实现对被测量的测量。

光电式传感器具有测量精度高、非接触测量、信息处理速度快、信息含量多等优点，被广泛用于各种自动检测系统中。

3.7.1 光电效应

光电器件是光电式传感器的关键部件，也称为光电探测器，它的工作原理是基于光电效应。光电效应分为外光电效应和内光电效应两类。外光电效应也称为光电子发射效应，内光电效应又分为光电导效应和光生伏特效应两类。

1. 外光电效应

在光辐射作用下，物体内的电子从物体表面逸出的现象称为外光电效应。在这一过程中光子所携带的电磁能转换为光电子的动能。

金属中存在大量的自由电子，通常，它们在金属内部做无规则的热运动，不能离开金属表面。但当电子从外界获得等于或大于电子逸出功的能量时，便可离开金属表面。为使电子在逸出时具有一定速度，就必须使电子具有大于逸出功的能量。这一过程定量分析如下。

一个光子具有的能量为

$$E=h\upsilon \tag{3-55}$$

式中 h——普朗克常数，$h=6.626\times10^{-34}\mathrm{J\cdot s}$；

υ——光子频率。

当物体受到光辐射时，其中的电子吸收了一个光子的能量 $h\upsilon$，该能量的一部分用于使电子由物体内部逸出所做的逸出功 A，另一部分则为逸出电子的动能 $mv^2/2$，即

$$h\upsilon=\frac{1}{2}mv^2+A \tag{3-56}$$

式中 m——电子质量；

v——电子逸出速度；

A——物体的逸出功。

式（3-56）称为爱因斯坦光电效应方程式。由该式可知：

1）光电子逸出表面的必要条件是 $h\upsilon>A$。因此，对每一种光电阴极材料，均有一个确定的光频率阈值。当入射光频率低于该值时，无论入射光的强度多大，也不会引起光电子发射。反之，只要入射光频率高于光频率阈值，即使光强极小，也会有光电子发射，且无时间延迟。对应于此阈值频率的波长 λ_0，称为某种光电器件或光电阴极的“红限”，其值为

$$\lambda_0=\frac{hc}{A} \tag{3-57}$$

式中 c——光速，$c=3\times10^8\mathrm{m/s}$。

2）当入射光频率成分不变时，单位时间内发射的光电子数与入射光强度成正比。光强越大，意味着入射光子数多，逸出的光电子数也越多。

典型的外光电效应器件有光电管和光电倍增管。

2. 光电导效应

在光辐射作用下，某些半导体材料的电阻率发生改变的现象称为光电导效应。光电导效

应的物理过程如下：光照射在半导体材料上时，价带（价电子所占能带）中的电子受到能量大于或等于禁带（不存在电子所占能带）宽度的光子轰击，使其由价带越过禁带而跃入导带（自由电子所占能带），使材料中导带内的电子和价带内的空穴浓度增大，从而使电导率增大。典型的光电导效应器件是光敏电阻。

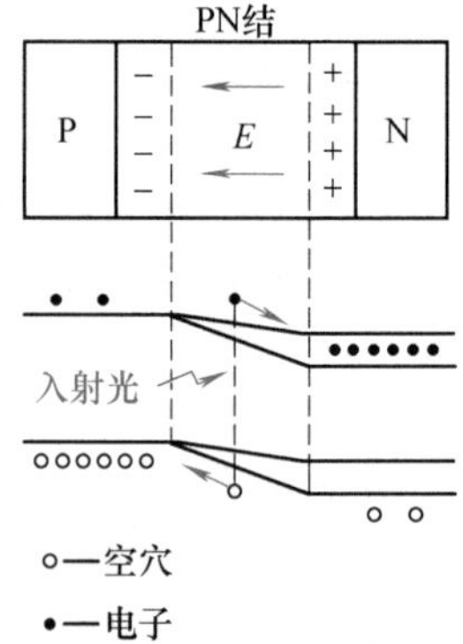

图 3-59 光生伏特效应示意图

3. 光生伏特效应

如图 3-59 所示，在无光照射下，PN 结内存在内部自建电场 E，当光照射在 PN 结时，在能量足够大的光子作用下，在结区及其附近产生少数载流子（电子-空穴对）。这些载流子在结区外时，靠扩散进入结区；在结区内，因电场 E 的作用，电子漂移到 N 区，空穴漂移到 P 区。结果使 N 区带负电荷，P 区带正电荷，产生附加电动势，这种现象称为光生伏特效应。

典型的光生伏特效应器件有光电池、光敏二极管和光敏晶体管。

3.7.2 光电器件

1. 光电管

典型的光电管有真空光电管和充气光电管两类，两者结构类似。图 3-60a 所示为真空光电管的结构。在一个抽成真空的玻璃泡内装有两个电极：光电阴极和光电阳极。光电阴极通常是用逸出功小的光敏材料（如铯）涂敷在玻璃泡内壁上做成，其感光面对准光的照射孔。当光线照射到光敏材料上，便有电子逸出，这些电子被具有正电位的阳极所吸引，在光电管内形成空间电子流，在外电路就产生电流。外接电路如图 3-60b 所示，串入一适当阻值的电阻，该电阻上的压降或电路中的电流大小都与光强成函数关系，从而实现了光电转换。

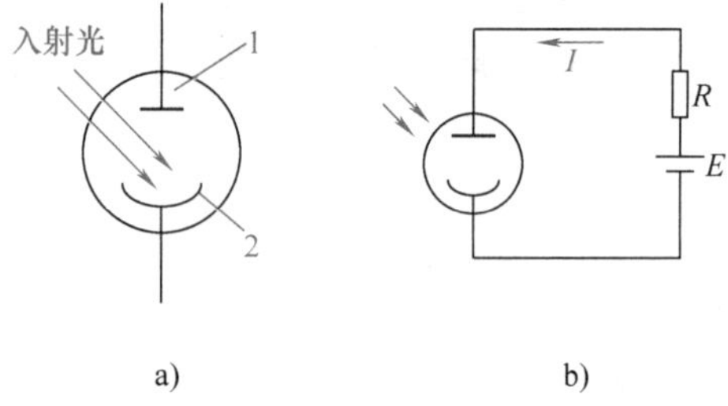

图 3-60 真空光电管的结构及外接电路

a）结构 b）外接电路

1—阳极 2—阴极

光电管的基本特性主要有光谱特性、光照特性和伏安特性等。

光谱特性主要取决于光电阴极材料。不同的阴极材料对同一种波长的光具有不同的灵敏度；同一种阴极材料对不同波长的光也具有不同的灵敏度。这可用光谱特性来描述。图 3-61 所示为光电管的光谱特性，特性曲线峰值对应的波长称为峰值波长，特性曲线占据的波长范围称为光谱响应范围。由图 3-61 可见，对不同波长区域的光应选择不同材料的光电管，使其最大灵敏度处于需要检测的光谱范围内。例如被检测的光主要

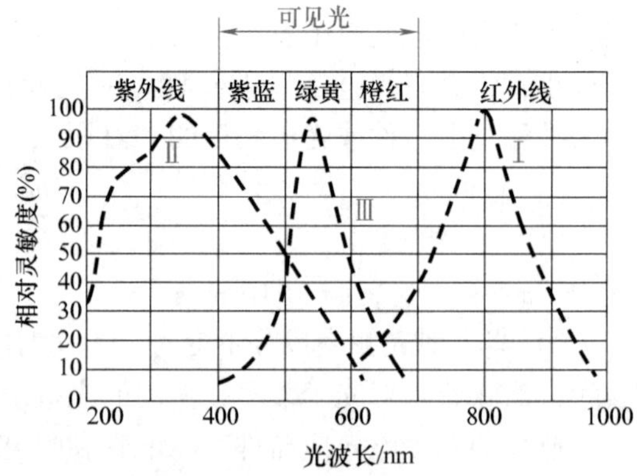

图 3-61 光电管的光谱特性

Ⅰ—氧铯阴极 Ⅱ—锑铯阴极 Ⅲ—正常人的眼睛视觉

成分在红外区时，应选用氧铯阴极光电管。

光照特性是指光电管两端所加电压不变时，光通量 Φ 与光电流 I 的关系。如图 3-62 所示，对于氧铯阴极光电管，I 与 Φ 呈线性关系；但对于锑铯阴极光电管，当光通量较大时，I 与 Φ 呈非线性关系。光照特性曲线的斜率称为光电管的灵敏度。氧铯阴极光电管的良好线性，使其在光度测量中获得广泛应用。

伏安特性是指在一定的光通量照射下，光电流与光电管两端的电压关系。如图 3-63 所示，在不同的光通量照射下，伏安特性是几条相似的曲线。当极间电压高于 50V 时，光电流开始饱和，所有光电子到达了阳极。真空光电管一般工作于饱和范围内。

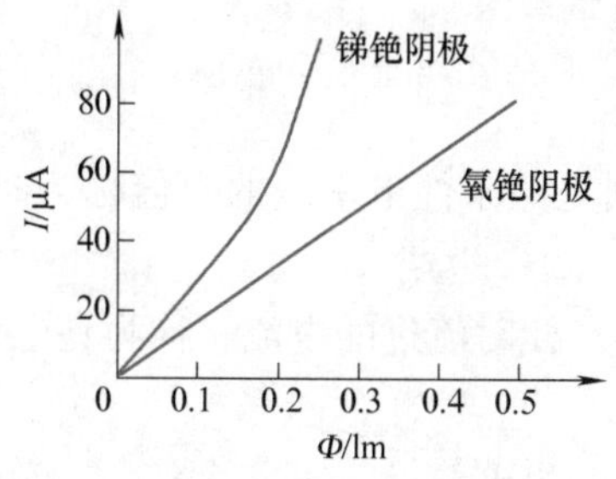

图 3-62　光电管的光照特性

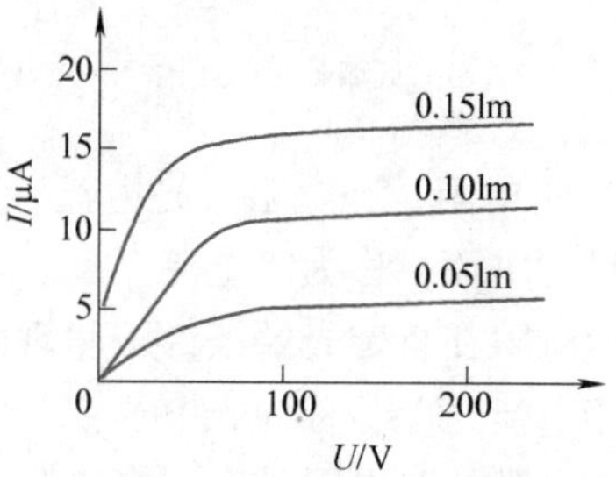

图 3-63　光电管的伏安特性

2. 光电倍增管

在光照很弱时，光电管所产生的光电流很小，为了提高灵敏度，常应用光电倍增管。

如图 3-64a 所示，光电倍增管是在光电阴极和阳极之间装了若干个“倍增极”。光电倍增极上涂有在电子轰击下能发射更多电子的材料，倍增极的形状和位置设计成正好能保证轰击继续下去，并且在每两个相邻的倍增极间依次增大加速电压。常用的光电倍增管的基本电路如图 3-64b 所示，各倍增极电压由电阻 $R_1 \sim R_5$ 分压获得，流经负载 R_A 的放大电流造成的压降，给出输出电压。一般阳极与阴极之间的电压为 1000～2000V，两个相邻倍增极之间的电位差为 50～100V。

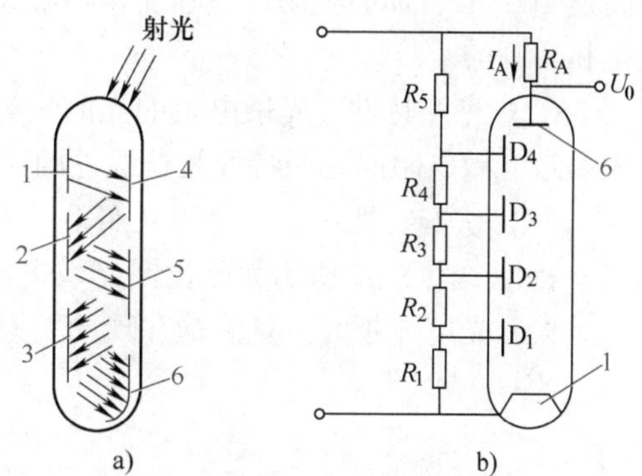

图 3-64　光电倍增管的结构及电路

a）结构　b）基本电路

1—阴极　2—第二倍增极　3—第四倍增极

4—第一倍增极　5—第三倍增极　6—阳极

3. 光敏电阻

光敏电阻又称光导管，它的工作原理基于光电导效应。由于光电导效应只限于光照的表面薄层，所以光电半导体材料一般都做成薄片并封装在带有透明窗的外壳中。图 3-65a 所示为金属封装的硫化镉（CdS）光敏电阻的结构图。管心是一块安装在绝缘衬底上的带有两个欧姆接触电极的光电半导体，为了提高灵敏度，光敏电阻的电极一般采用梳状图案，如图 3-65b 所示。光敏电阻的代表符号如图 3-65c 所示。

常用的光敏电阻的材料有：硫化镉（CdS）、硒化镉（CdSe）、氧化锌（ZnO）、硫化锌（ZnS）、硫化铅（PbS）、硒化铅（PbSe）、碲化铅（PbTe）等。

光敏电阻的主要特性如下：

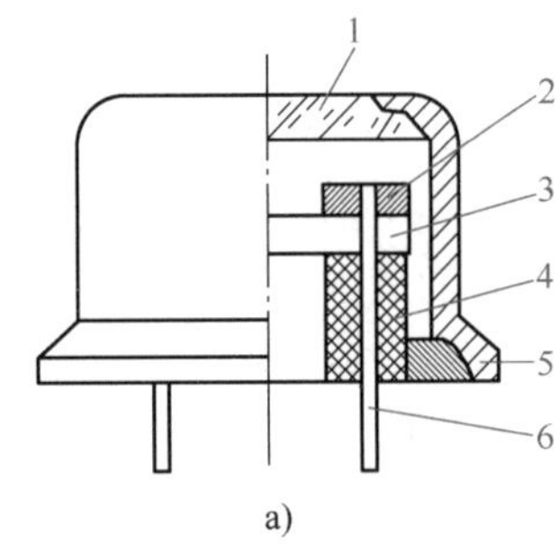

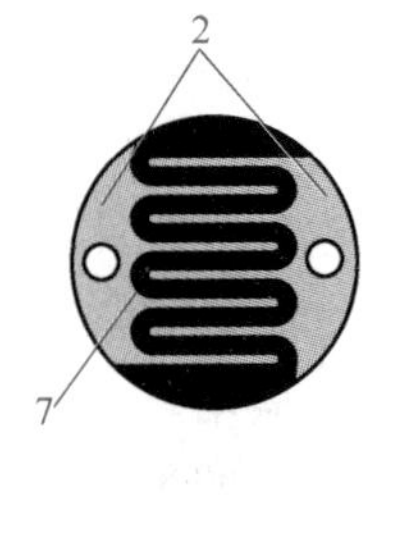

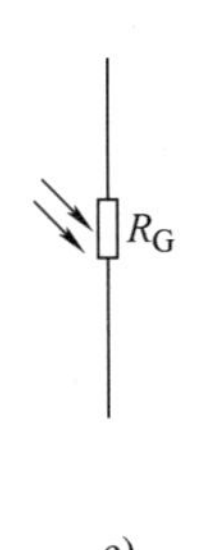

图 3-65　硫化镉光敏电阻的结构和符号

a）结构　b）电极　c）符号

1—玻璃　2—电极　3—光电半导体　4—绝缘体　5—外壳　6—引线　7—硫化镉

（1）暗电阻、亮电阻、光电流　光敏电阻在未受到光照条件下呈现的阻值称为暗电阻。此时流过的电流，称为暗电流。

光敏电阻在特定光照条件下呈现的阻值称为亮电阻。此时流过的电流，称为亮电流。亮电流与暗电流之差，称为光电流。

光敏电阻的暗电阻越大、亮电阻越小，则性能越好。也就是说，暗电流要小，光电流要大，这样的光敏电阻灵敏度就高。实际上，大多数光敏电阻的暗电阻往往超过 1MΩ，甚至高达 100MΩ，而亮电阻即使在正常白昼条件下也可降到 1kΩ 以下，可见光敏电阻的灵敏度是相当高的。

（2）光照特性　光敏电阻的光电流与光通量之间的关系称为光照特性，如图 3-66 所示。大多数光敏电阻的光照特性是非线性的，这是光敏电阻的缺点。

（3）伏安特性　在一定的光照下，光敏电阻两端所加的电压与光电流之间的关系称为伏安特性。图 3-67 所示为硫化镉光敏电阻的伏安特性。可见，在一定的光照下，所加的电压越大，光电流越大，且无饱和现象，但在使用时不允许超过功耗限。

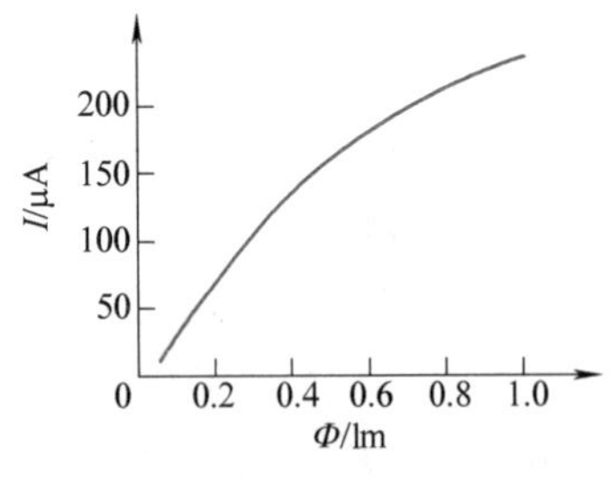

图 3-66　光敏电阻的光照特性

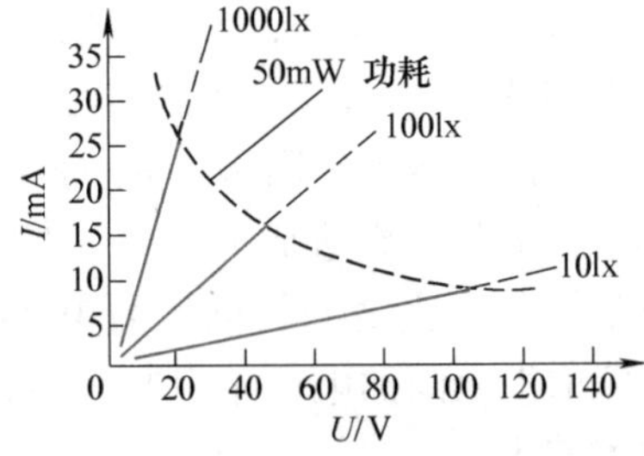

图 3-67　硫化镉光敏电阻的伏安特性

（4）光谱特性　光谱特性与光敏电阻的材料有关。图 3-68 中的曲线分别表示硫化镉、硫化铊、硫化铅三种光敏电阻的光谱特性。从图中可知，硫化铅光敏电阻在较宽的光谱范围内均有较高的灵敏度。光敏电阻的光谱分布，不仅与材料的性质有关，而且与制造工艺有关。例如，硫化镉光敏电阻随着掺铜浓度的增加其光谱峰值从 500nm 移至 640nm；而

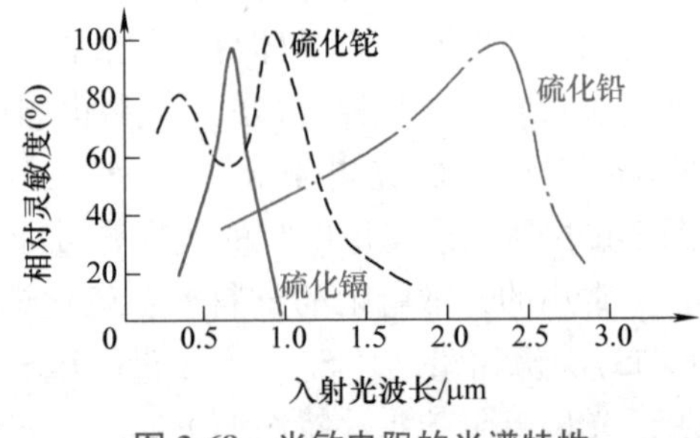

图 3-68　光敏电阻的光谱特性

硫化铅光敏电阻随材料薄层的厚度减小其峰值也朝短波方向移动。

（5）响应时间特性　光敏电阻的光电流对光照度的变化有一定的响应时间，通常用时间常数来描述。光敏电阻自光照停止到光电流降至原值的63%时所经过的时间称为光敏电阻的时间常数。

（6）温度特性　和其他半导体器件一样，光敏电阻的特性受温度影响很大。随着温度的升高，光敏电阻的暗电阻和灵敏度都将下降，光谱响应峰值将向左移动。

4. 光电池

光电池是基于光生伏特效应工作的，它可直接将光能转换为电能。制造光电池的材料很多，主要有硅、硒、锗、砷化镓、硫化镉、硫化铊等，其中硅光电池由于光电转换率高、性能稳定、光谱范围宽、价格便宜而应用最为广泛。

硅光电池的结构如图3-69a所示，在一块N型硅片上进行硼扩散以形成P型层，再用引线将P型和N型硅片引出形成正、负极，便形成了一个光电池。接受光辐射时，在两极间接上负载便会有电流流过。图3-69b所示为其等效电路图。

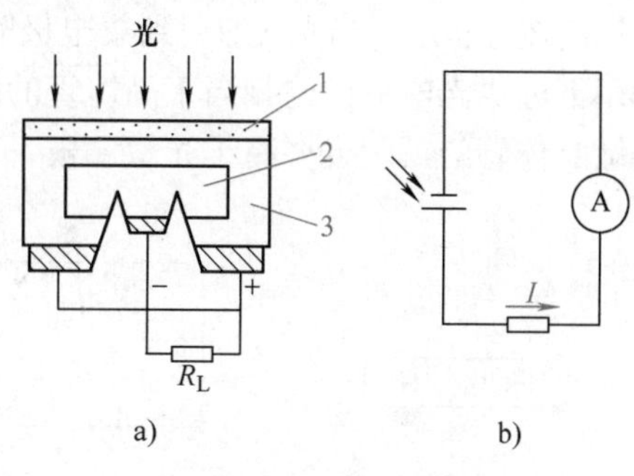

图3-69　硅光电池原理

a）结构　b）等效电路

1—SiO_2膜　2—N型硅片　3—P型层

光电池的基本特性有光照特性、光谱特性、频率特性及温度特性等。在此仅对其光照特性和光谱特性进行简要介绍。

光照特性是指光电池的开路电压和短路电流与光照度之间的关系。图3-70所示为硅光电池的光照特性曲线。从图中可以看出，短路电流在很大范围内与光照度呈线性关系，开路电压（负载电阻R_L无限大时）与光照度的关系是非线性的，并且当照度在2000lx时就趋于饱和。因此用光电池作为测量元件时，应把它当作电流源的形式来使用，不宜用作电压源。

光电池的光谱特性取决于所用材料。图3-71所示为硅光电池和硒光电池的光谱特性。硒光电池响应区间在300~700nm波长间，峰值波长在500nm左右；硅光电池响应区间在400~1200nm波长间，峰值波长在800nm左右。可见，硅光电池在很宽的波长范围内得到应用。

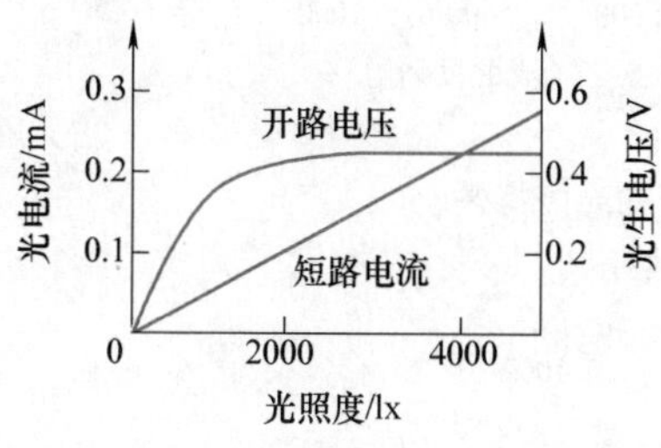

图3-70　硅光电池的光照特性曲线

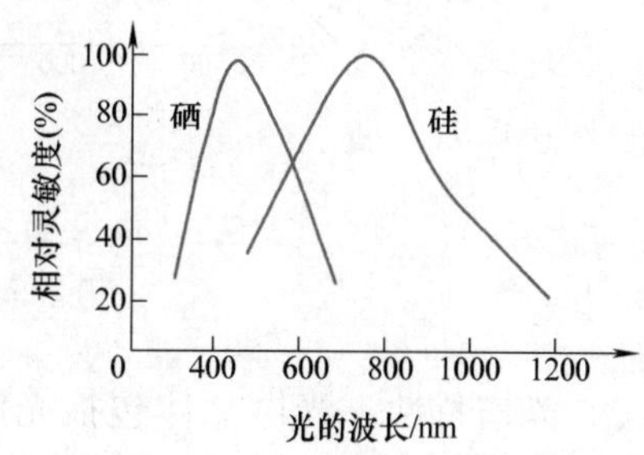

图3-71　光电池的光谱特性

5. 光敏二极管和光敏晶体管

光敏二极管的结构如图3-72a所示。光敏二极管的PN结安装在管子顶部，可直接接受光照，使用时光敏二极管一般处于反向工作状态，如图3-72b所示。在无光照时，暗电流很小。当有光照时，光子打在PN结附近产生电子-空穴对。它们在外加反向偏压和内电场的作用下作定向运动，形成光电流。光电流随光照度的增加而增加。

光敏二极管常用的材料有硅、锗、锑化铟、砷化铟等，使用最广泛的是硅、锗光敏二极管。

光敏晶体管的工作原理与光敏二极管类似，包括 NPN 和 PNP 两种类型。图 3-73a 所示为 NPN 型，其结构与普通晶体管相似，只是它的基区做得很大，以便扩大光照面积。图 3-73b 所示为其连接电路，基极一般不接引线，当集电极加上相对于发射极为正的电压时，集电极处于反向偏置状态。当光线照射到集电极附近的基区，会产生光生电子-空穴对，它们在内电场作用下形成光电流，这相当于晶体管的基极电流，因此集电极的电流为光电流的 β 倍，所以光敏晶体管的灵敏度要高于光敏二极管。

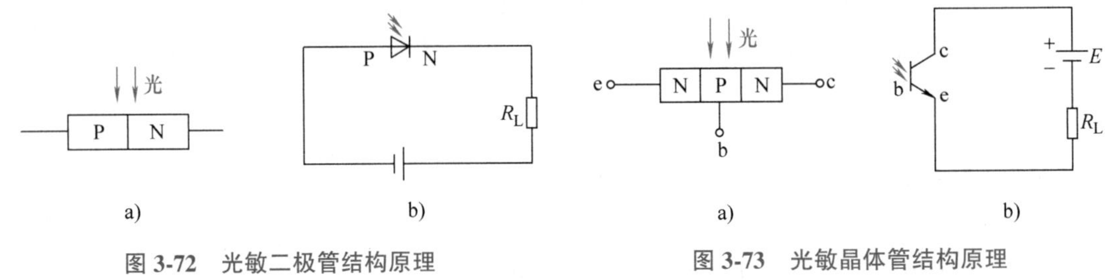

图 3-72　光敏二极管结构原理

a）结构　b）连接电路

图 3-73　光敏晶体管结构原理

a）结构　b）连接电路

光敏二极管和光敏晶体管的主要特性有：

（1）光照特性　外加偏置电压一定时，光电流 I 与光照度之间的关系称为光照特性。如图 3-74 所示，光敏二极管光照特性的线性度好，但光电流比光敏晶体管小很多，这主要是由于光敏晶体管的放大作用。

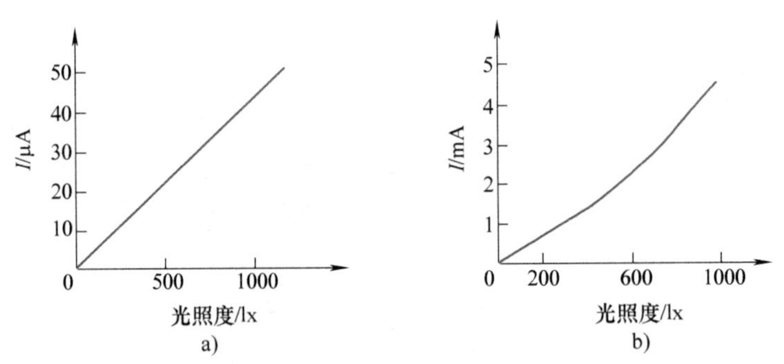

图 3-74　光敏二极管与光敏晶体管的光照特性

a）光敏二极管　b）光敏晶体管

（2）光谱特性　光电晶体包括光敏二极管和光敏晶体管，图 3-75 所示为硅和锗光敏晶体管的光谱特性，硅管的响应区间在 400～1000nm 波长范围内，峰值波长在 800nm 附近；锗管的响应区间在 500～1700nm 波长范围内，峰值波长在 1400nm 附近。因此在探测红外光时，多采用锗管；而探测可见光时，多采用硅管。

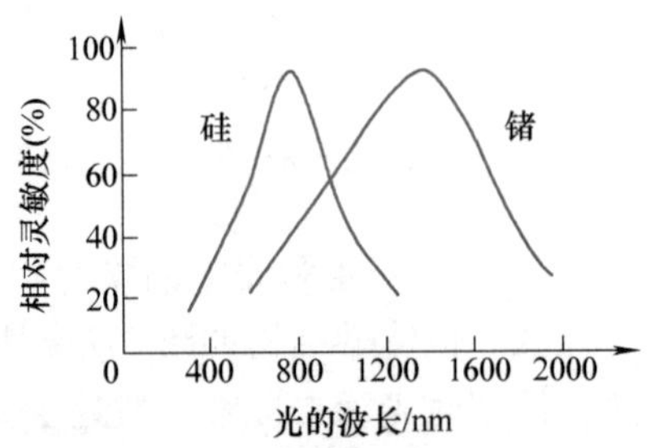

图 3-75　硅和锗光敏晶体管的光谱特性

（3）伏安特性　光敏二极管和光敏晶体管的光电流与外加偏置电压的关系称为伏安特性。该特性与普通二极管和晶体管的特性相似，并且光敏晶体管的光电流比相同管型的光敏二极管的光电流大数百倍。光敏二极管的光生伏特效应使得它即使零偏压时仍有光电流输出。

光敏二极管和光敏晶体管的其他特性，如频率特性、温度特性等，在此不再赘述。

3.7.3　光电式传感器及其应用

1. 光电式传感器的类型

光电式传感器属于非接触式测量传感器，可应用于多种非电量的测量，按其输出量的性质可分为两类：模拟量光电传感器和开关量光电传感器。

（1）模拟量光电传感器　模拟量光电传感器可将被测量转换为连续变化的光电流，有以下几种形式：

1）辐射式。光源本身就是被测对象，光电器件接受辐射能的强弱变化，如图 3-76a 所示。如光电比色高温计就是采用光电器件作为敏感元件，将被测物体在高温下辐射的能量转换为光电流。

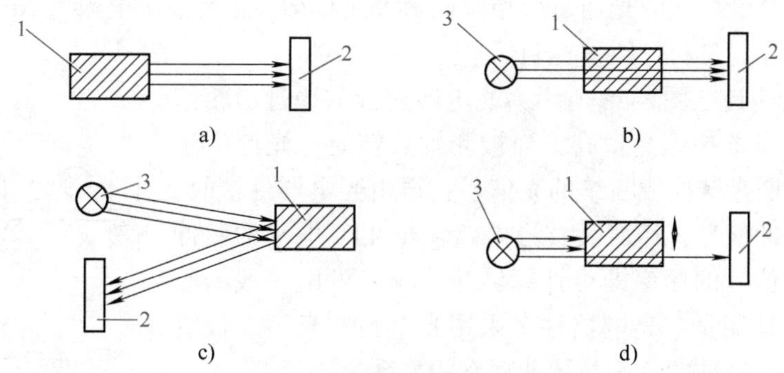

图 3-76　模拟量光电传感器

a）辐射式　b）透射式　c）反射式　d）遮挡式

1—被测物体　2—光电器件　3—恒定光源

2）透射式。光源发出一恒定光通量的光，并使之穿过被测对象，其中部分光被吸收，而其余的光到达光电器件上，转换为电信号输出，如图 3-76b 所示。这类传感器可用来测量液体、气体和固体的透明度、浑浊度等参数。

3）反射式。将恒定光源发出的光投射到被测对象上，由光电器件接收其反射光，反射光通量的变化反映被测对象的特性，如图 3-76c 所示。例如，通过测量光通量变化的大小，可以反映被测物体的表面粗糙度。

4）遮挡式。光源发出的光被被测物体挡住一部分，使照射到光电器件上光的强度变化，光电流的大小与遮光多少有关，如图 3-76d 所示。这类传感器可检测加工零件的直径、长度等参数。

（2）开关量光电传感器　开关量光电传感器是将被测量转换为断续变化的光电流。在光源和光电器件之间，有物体时，光路被切断，无电信号，为“0”状态；无物体时，光路畅通，有电信号，为“1”状态。属于这一类的大多是作为继电器和脉冲发生器应用的光电式传感器，它主要应用于零件或产品的自动记录、光控开关、光电编码、光电报警，以及线位移、角位移、线速度、角速度（转速）的测量等。

2. 光电式传感器的应用

（1）光电式边缘位置传感器　光电式边缘位置传感器由白炽灯光源、光学系统和光电器件（硅光敏晶体管）组成，其结构原理如图3-77所示。

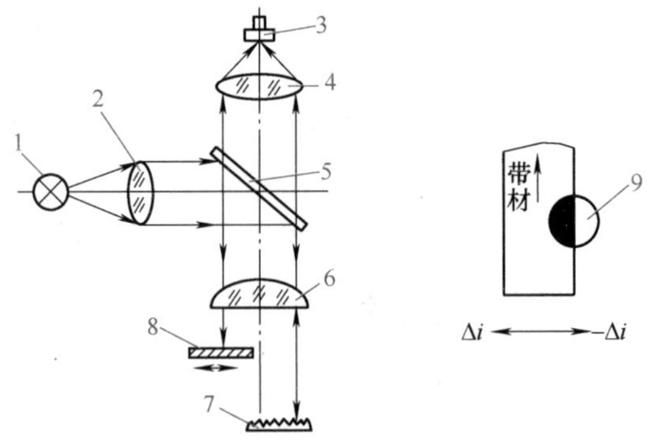

图3-77　光电式边缘位置传感器的结构原理
1—白炽灯　2、4—双凸透镜　3—光敏晶体管　5—分光镜　6—平凸透镜　7—角矩阵反射镜　8—带材　9—光斑

白炽灯发出的光线经过双凸透镜2汇聚，然后由分光镜反射后经平凸透镜汇聚成平行光束。该光束一部分被带材遮挡，另一部分反射到角矩阵反射镜后被反射，再经平凸透镜、分光镜和双凸透镜4汇聚于光敏晶体管。由于光敏晶体管接在输入桥臂的一臂上，因此当带材位于平行光束的中间位置时，电桥平衡，输出为零。当带材左、右偏移时，遮光面积减小或增大，则光敏晶体管接收的光通量会相应地增大或减小，于是输出电流为 Δi 或 $-\Delta i$，该电流信号经放大后可作为带材的纠偏控制信号。

（2）光电转速计　图3-78所示为光电转速计的原理。转速计的圆盘上均匀布置一圈测量孔，当被测轴旋转时，光源产生的连续光信号被圆盘转换成断续的光信号，再由光电器件接收，进而转换为电脉冲信号，经放大整形电路输出TTL电平的脉冲信号，由该脉冲信号的频率即可计算转速。频率可由一般的频率表或数字频率计测量。光电器件多采用光电池、光敏二极管或光敏晶体管。被测轴的转速与脉冲频率的关系为

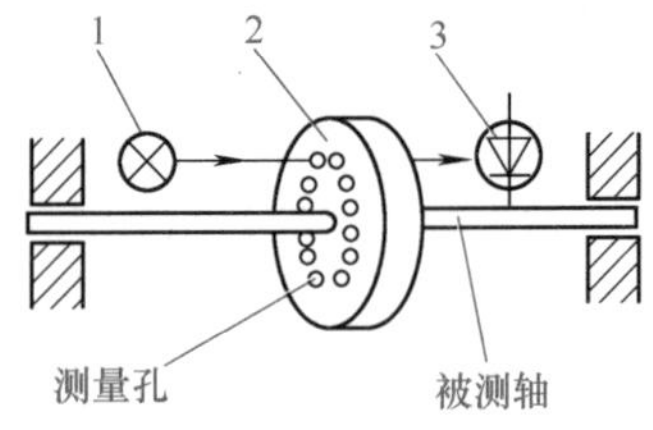

图3-78　光电转速计的原理
1—光源　2—圆盘　3—光电器件

$$n=\frac{60f}{z} \tag{3-58}$$

式中　n——被测轴转速（r/min）；

f——电脉冲信号频率（s^{-1}）；

z——测量孔的个数。

3.8　光纤传感器

光纤传感技术是20世纪70年代中期随着光导纤维实用化和光通信技术的发展而逐步形成的一门新技术。光纤传感器是以光信号作为敏感信息的载体，而前面所介绍的传统传感器是以电信号作为信息的载体。与传统传感器相比，光纤传感器具有许多优点：

1）抗电磁干扰能力强。光纤主要由电绝缘材料做成，工作时利用光波传输信息，因而不怕电磁场干扰；此外，光波易于屏蔽，外界光的干扰也很难进入光纤。

2）光纤直径只有几微米到几百微米，而且柔软性好，可以深入到机器内部或人体弯曲的内脏等传统传感器不宜到达的部位进行检测。

3）光纤传感器集传感与信号传输于一体，从而很容易构成分布式测量。

光纤传感器，发展迅速。目前已研制出多种光纤传感器，被测量遍及位移、速度、加速度、液位、应变、力、流量、振动、水声、温度、电流、电压、磁场和化学物质等，而且新的传感原理及应用正在不断涌现。

3.8.1　光纤

1. 光纤结构及传光原理

光纤是一种多层介质结构的同心圆柱体，包括纤芯、包层和保护层，如图3-79a所示。其中纤芯和包层是光纤的核心部分，纤芯粗细、纤芯材料和包层材料的折射率对光纤特性起决定性作用，而且应使包层的折射率略小于纤芯的折射率，这样才可保证入射到光纤内的光波集中在纤芯内传输。保护层一般又包括涂覆层及护套，涂覆层可保护光纤，使其不受水蒸气侵蚀和机械擦伤；护套采用不同颜色的塑料套管，既保护光纤，又可作为区分光纤的标志。

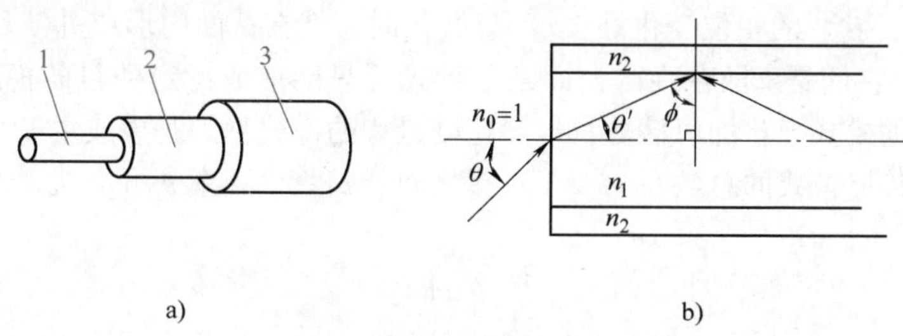

图3-79　光纤的结构及传光原理

a）结构　b）传光原理

1—纤芯　2—包层　3—保护层

光纤传光的基础是光的全内反射。如图3-79b所示，当光线以入射角θ进入光纤的端面时，在端面处发生折射，设折射角为θ'，然后光线再以ϕ角入射至纤芯与包层的界面。光线在该界面发生全反射的条件是ϕ角大于纤芯与包层间的临界角ϕ_c，即

$$\phi \geqslant \phi_c = \arcsin\frac{n_2}{n_1} \tag{3-59}$$

式中　n_1——纤芯材料的折射率；

n_2——包层材料的折射率。

第一次全反射之后，光线会在纤芯内部以同样的角度反复逐次反射，直到传至光纤另一端。实际工作时光纤可能弯曲，只要满足全反射定律，光线仍继续前进。由于光纤具有一定柔软性，很容易使光线“转弯”，这给传感器的设计带来极大方便。

根据斯奈尔折射定律，有

$$n_0\sin\theta = n_1\sin\theta' = n_1\cos\phi = n_1\sqrt{1-\sin^2\phi} \tag{3-60}$$

设当ϕ达到临界角ϕ_c时的入射角为θ_c，由式（3-59）、式（3-60）可得

$$n_0\sin\theta_c = \sqrt{n_1^2 - n_2^2} \tag{3-61}$$

外界介质一般为空气，$n_0=1$，故有

$$\theta_c = \arcsin\sqrt{n_1^2 - n_2^2} \tag{3-62}$$

当入射角 θ 小于临界角 θ_c 时，光线就不会透过其界面而全部反射到纤芯内部，即发生全反射。

2. 光纤的主要特性

（1）数值孔径　由式（3-62）可知，θ_c 是出现全反射的临界入射角，且某种光纤的临界入射角的大小取决于光纤本身性质（即折射率 n_1 和 n_2），而与光纤的几何尺寸无关。光纤光学中把 $\sin\theta_c$ 定义为光纤的数值孔径（Numeral Aperture，NA），即

$$NA = \sin\theta_c = \sqrt{n_1^2 - n_2^2} \tag{3-63}$$

数值孔径是光纤的一个重要参数，它能反映光纤汇集光线的能力。在光纤入射端面，无论光源发射功率有多大，只有 $2\theta_c$ 张角内的入射光才能被接收。光纤 NA 越大，张角越大，汇集的光线越多。但 NA 越大，光信号的畸变也越大，所以要合理选择 NA 的大小。

（2）光纤模式　光纤中传输的光，可分解为沿轴向和沿截面径向传播的两种平面波成分。沿截面径向传播的光波在纤芯与包层的界面上产生全反射，因此当它在径向每一次往返传输（相邻两次反射）的相位变化是 2π 的整数倍时，就在截面内形成驻波。这种驻波光线组又称为“模”。它们是离散存在的，即某一种光纤只能形成特定数目的模式来传输光波，不同的光线可根据模式形状加以区分，传播速度最快的模式称为基模或主模。

通常，光纤传播模式的总数在 $\nu^2/4 \sim \nu^2/2$ 之间。归一化频率 ν 可由波动方程导出，其表达式为

$$\nu = \frac{2\pi r}{\lambda} \tag{3-64}$$

式中　r——纤芯半径；

λ——光波长。

由此可知，ν 值大的光纤传输的模数多，称为多模光纤。通常纤芯直径较粗（几十微米以上），可传播几百以上的模式，但性能较差，输出波形有较大畸变。纤芯很细（5～10μm）、只传输一个模（基模）的光纤，称为单模光纤。这类光纤的传输性好，信号畸变小，信息容量大，灵敏度高；但因尺寸小，制造困难。

（3）传输损耗　光信号在光纤中传输时，由于光纤材料对光波的吸收、散射，光纤结构的缺陷、弯曲及光纤间的不完善耦合等原因，导致光功率随传输距离呈指数规律衰减，这种现象称为传输损耗。传输损耗通常以每千米的光纤分贝数（即 dB/km）来表示，目前的单模石英光纤的传输损耗可以达到 0.2dB/km。

3.8.2　光纤传感器及其应用

光纤传感器是将各种被测量转换为光的某些参数的变化来实现检测的，其基本原理是从光源发射的光线经光纤进入敏感元件（或光纤本身为敏感元件）而被调制，使光的强度、频率、波长、相位、偏振态等参数发生变化，从而携带被测量的信息，再由光纤送入光电探测器（如光敏二极管、光敏晶体管、光电倍增管等）变为电信号，最后由信号处理系统处理后获得被测量。

根据光纤在传感器中的功能，光纤传感器可分为以下三类：

（1）功能型（传感型）光纤传感器　如图 3-80a 所示，光纤既是传播光线的介质，又作为敏感元件，被测量作用于光纤，使其内部传输光线的特性发生变化，再经光电转换后获

得被测量信息。

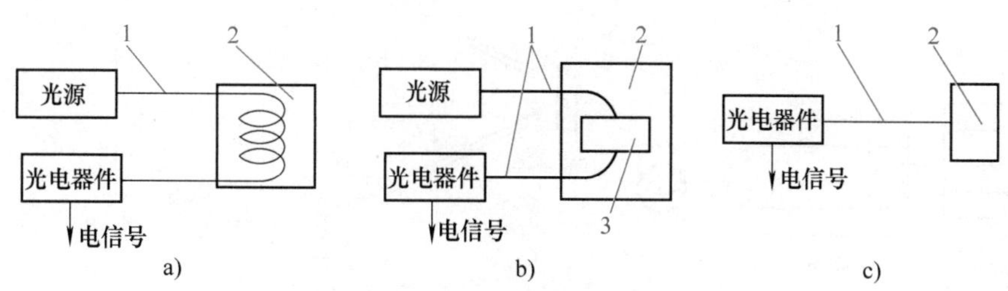

图 3-80　光纤传感器的类型

a）功能型　b）非功能型　c）拾光型

1—光纤　2—被测对象　3—敏感元件

（2）非功能型（传光型）光纤传感器　如图 3-80b 所示，光纤仅作为光线传输的介质，利用其他敏感元件实现对光的调制。

（3）拾光型光纤传感器　如图 3-80c 所示，光纤作为探头，接收由被测对象辐射的光或被其反射、散射的光，如辐射式光纤温度传感器、光纤多普勒速度计等。

按照光在光纤中被调制的原理不同，光纤传感器可分为强度调制型、频率调制型、波长调制型、相位调制型和偏振态调制型五种类型。

按照实际应用中被测参数的不同，光纤传感器可分为光纤温度传感器、光纤位移传感器、光纤压力传感器、光纤流量传感器、光纤电流传感器等。

下面介绍几种光纤传感器，通过它们来了解光纤传感器的构造和应用的一些特点。

图 3-81 所示为微弯式光纤压力传感器原理图。它由两块波形板构成，其中一块是活动板，另一块是固定板。波形板一般采用尼龙、有机玻璃等非金属材料制成。一根多模光纤从一对波形板之间通过。当活动板受到压力作用时，光纤发生微弯曲，导致内部光线重新分配：一部分从纤芯泄漏到包层；另一部分反射回纤芯。当活动板所施加压力增大时，泄漏的光线增多，反射回的光线减少，这样光强度受到了调制。通过检测光纤纤芯透射光强度就能测出压力信号。

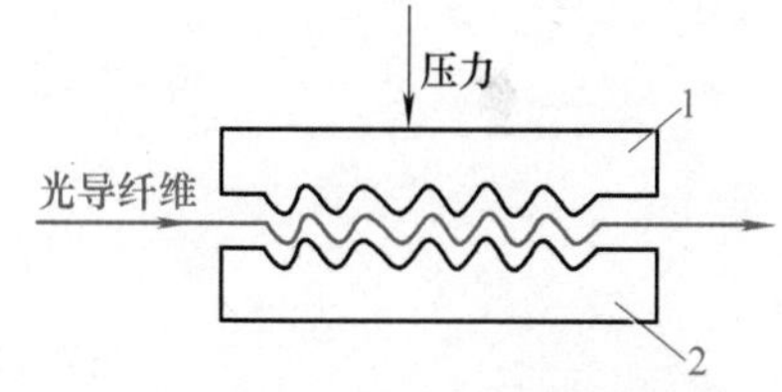

图 3-81　微弯式光纤压力传感器原理图

1—活动板　2—固定板

图 3-82 所示为两种形式的光纤位移传感器。其中，图 3-82a 所示为透射式光纤位移传感器，当固定光纤和移动光纤的中心轴同轴时，光能几乎无损耗，但当两根光纤的光轴错开时，光能损耗增加。两根光纤错开的距离随被测物体位移的大小变化，光纤输出光通量又随光轴错开距离的大小而变化，通过检测输出光通量的大小，即可实现对位移的测量。图 3-82b 所示为反射式光纤位移传感器，接收光纤所接收的光强随被测表面与光纤端面之间的距离而变化。在距离较小的范围内，接收光强（对应的是输出电压 U）随距离 x 的增大而较快地增加，故灵敏度高，但位移测量范围小，适用于小位移、振动和表面状态的测量；在 x 超过某一定值后，接收光强随 x 的增加而减小，此时，灵敏度较低，位移测量范围较大，适用于物位测量。

图 3-83 所示为球面光纤液位传感器。将光纤用高温火焰烧软对折，并将端部烧结成球

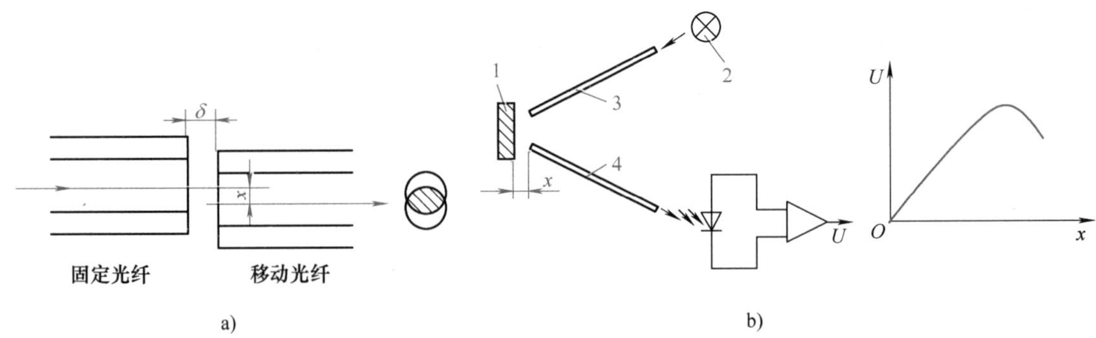

图 3-82　光纤位移传感器

a）透射式　b）反射式

1—被测对象　2—光源　3—发送光纤　4—接收光纤

状。光源发出的光由光纤的一端射入，在球状对折部分一部分光透射出去，而另一部分光反射回来，由光纤另一端射出到光电器件，如图 3-83a 所示。反射光强的大小取决于被测介质的折射率。被测介质折射率与光纤折射率越接近，反射光强度越小。显然，探头处于空气中时比处于液体中时的反射光强要大，如图 3-83b 所示。因此，该探头可用于液位报警。若将多个探头安装在不同的高度，则可实现液位的检测，如图 3-83c 所示。

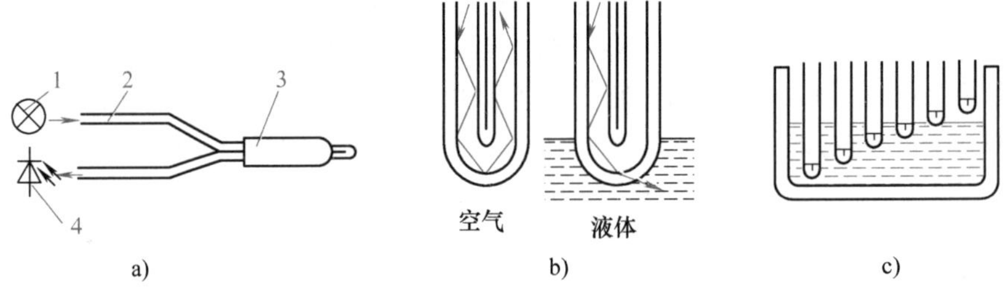

图 3-83　球面光纤液位传感器

a）结构　b）检测原理　c）液位检测

1—光源　2—光纤　3—保护层　4—光电器件

3.9　半导体传感器

半导体传感器主要是利用半导体材料对磁、光、热、气体、湿度等物理量的敏感性而工作的，它们属于物性型传感器的范畴。与各种结构型传感器相比，物性型传感器具有如下优点：

1）由于物性型传感器是基于物理变化的，因而无相对运动部件，故其结构简单、体积小、重量轻、易于实现微型化。

2）灵敏度高，动态性能好，输出为电物理量。

3）采用半导体为敏感材料容易实现传感器集成化和智能化。

4）功耗低，安全可靠。

同时，半导体传感器也存在一些缺点，如线性范围窄、输出特性易受温度影响以及性能参数离散性大等。但随着大规模集成电路技术的不断发展，半导体传感器技术的发展也日趋完善，是传感器技术发展的一个重要方向。

从所使用材料来看，凡是使用半导体为材料的传感器都属于半导体传感器，如光敏二极管和光敏晶体管、光电池、光敏电阻、半导体应变片、磁敏传感器、热敏电阻、气敏传感器、湿敏传感器、色敏传感器和离子敏传感器等。其中有些内容在前面几节中已有论述。本节主要介绍磁敏传感器、热敏电阻、气敏传感器和湿敏传感器。

3.9.1 磁敏传感器

利用半导体材料的磁敏特性工作的传感器有霍尔元件、磁敏电阻和磁敏管等。

1. 霍尔元件

霍尔元件一般由锗（Ge）、硅（Si）、锑化铟（InSb）、砷化铟（InAs）等材料制成，其工作原理基于半导体材料的霍尔效应，如图 3-84 所示。假设采用 N 型半导体薄片，将其置于磁感应强度为 B 的磁场中，在薄片左右两端通以电流 I，那么半导体中的载流子（电子）将沿着与电流 I 相反的方向运动。由于磁场 B 的作用，电子受到磁场力 F_L（洛伦兹力）的作用发生偏转，结果使半导体后端面累积电子带负电，前端面缺少电子带正电，在前、后端面之间形成电场，该电场产生的电场力 F_E 阻止电子继续偏转。当 F_L 与 F_E 相等时，电子累积达到动态平衡。这时，在半导体前、后端面建立的电场称为霍尔电场 E_H，相应的电动势称为霍尔电动势 U_H，其大小为

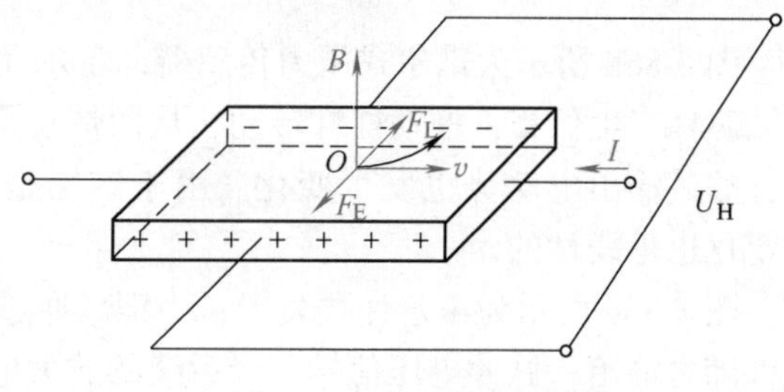

图 3-84 霍尔效应原理

$$U_H = k_H IB\cos\alpha \tag{3-65}$$

式中 k_H——霍尔常数，取决于材质、温度和元件尺寸；

α——磁场和薄片法线方向的夹角；

I——电流，A；

B——磁感应强度，T。

根据式（3-65），如果改变 B 或 I，或者两者同时改变，就可以改变输出电压 U_H 值。运用这一特性，就可以把被测量的变化转换为电压信号的变化。

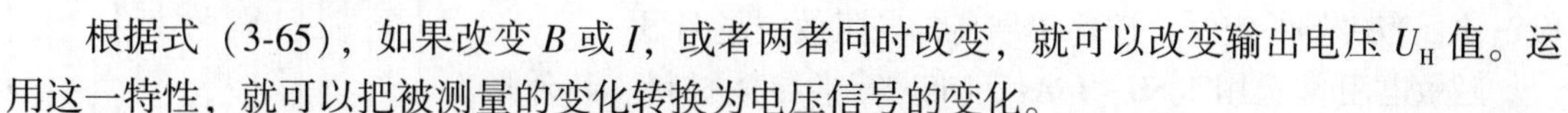

图 3-85 所示为霍尔元件的外形和结构图，它由霍尔片、4 根引线和壳体组成。霍尔片是一块矩形半导体单晶薄片（一般为 4mm×2mm×0.1mm），在其长度方向两端面焊有 a、b 两根引线，称为控制电流端引线，通常用红色导线。在薄片另两侧端面的中间对称地焊有 c、d 两根霍尔输出引线，通常用绿色导线。壳体采用非导磁金属、陶瓷或环氧树脂封装。

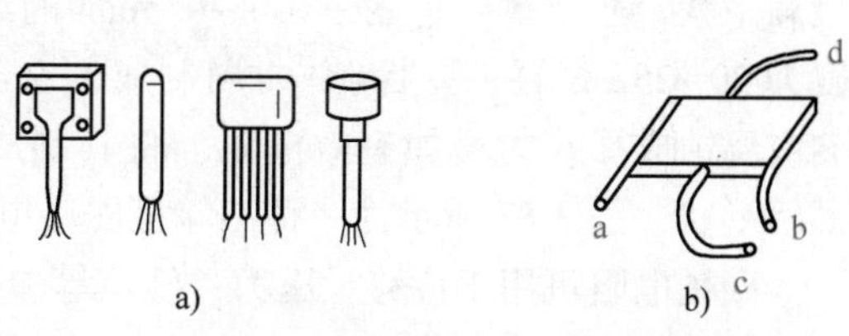

图 3-85 霍尔元件的外形和结构图

a）外形 b）结构

霍尔元件在工程测量中应用范围广泛，可用于线位移、角位移、加速度、压力、转速等的测量以及零件计数等。图 3-86 所示为霍尔元件应用的一些实例。

图 3-86a 所示为霍尔式位移传感器，它由两个结构完全相同的磁路组成，为了获得较好的线性，在磁极端面装有极靴，霍尔元件在中间位置时，霍尔电动势为零，当沿±Δ*x* 方向移动后，输出电动势与位移呈线性关系。这种传感器灵敏度很高，可测量±0.5mm 的小位移。

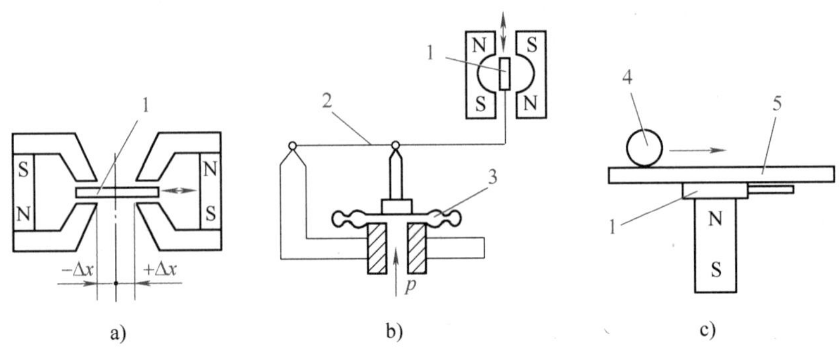

图 3-86　霍尔元件应用实例

a）位移测量　b）压力测量　c）零件计数

1—霍尔元件　2—杠杆　3—膜盒　4—钢球　5—绝缘板

图 3-86b 所示为霍尔式压力传感器，霍尔元件与膜盒相连，当被测压力 *p* 变化时，膜盒顶端芯杆产生位移，推动杠杆转动，从而带动霍尔元件移动。霍尔元件处于线性不均匀磁场中，故其输出电动势也发生变化。由于磁场是线性的，故霍尔元件的输出随位移（压力）的变化也是线性的。

图 3-86c 所示为霍尔计数装置，当钢球通过霍尔元件上方时，磁场强度发生变化，霍尔元件随之输出一脉冲电压信号，经后续的放大电路处理后，可接计数器进行计数。

2. 磁敏电阻

磁敏电阻是利用半导体材料的磁阻效应工作的。将通以电流的半导体材料置于磁场中时，运动的载流子受到洛伦兹力作用会发生偏转，使电流通过的距离变长，载流子散射概率增大，迁移率下降，于是电阻率增加，这种现象称为磁阻效应。

当温度恒定时，磁阻效应与磁场强度、电子迁移率和几何形状尺寸有关。理论推导证明，磁阻与磁感应强度 *B* 的二次方成正比；当磁场一定时，迁移率越高，磁阻效应越明显。

磁敏电阻常选用 InSb、InAs、NiSb 等半导体材料。其外形呈扁平状，非常薄，它是在 0.1~0.5mm 的绝缘基片上蒸镀上厚度为 20~25μm 的一层半导体材料制成，也可在半导体薄片上光刻或腐蚀成形。为增加有效电阻，将其制成类似电阻应变片的栅格形状，图 3-87 所示为一种三端型磁敏电阻结构。

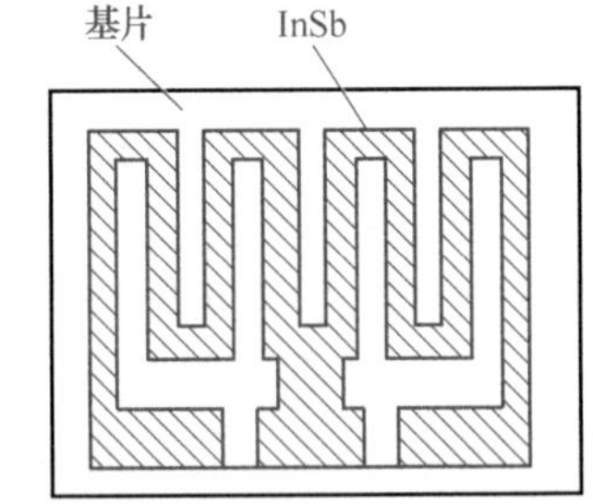

图 3-87　三端型磁敏电阻结构

磁敏电阻可用于位移、压力、转速等参数的测量。图 3-88 所示为一种磁阻位移传感器，将磁敏电阻置于磁场中，当它相对于磁场发生位移时，磁敏电阻的内阻 R_1、R_2 发生变化，如果将 R_1、R_2 接入电桥，则电桥的输出电压与电阻的变化成正比例。

3. 磁敏管

霍尔元件和磁敏电阻均是用 N 型半导体材料制成的体型元件，而磁敏二极管和晶体管则是 PN 结型的磁电转换元件。这种元件检测磁场变化的灵敏度很高[高达 10V/(mA·T)]，为霍尔元件磁灵敏度的数百倍至数千倍，且能识别磁场的方向，体积小、功耗小。它们很适合检测微弱磁场的变化，可用于磁力探伤仪和借助磁场触发的无触点开关，也可用于非接触位移、转速等的测量。

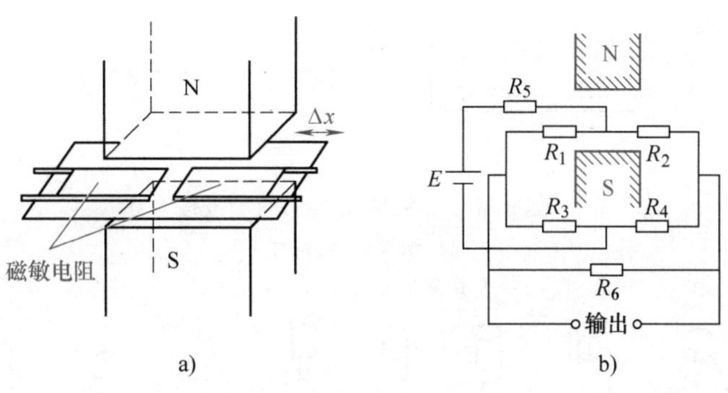

图 3-88 磁阻位移传感器

a）原理图 b）测量电路

3.9.2 热敏电阻

半导体热敏电阻是利用电阻值随温度变化的特性测量温度，它是由某些金属氧化物（如 NiO、MnO_2、CuO、TiO_2）按不同的比例配方烧结制成的。热敏电阻的测温范围一般在-50~300℃（高温热敏电阻可测到700℃，低温热敏电阻可测到-250℃），特性呈非线性，使用时一般需要线性补偿。

不同的热敏电阻材料具有不同的电阻—温度特性，按温度系数的正负，将其分为正温度系数热敏电阻、负温度系数热敏电阻和临界温度系数热敏电阻。各热敏电阻的温度特性曲线如图 3-89 所示。

（1）负温度系数热敏电阻（NTC） 其电阻随温度升高而降低，通常将 NTC 称为热敏电阻，其电阻—温度特性可用如下经验公式描述，即

$$R_T = R_{T_0}\exp\left[B_N\left(\frac{1}{T}-\frac{1}{T_0}\right)\right] \tag{3-66}$$

式中 R_T——绝对温度为 T 时热敏电阻的阻值；

R_{T_0}——绝对温度为 T_0 时热敏电阻的阻值；

B_N——负温度系数热敏电阻的热敏指数。

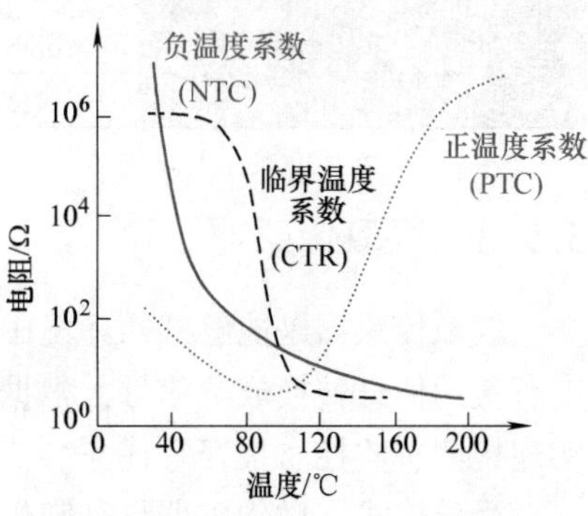

图 3-89 各热敏电阻的温度特性曲线

（2）正温度系数热敏电阻（PTC） 其电阻随温度增加而增加，其电阻与温度的关系近似如下：

$$R_T = R_{T_0}\exp[B_P(T-T_0)] \tag{3-67}$$

式中 R_T——绝对温度为 T 时热敏电阻的阻值；

R_{T_0}——绝对温度为 T_0 时热敏电阻的阻值；

B_P——正温度系数热敏电阻的热敏指数。

（3）临界温度系数热敏电阻（CTR） 其特点是在某一温度时，电阻急剧降低，故可作为温度开关。

热敏电阻主要包括热敏探头、引线和壳体三部分，其结构和符号如图 3-90 所示。根据具体的使用要求，可将热敏电阻制成圆片形、圆柱形、珠形、杆形等各种各样的形状，如图 3-91 所示。

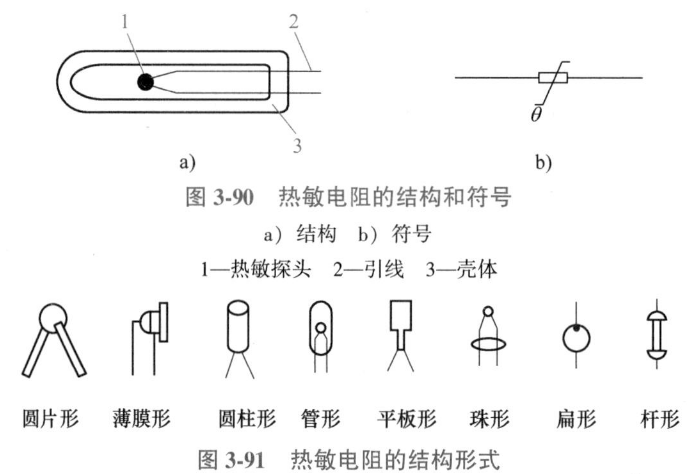

图 3-90 热敏电阻的结构和符号

a）结构 b）符号

1—热敏探头 2—引线 3—壳体

图 3-91 热敏电阻的结构形式

热敏电阻应用非常广泛，在家用电器、农业、医疗卫生、汽车等方面都有广泛的应用。表 3-7 列出了热敏电阻的一些主要用途。

表 3-7 热敏电阻的主要用途

家用电器设备	电熨斗、电冰箱、电饭锅、洗衣机、电暖壶、电烤箱
住房设备	空调器、电热褥、电热地毯、太阳能系统、风取暖器、快速煮水器
汽车	电子喷油嘴、发动机放热装置、液位计、汽车空调器
测量仪器	流量计、风速计、浓度计、湿度计、环境污染监测仪
办公设备	复印机、传真机、打印机
农业、园艺	暖房培育、育苗、饲养、烟草干燥
医疗卫生	体温计、人工透析、检查诊断

3.9.3 气敏传感器

气敏传感器是能够感知环境中气体成分及其浓度的一种敏感器件，它将气体种类及其浓度有关的信息转换成电信号，根据电信号的强弱便可测得气体在环境中的相关信息，从而可实现检测、监控、报警等任务。

半导体式气敏传感器是气敏传感器的一种，它是以半导体材料作为气敏元件。按半导体变化的物理特性不同，半导体式气敏传感器可分为电阻式和非电阻式两类，以电阻式使用较为广泛。电阻式气敏传感器是用氧化锡（SnO_2）、氧化锌（ZnO）等金属氧化物材料制作成敏感元件，利用敏感元件接触气体时其电阻值的变化来检测气体的成分或浓度的。为了提高敏感元件对气体成分的选择性和灵敏度，在合成材料时还可添加其他一些金属元素作为催化剂，如钯、铂、银等。

半导体敏感元件阻值的变化主要基于材料的吸附效应。以氧化锡半导体材料为例，当其工作时，通过预先埋入材料内部的加热丝先使其升温，一般控制在200~400℃（具体温度取决于被测气体种类)，目的是烧去附在材料表面的油雾和尘埃，加速气体吸附。待温度稳定后，若有气体吸附，吸附分子首先在表面自由扩散，一部分蒸发，另一部分则固着吸附。若是 O_2 和 NO_x（氮氧化物）等气体，其吸附分子会从材料夺取电子而变成负离子吸附，使材料的电阻率增大；若是 H_2、CO、碳氢化合物等气体，其吸附分子会向材料释放电子而变成正离子吸附，使材料的电阻率降低。根据上述特性，就可从阻值变化判断吸附气体的种类和浓度。

电阻式半导体气敏传感器具有工艺简单、价格便宜、对气体浓度变化响应快、低浓度灵敏度高等优点，目前已广泛用于液化石油气、管道煤气等可燃性气体的泄漏检测、定限报警等。

3.9.4 湿敏传感器

所谓湿度，是指大气中水蒸气的含量，常用绝对湿度（AH）和相对湿度（RH）两种方法来表示。绝对湿度是在一定温度和压力下，单位体积空气内所含水蒸气的质量，单位是 kg/m^3；相对湿度是指被测蒸汽压与相同温度下的饱和蒸汽压下的比值的百分数（%），是一个量纲一的值。相对湿度给出了大气的潮湿程度，故使用更加广泛。

在工农业生产和人们日常生活中，对湿度的测量和控制已非常普遍。如大规模集成电路车间要求相对湿度不低于 30%，否则会造成元器件损伤；存储粮食、茶叶等的仓库内湿度不宜过大，否则原材料会发霉；育苗厂房、食用菌大棚等对湿度也要严格控制。

用于湿度测量的湿敏传感器有多种形式，半导体陶瓷湿敏传感器是其中一种，它是由两种以上金属氧化物混合烧结而成的多孔陶瓷，是根据感湿材料吸附水分后其电阻率发生变化的原理进行湿度检测的。制作半导体陶瓷湿敏传感器的材料有铬酸镁-二氧化钛（$MgCr_2O_4$-TiO_2）、五氧化二钒-二氧化钛（V_2O_5-TiO_2）、氧化锌-三氧化二铬（ZnO-Cr_2O_3）、四氧化三铁（Fe_3O_4）等。

半导体陶瓷湿敏传感器的基本原理是：水分子在陶瓷晶粒间界面的吸附可离解出大量的导电离子，这些离子起着运输电荷的作用，导致材料电阻下降。大多数半导体陶瓷材料属于负感湿特性的半导体材料，其阻值会随着环境湿度的增加而降低。

图 3-92a 所示为 $MgCr_2O_4$-TiO_2 陶瓷湿敏传感器的结构图。在其陶瓷片的两面涂覆多孔的

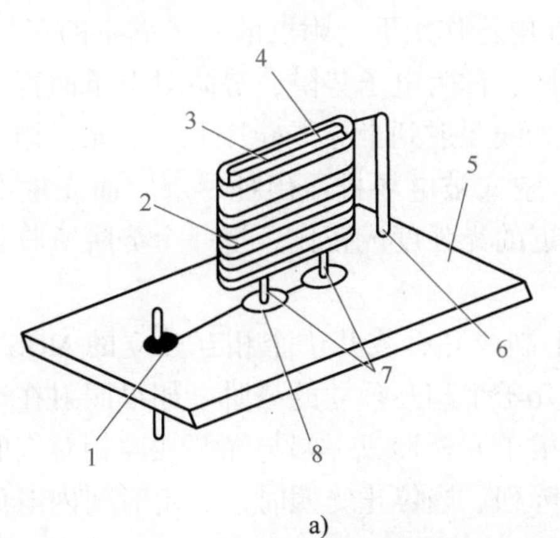

a)

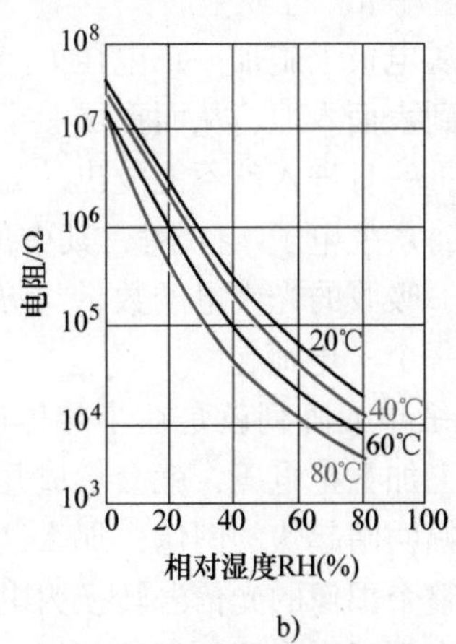

b)

图 3-92 $MgCr_2O_4$-TiO_2 陶瓷湿敏传感器的结构图和感湿特性

a）结构图 b）感湿特性

1—加热线圈引线（左） 2—镍铬丝加热清洗线圈 3—金电极 4—$MgCr_2O_4$-TiO_2 感湿陶瓷 5—陶瓷基片 6—加热线圈引线（右） 7—测量电极 8—金短路环

金电极，并用掺金玻璃粉将引出线与金电极烧结固定。在陶瓷片的外面放置一个由镍铬丝绕制的加热清洗线圈，以便对其及时加热清洗，排除有污染的有害气体。整个器件安装在一个高度致密、疏水性的陶瓷基片上。为消除底座上的两个测量电极之间由于吸湿和污染引起的漏电，在两电极周围设置了金短路环。图 3-92b 所示为 $MgCr_2O_4$-TiO_2 陶瓷湿敏传感器的感湿特性。

3.9.5　CCD 图像传感器

CCD 图像传感器是高度集成的半导体光电传感器，它的核心是电荷耦合器件（Charge Coupled Devices，简称 CCD）。电荷耦合器件是以电荷的形式存储和传递信息的一种半导体表面器件，是在金属-氧化物-半导体（Metal Oxide Semiconductor，MOS）结构电荷存储器的基础上发展起来的。CCD 的概念是 20 世纪 70 年代由美国贝尔实验室提出的，随后各种实用的 CCD 产品相继问世，现已在机电工业、航空、航天、通信、医学、商业及国防等部门得到广泛应用，其典型产品有数码照相机、摄像机等。

1. CCD 的工作原理

CCD 主要由 MOS 光敏单元阵列和读出移位寄存器组成，具有光生电荷、电荷存储和电荷转移的功能。

（1）MOS 光敏单元阵列　MOS 光敏单元阵列中每个单元对应一个像素点，如一个图像有 1024×768 个像素点，就需要同样多个光敏单元，即传递一幅图像需要由许多 MOS 光敏单元大规模集成的器件。MOS 光敏单元的结构原理如图 3-93 所示。它是在 P 型（或 N 型）单晶硅基体上，生长一层很薄的 SiO_2 绝缘层，又在其上沉积一层金属电极，形成了金属-氧化物-半导体（MOS）结构单元。

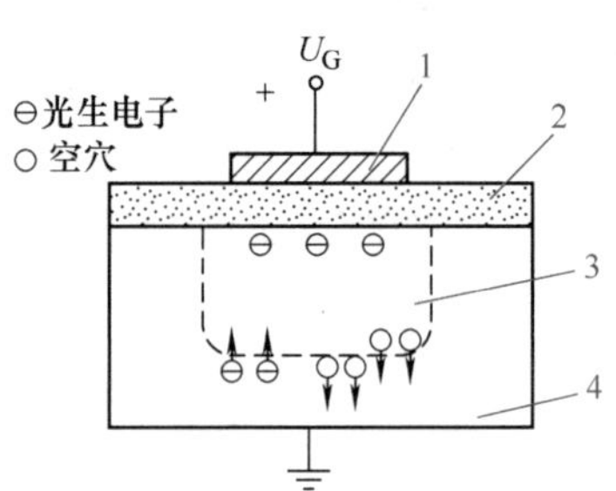

图 3-93　MOS 光敏单元的结构原理图

1—金属　2—SiO_2 绝缘层　3—势阱　4—P 型硅

当在金属电极上施加一正电压 U_G 时，在电场作用下，附近的 P 型硅中的多数载流子-空穴就被排斥到表面入地，从而形成一个耗尽区，称为电子势阱，势阱对电子而言是一个势能很低的区域，一旦进入就不能复出。如果有光线照射到半导体硅片上，在光子作用下，半导体吸收光子，产生电子-空穴对，其中的光生空穴被电场排斥出耗尽层，而光生电子被附近的势阱吸收，吸收的光生电子数量与势阱附近的光强度成正比。把一个势阱所收集的若干光生电荷称为一个“电荷包”。

MOS 光敏单元阵列就是在半导体硅片上制成几百或几千个相互独立的 MOS 光敏单元，在金属电极上加上正电压，就会形成几百或几千个相互独立的势阱。如果照射在这些光敏单元上的是一幅明暗起伏的图像，那么这些光敏单元就形成一幅与光照强度相对应的光生电荷图像，即将整个图像的光信号转换为电荷包阵列。当停止光照时，一定时间内电荷包也不会损失，这就实现了对光照的存储记忆。

（2）读出移位寄存器　读出移位寄存器的作用是将光生电荷转移输出，其也是 MOS 结构，如图 3-94a 所示。但它与 MOS 光敏单元又有区别：在其底部覆盖有一层遮光层，防止外来光线干扰；它由三组（也有二组、四组等）相毗邻的电极组成一个耦合单元，每个耦合单元用来转移一个 MOS 光敏单元形成的电荷包，在三个电极上分别施加 ϕ_1、ϕ_2、ϕ_3 三个驱动脉冲，三个脉冲的形状完全相同，但彼此间有相位差（差 1/3 周期），如图 3-94b 所示。驱动脉冲也称为时钟脉冲，图 3-94 采用的驱动方法为三相时钟脉冲驱动，图 3-94c 是其转移电荷的过程。

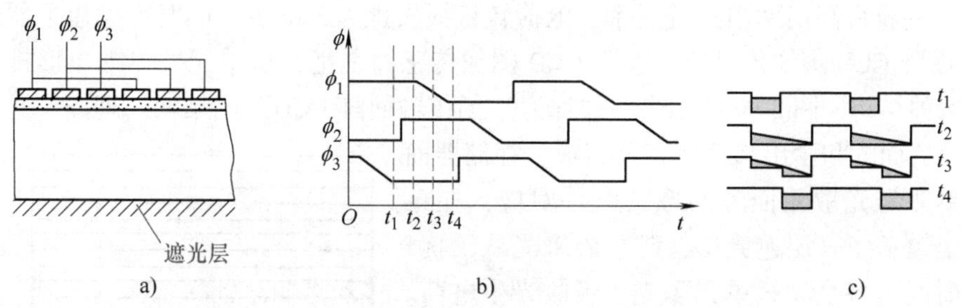

图 3-94　读出移位寄存器结构与信号转换原理

a）读出移位寄存器结构原理图　b）三相时钟脉冲信号　c）电荷转移过程

$t=t_1$：ϕ_1 相处于高电平，ϕ_2、ϕ_3 相处于低电平，电极 ϕ_1 下出现势阱，存入电荷。

$t=t_2$：ϕ_1、ϕ_2 相处于高电平，ϕ_3 相处于低电平，电极 ϕ_1、ϕ_2 下都出现势阱。因两电极靠得很近，电荷就从 ϕ_1 电极下耦合到 ϕ_2 电极下。

$t=t_3$：更多的电荷耦合到电极 ϕ_2 下。

$t=t_4$：只有 ϕ_2 相处于高电平，电荷全部耦合到电极 ϕ_2 下。

至此信息电荷转移了一位，再经过相同的时间历程，电荷又从电极 ϕ_2 耦合到电极 ϕ_3 下，当时钟脉冲变化一个周期时，电荷将被转移到下一个 ϕ_1 电极下，即转移了一个耦合单元。这样，在三相时钟脉冲的控制下，信息电荷不断向右转移，直到最后依次不断地向外输出。

2. CCD 图像传感器的类型

CCD 图像传感器主要包括线阵 CCD 和面阵 CCD 两大类。线阵 CCD 主要用于测量一维尺寸，如测量工件的尺寸、回转体偏摆等，若要得到二维图像，则需要附加机械扫描方式，用以实现字符、图像的识别。面阵 CCD 主要用于实时摄像，如监视生产线上工件的装配过程、可视电话及空间遥感遥测等。

（1）线阵 CCD 图像传感器　线阵 CCD 图像传感器是由单排 MOS 光敏单元和单排读出移位寄存器组成的。光敏单元和读出移位寄存器之间有一个转移栅，基本结构如图 3-95a 所示。光学成像系统将图像成像在 CCD 的光敏面上，光敏单元开始电荷积累，这一过程也称光积分，从而将图像信号按其强度大小转变为一系列电荷包。当转移栅开启时，各光敏单元的光生电荷并行转移到读出移位寄存器的相应单元输出。当转移栅关闭时，MOS 光敏单元阵列开始下一行的光电荷积累过程。如此不断重复上述过程。

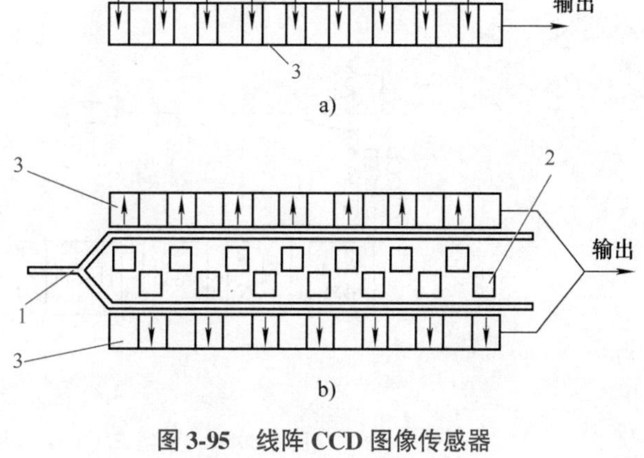

图 3-95　线阵 CCD 图像传感器

a）单行结构　b）双行结构

1—转移栅　2—光敏单元　3—读出移位寄存器

目前较实用的线阵CCD图像传感器为双行结构，如图3-95b所示。单、双数光敏单元中的电荷信号分别转移到上、下方的读出移位寄存器，然后在时钟脉冲控制下自左向右移动，在输出端交替合并输出，这样仍能形成原来光敏电荷信号的顺序。其与长度相同的单行结构相比，可获得高出两倍的分辨率，电荷转移损失也大为减少，同时也缩短了器件尺寸。

（2）面阵CCD图像传感器　面阵CCD图像传感器是把光敏单元按二维矩形排列成光敏区，它有数种结构，图3-96所示为一种称为“场传输面阵CCD”的结构原理图。它由光敏元面阵、存储器面阵和读出移位寄存器组成。存储器面阵的存储单元与光敏元面阵的像素一一对应，在存储器面阵上覆盖了一层遮光层，防止外来光线干扰。在光积分时间，各个光敏单元曝光，吸收光生电荷。曝光结束后，在转移脉冲控制下，光敏元面阵的电荷信号全部迅速转移到对应的存储器区暂存。此后光敏元面阵开始第二次光积分，与此同时存储器面阵存储的光生电荷自存储器底部向下一排一排转移到读出移位寄存器中，然后再顺次从读出移位寄存器输出，完成二维图像信息向二维电信息的转换。

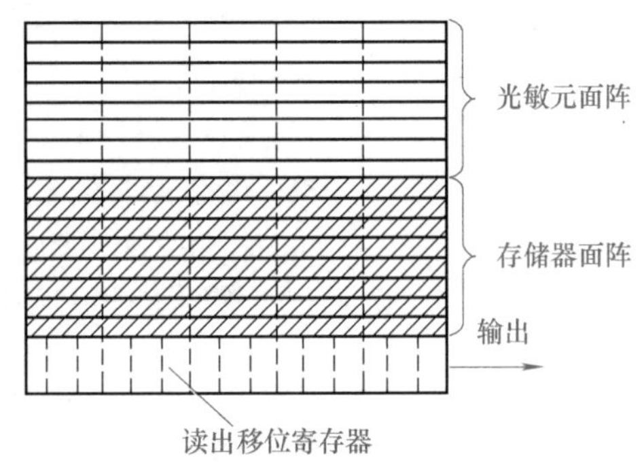

图3-96　场传输面阵CCD的结构原理图

3. CCD图像传感器的应用

CCD图像传感器的应用主要有以下几个方面：①组成计量检测仪器，可测量工业产品的尺寸、位置、表面缺陷等；②作为光学信息处理装置的输入环节，用于光学字符识别、标记识别、图形识别、传真、摄像等；③作为自动生产线的敏感器件，用于自动工作机械、自动售货机、自动搬运机以及监视装置等；④在军事领域用于导航、跟踪、侦察（带摄像机的无人驾驶机等）。

下面介绍CCD应用的两个实例。

图3-97所示为利用线阵CCD测量细丝直径的原理图。当激光入射到细丝上，在距离细丝一定距离处产生如图3-97b所示的衍射图样。CCD接收衍射条纹，产生与之相应的输出信号，经低通滤波放大、A-D转换后送计算机处理。

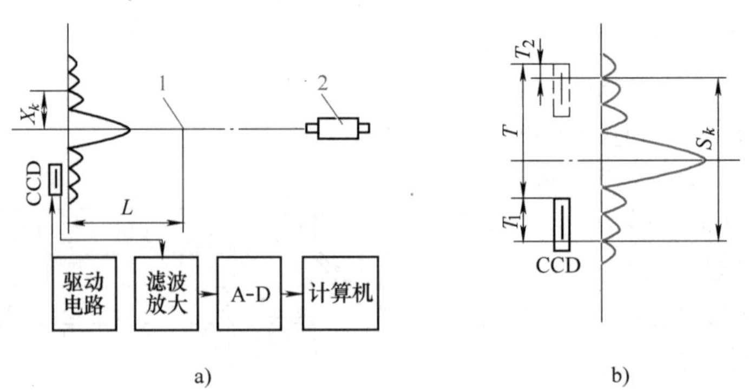

图3-97　利用线阵CCD测量细丝直径的原理图

a）激光衍射测量系统结构　b）细丝衍射图样

1—被测细丝　2—激光器

根据远场弗朗和费衍射公式可得

$$d = \frac{k\lambda L}{X_k} \tag{3-68}$$

式中 d——细丝直径；

λ——激光波长；

L——细丝到 CCD 图像传感器的距离；

X_k——第 k 条暗条纹到中央亮条纹中心的距离。

因线阵 CCD 的有效长度不足以将衍射条纹覆盖，而将线阵 CCD 安装在阿贝比长仪的工作台上，用移动工作台的方法移动 CCD，获得如图 3-97b 所示的第 k 条暗纹的间距 S_k 为

$$S_k = 2X_k = T + T_1 - T_2 = T + (N_{1k} - N_{2k})l_0 \tag{3-69}$$

式中 T——阿贝比长仪工作台移动的距离；

N_{1k}、N_{2k}——两次读得的左右第 k 条暗纹在 CCD 上的位置；

l_0——CCD 的单元间距。

L 可由一根经测长机标定后的短棒测量。最后将 L 与 X_k 代入式（3-68）即可测得细丝直径。

图 3-98 所示为用线阵 CCD 测量工件尺寸的基本原理。被测物位于透镜前方 a 处，透镜后方距离 b 处放置 CCD 传感器，该传感器总像素数目为 N_0，借助光学成像法将被测物未知长度 L_x 投影到 CCD，如图 3-98a 所示。若照明光源由被测物左方向右方发射，在整个视野范围 L_0 内，将有 L_x 部分被遮挡。与此相应，在 CCD 上只有 N_1 和 N_2 两部分接收光照，如图 3-98b所示，则有如下关系

$$\frac{L_x}{L_0} = \frac{N_0 - (N_1 - N_2)}{N_0} \tag{3-70}$$

式中 N_1——上端受光照的像素数；

N_2——下端受光照的像素数。

根据测得的 N_1、N_2 值，即可计算出被测尺寸 L_x。

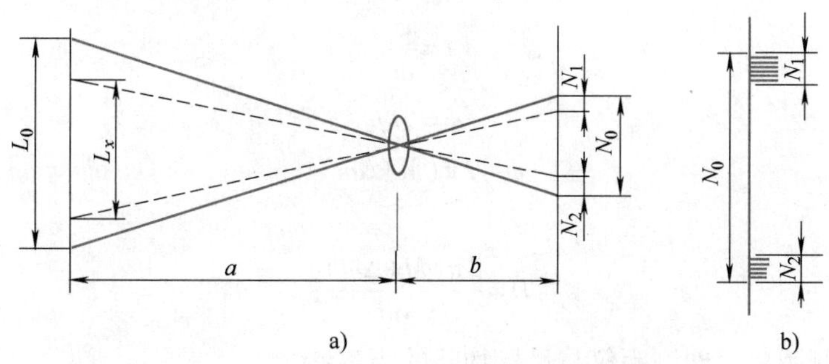

图 3-98 用线阵 CCD 测量工件尺寸的基本原理

3.10 激光测试传感器

激光（Light Amplification by Stimulated Emission of Radiation，LASER），即“通过受激辐射光扩大”。激光的特点是单色性极好、发散度极小、亮度（功率）可以达到很高，且具有

良好的相干性。从1960年激光被首次发现以来，激光技术在许多领域得到了广泛应用，如激光测距、激光雷达、激光打标、光纤通信、激光光谱、激光切割、激光武器等。

激光的最早应用就是进行测距。激光测距有两种方法：相位法激光测距和脉冲法激光测距。

1. 相位法激光测距的技术原理

当今市场上的主流激光测距仪均是基于相位法进行测距，其精度高，可达毫米级；主要缺点是电路复杂，作用距离一般较短（常用于300m以下较短距离）。

相位法激光测距技术是采用无线电波段频率对激光进行幅度调制后，将此正弦调制光照射被测物体，测量出此调制光在往返测距仪与目标物间距离时所产生的相位差。根据调制光的波长、频率和相位，换算出激光飞行时间，将飞行时间乘以光的真空飞行速度，即可计算出测距仪到被测物体之间的距离。该方法一般要求被测物体的反射面具有良好的反射率，可有效地将激光回波反射回激光测距仪，由接收模块的鉴相器进行接收和处理。相位法激光测距原理如图3-99所示。

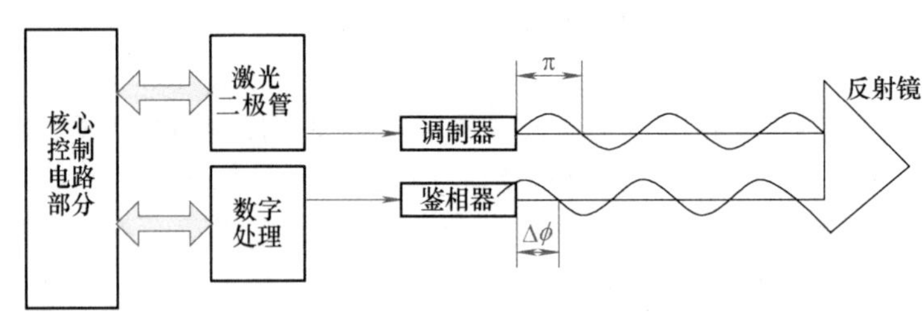

图3-99 相位法激光测距原理

由图3-99所显示的关系可知，用正弦信号调制发射激光的幅值，通过检测从目标反射的回波激光与发射激光之间的相移$\Delta\varphi$，通过计算可得待测距离。

$$D=\frac{ct}{2} \tag{3-71}$$

$$t=\frac{\varphi}{\omega} \tag{3-72}$$

又因

$$\omega=2nf \tag{3-73}$$

得

$$\varphi=2\pi(M+\Delta m) \tag{3-74}$$

即

$$D=\frac{2\pi(M+\Delta m)c}{4nf} \tag{3-75}$$

式中 D——待测距离，即测距仪与目标物间的距离；

c——光速，$c=3\times10^8$m/s；

t——激光往返测距仪与被测目标物间距离的飞行时间；

φ——激光光束往返一次后所形成的相位差；

Δm——激光光束往返一次后所形成的相位差中不足一个波长的部分（即$\Delta\varphi$对2π的比值）；

M——相位差中整波长的个数；

ω——调制信号的角频率。

式（3-75）可进一步表示为

$$D=Ls(M+\Delta m) \tag{3-76}$$

式中　Ls——光尺。

由于整周期数 M 无法确定，所以基于相位法的激光测距仪只能测量 Δm 对应的测距部分，即只能精确测定小于一个激光波长的部分。正弦调制激光即相当于采用两种波长的激光光尺同时测量同一个距离量，因此可分别得到两个光尺的测量结果。将测得的两个结果组合起来即可精确确定被测距离。例如，设被测距离为 2.047m 时，激光本身的波长对应的光尺为 0.1m，可测量不足 0.1m 的尾数 0.047m；而无线电波段的频率对应的光尺为 10m，可测量不足 10m 的尾数即 2m。把两个光尺读数相加起来即为 2.047m，如此处理就解决了大量程和高精度的矛盾。其中，波长长的光尺决定了测距的量程，而波长短的光尺决定了测距的精度。

2. 脉冲法激光测距的技术原理

脉冲法激光测距仪一般采用红外激光，包括近红外激光和中红外激光。该波段激光有可见和非可见之分，其速度快、实现结构简单、峰值输出功率高、重复频率高且范围大。脉冲法激光测距常用于较长距离的测量，可达几百到几千米。脉冲法激光测距原理如图 3-100 所示。

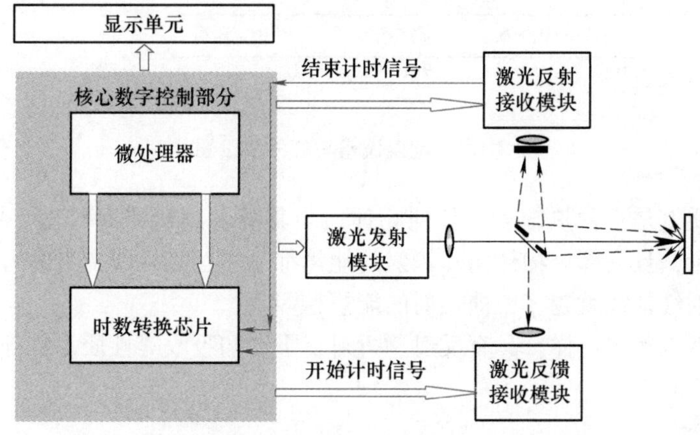

图 3-100　脉冲法激光测距原理

图 3-100 中，激光测距仪对准被测量目标，发出一个激光脉冲，激光脉冲在经过分光镜时分成大、小两束，小束激光进入激光反馈计时模块，经光电转换及放大滤波整流后，产生电脉冲信号送入时间数字转换芯片，开始计时；大束激光射向被测目标，开始飞行，遇到目标物后发生漫反射，部分激光回波返回激光接收处理电路，同样经过光电转换及放大滤波整流后，所形成的电脉冲信号送入时间-数字转换芯片，停止计时。则激光测距仪到被测目标的距离可计算为

$$D=\frac{ct}{2} \tag{3-77}$$

式中　D——待测距离；

t——往返激光脉冲发射器与被测目标物间距离所用的总时间；

c——激光在空气中的传播速度。

脉冲法激光测距是将对距离的测量转变为对时间差的测量，即需要测量的只是激光脉冲的发射时刻与接收时刻之间的时间间隔。因此，脉冲法激光测距可测量较大的空间距离。

3.11　红外辐射传感器

1. 红外辐射

红外辐射是一种人眼不可见的光线，因它是介于可见光中的红色光和微波之间的光线，又称红外线。红外线的波长在 0.76～1000μm 的范围内，相对应的频率在 $3\times10^{11}\sim4\times10^{14}$Hz 之间。通常根据红外线中不同的波长范围，红外波段分成近红外、中红外、远红外和极远红外四个区域，如图 3-101 所示。

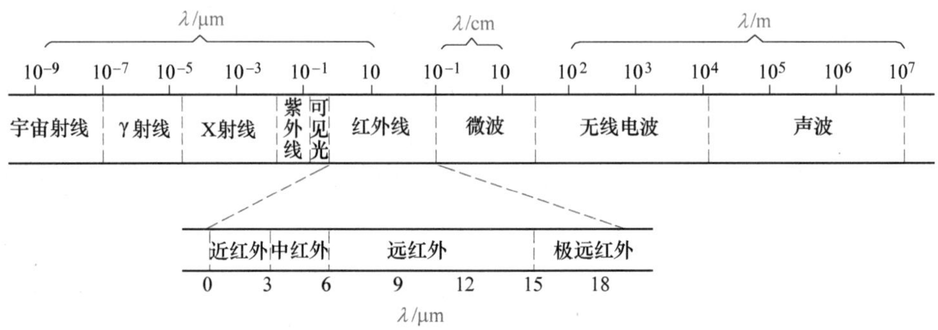

图 3-101　电磁波谱与红外波段划分

红外辐射实质上是一种热辐射。任何物体，当其温度高于绝对零度（-273.15℃）时，都会向外辐射能量，且大部分物体向外辐射的能量都是通过红外线辐射的形式实现的。物体温度越高，辐射的红外线就越多，即辐射的能量越多。

红外线和所有电磁波一样，具有反射、折射、干涉和吸收等性质。红外线在真空中的传播速度等于 3×10^{8}m/s。

2. 红外探测器

红外探测器是将辐射能转换为电能的一种传感器，按其工作原理可分为热探测器和光子探测器。

（1）热探测器　热探测器是利用红外辐射引起探测元件的温度变化，进而测定所吸收的红外辐射量。热探测器的主要优点是：响应波段宽，响应范围为整个红外区域，室温下工作，使用方便。

热探测器主要有四种类型：热电偶型、热敏电阻型、气动型和热释电型。

（2）光子探测器　光子探测器是基于半导体材料的光电效应工作的，一般有光电导、光生伏特和光磁电探测器三种。光子探测器的材料有硫化铅、锑化铟、碲镉汞等。其主要特点是灵敏度高、响应速度快，但探测波段较窄（2～4μm），通常在低温条件（70～300K）下工作，因此需要制冷设备。

3. 红外传感器的应用

红外传感器主要有以下几个方面的应用：红外辐射温度计，用于辐射温度的测量；热成像系统，能形成整个目标的红外辐射分布图像；搜索和跟踪系统，用于搜索和跟踪红外目标，确定其空间位置并对其运动进行跟踪；红外测距系统，实现物体间距离的测距等。

下面对红外辐射测温原理作简要介绍。图3-102所示为红外测温仪的一种结构，它由光学系统、调制器、红外探测器、放大器和指示器等几个部分组成。透射式光学系统的部件采用红外光学材料制成，测温范围不同，应选用不同的光学材料。调制器的作用是把红外辐射调制成交变的辐射信号。

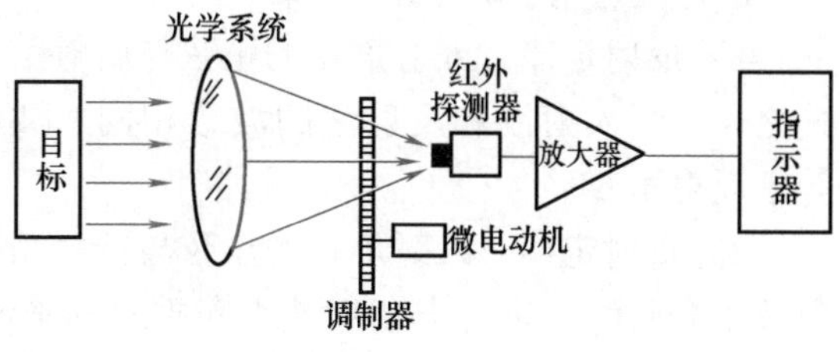

图3-102　红外测温仪的一种结构

红外测温的主要优点是：非接触测温，反应速度快（十分之几秒以内），灵敏度高（可达0.1℃），测温范围宽。红外测温仪可以测量从摄氏负几十度直到千度以上的范围，当然这不是由一台仪器实现的，一般按测温范围可分为高温（700℃以上）、中温（100~700℃）、低温（100℃以下）三种类型。

3.12　超声波传感器

1. 超声波及其物理性质

质点振动在弹性介质内的传播形成机械波。超声波和人耳所能听到的声波都是机械波。根据声波频率范围，声波可分为次声波、声波和超声波。其中，频率在16~20kHz之间，能被人耳听到的机械波，称为声波；频率低于16Hz的机械波，称为次声波；频率高于20kHz的机械波，称为超声波，如图3-103所示。

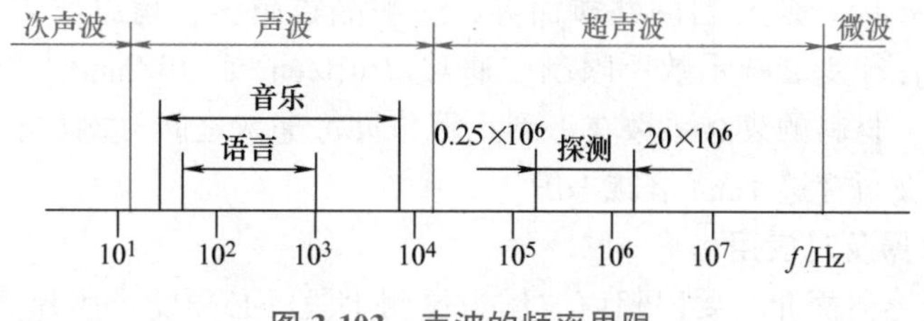

图3-103　声波的频率界限

超声波的特性是频率高、波长短、绕射小。它最显著的特性是方向性好，在液体、固态中衰减很小，穿透能力强，特别是对不透光的固体，超声波能穿透几十米的厚度。超声波在传播到介质分界面处会产生反射和折射等现象。超声波的这些特性使其在检测技术中获得广泛应用，如超声无损探伤、超声测距、超声测厚、流速测量、超声成像等。

（1）超声波的波形与传播速度　由于声源在介质中的施力方向与波在介质中的传播方向不同，超声波的波形也有所不同，通常有纵波、横波、表面波，其传播速度取决于介质的弹性常数及介质的密度。气体中的声速为344m/s，液体中的声速为900~1900m/s。在固体中，纵波、横波和表面波三者的声速有一定的关系，通常可认为横波声速为纵波声速的一半，表面波声速约为横波声速的90%。

（2）超声波的反射和折射　超声波从一种介质传播到另一种介质时，在两介质的分界面上一部分超声波被反射，另一部分则透过分界面，在另一种介质内继续传播。这两种情况分别称为超声波的反射和折射，如图 3-104 所示。其中，α 是入射角，α'是反射角，β 是折射角。

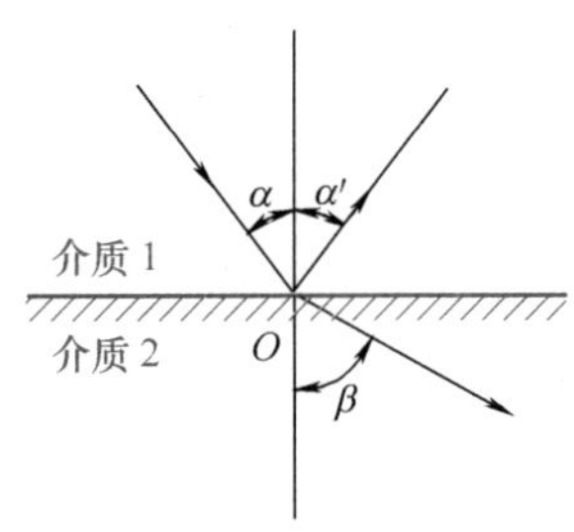

图 3-104　超声波的反射和折射

1）反射定律。入射角 α 的正弦与反射角 α'的正弦之比等于波速之比。当入射波和反射波的波形相同、波速相等时，入射角 α 等于反射角 α'。

2）折射定律。入射角 α 的正弦与折射角 β 的正弦之比等于入射波中介质的波速 c_1 与折射波中介质的波速 c_2 之比，即

$$\frac{\sin\alpha}{\sin\beta}=\frac{c_1}{c_2} \tag{3-78}$$

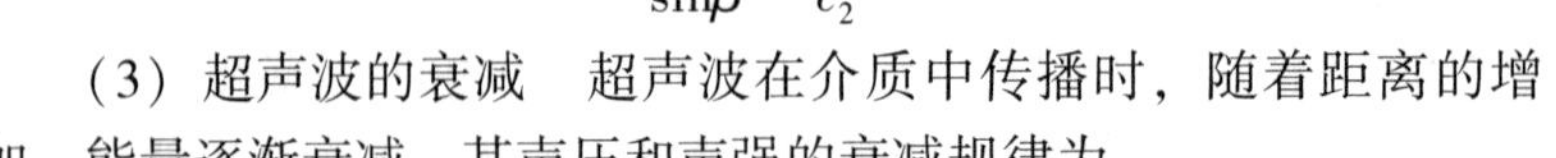

（3）超声波的衰减　超声波在介质中传播时，随着距离的增加，能量逐渐衰减。其声压和声强的衰减规律为

$$P_x = P_0 e^{-\alpha x} \tag{3-79}$$

$$I_x = I_0 e^{-2\alpha x} \tag{3-80}$$

式中　P_x、I_x——距离声源 x 处的超声波声压和声强；

P_0、I_0——声源处的超声波声压和声强；

x——距声源处的距离；

α——衰减系数。

超声波在介质中传播时，能量的衰减取决于超声波的扩散、散射和吸收。在理想介质中，超声波的衰减仅来自于超声波的扩散，就是随着声波传播距离的增加，在单位面积内声能将会减弱。散射衰减就是声波在固体介质中的颗粒界面上散射，或在流体介质中有悬浮粒子使超声波散射。吸收衰减是由介质的导热性、黏滞性及弹性等造成的，随声波频率的升高而增加。衰减系数 α 因介质材料的性质而异，一般晶粒越粗，超声波频率越高，则衰减越大。最大探测厚度往往受衰减系数所限制。通常以 dB/cm 或 dB/mm 为单位表示衰减系数。在一般探测频率上，材料的衰减系数在 1 到几百分贝每毫米之间。例如衰减系数为 1dB/mm 的材料，表示超声波每穿透 1mm 衰减 1dB。

2. 超声波传感器及其应用

（1）超声波传感器简介　要以超声波作为检测手段，必须能产生超声波和接收超声波。完成这种功能的装置就是超声波传感器，习惯上称为超声波换能器，或超声波探头。

超声波传感器按其工作原理不同，主要有压电式、磁致伸缩式、电磁式等几种形式，其中压电式超声波传感器应用最为普遍。

压电式超声波传感器是利用压电材料的压电效应来工作的。常用的压电材料主要有压电晶体和压电陶瓷。超声波探头分为发射探头和接收探头两种。发射探头是利用逆压电效应原理将高频电振动转换成高频机械振动，从而产生超声波。接收探头则是利用正压电效应将接收的超声振动转换成电荷信号，进而再被转换成电压信号放大后送测量电路，最后记录或显示。发射探头和接收探头的结构如图 3-105 所示。有时同一探头可兼作发射和接收两种用途。

（2）超声波传感器的应用　图 3-106 所示为超声波测距原理，首先由超声波发射探头向被测物体发射超声脉冲，然后关闭发射探头，同时打开超声波接收探头检测回声信号。由定时电路计算超声波在空气中的传播时间，它从发射探头发射超声波开始计时，直到接收器检

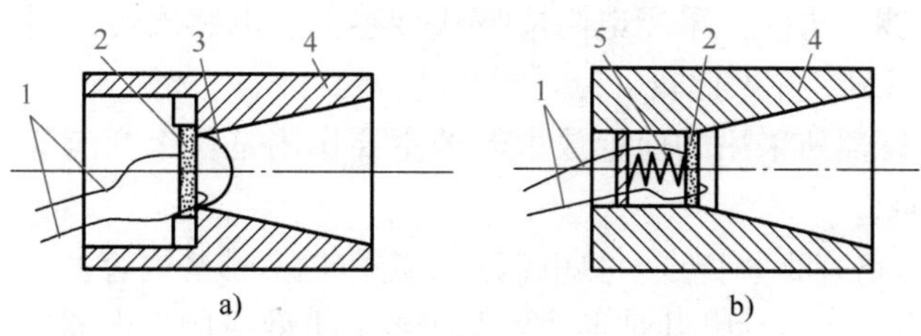

图 3-105　压电式超声波探头结构

a）发射探头　b）接收探头

1—导线　2—压电晶片　3—音膜　4—锥形罩　5—弹簧

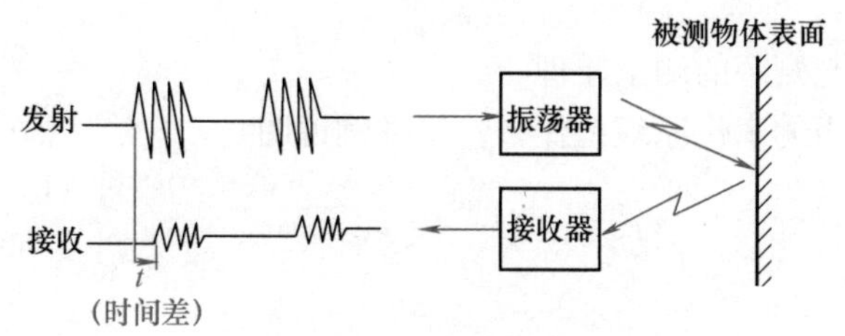

图 3-106　超声波测距原理

测到超声波为止，超声波传播时间的一半与声波在介质中的传播速度的乘积即为被测物体与传感器之间的距离。

思考题与习题

3-1　传感器主要包括哪几部分？试举例说明。

3-2　请举例说明结构型传感器与物性型传感器的区别。

3-3　金属电阻应变片与半导体应变片在工作原理上有何区别？

3-4　有一电阻应变片（图 3-107），其灵敏度 $S_0=2$，$R=120\Omega$，设工作时其应变为 $1000\mu\varepsilon$，求 ΔR 的值。设将此应变片接成图中所示的电路，试求：

1）无应变时电流指示值。

2）有应变时电流指示值。

3）试分析这个变量能否从表中读出。

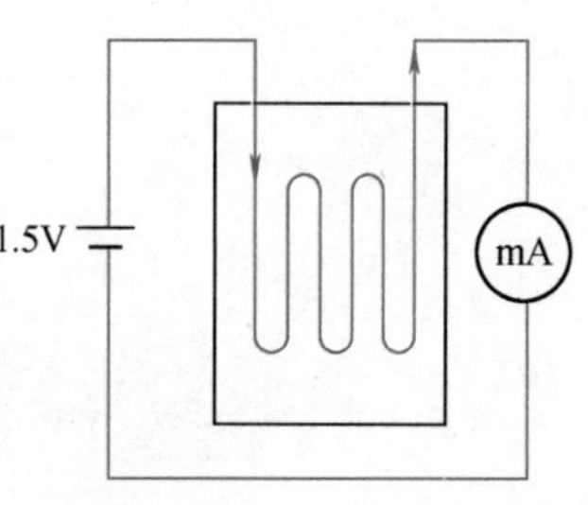

图 3-107　题 3-4 图

3-5　电容式传感器常用的测量电路有哪几种？

3-6　一个电容测微仪的传感器的圆形极板半径 $r=4\text{mm}$，工作初始间隙 $\delta=0.3\text{mm}$，求：①工作时，如果传感器与工件的间隙变化量 $\Delta\delta=\pm1\mu\text{m}$ 时，电容变化量是多少？②如果测量电路的灵敏度 $S_1=100\text{mV/pF}$，读数仪表的灵敏度 $S_2=5$ 格/mV，在 $\Delta\delta=\pm1\mu\text{m}$ 时，读数仪表的指示值变化多少格？

3-7　差动变压器的输出电压信号如果采用交流电压表指示，能否反映铁心的移动方向？试描述差动变压器经常采用的差动相敏检波电路的原理。

3-8　欲测量液体压力，拟采用电阻应变式传感器、电感式传感器和压电式传感器，请绘出可行方案的原理图，并做比较。

3-9　压电式传感器所采用的前置放大器的主要作用是什么？前置放大器主要包括哪两种形式，各有何特点？

3-10　热电偶回路有哪些特点？热电偶基本定律包括哪些内容？

3-11　光电效应主要包括哪几种形式？基于各光电效应的光电器件有哪些？

3-12　光纤传感器主要有哪几类？试举出两类光纤传感器的应用实例。

3-13　何谓霍尔效应？用霍尔元件可以测量哪些物理量？

3-14　CCD 固态图像传感器如何实现光电转换、电荷存储和转移过程？在工程测试中有哪些应用？

3-15　试说明激光测距的测量原理。

3-16　超声波测距的工作原理是什么？请举例说明。

第4章

信号调理、显示与记录

传感器种类繁多，不同的传感器输出的信号形式各异。为了准确、方便地从测得的信号中获取所需的信息，通常需要对这些信号做不同的调理或变换。所以，信号调理电路的作用是将传感器输出的信号进行适当的调理或变换以便满足各种需要（如电阻、电容、电感等的变化向电压或电流的转换，电荷向电压的转换，电流、电压等的放大，实现各种运算，便于远距离传输，便于显示记录，能被计算机接收，变成标准信号，滤出干扰，转换成控制信号等）。显然，对不同的要求需要不同的调理，所以调理电路的形式多种多样，千差万别。即使为达到同一目的而设计的调理电路也会因人而异，因使用场合而异。

调理电路根据其具体作用，有时称为测量电路、转换电路或变换电路等。本章主要介绍在构建测量系统时最常用的调理电路的基本形式，重点介绍这些调理电路的作用、工作原理和特点。更加实用的调理电路请读者参考有关专著。另外，本章还简要介绍了一些常用的显示和记录装置。

4.1 电桥电路

电桥电路是电阻式、电容式、电感式等参量型传感器广泛采用的一种测量电路。因为电阻、电容和电感式传感器的电阻、电容和电感的变化不能直接提供可检测的信号，所以利用电桥电路可以将这些传感器的参量变化转换成电压或电流输出，以便于放大、显示或记录等需要。

电桥电路形式简单，具有较高的精度和灵敏度，其输出可接入放大器进行放大或接入其他调理电路，也可以直接接入显示或记录仪器。

电桥电路需要供电电源才能工作。按照供电电源的不同，电桥电路分为直流电桥和交流电桥两类。直流电桥采用直流恒压源或恒流源供电，适用于电阻式传感器。交流电桥则采用幅值和频率恒定的交流电源供电，适用于电阻式、电容式和电感式传感器。

电桥电路按电桥的测量方式分为偏位法测量电桥和零位法测量电桥。

4.1.1 直流电桥

直流电桥的基本形式是惠斯通电桥（纯电阻电桥），如图4-1所示。图中，U_r是直流供电电压，U_o是电桥输出电压。电阻式传感器，如电阻应变计、热电阻、热敏电阻等可以接在电桥的一个桥臂或多个桥臂上。在输出开路时，这种电桥电路相当于两个分压电路的并联，R_1、R_2构成一个分压电路，R_3、R_4构成另一个分压电路。在输出开路时，根据分压定律得

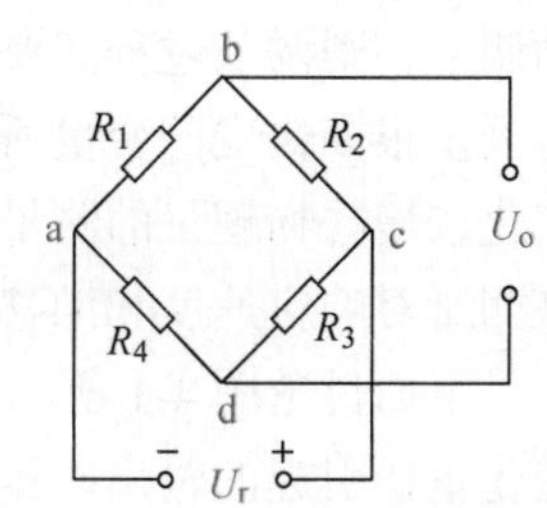

图4-1 直流电桥的基本形式

$$U_b=\frac{R_1}{R_1+R_2}U_r \tag{4-1}$$

$$U_d=\frac{R_4}{R_3+R_4}U_r \tag{4-2}$$

所以电桥的开路输出电压为

$$U_o=U_b-U_d=\frac{R_1}{R_1+R_2}U_r-\frac{R_4}{R_3+R_4}U_r=\frac{R_1R_3-R_2R_4}{(R_1+R_2)(R_3+R_4)}U_r \tag{4-3}$$

注意，式（4-3）是在电桥输出不带负载的情况下得到的，所以为空载（或开路）输出电压表达式。

当电桥的输出电压为0时，我们说电桥处于平衡状态。由式（4-3）可知直流电桥的平衡条件为

$$R_1R_3=R_2R_4 \text{ 或 } R_1/R_2=R_4/R_3 \tag{4-4}$$

即相对两臂电阻乘积相等或相邻两臂电阻比值相等时电桥达到平衡。

由式（4-3）可知，如果电桥初始状态平衡，则电桥任意一个桥臂上电阻发生变化，电桥都会失去平衡，从而使输出电压 U_o 不再为零，所以，U_o 的大小即反映了电阻的变化量。如果在电桥的输出端b、d之间接入显示装置（如电压表），则显示装置的读数即反映了桥臂上电阻的变化量，因而反映了被测量的大小。这种测量电阻变化的方法称为偏位测量法。如果在电桥的一个桥臂上或在两个桥臂之间设置一个可变电阻器，当电桥的某个桥臂或几个桥臂上的电阻发生变化导致电桥失去平衡时，通过调节可变电阻器使电桥重新回到平衡状态（显示装置归零），则可变电阻的变化值即反映了被测电阻或被测量的变化值。这种在电桥平衡状态下通过读取可变电阻器的变化值（在可变电阻器的刻度盘上读取）来反映被测量大小的方法称为零位测量法。

零位测量法和偏位测量法都得到了实际应用。例如，静态电阻应变仪采用的就是零位测量法，而动态电阻应变仪则采用了偏位测量法。

偏位测量法需要一个经校准的显示或记录装置。由式（4-3）可知，由于电桥的输出电压与电源电压 U_r 成正比，所以电源电压 U_r 的变化会带来测量误差。在偏位测量法中，随着桥臂电阻的变化，b、d间产生瞬变输出电压，该电压可用示波器显示或记录仪器记录，因此能测量快速动态现象。所以偏位测量法测量效率高，适用于静、动态测量。

零位测量法需要一个经校准的可变电阻器。由于读数是在电桥处于平衡的状态下进行的，此时电桥输出电压为零，因此电源电压的变化不会带来测量误差，所以零位测量法测量精度较高。但零位测量法在获取读数之前，需要调节平衡电阻使显示装置指向零位。如果手动调节，则调节过程需要很长时间。即使使用一个仪器伺服机构进行自动调节，所需时间也比测量很多快变的变量所容许的时间长很多。所以，零位测量法测量效率低，只适合静态或变化较慢的物理量的测量。因此，在给定情况下，选择零位测量法还是偏位测量法，取决于该测量对响应速度和漂移等指标的要求。

下面讨论图4-1所示直流电桥的电压灵敏度。电桥的电压灵敏度定义为单位电阻的相对变化量所引起的输出电压大小。由式（4-3）可知，电桥的输出电压与桥臂上的电阻值不是正比关系，因此电压灵敏度不是常数。对式（4-3）求微分得

$$\mathrm{d}U_{\mathrm{o}}=U_{\mathrm{r}}\left[\frac{R_2}{(R_1+R_2)^2}\mathrm{d}R_1-\frac{R_1}{(R_1+R_2)^2}\mathrm{d}R_2+\frac{R_4}{(R_3+R_4)^2}\mathrm{d}R_3-\frac{R_3}{(R_3+R_4)^2}\mathrm{d}R_4\right] \tag{4-5}$$

由式（4-5）可知，电桥的输出电压与各桥臂电阻的变化量并非线性关系，这给测量带来了非线性误差。但如果电阻的变化值相对于原始阻值很小，则由于$\frac{R_2}{(R_1+R_2)^2}$、$\frac{R_1}{(R_1+R_2)^2}$、$\frac{R_4}{(R_3+R_4)^2}$和$\frac{R_3}{(R_3+R_4)^2}$近似为常数，所以电桥的输出电压与各桥臂电阻的变化近似呈线性关系。例如在电阻应变计中，$\Delta R/R$ 很少超过 1%。由于 $\Delta R/R$ 很小这种情况具有实用价值，所以下面针对这种情况对电桥的电压灵敏度进行讨论。

在 $\Delta R/R$ 很小，且电桥初始处于平衡状态的条件下，式（4-5）可近似表示为

$$U_{\mathrm{o}}=U_{\mathrm{r}}\left[\frac{R_2}{(R_1+R_2)^2}\Delta R_1-\frac{R_1}{(R_1+R_2)^2}\Delta R_2+\frac{R_4}{(R_3+R_4)^2}\Delta R_3-\frac{R_3}{(R_3+R_4)^2}\Delta R_4\right] \tag{4-6}$$

设 $\Delta R_2=\Delta R_3=\Delta R_4=0$，代入式（4-6）得

$$U_{\mathrm{o}}=U_{\mathrm{r}}\frac{R_2}{(R_1+R_2)^2}\Delta R_1=U_{\mathrm{r}}\frac{R_1R_2}{(R_1+R_2)^2}\frac{\Delta R_1}{R_1} \tag{4-7}$$

此种情况下，电桥的电压灵敏度近似为

$$S=\frac{U_{\mathrm{o}}}{\Delta R_1/R_1}=U_{\mathrm{r}}\frac{R_1R_2}{(R_1+R_2)^2} \tag{4-8}$$

式（4-6）~式（4-8）虽然是近似关系式，说明了电桥电路存在非线性，但在某些情况下，例如电阻应变计，只要合理地将电阻应变计布置在不同的桥臂上，这种近似关系会很好地得到满足，甚至可以完全消除非线性。下面就电阻应变计在直流电桥电路中的配置情况进行讨论。其他电阻式传感器在直流电桥电路中的配置可以以此为参考。

电阻应变计经常采用的是等臂电桥。所谓等臂电桥就是当电桥处于平衡状态时，各桥臂的电阻值相等。设等臂电桥各桥臂的初始电阻值 $R_1=R_2=R_3=R_4=R_0$，$R_i(i=1\sim4)$ 由 R_0 变到 $R_0+\Delta R_i$，则电桥空载输出电压为

$$\begin{aligned}U_{\mathrm{o}}&=\frac{R_1R_3-R_2R_4}{(R_1+R_2)(R_3+R_4)}U_{\mathrm{r}}=\frac{(R_0+\Delta R_1)(R_0+\Delta R_3)-(R_0+\Delta R_2)(R_0+\Delta R_4)}{(R_0+\Delta R_1+R_0+\Delta R_2)(R_0+\Delta R_3+R_0+\Delta R_4)}U_{\mathrm{r}}\\&=\frac{R_0(\Delta R_1-\Delta R_2+\Delta R_3-\Delta R_4)+\Delta R_1\Delta R_3-\Delta R_2\Delta R_4}{(2R_0+\Delta R_1+\Delta R_2)(2R_0+\Delta R_3+\Delta R_4)}U_{\mathrm{r}}\end{aligned} \tag{4-9}$$

当 $\Delta R_i\ll R_0$（$i=1\sim4$）时，忽略分子中的二次微项和分母中的微项，得到

$$U_{\mathrm{o}}=\frac{1}{4R_0}(\Delta R_1-\Delta R_2+\Delta R_3-\Delta R_4)U_{\mathrm{r}} \tag{4-10}$$

式（4-10）即为等臂电桥的自动加减特性表达式。该式表明，相对两臂电阻的变化为相加关系，而相邻两臂电阻的变化为相减关系。此式为在使用等臂电桥电路时，合理布置电阻应变计，提高灵敏度、减小非线性、减小温度误差提供了理论依据。

例如，在图 4-2 所示悬臂梁式电阻应变式传感器中，在等截面悬臂梁同一个横截面的上下两个表面各粘贴了两片电阻应变计，上表面为 R_1 和 R_3，下表面为 R_2 和 R_4。只要按图中所标序号将 4 个应变计分别接入图 4-1 所示电桥电路的 4 个桥臂上，不仅提高了电桥的电压灵

敏度，也实现了温度补偿和减小了非线性。设4个电阻应变计的特性参数相同，原始阻值 $R_1=R_2=R_3=R_4=R_0$，ΔR_m 是被测力引起的电阻应变计的电阻变化，ΔR_t 是温度变化引起的电阻应变计的电阻变化，则

$$\Delta R_1=\Delta R_3=\Delta R_m+\Delta R_t \tag{4-11}$$

$$\Delta R_2=\Delta R_4=-\Delta R_m+\Delta R_t \tag{4-12}$$

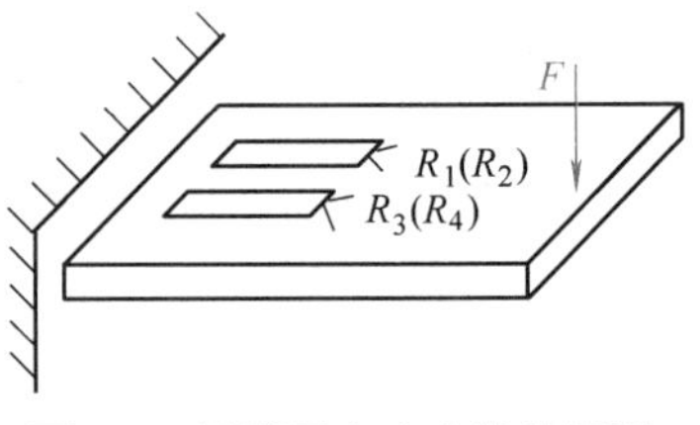

图 4-2 悬臂梁上应变计的配置

代入式（4-9）中得

$$\begin{aligned}U_o&=\frac{R_0(\Delta R_1-\Delta R_2+\Delta R_3-\Delta R_4)+\Delta R_1\Delta R_3-\Delta R_2\Delta R_4}{(2R_0+\Delta R_1+\Delta R_2)(2R_0+\Delta R_3+\Delta R_4)}U_r\\&=\frac{2R_0(\Delta R_1-\Delta R_2)+\Delta R_1^2-\Delta R_2^2}{(2R_0+\Delta R_1+\Delta R_2)^2}U_r\\&=\frac{2R_0[(\Delta R_m+\Delta R_t)-(-\Delta R_m+\Delta R_t)]+(\Delta R_m+\Delta R_t)^2-(-\Delta R_m+\Delta R_t)^2}{[2R_0+(\Delta R_m+\Delta R_t)+(-\Delta R_m+\Delta R_t)]^2}U_r\\&=\frac{\Delta R_m}{R_0+\Delta R_t}U_r\approx\frac{\Delta R_m}{R_0}U_r=S_0\varepsilon U_r\end{aligned} \tag{4-13}$$

可见，温度误差影响要小得多，实现了温度互补偿，线性也得到很大的改善。如果不考虑电阻应变计的温度误差，则电桥输出电压与电阻的变化满足准确的线性关系。

电阻式传感器在直流电桥电路中可以采用单臂、半桥双臂和全桥四臂等配置方式。下面以电阻应变计在等臂电桥中的配置为例说明传感器在直流电桥电路中的各种配置方式的特点。电阻应变计在电桥电路中的配置的基本原则包括：①能提高灵敏度；②能实现温度补偿；③减小非线性误差。

表4-1以悬臂梁式电阻应变式传感器为例，列出了电阻应变计在电桥电路中的三种配置方式的输出电压和电压灵敏度。4个桥臂上的原始阻值为 $R_1=R_2=R_3=R_4=R_0$。表中的输出电压表达式和电压灵敏度表达式是在不考虑温度引起的电阻变化的条件下推出的。各种配置方式的特点总结如下：

1）单臂配置方式存在较大的非线性误差，在高精度测量中，需要采用非线性补偿措施；温度误差大，需要单独的温度补偿措施。

2）半桥双臂配置方式消除了非线性误差。如果将温度引起的电阻变化考虑进来，其非线性误差也比单臂配置方式小得多。这种配置方式基本消除了温度误差，实现了温度互补偿，电压灵敏度是单臂配置方式的两倍。

3）全桥四臂配置方式消除了非线性误差。如果将温度引起的电阻变化考虑进来，其非线性误差也比单臂配置方式小得多。这种配置方式基本消除了温度误差，实现了温度互补偿，电压灵敏度是单臂配置方式的四倍，是半桥双臂配置方式的两倍。

表 4-1 电阻应变计在电桥电路中的三种配置方式

配置方式	单臂	半桥双臂	全桥四臂
电阻应变计在悬臂梁上的布置	R_1 F	R_1 R_2 F	$R_1(R_3)$ $R_2(R_4)$ F

（续）

配置方式	单　臂	半桥双臂	全桥四臂
电阻应变计在电桥电路中的配置	$R_1+\Delta R$　R_2　R_4　R_3　U_o　U_r	$R_1+\Delta R$　$R_2-\Delta R$　R_4　R_3　U_o　U_r	$R_1+\Delta R$　$R_2-\Delta R$　$R_4-\Delta R$　$R_3+\Delta R$　U_o　U_r
电桥输出电压	$U_o=\dfrac{\Delta R}{2\ (2R_0+\Delta R)}U_r\approx\dfrac{1}{4}\dfrac{\Delta R}{R_0}U_r$	$U_o=\dfrac{1}{2}\dfrac{\Delta R}{R_0}U_r$	$U_o=\dfrac{\Delta R}{R_0}U_r$
电压灵敏度	$S=\dfrac{U_o}{\Delta R/R_0}=\dfrac{1}{4}U_r$	$S=\dfrac{U_o}{\Delta R/R_0}=\dfrac{1}{2}U_r$	$S=\dfrac{U_o}{\Delta R/R_0}=U_r$
特点	线性差，需要单独设置温补措施	线性好，温度误差互补偿	线性好，温度误差互补偿

前面对直流电桥电路的分析都是建立在开路输出的情况下，实际上，电桥的输出总是要接到后续电路或测量装置中。这时，后续的测量装置等便成为电桥的负载，在此种情况下，开路输出电压表达式（4-3）便不再准确成立。

设电桥负载电阻为 R_L，则电桥与负载相连的等效电路如图 4-3 所示。根据戴维南定理可以求得电桥电路带负载时的输出电压为

$$U_o=\frac{R_1R_3-R_2R_4}{(R_1+R_2)(R_3+R_4)}\frac{1}{1+R_e/R_L}U_r \tag{4-14}$$

式中　R_e——电桥的等效电阻，$R_e=\dfrac{R_1R_2}{R_1+R_2}+\dfrac{R_3R_4}{R_3+R_4}$。

由式（4-14）可知，负载电阻 R_L 将使输出信号衰减，引起更严重的非线性，产生负载效应。衰减量取决于负载电阻 R_L 相对于等效电阻 R_e 的大小。尽管如此，由于多数电压测量装置（如数字电压表、示波器、电压记录仪器等）都含有输入电阻为 1 MΩ 或更高的输入放大器，可近似认为空载，因此，通常在实际使用中，前述的空载输出表达式及由此得到的一些分析结果都是能很好地近似满足的。但在高精度测量中，可能需要采取适当的线性化措施。

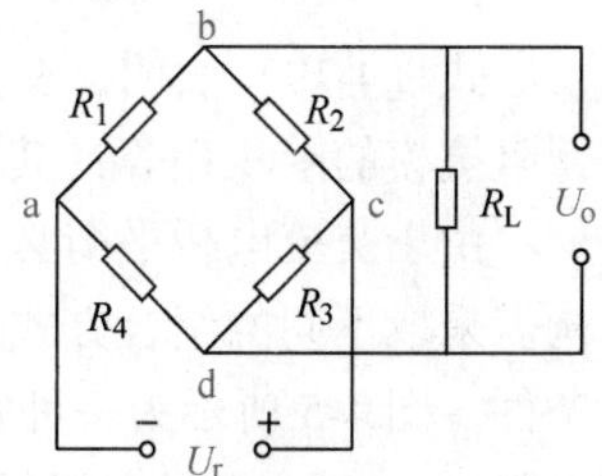

图 4-3　直流电桥带负载的等效电路

图 4-1 和图 4-3 给出的是最简单的电桥电路。通常为了方便用户使用，需要附加另外一些装置，如增加调零（调平衡）电阻器、灵敏度调节电阻器、标定电阻器等。商业用传感器也可能包括附加的温度敏感电阻器，实现温度补偿。

直流电桥具有下列特点：高稳定度直流电源较易获得；对连接导线要求较低；平衡电路简单。但在进行静态或变化缓慢信号的测量时，后需接直流放大器，而直流放大器往往存在着零漂、接地电位影响大等缺陷，因此要选择性能良好的直流放大器。

4.1.2 交流电桥

交流电桥电路结构与直流电桥相似，如图4-4所示。分析过程同直流电桥类似，但要注意以下区别：①交流电桥由于工作在交流状态，电路中各种寄生电容、电感等都要起作用，所以采用复数阻抗进行分析比较方便；②交流电桥的平衡既要考虑阻抗模平衡，又要考虑阻抗相角平衡，故平衡装置较直流电桥复杂，需要可变电阻器和可变电抗器两套平衡装置，且平衡过程复杂；③一般采用高频正弦波供电，输出为调幅波，故需要解调电路；④使用时要注意导线、元器件等各种分布电容、电感及寄生电容、电感等的影响。

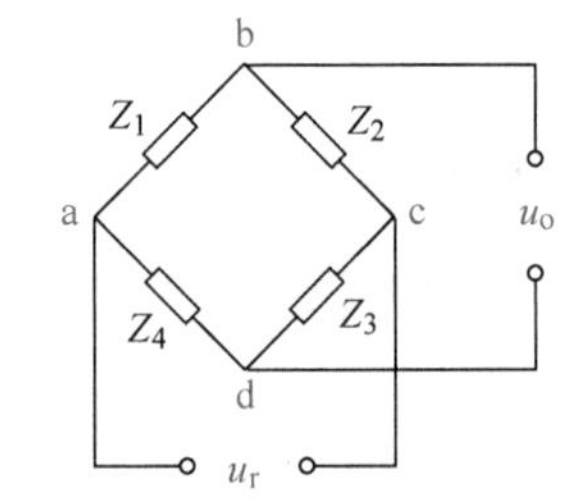

图4-4 交流电桥的基本形式

交流电桥不但适用于电阻式传感器，也适用于电容式传感器和电感式传感器。

若将交流电桥的阻抗、电流及电压用复数表示，则图4-4所示交流电桥的输出电压为

$$\dot{U}_o=\frac{Z_1Z_3-Z_2Z_4}{(Z_1+Z_2)(Z_3+Z_4)}\dot{U}_r \tag{4-15}$$

各桥臂的复数阻抗为

$$Z_i=Z_{0i}e^{j\varphi_i}\quad(i=1\sim4) \tag{4-16}$$

式中 Z_{0i}——复数阻抗的模；

φ_i——复数阻抗的相角。

交流电桥的平衡条件为

$$Z_1Z_3=Z_2Z_4 \tag{4-17}$$

即

$$Z_{01}Z_{03}e^{j(\varphi_1+\varphi_3)}=Z_{02}Z_{04}e^{j(\varphi_2+\varphi_4)} \tag{4-18}$$

根据复数相等的条件得

$$\begin{cases}Z_{01}Z_{03}=Z_{02}Z_{04}\\ \varphi_1+\varphi_3=\varphi_2+\varphi_4\end{cases} \tag{4-19}$$

式（4-19）表明，交流电桥平衡要满足两个条件，即两相对桥臂阻抗模的乘积相等，其阻抗相角的和相等。

由于交流电桥平衡必须满足模和相角的两个条件，因此桥臂结构需采取不同的组合方式，以满足相对桥臂阻抗相角之和相等这一条件。图4-5所示为一种常见的电容电桥，电桥中两相邻桥臂为纯电阻 R_2、R_3，而另两相邻桥臂为电容 C_1、C_4，其中 R_1、R_4 可视为电容介质损耗的等效电阻，根据式（4-17）的平衡条件有

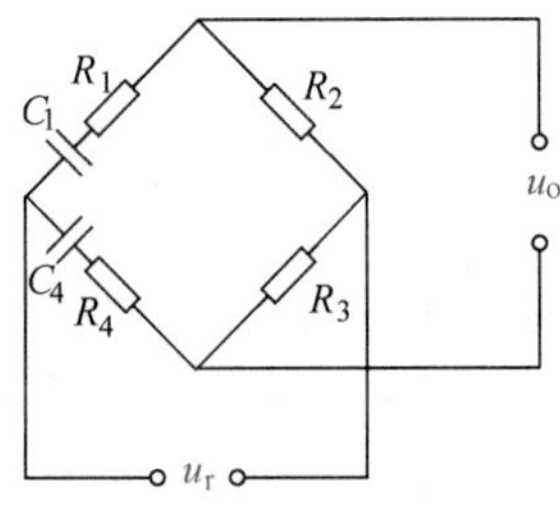

图4-5 电容电桥

$$\left(R_1+\frac{1}{j\omega C_1}\right)R_3=\left(R_4+\frac{1}{j\omega C_4}\right)R_2 \tag{4-20}$$

展开得

$$R_1R_3+\frac{R_3}{j\omega C_1}=R_2R_4+\frac{R_2}{j\omega C_4}$$

根据复数相等的条件：实部、虚部分别相等，可得

$$\begin{cases} R_1R_3 = R_2R_4 \\ \dfrac{R_3}{C_1} = \dfrac{R_2}{C_4} \end{cases} \tag{4-21}$$

由式（4-21）可知，为达到电桥平衡，必须同时调节电容与电阻两个参数，使之分别取得电阻和容抗的平衡。

由于交流电桥的平衡必须同时满足阻抗模平衡与阻抗相角平衡两个条件，因此较之直流电桥，其平衡调节要复杂得多。即使是纯电阻交流电桥，电桥导线之间形成的分布电容以及电阻本身的寄生电容也会产生影响，相当于在各桥臂的电阻上并联了一个电容，如图 4-6 所示。为此，在调电阻平衡时尚需进行电容的调平衡。图 4-7 所示为一种动态电阻应变仪采用的纯电阻电桥，平衡调节由变阻器 R_3 和差动可变电容器 C 配合进行，而且需要反复调节，才能最终达到平衡。早期的电阻应变仪采用的是人工手动调平衡，所以要花费很长时间；目前的电阻应变仪广泛使用了微控制器，调节平衡一般都是由微控制器自动完成。

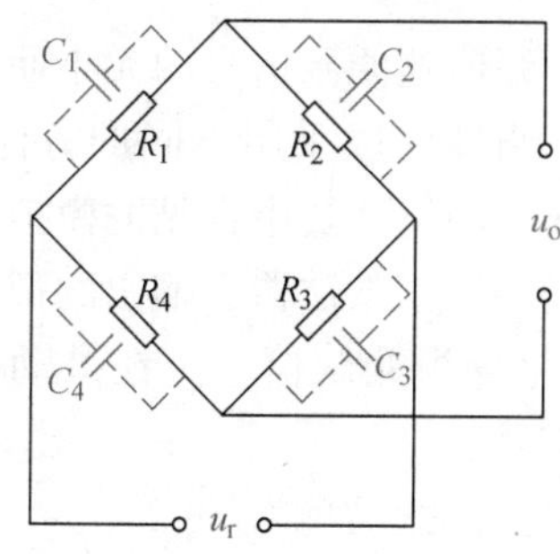

图 4-6 纯电阻交流电桥的分布电容

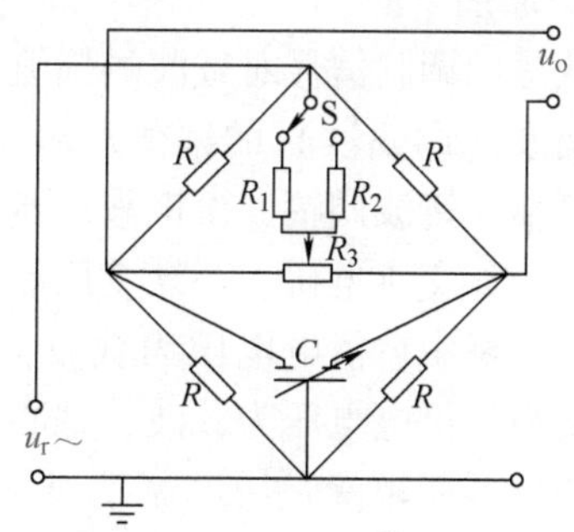

图 4-7 具有电阻、电容平衡的交流电阻电桥

在交流电桥的使用中，影响交流电桥测量精度及误差的因素比直流电桥要多得多，如电桥各元件之间的互感耦合、无感电阻的残余电抗、电容的泄漏电阻、元件间以及元件对地之间的分布电容、邻近交流电路对电桥的感应影响等，对此应尽可能地采取适当措施加以消除。另外，对交流电桥的激励电源，要求其电压波形和频率必须具有很好的稳定性，否则将影响到电桥的平衡。当电源电压波形畸变时，其中也包含了高次谐波。对于基波而言，电桥达到平衡，而对于高次谐波，电桥不一定能平衡，因此会有高次谐波的不平衡电压输出。

交流电桥一般采用音频交流电源（5~10kHz）作为电桥电源，这样，电桥输出将为调幅波，后接交流放大电路简单而无零漂，并且解调电路和滤波电路容易去除干扰而获得有用信号。

4.2 调制与解调

一些静态或缓变的被测量经过传感器得到的信号多为缓变信号，采用直流放大器直接放大处理这样的信号会遇到两个难题——放大器的零漂和外界低频干扰。为解决这些问题，经常先是将直流或缓变信号变成较高频率的交变信号，然后采用交流放大器进行放大，最后再从高频交变信号中将直流或缓变信号提取出来。这些过程一般称作调制与解调。

调制就是利用输入信号控制高频交流载波的某个参数，使该参数随输入信号而变化，从而实现将直流或缓变信号变成高频交变信号的过程。解调是从高频交变已调信号中提取原输入信号的过程。

调制的模型如图 4-8 所示。图中，M 是调制器；$x(t)$是输入信号，即要检测或传输的信号，称为调制信号或调制波；$y(t)$是高频载波，通常由载波发生器（或称高频振荡器）提供；$S(t)$是调制器的输出，称为已调波。

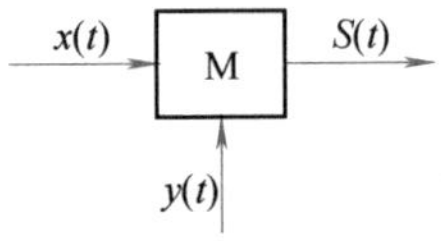

图 4-8　线性调制模型

调制的目的包括：①实现频率变换，达到信息能在给定的信道内传输（即满足工作频带要求）；②实现信道多路复用，达到信息能充分利用给定的信道频带；③提高抗干扰能力。

根据载波被调制的参数不同，可将调制分为幅度调制、频率调制和相位调制。调制既可以用模拟电路实现（称为模拟调制），也可以采用数字电路实现（称为数字调制）。本节主要介绍测量装置中常用的调幅、调频及其解调的基本方法和原理。

4.2.1　调幅及其解调

1. 调幅原理

调幅就是用调制信号对载波的幅值进行调制，使载波的幅值随调制信号的大小而成比例变化，已调波（调幅波）的幅值反映了调制信号的大小。调幅可以采用不同的方法实现，如平方律调幅、斩波调幅、模拟乘法器调幅等。本节主要介绍测量装置中常见的模拟乘法器调幅原理。例如交流电桥、差动变压器式传感器本身就相当于一个乘法器，输出的都是调幅波。在交流电桥中，供电电压为载波，桥臂上元件值的变化量为调制信号。在差动变压器中，一次绕组的供电电压为载波，铁心的位移信号为调制信号。

模拟乘法器调幅就是用调制信号 $x(t)$ 和高频载波相乘，使载波的幅值随调制信号 $x(t)$ 的大小而变化。载波可以是正弦（或余弦）波或方波。图 4-9 所示为模拟乘法器调幅原理模型图。图中，$y(t)$是载波信号，$x(t)$是调制信号，$x_a(t)$是调幅信号（已调波）。设

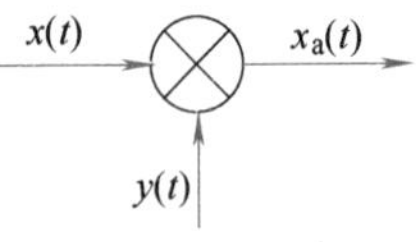

图 4-9　调幅（AM）原理模型图

$$y(t)=\cos(2\pi f_0 t) \tag{4-22}$$

式中　f_0——载波频率。则

$$x_a(t)=x(t)y(t)=x(t)\cos(2\pi f_0 t) \tag{4-23}$$

调幅波波形图如图 4-10 所示，由图可见，调幅波的轮廓线与调制信号的波形相同，即调幅波的幅值反映了调制信号的大小。注意，在调制波有正有负，即调制波分布在零线两侧的情况下，在调制波过零点处，调幅波反相，如图 4-10a 所示，这一反相，在解调时需要同步解调器或相敏解调器，否则，不能正确解调。如果调制波在零线一侧，调制波过零点时，调幅波没有反相，如图 4-10b 所示，这时可以不使用同步解调或相敏解调器，而是使用简单的包络检波解调器即可实现解调。

2. 调幅信号 $x_a(t)$ 的频谱

载波的频谱为

$$Y(f)=F[\cos(2\pi f_0 t)]=\frac{1}{2}\delta(f-f_0)+\frac{1}{2}\delta(f+f_0) \tag{4-24}$$

设调制波 $x(t)$ 的频谱为

$$F[x(t)]=X(f) \tag{4-25}$$

根据傅里叶变换的卷积特性，得调幅波的频谱为

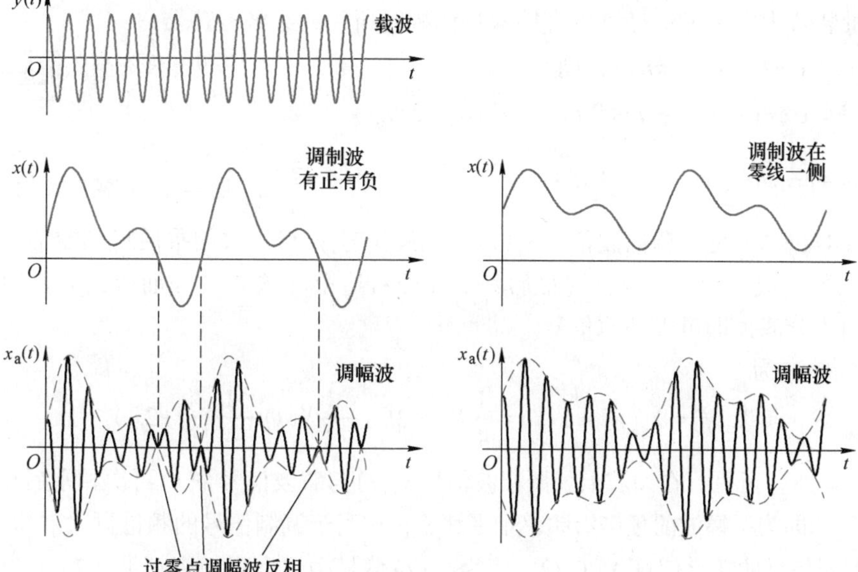

图 4-10　调幅波波形图

a）调制波有正有负时的调幅波波形图　b）调制波在零线一侧时的调幅波波形图

$$
\begin{aligned}
X_a(f) &= X(f) * Y(f) = X(f) * \left[\frac{1}{2}\delta(f-f_0)+\frac{1}{2}\delta(f+f_0)\right] \\
&= \frac{1}{2}X(f) * \delta(f-f_0)+\frac{1}{2}X(f) * \delta(f+f_0)
\end{aligned}
$$

根据脉冲函数的卷积特性得

$$
X_a(f) = \frac{1}{2}X(f-f_0)+\frac{1}{2}X(f+f_0) \tag{4-26}
$$

由式（4-26）可知，在频域上，调幅的结果是将调制信号的频谱沿频率轴平移至载波频率 f_0 处，且频谱密度幅值减半，如图 4-12 所示。所以调幅过程就相当于频谱“搬移”过程。因为载波频率较高，这样通过调幅便可将信号的频率提高，然后在接收端通过解调器再恢复原信号。

从调幅波频谱图可知，为了保证调幅波频谱不至于混叠，载波信号的频率 f_0 必须高于调制信号中的最高谐波频率 f_m。为了减小放大电路可能引起的失真，也为了在解调滤波时能有效地滤掉高频成分，调制信号的频宽相对载波频率 f_0 来说应越小越好，这就要求载波频率越高越好。一般要求载波频率 $f_0>(5\sim10)f_m$。载波频率也将受到放大电路截止频率的限制。

3. 调幅波的解调

调幅波的解调有多种方法，常用的有同步解调、包络检波。

（1）同步解调　同步解调也称为相干解调，因为这种解调方法既可以恢复调制信号的幅度信息，也可以恢复调制信号的相位信息，能够识别信号的正、负极性，所以这种解调方法也称为相敏解调。同步解调的具体实现方案多种多样，下面以采用模拟乘法器进行解调为例说明同步解调的过程。

采用模拟乘法器进行解调包含以下两个过程：首先将调幅波信号 $x_a(t)$ 与同载波信号 $y(t)$ 同频同相的参考信号 $v_r(t)$ 相乘，然后再用低通滤波器对得到的信号滤波，如图 4-11 所示。在测量装置中，参考信号可以直接取自调幅时所用的载波振荡器。

设 $v_r(t)=y(t)=\cos(2\pi f_0 t)$，则

$$x_p(t)=x_a(t)v_r(t)=x(t)y^2(t)=x(t)\cos^2(2\pi f_0 t)$$

$$=\frac{x(t)}{2}+\frac{1}{2}x(t)\cos(4\pi f_0 t) \tag{4-27}$$

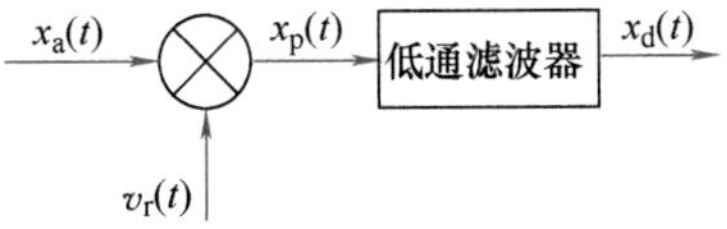

$x_a(t)$　$x_p(t)$　低通滤波器　$x_d(t)$　$v_r(t)$

图 4-11　调幅波同步解调原理

由式（4-27）可见，调幅波信号 $x_a(t)$ 与载波信号 $y(t)$ 再次相乘后得到的信号是由原信号（幅度减半）成分和高频成分（最后一个等号右边第二项）叠加而成，只要用低通滤波器将该高频成分滤掉即可得到原信号。

$x_p(t)$ 的频谱为

$$X_p(f)=X_a(f)*Y(f)=\frac{1}{4}X(f-2f_0)+\frac{1}{2}X(f)+\frac{1}{4}X(f+2f_0) \tag{4-28}$$

由式（4-28）可见，在频域上，调幅波信号 $x_a(t)$ 与载波信号 $y(t)$ 再次相乘后得到的信号 $x_p(t)$ 的频谱，即为调幅波的频谱沿频率轴平移 f_0，相当于调制信号的频谱再次“搬移”，结果中包含着调制信号的频谱信息 $X(f)/2$。因为 $x_p(t)$ 信号中包含高频边频带（$2f_0-f_m$，$2f_0+f_m$），因此用低通滤波器将其滤掉即可得到调制信号的频谱，如图 4-12 所示。

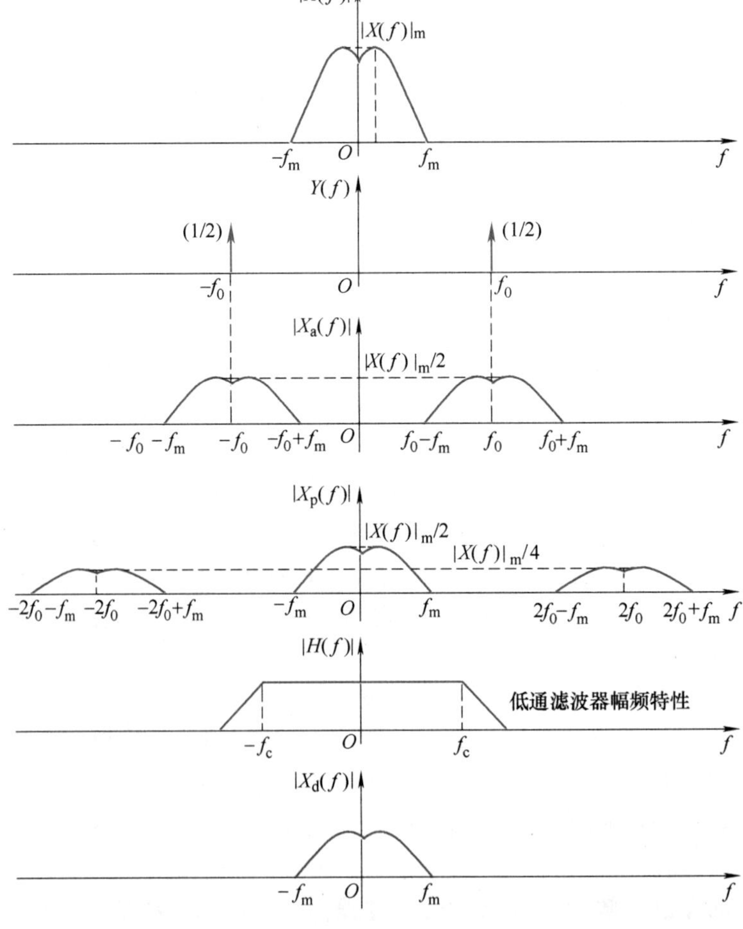

图 4-12　调幅及同步解调过程中信号频谱的变化过程

解调后的调制信号幅度虽然发生变化，但这种变化只是比例缩放，不会引起时域波形发生变化，即不会引起调制信号失真，而幅度的变化很容易用放大器来补偿。

采用模拟乘法器进行同步解调对调制信号是否在零线一侧没有要求，但解调时需要与载波同频同相的参考信号，实现上比较复杂，还需要性能良好的线性乘法器。实现同步解调可以采用集成的载波放大器，例如 NE5521、AD598 和 AD698 型都是单片集成载波放大器。这些载波放大器是用来完成交流放大、调幅波解调和低通滤波功能的电路，其中还包括必需的振荡器。

（2）包络检波 包络检波也称为非相干解调或非同步解调，采用先整流检波、再低通滤波的方法，如图 4-13 所示。但这种方法不能识别调制信号的正、负极性，为了正确地解调，要求调制信号在零线一侧（或全大于零或全小于零）。如果调制信号不在零线一侧，则需要加一直流偏压调整到零线一侧。如果调制信号中加上了直流偏压，解调后，需要准确地减去该直流偏压，最简单的方法是采用隔直电容。

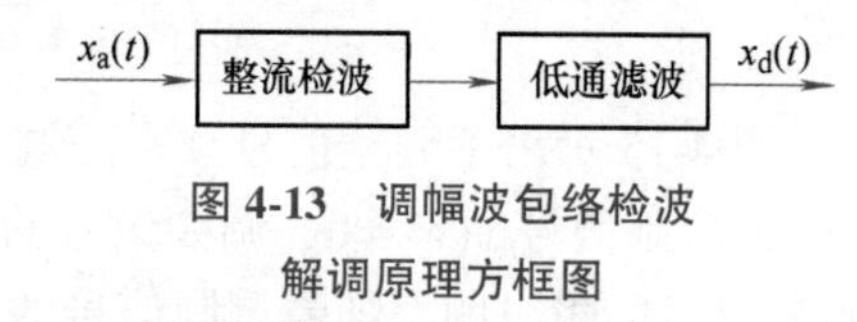

图 4-13 调幅波包络检波解调原理方框图

图 4-14 示出了半波整流解调电路、全波整流解调电路和带隔直电容的半波整流解调电路。

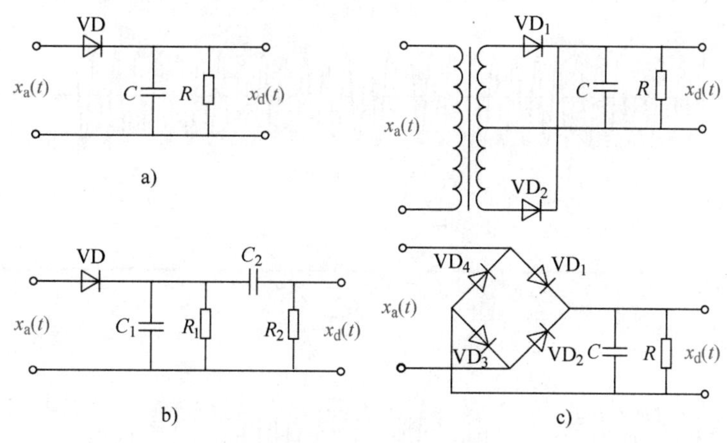

图 4-14 包络检波解调电路

a）半波整流+低通滤波 b）半波整流+低通滤波+隔直 c）全波整流+低通滤波

包络检波电路简单、稳定，成本低。但由于二极管具有一定的电压降，所以要求调幅波的幅值大于二极管的导通阈值。

4.2.2 调频及其解调

1. 调频原理

调频是利用调制信号对载波的频率进行调制，使载波的频率随调制信号的大小而成比例变化，但幅值保持不变，已调波（调频波）频率的变化量反映了调制信号的大小。载波可以采用正弦（或余弦）波或方波等。调频信号具有抗干扰能力强、便于远距离传输、不易失真等特点，也很容易采用数字技术和计算机处理。

设载波 $y(t)=A\cos\omega_0 t$，其中角频率 ω_0 为载波中心频率，是没有受到调制时的载波频

率。如果保持振幅 A 为常数，让载波瞬时角频率 $\omega(t)$ 随调制信号 $x(t)$ 做线性变化，即有

$$\omega(t)=\omega_0+kx(t) \tag{4-29}$$

式中　k——比例常数，表示调制信号 $x(t)$ 对载波频率偏移量的控制能力，是单位调制信号产生的频率偏移量，故称为调频灵敏度。

调频信号的瞬时相角为

$$\varphi(t)=\int_0^t \omega(\tau)\,\mathrm{d}\tau+\varphi_0=\omega_0 t+k\int_0^t x(\tau)\,\mathrm{d}\tau+\varphi_0 \tag{4-30}$$

式中　φ_0——调频信号的起始相角。

所以，调频信号可以表示为

$$x_f(t)=A\cos\left[\omega_0 t+k\int_0^t x(\tau)\,\mathrm{d}\tau+\varphi_0\right] \tag{4-31}$$

图4-15示出了调频信号频率随调制信号大小的变化而变化的规律。由图可见，在 $0\sim t_1$ 区间，调制信号 $x(t)=0$，调频信号的频率保持原始的中心频率 ω_0 不变；在 $t_1\sim t_5$ 区间，调频波 $x_f(t)$ 的瞬时频率随着调制信号的大小而变化；在 $t_1\sim t_2$、$t_3\sim t_4$ 区间，调制信号 $x(t)<0$，所以调频信号的频率小于 ω_0；在 $t_2\sim t_3$、$t_4\sim t_5$ 区间，调制信号 $x(t)>0$，所以调频信号的频率大于 ω_0；在 $t\geqslant t_5$ 后，调制信号 $x(t)=0$，调频信号的频率又恢复到原始的中心频率 ω_0。

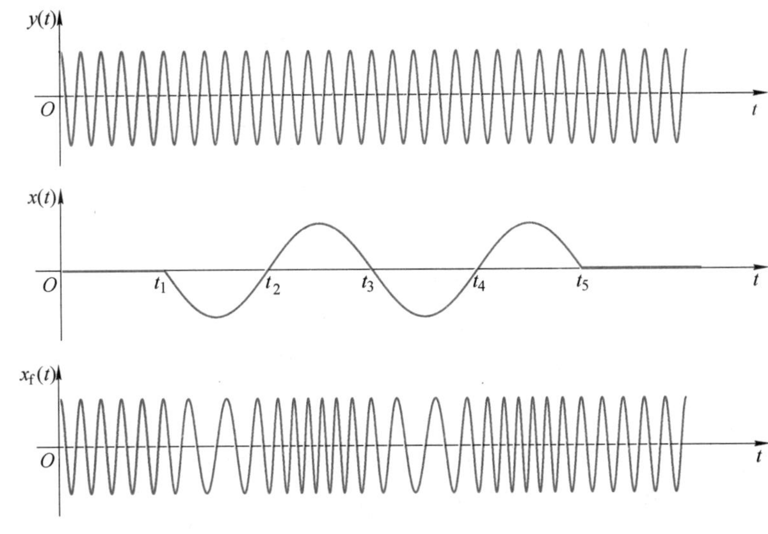

图4-15　调频信号频率与调制信号大小的关系

2. 调频的实现方法

针对不同的传感器，实现调频的方案很多。对于电阻、电容、电感等参量型传感器，可选的调频方案有可变振荡器（包括谐波振荡器、弛缓振荡器、CMOS 振荡器等）以及电压-频率变换器等。对于发电型传感器，则要采用电压-频率变换器。

（1）谐波振荡器　谐波振荡器输出的是正弦波。将电容式、电感式或电阻式传感器放置在 RC 谐波振荡器或 LC 谐波振荡器中作为振荡器的一个选频元件，当传感器的电容、电感或电阻随被测量而变时，传感器的阻抗发生变化，从而导致振荡器的振荡频率也随之发生变化，输出调频信号。

RC 谐波振荡器依靠 RC 移相网络或维恩电桥进行工作，最好是采用维恩电桥，因为它更稳定。图 4-16 示出维恩电桥的基本结构和用来对其进行分析的等效框图。图中，A_d、A_c 分别是运算放大器的开环差模放大倍数和开环共模放大倍数，Z_1 是 R_1 和 C_1 的串联等效阻抗，Z_2 是 R_2 和 C_2 的并联等效阻抗。如果运算放大器满足 $A_d \gg A_c$，则输出电压为

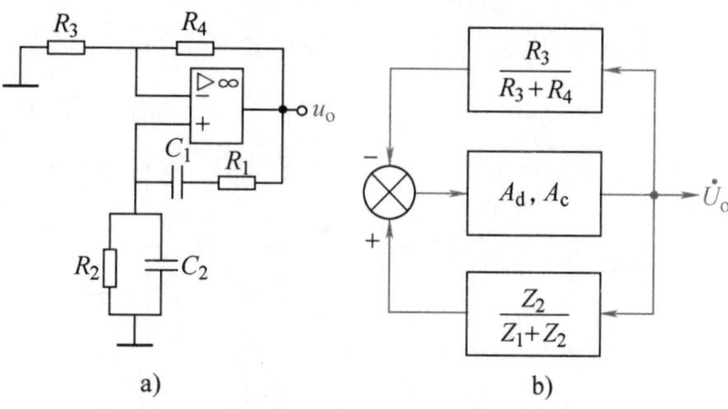

图 4-16　维恩电桥振荡器

a）维恩电桥振荡器的基本结构　b）等效框图

$$\dot{U}_o = A_d \dot{U}_o \left(\frac{Z_2}{Z_1+Z_2} - \frac{R_3}{R_3+R_4} \right) \tag{4-32}$$

当满足下列条件时，电路将产生振荡

$$\frac{R_3}{R_4} = \frac{Z_2}{Z_1} = \frac{R_2}{1+j\omega R_2 C_2} \frac{j\omega C_1}{1+j\omega R_1 C_1} \tag{4-33}$$

为满足上述条件，有

$$\frac{R_4}{R_3} = \frac{R_1}{R_2} + \frac{C_2}{C_1} \tag{4-34}$$

振荡频率为

$$f_o = \frac{1}{2\pi\sqrt{R_1 R_2 C_1 C_2}} \tag{4-35}$$

传感器可以是 Z_1 或 Z_2 的任一部分（电阻或电容）。为了保证能在起动时形成振荡，R_3 或 R_4 的选择取决于 u_o。当 u_o 很小时，需要大的增益，以对运算放大器输入端频率为 f_o 的任何扰动进行放大。一旦 u_o 达到足够大的幅度后，便要求降低增益，以防出现输出饱和。图 4-17 示出一个实用维恩电桥振荡器。当 u_o 很小时，负反馈电阻 $R_4 = R_4'$。但当 u_o 大到一定程度时，两个二极管轮流在各自相应的半周期内导通，$R_4 = R_4' // R_4''$，增益下降。例如，可以选择 $R_4' = 2.1R_3$ 和 $R_4'' = 10R_4'$。

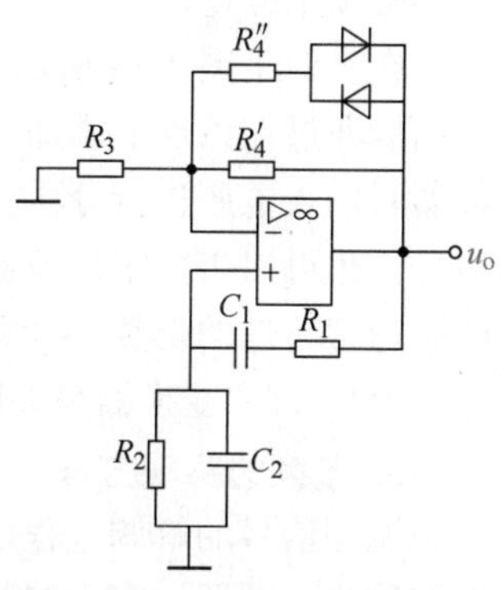

图 4-17　使用二极管限幅的实用维恩电桥振荡器

（2）电压-频率变换器　电压-频率变换器从输入电压或电流给出与一般的逻辑电平（TTL，CMOS）兼容的脉冲串或方波信号或两者兼备，信号的频率与模拟输入量呈线性比例关系。压控振荡器也是一种电压-频率变换器，但变化范围非常有限（最多为 100：1），线性较差。然而，它们可以工作在远高于电压-频率变换器的 10MHz 常规极限频率之上。单片电压-频率变换器能给出从 100kHz～10MHz 的满量程输出频率，频率的变化范围为 1～10000，相当于 A-D 转换器 13 位的分辨力。

许多电压-频率变换器都依据电荷平衡技术进行工作，如图 4-18 所示。该电路由以下几部分组成：积分器、比较器、精密单稳态脉冲发生器、输出级以及具有高的时间稳定性和温度稳定性的开关电流源。当输入电压 u_i 为正电压时，电容 C 以正比于输入量的速率充电，并在积分器的输出端给出负斜率的斜坡电压 u_o。比较器测定这个电压达到预置电平的时间，

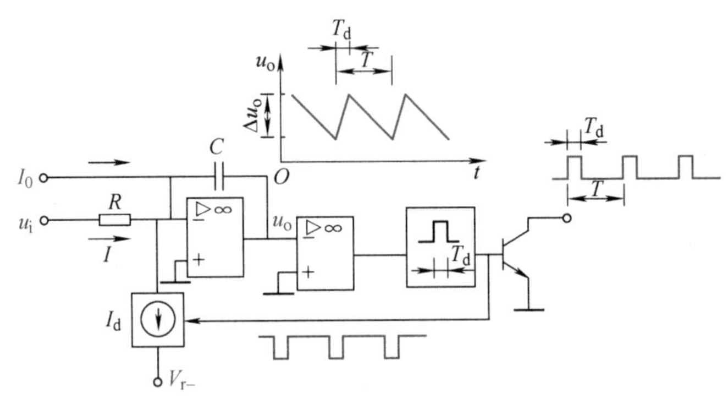

图 4-18 基于电荷平衡技术的电压-频率变换器的简化电路

并启动单稳态脉冲发生器输出一个具有固定幅度和持续时间 T_d 的脉冲。数字缓冲器（图中用一个简单的集电极开路的 NPN 型晶体管表示）将该脉冲反馈至电路输出端。该脉冲还控制积分器通过电流恒定的电流源 I_d（通常为 1mA）放电。电容器泄放的电荷量为 I_dT_d。如果输入电压仍然存在，则经过一段由输入电压大小决定的时间之后，输入电压将对泄放的电荷量进行补偿。这个过程经一段时间 T 后将重复，使得

$$IT=I_dT_d \tag{4-36}$$

$$f=\frac{1}{T}=\frac{I}{I_dT_d} \tag{4-37}$$

注意，C 和比较器阈值都不会影响 f。关键参数是单稳态脉冲的持续时间和放电电流值，两者都必须十分稳定。

在类似于图 4-18 所示的电压-频率变换器中，输入放大器的相加点可以接入电流，这使人们能通过在该点上添加一个电流 I_0 来移动输出范围（0Hz 对应于 0V）。通过用一个电阻衰减器对输入电压进行分压，可以减小输出范围，以便使最高频率低于电路所能提供的频率。另外，也可以用数字计数器对输出频率进行分频。由于衰减器易受电阻器温度系数的影响，所以通常首选的是数字计数器。

电压-频率变换器呈高度线性，具有高的分辨率和抗噪能力，但变换速度较慢。

3. 鉴频的实现方法

调频信号的解调过程是从调频信号中恢复调制信号的过程，称为鉴频。用于实现鉴频的电路称为鉴频器。实现鉴频的方案有很多，分为直接鉴频和间接鉴频两类。直接鉴频就是直接检测调频信号中的频率，然后还原出调制信号。间接鉴频是将调频信号转换成另一种形式的信号，然后还原出调制信号。

（1）直接鉴频法　调频信号是等幅振荡信号，通过将调频信号整形成与数字信号电平兼容的方波信号，很容易将调频信号转换成数字信号，这样就可以利用数字计数器和计时器实现直接鉴频。频率通常通过在已知时间间隔内对周期计数加以测量。图 4-19 所示为频率计的基本框图，设调频信号的频率为 f_x，T_0 是计数时间，

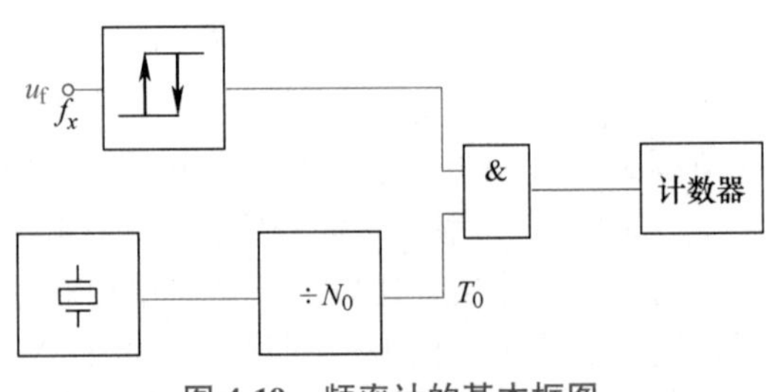

图 4-19 频率计的基本框图

这个时间间隔（选通时间）通常从精确的时钟经由分频器获得，则在 T_0时间内计数值 N 为

$$N=f_x T_0 \tag{4-38}$$

由于输入信号和内部时钟不同步，所以能够恰好在下一个输入转换到达之前或恰好在到达之后停止计数。这意味着不确定度为 1 个数，通常描述为实际结果是（N±1）个数。

由于这种测量方法的分辨力是 1 个数，故分辨率是 1/N，N 越大，分辨率越高。然而，加大 N 意味着延长测量时间，这对于低频尤其突出。例如，以低于 0.1%的不确定度测量 10kHz 需要 N = 1000，由于每个输入周期要持续 100μs，故测量时间将是 100ms。

微控制器一般不包括能提供按图 4-19 的方式测量频率的时基的分频器。如果用微控制器（单片计算机）对调频信号计数，则可利用微控制器的两个可编程序计数器，其中一个计数器用来对经历的时间计数，另一个计数器则用来对输入脉冲计数。

（2）间接鉴频法　间接鉴频可以采用振幅鉴频法和相位鉴频法等。振幅鉴频法是将等幅的调频信号变换成振幅也随瞬时频率变化、既调频又调幅的调频-调幅波，然后通过包络检波器获得原调制信号。振幅鉴频的实现方法有直接时间域微分法、斜率鉴频法等。

斜率鉴频法利用在所需频率范围内具有线性幅频特性的网络完成鉴频，可以采用单失谐回路，也可以采用双失谐回路。这两种鉴频网络是利用调谐回路幅频特性曲线的倾斜部分鉴频，因此称为斜率鉴频法。另外由于是利用调谐回路的失（离）谐状态，所以又称为失（离）谐回路法。

图 4-20 所示为一种采用变压器耦合的单失谐回路实现斜率鉴频的电路。图 4-20a 中，L_1、L_2是变压器耦合的一次、二次绕组，它们和 C_1、C_2组成并联谐振回路，谐振回路对简谐输入信号的稳态响应幅值 U_{am}随输入信号频率变化的关系曲线如图 4-20b 的左上角图所示。调频波经过 C_1、L_1耦合，加于 C_2、L_2组成的谐振回路上。将等幅调频波 u_f输入，在回路的谐振频率f_r处，L_1、L_2中的耦合电流最大，二次侧输出电压 u_a也最大。u_f频率偏离f_r时，u_a也随之下降。u_a的频率和 u_f保持一致（就是调频波的频率），但其幅值与调制信号成正比，如图 4-20b右上角图所示。通常利用谐振回路幅频特性曲线的亚谐振区近似直线的一段实现频率-电压变换。被测量（如位移）为零值时，调频信号的中心频率 f_0对应特性曲线上升部分近似直线段的中点（这要求f_r>f_0）。将 u_a经由 VD、C、R 组成的包络检波电路，即可得到与调制信号成比例的输出电压 u_o，如图 4-20b 的右下角图所示，从而实现斜率鉴频。

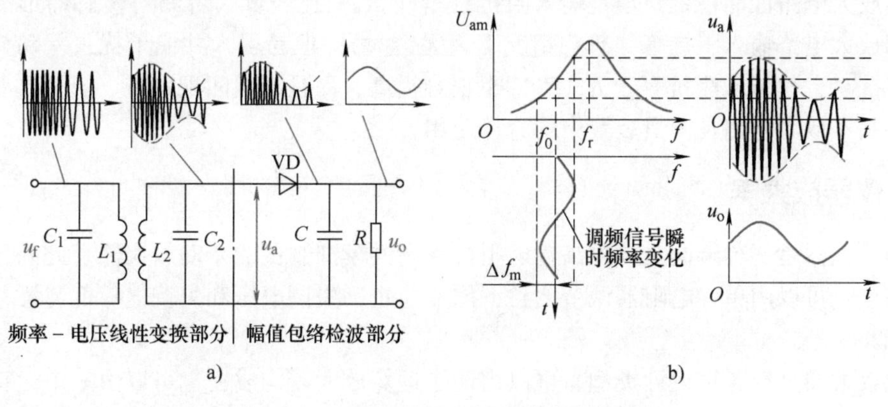

图 4-20　用变压器耦合的单失谐回路鉴频

a）鉴频器　b）失谐回路电压幅值-频率特性曲线

图 4-20a 所示电路的缺点是线性范围较窄，为了改善其线性，可以采用双失谐回路鉴频器，也可采用集成频-压转换器，一些集成频-压转换器通过使用数字方法，避免了滤波器响应较慢的问题。

4.3　信号的放大

信号放大是为了将微弱的传感器信号，放大到足以进行各种转换处理，或推动指示器、记录器以及各种控制机构。由于传感器输出的信号形式和信号大小各不相同，传感器所处的环境条件、噪声对传感器的影响也不一样，因此所采用的放大电路的形式和性能指标也不相同，使得放大电路的种类多种多样。放大电路目前一般采用集成放大器构建，测量装置常用的有通用集成运算放大器、仪器放大器、可编程增益放大器、斩波放大器、载波放大器、互导放大器、互阻抗放大器和电荷放大器等。本节主要介绍仪器放大器的结构和特点，而且对放大器的讨论主要针对放大器的使用者。

4.3.1　基本放大器

由集成运算放大器构成的放大电路包括反相放大器、同相放大器和差动放大器三种基本形式，这些都是对电压放大的基本电路，如图 4-21 所示。

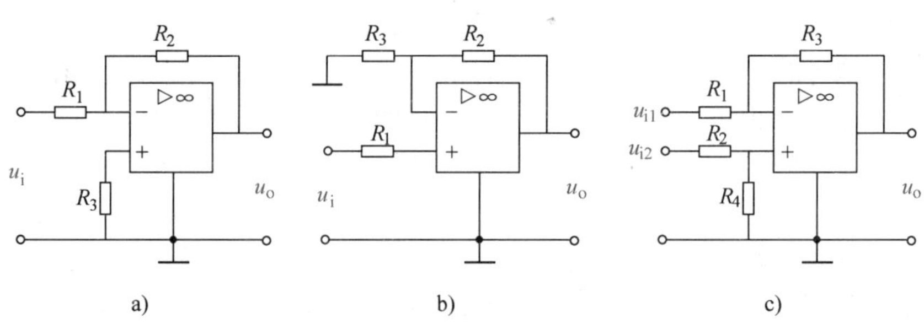

图 4-21　对电压放大的基本电路

a）反相放大器　b）同相放大器　c）差动放大器

反相放大电路性能稳定，但是输入阻抗（等于 R_1）比较低，容易对传感器形成负载效应；同相放大电路输入阻抗高（理想情况下为无穷大），但易引入共模干扰；差动放大电路的输入阻抗（差模输入阻抗等于 R_1+R_2）也很难提高，而且电阻匹配困难。上述这些缺陷限制了这些基本放大电路在测量装置中的直接应用。

4.3.2　仪器放大器

仪器放大器是一种能同时提供高输入阻抗和高共模抑制比的差动放大器。此外，它还具有以下特点：可以用单一电阻器调节增益，增益稳定，失调电压和失调电流低，漂移小，输出阻抗低。

仪器放大器具有各种设计类型，可以由两个运算放大器构成，也可以由三个运算放大器构成。图 4-22 所示电路为仪器放大器的典型结构，它由三个运算放大器组成。运算放大器 A_1、A_2采用同相输入，构成同相放大器，A_1、A_2一起构成差动输入级。运算放大器 A_3采用差动输入，构成单端输出级。输入级采用同相输入可以大幅提高电路的输入阻抗（差动输入电阻和共模输入电阻的理想值为无穷大，而实际值容易达到 $10^9\ \Omega$），减小电路对微弱输入信号的衰减（负载效应）。差动输入可以使电路只对差模信号放大，而对共模输入信号只起跟随作用，使得送到输出级输入端的差模信号与共模信号的幅值之比（即共模抑制比 CMRR）得到提高。这样在以运算放大器 A_3 为核心部件组成的差动放大电路中，在 CMRR 要求不变的情况下，可明显降低对电阻 R_3 和 R_4、R_5 和 R_6 的精度匹配要求，从而使仪器放大器电路比简单的差动放大电路具有更好的共模抑制能力。

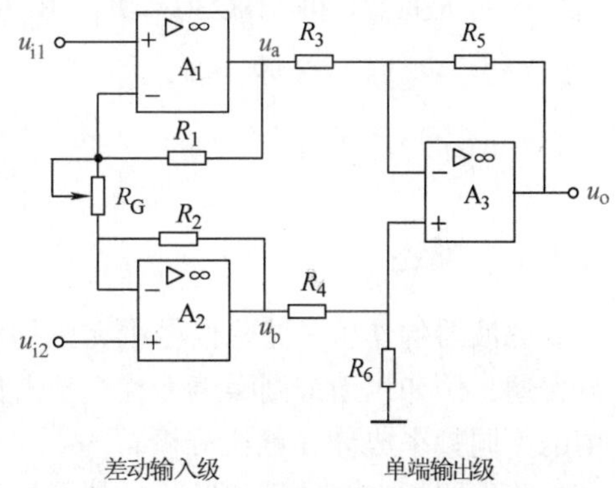

图 4-22　基于三个运算放大器的仪器放大器

设 A_1、A_2、A_3 都是理想运算放大器，则输入端无电流通过，所以 A_1、A_2 反相输入端的电压等于同相输入端的电压，并且流过电阻 R_1、R_G、R_2 的电流相等，故有

$$\frac{u_a-u_{i1}}{R_1}=\frac{u_{i1}-u_{i2}}{R_G}=\frac{u_{i2}-u_b}{R_2} \tag{4-39}$$

由式（4-39）解得

$$\begin{cases} u_a=u_{i1}-\dfrac{R_1}{R_G}(u_{i2}-u_{i1}) \\ u_b=u_{i2}+\dfrac{R_2}{R_G}(u_{i2}-u_{i1}) \end{cases} \tag{4-40}$$

由式（4-40）可知，如果 u_{i1} 和 u_{i2} 为共模输入电压 u_c，即 $u_{i1}=u_{i2}=u_c$，则 $u_a=u_b=u_c$。这说明，这种仪器放大器差动输入级对共模输入信号没有放大作用，只是跟随（即增益为 1）。

单端输出级的输出电压为

$$u_o=\frac{R_6}{R_4}\frac{R_5/R_3+1}{R_6/R_4+1}u_{i2}-\frac{R_5}{R_3}u_{i1}+\left[\frac{R_6}{R_4}\frac{R_5/R_3+1}{R_6/R_4+1}\frac{R_2}{R_G}+\frac{R_5}{R_3}\frac{R_1}{R_G}\right](u_{i2}-u_{i1}) \tag{4-41}$$

由式（4-41）可知，如果 u_{i1} 和 u_{i2} 为共模电压，即 $u_{i1}=u_{i2}=u_c$，则为了消除这一共模输入电压，应该有 $u_o=0$，令 $u_o=0$ 解得 $R_6/R_4=R_5/R_3$。将此结果代入式（4-41）得

$$u_o=\frac{R_5}{R_3}\left(1+\frac{R_1+R_2}{R_G}\right)(u_{i2}-u_{i1}) \tag{4-42}$$

为了减少电阻值的种类，一般取 $R_1=R_2$，$R_3=R_4=R_5=R_6$，则有

$$u_o=\left(1+\frac{2R_1}{R_G}\right)(u_{i2}-u_{i1})=G(u_{i2}-u_{i1}) \tag{4-43}$$

该仪器放大器的差模增益为

$$G=\frac{u_o}{u_{i2}-u_{i1}}=1+\frac{2R_1}{R_G} \tag{4-44}$$

由式（4-44）可见，通过改变 R_G 的值即可以调节放大器的差模增益，而共模抑制能力不受影响。

目前市场上有很多公司生产的单片集成仪器放大器可用，如美国 ANALOG DEVICES 公司生产的 AD8221 和 AD8230，美国 BURR-BROWN 公司推出的 INA114 等。

4.4　滤波器

4.4.1　概述

滤波器的作用是滤除信号中无用的信号分量，而保留有用的信号分量。滤波器的应用十分普遍，例如用于抑制噪声干扰，平滑信号、数字信号处理过程中的抗混叠滤波，分离信号中的不同频率成分（频谱分析）。

滤波器具有多种物理形式，其中最常用的是电气形式，而且在理论和实际实现方面已经被高度发展。本节主要介绍各种常用的电气式滤波器。

最广泛使用的滤波器是选频滤波器，这种滤波器能够允许信号中特定频率范围的谐波成分通过，而抑制其他频率的谐波成分。按通过的信号频率范围（通频带）分类，可将选频滤波器分为低通滤波器、高通滤波器、带通滤波器和带阻滤波器，它们的幅频特性如图 4-23 所示。图中，虚线为理想滤波器幅频特性，实线为实际滤波器可能的幅频特性，f_{c1}称为下截止频率，f_{c2}称为上截止频率，A_P是通频带内的理想幅频特性值（称为通带增益）。

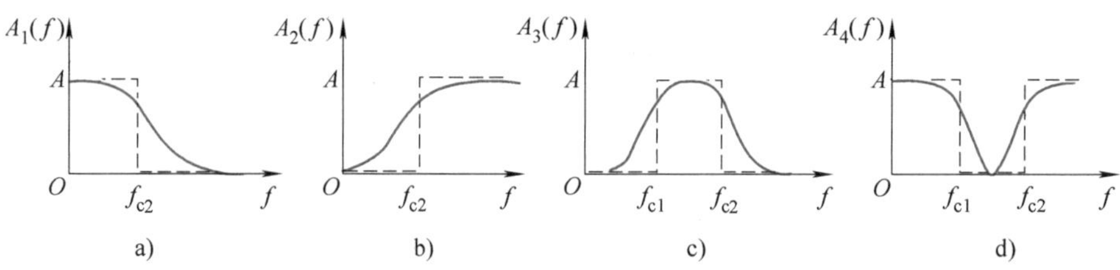

图 4-23　四类基本滤波器的幅频特性

a）低通滤波器　b）高通滤波器　c）带通滤波器　d）带阻滤波器

具有理想特性的低通滤波器允许信号中频率低于f_{c2}的谐波成分不受衰减地通过，而频率高于f_{c2}的谐波成分被滤除。高通滤波器的特性与低通滤波器相反。带通滤波器的理想特性是允许信号中频率介于f_{c1}和f_{c2}之间的谐波成分不受衰减地通过，而其他频率成分被滤除。带阻滤波器（或称陷波滤波器）的特性与带通滤波器相反。

上述滤波器中，能让信号中谐波成分不受衰减地通过的频率范围称为“通带”，而使信号中谐波成分不能通过的频率范围称为“阻带”。理论上已经证明，具有图 4-23 中虚线所示的幅频特性的理想滤波器是无法实现的，实际滤波器的通带和阻带之间不可避免地存在过渡带，过渡带内，幅频特性按不同的斜率变化，信号受到不同程度的衰减。过渡带的存在，模糊了通带与阻带的界线，这是所不希望的，但在实际滤波器中也是不可避免的。

上述四种滤波器之间具有内在的联系。由图 4-23 可见，高通滤波器的幅频特性 $A_2(f)$ 可以看作是 $A_P-A_1(f)$，$A_1(f)$是低通滤波器的幅频特性，所以，可以用低通滤波器作为负反馈回路获得高通滤波器的特性。带通滤波器可以用低通滤波器和高通滤波器串联组合而成，而带阻滤波器可以用低通滤波器和高通滤波器并联组合而成。带通滤波器的幅频特性 $A_3(f)$ 可以看作是 $A_P-A_4(f)$，$A_4(f)$是带阻滤波器的幅频特性，所以，可以用带阻滤波器作为负反馈回路获得带通滤波器的特性。

电气式滤波器按实现方式不同分为模拟滤波器和数字滤波器。模拟滤波器用模拟电路实现，而数字滤波器则用数字电路或数字算法实现。模拟滤波器按构成的主要元件，分为 *RC* 滤波器和 *LC* 滤波器。*RC* 滤波器主要由电阻器和电容器构成，而 *LC* 滤波器主要由电感器和电容器构成。模拟滤波器按照滤波器是否需要辅助电源，可分为有源滤波器和无源滤波器。有源滤波器通常由运算放大器和电容器、电阻器等构成，因此需要辅助电源。无源滤波器则是由电阻器、电感器、电容器等无源元件构成，无需辅助电源，所需要的能量完全来自输入信号。

4.4.2 实际滤波器的性能参数

理想滤波器只需给出上、下截止频率即可完全确定其特性，而实际滤波器由于其幅频特性曲线存在过渡带，且通带内幅频特性也不是常数，所以需要更多的参数才能合理描述其性能。主要参数有截止频率、带宽、中心频率、纹波幅度、品质因数、倍频程选择性、滤波器因数等。

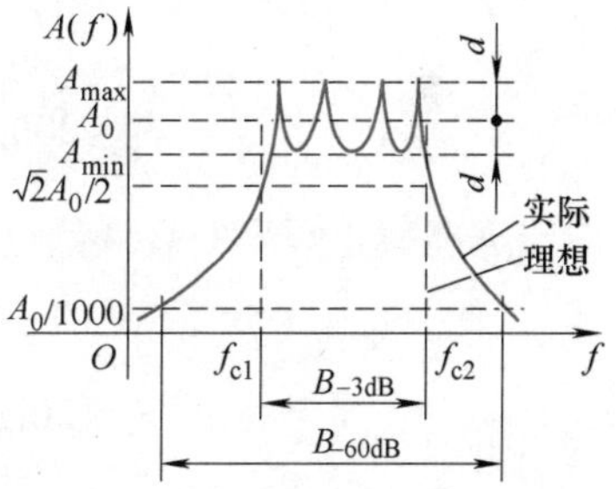

图 4-24 实际带通滤波器的幅频特性

（1）截止频率 截止频率描述了滤波器的通频带范围。一般规定幅频特性值 $A(f)$ 衰减到 $\sqrt{2}A_0/2$（A_0 为通频带内幅频特性的平均值或理想值）处所对应的频率为截止频率，分为下截止频率 f_{c1} 和上截止频率 f_{c2}，如图 4-24 所示。因为

$$20\lg A(f_{c1})-20\lg A_0=20\lg\frac{\sqrt{2}A_0/2}{A_0}\approx -3\text{dB}$$

所以，截止频率就是幅频特性值衰减 3dB 点的频率。

（2）带宽 B 带宽定义为上、下截止频率之差，即

$$B=f_{c2}-f_{c1} \tag{4-45}$$

也称为-3dB 带宽。对于低通和带通滤波器，带宽指的是通带宽度；对于高通和带阻滤波器，带宽指的是阻带宽度。带宽描述了滤波器的频率分辨能力，即滤波器分离信号中相邻频率成分的能力。带宽越窄，频率分辨能力越高。

（3）中心频率 f_0 带通和带阻滤波器的中心频率定义为上、下截止频率的几何平均值，即

$$f_0=\sqrt{f_{c1}f_{c2}} \tag{4-46}$$

（4）纹波幅度 d 通频带内幅频特性值的波动值称为纹波幅度。纹波幅度用于衡量实际滤波器在通频带内幅频特性值的波动程度，可按下式计算：

$$d=\frac{A_{max}-A_{min}}{2} \tag{4-47}$$

一般要求 $20\lg\frac{A_{max}}{A_{min}}=20\lg\frac{A_0+d}{A_0-d}\ll 3\text{dB}$，即 $d\ll 17\%A_0$。

（5）品质因数 Q 品质因数定义为中心频率 f_0 与带宽 B 之比，即

$$Q=\frac{f_0}{B}=\frac{\sqrt{f_{c1}f_{c2}}}{f_{c2}-f_{c1}} \tag{4-48}$$

品质因数 Q 用于衡量滤波器的频率选择性。Q 越大，频率选择性越好。

（6）倍频程选择性　理想滤波器在通频带之外幅频特性值立即衰减到零，而实际滤波器则存在一个过渡带，是慢慢衰减的。这一衰减的快慢决定了滤波器对通频带之外频率成分的衰阻能力，即选择能力。当然，衰减越快越好。佩利（Paley）和维纳（Wiener）已经证明，系统虽然可以在幅频特性值上衰减到零，但只能在某些频率点上，而不是在一个频带上，即使在一个有限的频带上也不行。违反了该准则，即系统的幅频特性值可以在一个频带内为零（如理想滤波器），则该系统是非因果系统，实际系统是不存在的。所以，该准则证明了理想滤波器都是不可实现的。对实际滤波器来说，在通频带之外的幅频特性值衰减到足以接近零就可以了。衰减的快慢通常用倍频程选择性或十倍频程选择性来衡量。

倍频程选择性是指在上、下截止频率之外频率变化为截止频率的一倍处所对应的幅频特性值的衰减量，用 dB 为单位衡量。例如，对于带通滤波器，倍频程选择性可以表示为

$$S_o = 20\lg\frac{A\left(\dfrac{f_{c1}}{2}\right)}{A(f_{c1})} \quad 或 \quad S_o = 20\lg\frac{A(2f_{c2})}{A(f_{c2})} \tag{4-49}$$

对于远离截止频率的衰减量也可以用十倍频程衰减量来表示，即

$$S_d = 20\lg\frac{A\left(\dfrac{f}{10}\right)}{A(f)} \quad 或 \quad S_d = 20\lg\frac{A(10f)}{A(f)} \tag{4-50}$$

（7）滤波器因数（或称矩形系数）λ　滤波器因数是衡量滤波器选择性的另一种方法，定义为幅频特性的-60dB 带宽与-3dB 带宽之比值，即

$$\lambda = \frac{B_{-60\text{dB}}}{B_{-3\text{dB}}} \tag{4-51}$$

式中　$B_{-60\text{dB}}$——幅频特性值衰减 60 dB（即幅频特性值衰减到 $A_0/1000$）点所对应的带宽。

$B_{-60\text{dB}}$越接近 $B_{-3\text{dB}}$，过渡带衰减越快，选择性越好。理想滤波器的 $\lambda = 1$；实际滤波器的 λ 一般在 1~5 之间。

有的滤波器因器件特性影响（例如电容漏电阻的影响），幅频特性值衰减量达不到 60 dB（即永远衰减不到 $A_0/1000$），则以标明的衰减量带宽（例如 $B_{-40\text{dB}}$或 $B_{-30\text{dB}}$）与 $B_{-3\text{dB}}$之比来表示其选择性。

上述参数中的频率也可以采用角频率。

4.4.3　实际滤波器

1. 低通滤波器

最简单的常用低通滤波器是一阶无源 RC 低通滤波器，如图 4-25a 所示。该滤波器的频响函数为

$$H(f) = \frac{U_o(f)}{U_i(f)} = \frac{1}{1+\text{j}2\pi f\tau} \tag{4-52}$$

式中　τ——时间常数，$\tau = RC$，它决定了该滤波器的通频带。

该滤波器的幅频特性和相频特性分别为

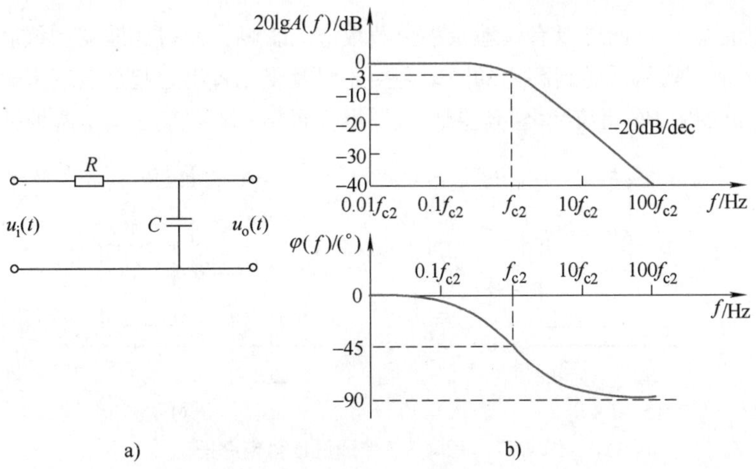

图 4-25　一阶无源 *RC* 低通滤波器及其频响特性曲线（伯德图）

a）电路图　b）伯德图

$$A(f)=\frac{1}{\sqrt{1+(2\pi f\tau)^2}} \tag{4-53}$$

$$\varphi(f)=-\arctan(2\pi f\tau) \tag{4-54}$$

频响特性曲线（伯德图）如图 4-25b 所示。上截止频率为

$$f_{c2}=\frac{1}{2\pi\tau}=\frac{1}{2\pi RC} \tag{4-55}$$

式（4-55）说明，一阶无源 *RC* 低通滤波器的上截止频率 f_{c2} 完全取决于 *R*、*C* 的值，适当改变 *R*、*C* 的值，即可改变 f_{c2}。当 $f \gg f_{c2}$ 时，倍频程衰减率为-6dB/oct（oct 代表倍频程），十倍频程衰减率为-20dB/dec（dec 代表十倍频程）。

这种一阶无源 *RC* 低通滤波器对通频带外的频率成分衰减较慢，频率选择性较差，使得在被通过的频率和被抑制的频率之间不能给出很陡的区分。将几个一阶无源 *RC* 低通滤波器串联起来使用，可以形成高阶滤波器，以提高通频带外的衰减率。图 4-26a 所示为三个一阶无源 *RC* 低通滤波器的串联，构成三阶无源 *RC* 低通滤波器，其通频带外的衰减率达到-60dB/dec。使用电感元件也会实现更好的滤波性能，如图 4-26b 所示。但这样简单的串联会产生很大的负载效应，对通频带内的有用信号造成较大的衰减。因此，当把这样的滤波器插入一个系统时，必须通过适当的阻抗分析来考虑可能的负载效应。

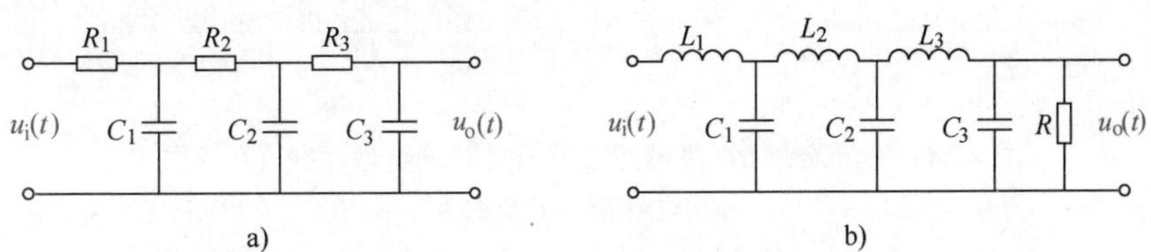

图 4-26　一阶无源低通滤波器的串联

a）一阶无源 *RC* 低通滤波器的串联　b）一阶无源 *LC* 低通滤波器的串联

尽管无源滤波器噪声很低，不需要电源，并具有宽的动态范围，但基于运算放大器的有源滤波器的可调性和通用性更好，可以覆盖很宽的频率范围。由于运算放大器具有很高的输入阻

抗和很低的输出阻抗，从而可以有效地减小负载效应的影响，使得滤波器的级联非常方便，而且能够被构造用来实现从低通到高通的简单切换，以及将二者组合起来实现带通或带阻特性。

有源 *RC* 滤波器由 *RC* 滤波网络与运算放大器组合而成。图 4-27 示出了两种有源 *RC* 滤波器。

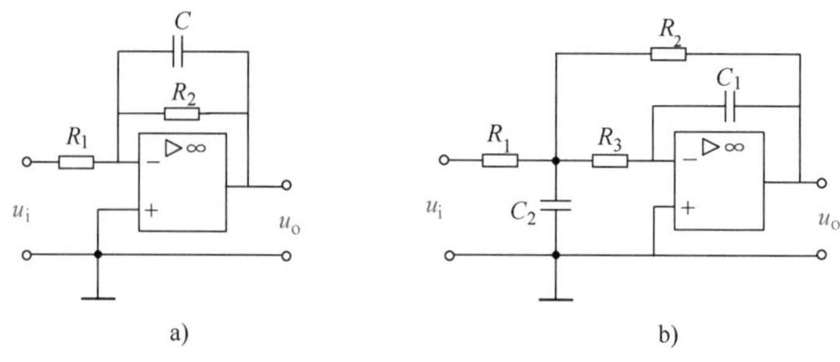

图 4-27　有源 *RC* 低通滤波器电路图

a）一阶多路反馈低通滤波器　b）二阶多路反馈低通滤波器

图 4-27a 所示一阶有源 *RC* 低通滤波器的特性类似于前述的一阶无源 *RC* 低通滤波器，通频带外衰减率仍较小，不再赘述。但因为采用了运算放大器，负载效应明显减小，其特性明显优于无源 *RC* 低通滤波器。

为了提高通频带外衰减率，可采用二阶或二阶以上有源滤波器。图 4-27b 所示二阶有源 *RC* 低通滤波器是典型的二阶系统，高频对数幅频特性值衰减率是前述一阶低通滤波器的两倍，改善了滤波性能。

2. 高通滤波器

最简单的高通滤波器是一阶无源 *RC* 高通滤波器，如图 4-28 所示。该滤波器的频响函数为

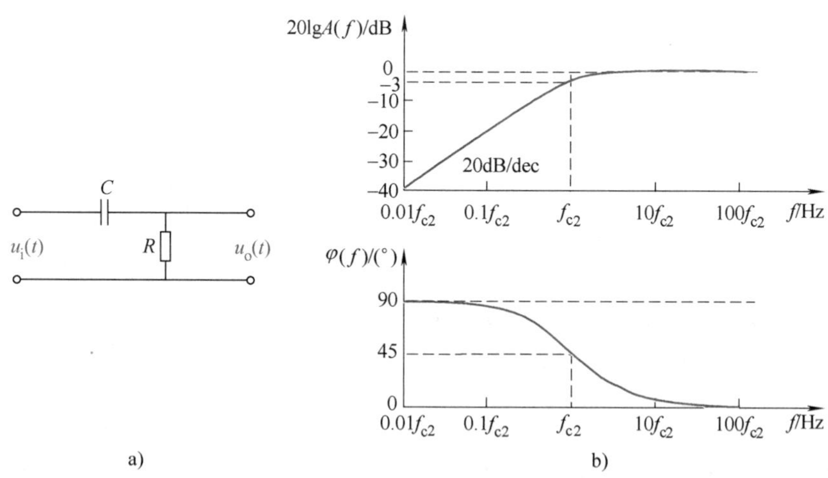

图 4-28　一阶无源 *RC* 高通滤波器及其频响特性曲线（伯德图）

a）电路图　b）伯德图

$$H(f)=\frac{\mathrm{j}2\pi f\tau}{1+\mathrm{j}2\pi f\tau} \tag{4-56}$$

式中　$\tau=RC$。

该滤波器的幅频特性和相频特性分别为

$$A(f)=\frac{2\pi f\tau}{\sqrt{1+(2\pi f\tau)^2}} \tag{4-57}$$

$$\varphi(f)=\frac{\pi}{2}-\arctan(2\pi f\tau) \tag{4-58}$$

阻带上截止频率为

$$f_{c2}=\frac{1}{2\pi\tau}=\frac{1}{2\pi RC} \tag{4-59}$$

式（4-59）说明，一阶无源 *RC* 高通滤波器阻带的上截止频率f_{c2}完全取决于 *R*、*C* 的值，适当改变 *R*、*C* 的值即可改变f_{c2}。当$f \ll f_{c2}$时，倍频程衰减率为-6dB/oct，十倍频程衰减率为-20dB/dec。其频响特性曲线（伯德图）如图 4-28b 所示。

高通滤波器也可以采用有源滤波器。为了提高通带外衰减率，也可以采用各种无源或有源高阶滤波器。图 4-29a 示出了一种简单的一阶有源 *RC* 高通滤波器，其特性类似于前述的一阶无源 *RC* 高通滤波器，通频带外衰减率仍较小，但因为采用了运算放大器，负载效应明显减小。图 4-29b 所示为一种二阶有源 *RC* 高通滤波器，其通频带外幅频特性衰减率为-40 dB/dec。

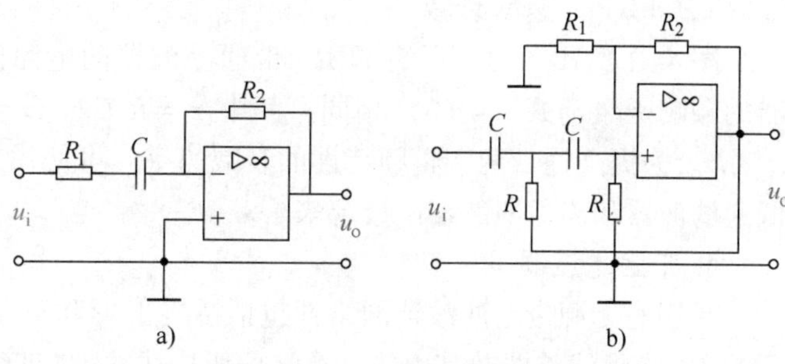

图 4-29　有源 *RC* 高通滤波器

a）一阶有源 *RC* 高通滤波器

b）二阶有源 *RC* 高通滤波器

3. 带通滤波器

从 *RC* 低通和高通滤波器幅频特性图（图 4-25 和图 4-28）可知，当低通滤波器的上截止频率f_{c2}大于高通滤波器的阻带上截止频率f_{c2}时，将两者串联起来，就可以组成 *RC* 带通滤波器。考虑到两个串联环节之间存在的负载效应会削弱传输中的信号和改变整个系统的频率响应特性，因此，通常在两个环节之间串入具有高输入阻抗的放大器进行隔离，组成图 4-30a 所示的 *RC* 带通滤波器。这实际上将 *RC* 无源带通滤波器做成了有源滤波器。如果

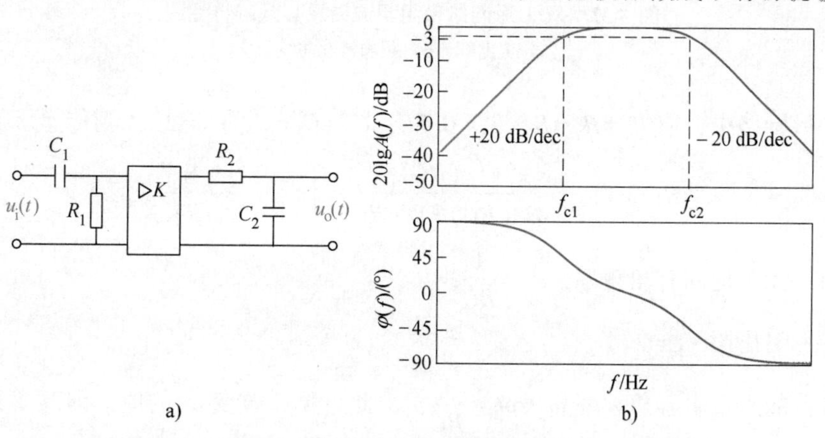

图 4-30　二阶 *RC* 带通滤波器及其频响特性曲线（伯德图）

a）电路图　b）伯德图

将隔离放大器看成是比例环节 K，且其输入电阻足够大，输出电阻足够小，负载效应可忽略，则该 RC 带通滤波器的频率响应函数等于三个环节的频率响应函数的乘积，即

$$H(f)=\frac{\mathrm{j}2\pi f\tau_1}{1+\mathrm{j}2\pi f\tau_1}\frac{1}{1+\mathrm{j}2\pi f\tau_2}K \tag{4-60}$$

式中　$\tau_1=R_1C_1$，$\tau_2=R_2C_2$。该带通滤波器的下截止频率为 $f_{c1}=\frac{1}{2\pi\tau_1}$，上截止频率为 $f_{c2}=\frac{1}{2\pi\tau_2}$。分别调节时间常数 τ_2 和 τ_1，就可以得到不同的上、下截止频率和带宽。

图 4-30b 示出了上述二阶带通滤波器的频响特性曲线（伯德图）。由图可见，在通频带内，$A(f)\approx$ 常数，$\varphi(f)$ 与 f 近似呈线性关系，基本满足不失真传输条件。而在通频带之外，幅频特性以 −20dB/dec 速率衰减。

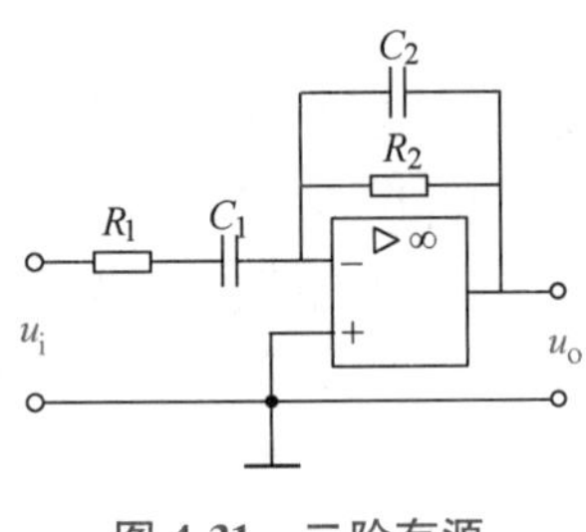

图 4-31　二阶有源 RC 带通滤波器

图 4-31 给出了另一种有源 RC 带通滤波器的电路图。该滤波器的频响函数与式（4-60）相同，其中 $\tau_1=R_1C_1$，$\tau_2=R_2C_2$，$K=R_2/R_1$。为提高通带两端幅频特性的衰减速率，可使用衰减更快的低通滤波器和高通滤波器串接起来。

4. 带阻滤波器

常用的无源带阻滤波器网络，包括桥接 T 形和双 T 形网络。图 4-32 示出了双 T 形网络无源 RC 带阻滤波器及其由式（4-61）所描述的频响特性曲线。

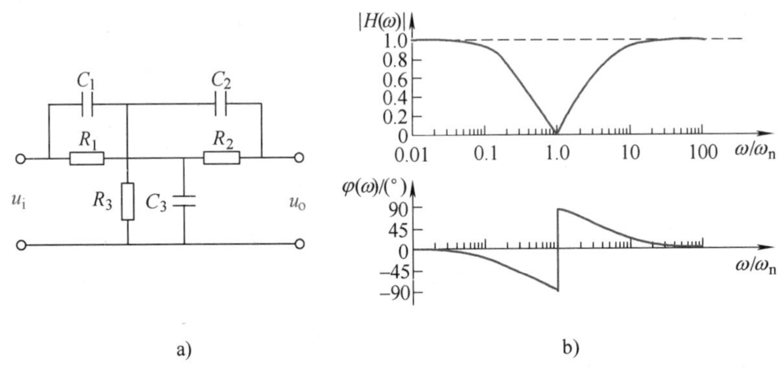

图 4-32　双 T 形网络带阻滤波器及其频响特性图

a）电路图　b）频响特性曲线

在双 T 形网络中，取 $R_1=R_2=R$，$R_3=0.5R$，$C_1=C_2=C$，$C_3=2C$，则传递函数为

$$H(s)=\left(\frac{s^2+1/(RC)^2}{s^2+4s/(RC)+1/(RC)^2}\right)=\frac{s^2+\omega_n^2}{s^2+2\zeta\omega_n s+\omega_n^2} \tag{4-61}$$

式中　ω_n——无阻尼固有角频率，$\omega_n=\frac{1}{RC}$；

ζ——阻尼比，$\zeta=2$。

该滤波器的阻带中心角频率 $\omega_0=\omega_n=\frac{1}{RC}$，由此可见，改变 ω_n 的值，即改变 R、C 的值，就可以改变阻带中心频率。阻带宽度 $B=4\omega_n$，即中心频率越高，阻带宽度越大，频率分辨

能力越差。品质因数 $Q=\omega_0/B=1/4$。

将上述 T 形网络与运算放大器结合，便可构成有源带阻滤波器。

5. 数字滤波器

作为一种趋势，数字电子器件取代模拟电子器件是经济可行的，因此数字滤波现在非常通用。数字滤波本质上可以复制图 4-23 所示的任何一种经典滤波器的功能，并且能产生一些模拟滤波器所不能的有益效果。它还具有数字方法的准确、稳定和通过改变软件（而不是硬件）实现可调性的优点。数字滤波是一种算法，用它将作为输入的采样信号（或者数字序列）转换为输出的数字序列。该算法可以对应低通、高通或其他形式的滤波行为。输出序列可用于进一步地数字处理，也可以被用于从数字量转换成模拟量，从而产生原始模拟信号的一种经滤波后的信号。有专门的书籍致力于数字信号处理/滤波理论的研究，这里仅做简要的讨论。

一种最简单的低通滤波器［式（4-52）］的数字形式可以通过使用例如矩形数值积分将模拟系统的微分方程转换为差分方程来得到，如图 4-33 所示。式（4-52）所对应的一阶低通滤波器的微分方程为

$$\tau\frac{\mathrm{d}u_o(t)}{\mathrm{d}t}+u_o(t)=u_i(t) \tag{4-62}$$

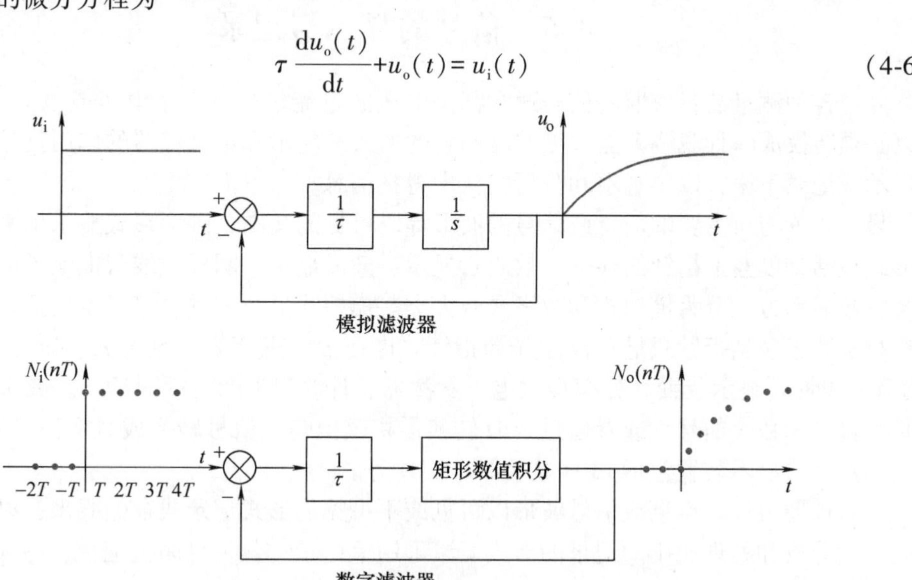

图 4-33　数字低通滤波器

将式（4-62）转换成差分方程如下：

$$N_o(nT)=N_o[(n-1)T]+\frac{T}{\tau}\{N_i[(n-1)T]-N_o[(n-1)T]\} \tag{4-63}$$

式中　T——数字系统的采样间隔（或称采样周期）；

n——采样序号；

$N_o(nT)$——输出数字序列；

$N_i(nT)$——输入数字序列。

仅在离散时间点上，例如 T、$2T$、$3T$ 等上计算数值。数字滤波器的采样频率 $1/T$ 必须为模拟信号中的最高谐波频率的 2.5 倍或更高，以防混叠现象的发生（详见第 5 章）。

大多数的数据采集软件，例如 DASYLab 和 MATLAB，都提供了现成的数字滤波器，来

执行数据处理中所用的大多数经典滤波功能，例如，贝赛尔滤波器、巴特沃思滤波器、切比雪夫滤波器等，从而免除用户对数字滤波设计专门知识的需求。

6. 统计平均滤波

上面提到的所有滤波器都是选频滤波器，这要求有用信号和噪声占据不同的频谱部分。而当信号和噪声包含相同的频率成分时，这些滤波器就无法使用了。在这种情况下，可以有效地利用另一种本质不同的滤波方案，但必须满足下面的条件：

1）噪声是随机的。

2）能够使有用信号重复出现。

如果这两个条件满足，将总信号中的若干样本记录在横坐标（时间）相同的采样点的纵坐标进行相加，则有用信号本身会增强，而随机噪声将会逐渐相互抵消。即使信号和噪声的频率成分占据频谱的相同部分，也可以有效地滤除噪声。信噪比的提高与所使用的样本记录数的二次方根成正比，因此理论上通过对足够数量的样本信号进行相加，就能将噪声减小到任何期望的程度。实际上，各种因素的存在会阻止理论上最佳性能的实现。

4.5　信号的显示与记录

通过各种测量装置获取的信号通常都是电压或电流信号，由于电压或电流是不可见的，所以必须转换成一种观测者能看见并能理解的形式。显示和记录仪器的作用就是将测得的信号显示或记录下来，以供观察和分析，从中得到信息。

显示装置将所需要的信息或信号的波形等以可见的文本、图形形式显示出来。信息的表现形式包括刻度盘上指针的移动、数码管显示、液晶显示、阴极射线管上电子束显示等。显示装置按显示方式分为模拟式和数字式两大类。模拟式显示装置直接显示模拟信号，常用的模拟显示装置包括指针式显示仪器（如指针式电压表、电流表、温度表、压力表等），CRT（阴极射线管）显示装置（如模拟式电子示波器、计算机 CRT 显示器等）。数字式显示装置或是直接显示数字信号，或者通过 A-D 转换器将模拟输入信号转换成数字信号后进行显示。典型的数字式显示装置包括 LED 显示器、LCD 等。

记录仪器可以将信息或信号波形以可见或不可见的形式记录或存储起来，以供进一步观察或后续分析和处理使用。记录的形式可以采用笔记录、各种打印机记录、各种存储器记录等。一些记录仪器（例如笔式记录仪、打印机等）以可见的形式记录信号或信息，因此这类记录仪器同时具有显示功能。而另一些记录装置（如微存储卡、磁带记录仪等）以不可见的形式记录信号或信息，因此这类记录仪器只具有存储功能，需要某种显示仪器将记录的信号或信息直接或经过分析处理后显示出来。记录装置按记录信号的形式分为模拟式、数字式两大类。模拟式记录装置直接记录模拟信号，常见的有笔式记录仪、热敏式记录仪、压敏式记录仪、模拟磁带记录仪等。数字式记录装置或者直接记录数字信号，或者通过 A-D 转换器将模拟输入信号转换成数字信号后进行记录，常见的有数字磁带记录仪、数字函数记录仪、数字存储示波器、数字打印机、磁盘记录器、光盘记录器和微存储卡记录器等。本节只简单介绍目前最常用的显示、记录装置。

4.5.1　动圈式模拟显示和记录装置

动圈式模拟显示和记录装置采用的典型测量机构是达松伐尔测量机构，如图 4-34 所示。

由细导线绕成的可动线圈靠金属张丝或转轴支承在永久磁铁极靴的间隙中。当电流通过可动线圈时，感应磁场与永久磁场相互作用产生力矩，驱动线圈偏转，使张丝或游丝变形而产生反力矩，当两个力矩平衡时，指针稳定在某一位置。指针转角的大小与流过线圈的电流成正比，指针在标尺上指示出被测值。如果将指针改成记录笔，并增加走纸机构，便可构成笔式记录仪。这种显示或记录仪表具有二阶低通特性。

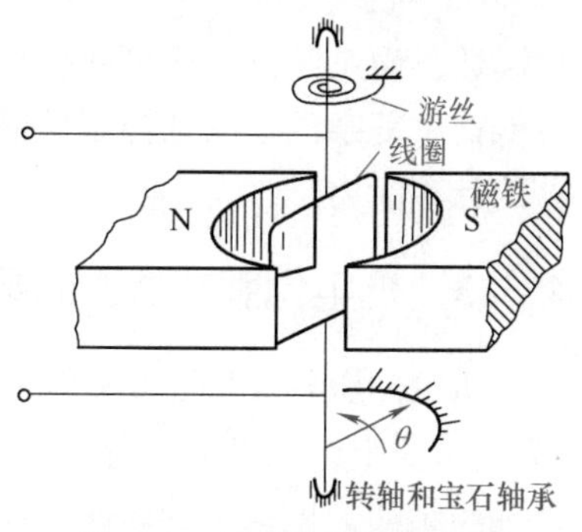

图 4-34 达松伐尔测量机构

当使用达松伐尔测量机构测量交流（不一定是正弦波）电压时，必须进行整流。对整流后电压的检测有不同的检测电路，一般有绝对均值检测电路、峰值检测电路和有效值（或称方均根值）检测电路三种。无论采用哪种检测电路，一般的做法都是将仪表的刻度标定成读取有效值。通常，标定都是以正弦波作为基准，有效值的刻度是按照正弦波的有效值与其峰值或绝对均值之间的关系来标定的，所以，只有在测量纯正弦波的时候才准确；而对于非正弦波，直接检测峰值或绝对均值的仪表不可能读出正确的方均根值。要准确地测量非正弦波信号的有效值，应该采用所谓的真有效值测量仪表，如热电式电压表。

4.5.2 数字电压表和多功能表

与模拟仪表相比，数字仪表能提供更高的准确度和输入阻抗，能在更大的可视距离上清晰地读数，尺寸较小。除了能提供可视化读数之外，还能输出数字电信号，用于与外部设备连接。数字仪表的三种主要类型为面板式仪表、台式仪表和系统仪表。所有数字式仪表都使用了某种类型的 A-D 转换器（常用的是双斜坡积分型），并有可视化的读数装置显示转换器的输出。

面板式仪表一般功能单一，而台式和系统仪表一般为多功能仪表（俗称万用表）。万用表可以在若干个量程上读取交直流电压、电流和电阻等。基本电路都是直流电压式的。电流测量通过一个精密低阻值分流电阻转换成电压，而交流电则是用整流器和滤波器转换成直流电。对于电阻测量，仪表包括一个精密小电流源，将它施加在未知电阻两端，这样便给出一个直流电压，经数字化后读出为电阻，如图 4-35 所示。台式仪表主要用于单机操作和可视

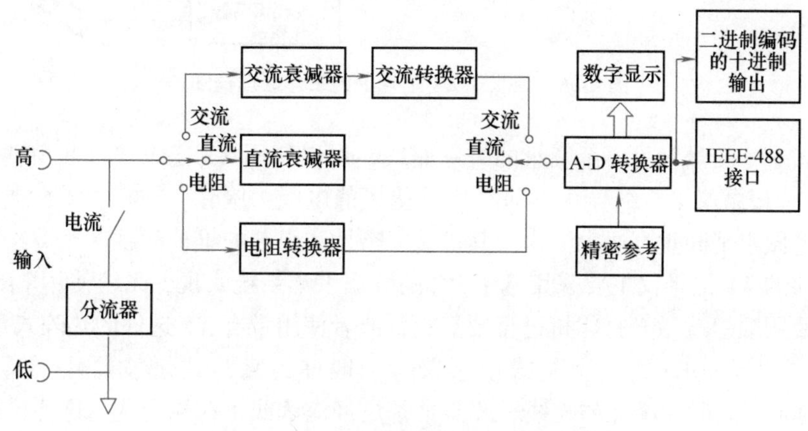

图 4-35 数字万用表构造框图

化读数，而系统仪表在可视化显示的同时至少提供一个电气的二进制编码的十进制输出，并可能提供复杂的互联和控制功能（例如图 4-35 的 IEEE-488 接口），甚至能提供基于微处理器的计算能力。

4.5.3　机电伺服式 *XT* 记录仪和 *XY* 记录仪

机电伺服式 *XT* 记录仪和 *XY* 记录仪是采用自动反馈控制原理构建的一种记录仪器。在 *XT* 记录仪中，记录笔随输入电压做横向直线移动，代表被记录电压的大小，而记录纸由走纸机构驱动，做恒速的纵向移动，代表时间变化量。记录纸上绘制出的曲线是被测电压量随时间变化的过程，记录函数的形式为 $x=f(t)$。在 *XY* 记录仪中，包括两套伺服驱动机构，其中一套伺服驱动机构接收电压输入信号 u_{ix}，控制记录笔做横向或水平方向（*X* 向）移动，另一套伺服驱动机构接收电压输入信号 u_{iy}，控制记录笔做纵向或垂直方向（*Y* 向）移动，而记录纸固定在记录台面上不动，记录的函数形式为 $y=f(x)$。

图 4-36 示出了伺服式 *XT* 记录仪的工作原理，它用于指示并同时记录随时间 *T* 变化的电压 u_i（*X* 向）。仪器伺服机构设计成能使位移 x_o 在设计频率范围内准确地跟踪输入电压 u_i。这种记录仪包括测量部分、伺服驱动部分和记录部分等。测量部分用于测量记录笔的位移，用位移传感器（如电位计式、电容式、旋转变压器式位移传感器等）实现检测。检测到的位移信号被转换成电压，作为反馈电压信号。记录仪输入电压与反馈电压进行比较，得到的差值经放大后驱动伺服电动机，伺服电动机通过机械传动装置带动记录笔做直线移动。当比较器的输出为 0 时，伺服电动机停止转动，记录笔也停止运动，记录笔的位置反映了被记录电压的大小。

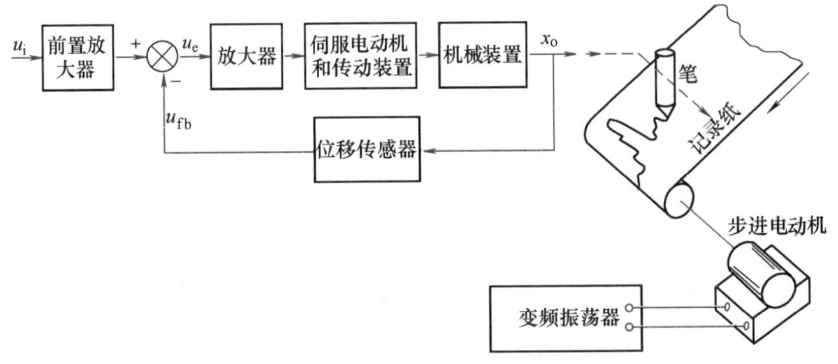

图 4-36　伺服式 *XT* 记录仪的工作原理框图

为了绘制一个变量对另一个变量的关系曲线，可以使用 *XY* 记录仪（也称为 *XY* 函数记录仪）。在这种记录仪中，纸静止不动（用真空或静电吸力吸住），同时两个独立的伺服机构带动记录笔做水平和垂直运动。由于其机械复杂性和引起的维护问题，这类绘图仪已经逐渐废弃。目前的 *XY* 记录仪主要采用基于 PC 的数据采集系统实现，系统使用 CRT 显示器显示曲线图，使用喷墨或激光打印机进行硬复制，或者使用带有 *XY* 选件的热阵式记录仪。

频率可以达到 40Hz 的高速笔式记录仪（一般称为直写式录波器），甚至更高频率（8000Hz）的光写式记录仪（如光线示波器）都已经淘汰或正在被淘汰。这些仪器提供的高速记录功能现在大多由高速数字采样和存储来完成，然后将存储的数据读出并送给热阵式记录仪或 PC 类打印机慢慢打印出可视化图表，从而避免了对快速可视化记录仪的需求。

4.5.4　热阵式记录仪

对于中、高速数据记录，热阵式记录仪已经很大程度上取代了笔/针式记录仪和光线示波器，它们去除了易弄脏记录纸的墨水，除保留了纸驱动器之外，也去除了其他易引起麻烦的“可动部件”。

热阵式记录仪的记录头采用若干微小的加热元件组成，这些加热元件沿记录纸宽度方向排列成线阵，典型排列密度为 8 点/mm。记录纸采用热敏记录纸，热敏记录纸表面涂覆一层热敏材料，当受热达到一定温度时，热敏材料的颜色会发生变化。要记录的数据转换成与记录头上发热元件对应的位图格式，控制加热元件加热，从而在热敏记录纸上记录下图形或文字。

热阵式记录仪具有单通道或多通道高速数据采集系统。对于快速变化的信号，记录仪首先经数据采集系统高速采样并存储到存储器中，然后通过慢速的热印机构输出到热敏记录纸上。对于连续的高速数据，总记录长度受可用的存储器限制。以前的“笔墨式”记录仪可以较长时间地记录高速数据，与其相比，热阵式记录仪存储器的限制确实是一个缺点。但是，热阵式记录仪有各种形式的“附加”内存可用，因此，进行长时间的记录也是可行的。当以实时模式记录“慢”数据时，如果提供一个合适的触发事件，则可以捕获到快速的瞬态信息。

热阵式记录仪除了纸记录器之外，往往还带有 LCD，能显示多通道的数据。如果将一个通道的数据作为 x，而将任意数目的其他通道的数据作为 y（y_1、y_2等），则可以实现 XY 函数显示和记录功能。如果需要，可将数据表达为表格（而非曲线图）。

4.5.5　阴极射线示波器

阴极射线示波器有模拟式和数字式两种。示波器可以用来测量和显示频率到几千兆赫的电压信号，但是对大多数机械工程应用来说，50 MHz 已经足够了。传统的示波器形式是模拟示波器，但是更新的数字存储示波器因提供了很多功能而流行起来，虽然它还没有完全代替模拟示波器（每年仍然售出大量的模拟示波器）。

大多数机械工程应用都首选数字示波器，但对一些非常高频率的应用，使用模拟示波器能达到最好效果，这主要是因为在轨迹速度变慢或几个轨迹重叠时，模拟示波器显示会局部加亮，如在一些已调制的和数字数据的情况下所发生的那样。这种局部加亮有助于视觉上的解释。一些数字示波器使用专门技术来模仿这一模拟示波器的优点。另一种方法是将模拟和数字示波器结合在一台仪器中。液晶平板显示器提供类似于阴极射线示波器的功能，且具有更紧凑的形式。

这些显示器除了能够显示数据信号的 XT 和 XY 轨迹之外，还可用于各种计算机图形显示，例如由 CAD 软件设计的零件实体模型和用应力分析软件得到的应力分布图。

数字示波器的共同特点是通过 A-D 转换器将输入信号数字化，以各种方式处理输入信号，以可视化的方式显示输入信号，并能永久记录输入信号，或将输入信号传输到网络或计算机上。数字示波器提供了一系列有用的信号处理能力，包括光标。光标可以移动到波形上的选定点上，以数字形式读出该点的时间和电压值。还有双光标，可用来准确测量电压差和时间差。对波形特征参数的显示，如周期、频率或上升时间的显示，都是数字示波器的标准功能。

图 4-37 以简化形式给出了典型模拟式阴极射线示波器的工作原理。聚焦的窄电子束从电子枪中射出，经过一组水平和垂直的偏转板。施加在偏转板上的电压产生电场使电子束偏转，从而使电子束在荧光屏上的撞击点做水平和垂直方向的位移。通过适当的设计，可以使电子束的位移与偏转板上电压近似呈线性关系。荧光屏发出的光可以被人眼所见，也可以被照相用作永久记录。

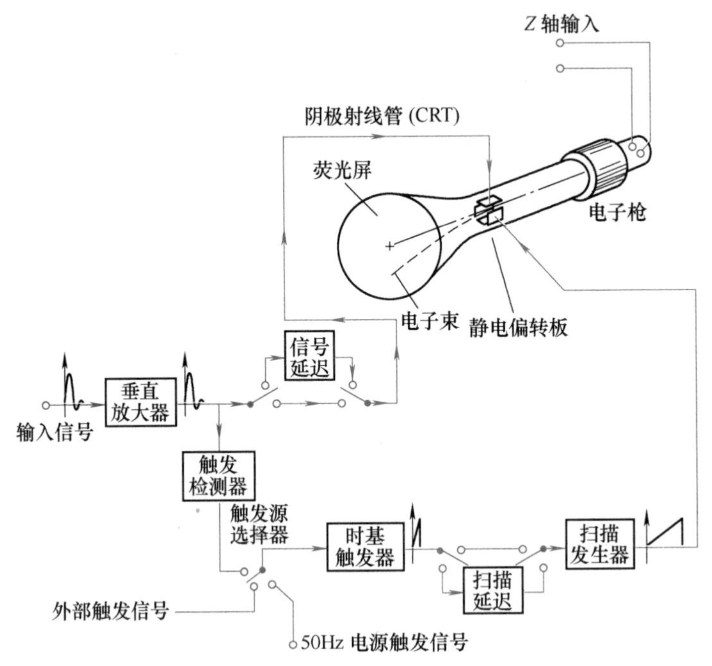

图 4-37　典型模拟式阴极射线示波器的工作原理

最普遍的工作模式是显示输入信号随时间变化的图。这可以通过一个斜坡电压驱动水平偏转板来实现，这样可使电子束以恒速从左到右扫描。为确保扫描和施加在垂直偏转板上的输入信号完全同步，扫描的触发可通过从输入信号本身的上升沿来激活触发电路开始。这样做会在屏幕上损失输入信号的开始数个瞬间，不过一般来说这并不严重，因为只需要1mm的偏转就会引起触发。在不允许这种损失的情况下，可以使用有信号延迟的示波器。

示波器也可以用来显示 *XY* 图形。要进行这样的操作，只需将水平偏转板与扫描发生器断开，并连接到与垂直扫描放大器一样的放大器上即可。

模拟示波器在一个主框架下使用多个插入式单元可以实现多种操作。这些插入式单元包括多轨迹，运算放大器（用来建立多功能的模拟信号处理，例如积分、微分或滤波），载波放大器，频谱分析仪，高增益放大器和专门的时间基准等单元。数字示波器可以使用内部软件来复制这些功能，因此不需要这些插入式单元。

4.5.6　磁带和磁盘记录器/复现器

磁带记录在消费电子产品（音频和视频记录）和工程仪器中的应用已经有很长的历史。以前在需要记录较长时间的高频工程数据时，例如声音或振动数据，磁带记录通常是唯一的选择。随着越来越快速的微处理器以及高速和大容量硬盘驱动器的发展，磁盘存储器正在代替磁带技术完成很多工程记录任务。基于快速微处理器的系统可以代替由磁带记录仪、数据采集系统和监视示波器构成的磁带记录系统。当需要更大的数据存储容量和更高的数据可靠性和安全性时，可以采用独立磁盘阵列技术。

磁记录器/复现器具有许多独有的特性，它记录电压，并能存储任意长的时间，还可以复现出本质上与其原信号一样的电形式。记录方法包括直接记录、调频记录、脉宽调制记录和数字记录等。图 4-38 给出了磁带记录器/复现器的功能图，图 4-39 给出的是记录磁头和复现磁头的放大图。

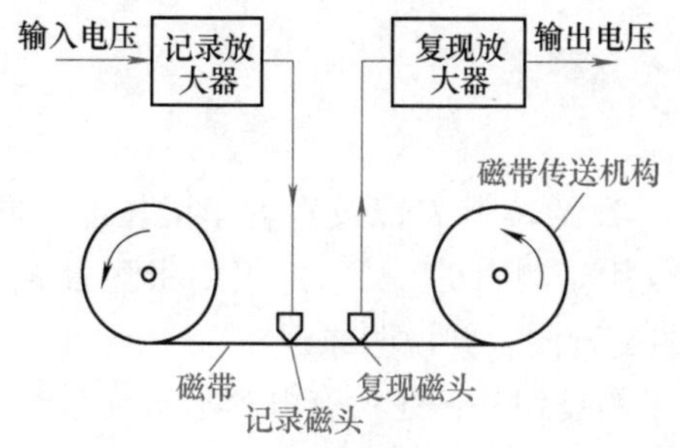

图 4-38 磁带记录器/复现器的功能图

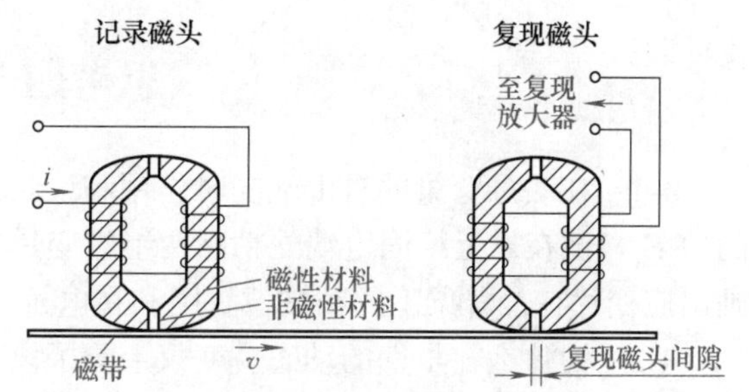

图 4-39 记录磁头和复现磁头的放大图

直接记录方式就是将输入信号经放大后不做任何其他变换，直接记录到磁带上。与输入电压成正比的电流 i 通过记录磁头上的绕组，在记录磁头间隙处产生磁通量。由于磁头间隙处采用非磁性材料，磁阻很大，所以大部分磁力线穿过磁带（涂了一层硬磁性材料——氧化铁颗粒的薄塑料）表面的磁性涂层。这样，当磁带在磁头间隙下面通过时，氧化铁颗粒被磁化并保留一定的永久磁化强度（即剩余磁化强度），该磁化强度与颗粒离开间隙瞬间所存在的磁通量成正比。实际上，由于磁滞曲线的非线性，施加的磁通量和感应的磁化强度并不成正比。不过，通过高频偏压技术可以有效地得到近似线性。如果已经记录信号的磁带从复现磁头下通过，在它的线圈中就会产生电压，该电压与跨接磁头间隙的磁通变化率成正比。

由于输出电压的大小取决于磁通变化率，如果记录磁头输入的是直流电流，在磁带上产生的是恒定的磁化强度，那么复现磁头产生的输出为零。所以，直接记录过程只能用于变化的输入信号，通常频率的下限是 50Hz。

此外，由于复现磁头具有微分特性，所以复现放大器必须具有积分特性，以使系统输出与输入成正比。输入信号的上限频率受磁头间隙和磁带速度的限制。直接记录过程不能给出特别高的精度，主要原因是受信噪比所限，信噪比为 25 dB 的量级（约为 18 : 1）。很高的噪声电平是因为磁带表面涂层的微小缺陷，而直接记录过程会敏感到这些微小缺陷。

当需要对直流或低频电压信号更准确地记录和响应时，过去一般使用调频记录方式。调频记录系统首先用输入信号对载波进行调频，然后以普通的方式将调频波记录到磁带上。在调频记录方式下，因为只有记录轨迹上记录的频率是重要的，因此引起瞬时幅值误差的磁带缺陷就没这么重要了。这里使用的调频器原理与第 4. 2 节中讨论的电压-频率转换器类似。复现磁头以普通方式读磁带并将信号送到调频解调器和低通滤波器来重构原始输入信号。调频磁带记录仪的信噪比为 40~50dB 的量级（100 : 1~316 : 1），这表明不准确度可达到小于 1%。

现在大多数计测磁带记录仪都使用数字技术而非调频技术。数字计测磁带或磁盘记录仪主要有两大类：能接收已经是数字形式的数据的记录仪和能接收直接来自大多数传感器的模拟信号的记录仪。因此后者可能包括通常的放大、多路复用、采样和数字化等硬件。

数字记录仪记录的是数字数据，广泛采用的编码方式是脉冲码调制（PCM）方式。实际的磁记录技术与直接模拟（而非调频）类似，响应不会扩展到零频率。典型的数字记录仪使用 16 位量化水平并提供大约 80 dB 的动态范围和信噪比，远高于调频记录仪。

数字记录仪可以有多磁道，因此可以以串行、并行或串-并行的格式记录数据。串行格式常用在测量应用中，并行格式常用于计算机应用中，而串-并行格式用在以非常高的数据率记录的测量装置中。

思考题与习题

4-1 在一悬臂梁的自由端同时作用和梁长度方向一致的拉力 F 以及垂直于梁长度方向的力 F_1。试在靠近梁固定端处粘贴两组应变片，一组仅用于测力 F，另一组仅用于测力 F_1，画出应变片在悬臂梁上的粘贴位置图和在电桥电路中的配置图，并说明原因。

4-2 为什么在早期的动态应变仪上除了设有电阻平衡旋钮外，还设有电容平衡旋钮？

4-3 用四片电阻应变计测量某一构件的应变，电阻应变计接成全桥，各桥臂电阻的变化规律为 $\Delta R_1=\Delta R_3=\Delta R$，$\Delta R_2=\Delta R_4=-\Delta R$，构件应变的变化规律为

$$\varepsilon(t)=A\cos10t+B\cos100t$$

如果电桥激励电压 $u_r=E\sin10000t$，求此电桥的输出信号频谱。

4-4 已知调幅波 $x_a(t)=(100+30\cos2\pi ft+20\cos6\pi ft)\cos2\pi f_c t$，其中 $f_c=10\text{kHz}$，$f=500\text{Hz}$。

1）确定 $x_a(t)$所包含的各谐波分量的频率及幅值。

2）绘出调制信号与调幅波的频谱。

4-5 什么是调制和解调？调制和解调的作用是什么？

4-6 在图 4-22 所示电路中，设运算放大器 A_1、A_2、A_3 皆为理想放大器，$R_1=R_2=100\text{k}\Omega$，$R_G=10\text{k}\Omega$，$R_3=R_4=20\text{k}\Omega$，$R_5=R_6=60\text{k}\Omega$，求仪器放大器的差模增益。如果 A_2 同相输入端接地，电路的共模抑制能力是否降低？为什么？

4-7 在图 4-25 所示 RC 低通滤波器中，设 $R=1\text{k}\Omega$，$C=1\mu\text{F}$。

1）确定各函数式 $H(s)$、$H(\omega)$、$A(\omega)$、$\varphi(\omega)$。

2）当输入信号 $u_i=10\sin1000t$ 时，求稳态输出信号 u_o，并比较 u_o 与 u_i 的幅值及相位关系。

4-8 已知某低通滤波器的频率响应函数

$$H(\omega)=\frac{1}{1+\mathrm{j}\omega\tau}$$

式中，$\tau=0.05\text{s}$，当输入信号

$$x(t)=0.5\cos(10t)+0.2\cos(100t-45°)$$

时，求其稳态输出 $y(t)$，并比较 $y(t)$与 $x(t)$幅值、相位的区别。

4-9 可实现的典型滤波网络有哪些？各有什么特点？低通、高通、带通及带阻滤波器各有什么特点？

第5章

信号分析与处理

信号的分析处理可分为模拟信号处理和数字信号处理两大类。输入、输出都是模拟信号的处理系统称为模拟信号处理系统；输入、输出都是数字信号的称为数字信号处理系统。

信号的时域相关、频域功率谱、幅值域概率密度函数等分析在工程测试中是相当有用的，但这些分析若用模拟仪器进行，一则难以实现，二则分析误差较大。随着计算机技术的发展，信号处理的方法已由模拟技术逐渐转向数字技术，即用适当的软件和计算机来对信号进行分析和处理。

数字信号处理具有一系列优点，如传输时有较高的抗干扰性、易于存储和处理方便等。人们因此努力使测试信号直接数字化或者将模拟信号及早数字化。数字信号处理，包括离散傅里叶变换（DFT）则成为现代测试技术的一个重要组成部分。由于快速傅里叶变换（FFT）计算方法的出现，数字信号处理的速度大为提高。对于配有硬件快速傅里叶变换的专用信号处理机，可以对信号进行“实时”处理。

20 世纪 70 年代以来，计算机、微电子等技术迅猛发展并逐步渗透到测试和仪器仪表技术领域。在此技术推动下，测试技术与仪器得到了迅速发展和进步，相继出现了智能仪器、总线仪器、PC 仪器、VXI 仪器、虚拟仪器及可互换虚拟仪器等微机化仪器及自动测试系统，其与计算机技术紧密结合，成为当今仪器与测控技术发展的主潮流。配以相应软件和硬件的计算机将能够完成许多仪器、仪表的功能，实质上相当于一台多功能的通用测试仪器。这样的现代仪器设备的功能已不再由按钮和开关的数量来限定，而是取决于其存储器内装有软件的多少。因此，数字信号处理技术对于计算机测试系统来说尤为重要。本章即研究如何利用计算机实现测试信号的处理。

5.1 数字信号处理系统的基本组成

由于要用数字计算机进行信号处理，故需对连续信号进行离散和数字化。数字信号处理的一般过程如图 5-1 所示。

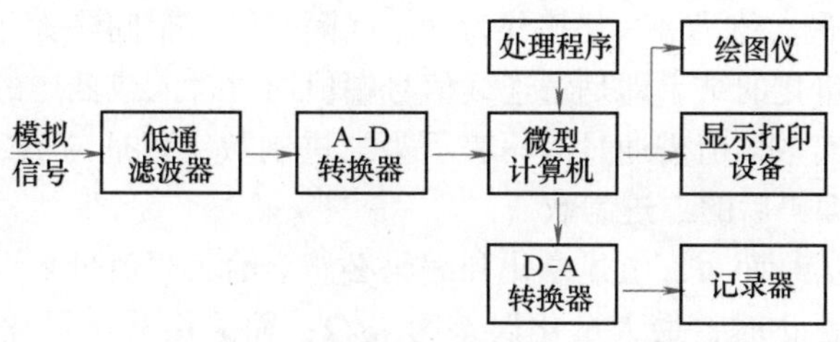

图 5-1 数字信号处理的一般过程

5.1.1 信号的预处理

在对所测得的信号进行分析处理前，常常需首先对信号进行分析整理，消除异常点数据和趋势项数据，然后才可进行正常的处理工作。经过整理后的模拟信号，首先通过一个低通滤波器，这个滤波器有时也称为抗混滤波器，它滤掉高频干扰信号以及不必要的高频分量，然后通过 A-D 转换器进行采样并转换成数字量。这个被数字化的信号在微型计算机中，按照程序完成所要求的各种处理计算工作，然后根据需要得到数字形式或模拟形式的输出，如打印数据、绘出谱图或显示波形等。

5.1.2 多路模拟开关

实际的测试系统通常需要进行多参量的测量，即采集来自多个传感器的输出信号，如果每一路信号都采取独立的输入回路（信号调理、采样保持、A-D 转换），则系统成本将比单路成倍增加，而且系统体积庞大。同时，由于模拟器件和阻容元件的参数、特性不一致，对系统的校准带来很大的困难。为此，通常采用多路模拟开关来实现信号测量通道的切换，将多路输入信号分时输入公用的输入回路进行测量。

目前，常采用 CMOS 场效应模拟电子开关，尽管模拟电子开关的导通电阻受电源、模拟信号电平和环境温度变化的影响会发生改变，但是与传统的机械触点式开关相比，其功耗低、体积小、容易集成、速度快且没有机械式开关抖动现象。CMOS 场效应模拟电子开关的导通电阻一般在 200Ω 以下，关断时漏电流一般可达纳安级甚至皮安级，开关时间通常为数百纳秒。

5.1.3 A-D 转换与 D-A 转换

将模拟量转换成与其对应的数字量的过程称为模-数（A-D）转换，反之，则称为数-模（D-A）转换。实现上述过程的装置分别称为 A-D 转换器和 D-A 转换器。A-D 和 D-A 转换是数字信号处理的必需程序。通常所用的 A-D 和 D-A 转换器其输出的数字量大多用二进制编码表示，以与计算机技术相适应。

随着大规模集成电路技术的发展，各种类型的 A-D 和 D-A 转换芯片已大量供应市场，其中大多数是采用电压-数字转换方式，输入、输出的模拟电压也都标准化，如单极性 0~5V、0~10V 或双极性±5V、±10V 等，给使用带来极大方便。

1. A-D 转换

A-D 转换过程包括采样、量化和编码三个步骤。采样即是将连续时间信号离散化。采样后，信号在幅值上仍然是连续取值的，必须进一步通过幅值量化转换为幅值离散的信号。若信号 $x(t)$ 可能出现的最大值为 A，令其分为 d 个间隔，则每个间隔大小为 $q=A/d$，q 称为量化当量或量化步长。量化的结果即是将连续信号幅值通过舍入或截尾的方法表示为量化当量的整数倍。量化后的离散幅值需通过编码表示为二进制数字以适应数字计算机处理的需要，即 $A=qD$，其中 D 为编码后的二进制数。

显然，对于数字信号而言，上述量化和编码必然会给其幅值带来误差，这种误差称为量化误差。当采用舍入量化时，最大量化误差为 $\pm q/2$；而采用截尾量化时，最大量化误差为 $-q$。量化误差的大小一般取决于二进制编码的位数，因为它决定了幅值被分割的间隔数量

d。如采用 8 位二进制编码时，$d=2^8=256$，即量化当量为最大可测信号幅值的 1/256。

2. D-A 转换

D-A 转换器将输入的数字量转换为模拟电压或电流信号输出，其基本要求是输出信号 A 与输入数字量 D 成正比，即

$$A=qD \tag{5-1}$$

式中 q——量化当量，即数字量的二进制码最低有效位所对应的模拟信号幅值。

根据二进制计数方法，一个数是由各位数码组合而成的，每位数码均有确定的权值，即

$$D=2^{n-1}a_{n-1}+2^{n-2}a_{n-2}+\cdots+2^{i}a_{i}+\cdots+2^{1}a_{1}+2^{0}a_{0} \tag{5-2}$$

式中 a_i——二进制数的第 i 位，等于 0 或 1（$i=0$，1，…，$n-1$）。

为了将数字量表示为模拟量，应将每一位代码按其权值大小转换成相应的模拟量，然后根据叠加原理将各位代码对应的模拟分量相加，其和即为与数字量成正比的模拟量，这就是 D-A 转换的基本原理。

从 D-A 转换器得到的输出电压值 U_o 是转换指令来到时刻的瞬时值，不断转换可得到各个不同时刻的瞬时值，这些瞬时值的集合对一个信号而言在时域仍是离散的，要将其恢复为原来的时域模拟信号，还必须通过保持电路进行波形复原。

保持电路在 D-A 转换器中相当于一个模拟存储器，其作用是在转换间隔的起始时刻接收 D-A 转换输出的模拟电压脉冲，并保持到下一转换间隔的开始（零阶保持器）。

5.1.4 采样保持（S/H）

在对模拟信号进行 A-D 转换时，从启动变换到变换结束，需要一定的时间，即 A-D 转换器的孔径时间。当输入信号频率较高时，孔径时间的存在，会造成较大的孔径误差。要防止这种误差的产生，必须在 A-D 转换开始时将信号电平保持不变，而在 A-D 转换结束后又能跟踪输入信号的变化，即输入信号处于采样状态。能完成上述功能的器件称为采样保持器。由上述分析可知，采样保持器在保持阶段相当于一个“模拟信号存储器”。在 A-D 转换过程中，采样保持对保证 A-D 转换的精确度具有重要作用。

实际系统中，是否需要采样保持电路，取决于模拟信号的变化频率和 A-D 转换时间，通常对直流或缓变低频信号进行采样时可不用采集保持电路。

5.2 数字信号处理过程

5.2.1 数字信号处理过程举例

这里介绍一种工程上较实用的离散傅里叶变换（Discrete Fourier Transform，DFT）的方法，来说明信号数字化的过程。以一个时域的模拟信号在计算机中的傅里叶变换获得频谱为例进行说明。它是从连续时间信号的傅里叶变换出发，通过对时间域信号及频率域频谱分别进行采样而使其离散化，并在时间域进行截断使其限于有限区间，从而导出在计算机上可以实现的离散傅里叶变换。

图 5-2 所示为 DFT 的图解法推演过程。更严密的数学推导读者可参阅有关信号处理等书籍。图 5-2a 所示为一连续时间函数 $x(t)$，它是一个单向指数衰减函数，求该函数的傅里叶

变换，记为 $X(f)$。

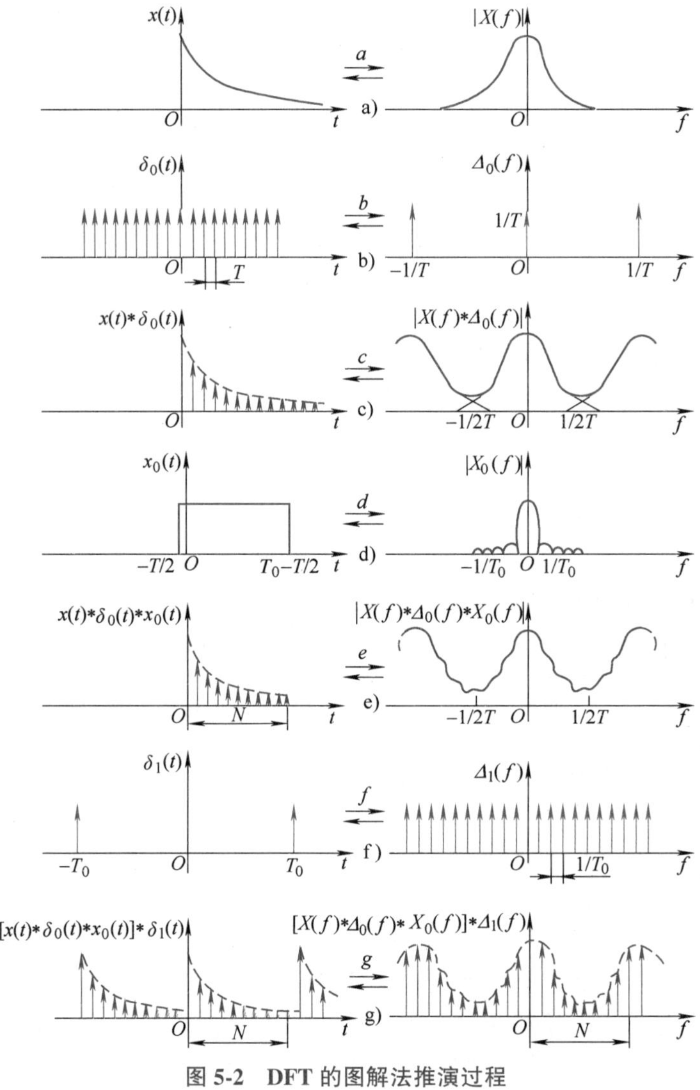

图 5-2　DFT 的图解法推演过程

若要求在计算机上分析，就必须首先对 $x(t)$ 进行采样使其离散化。采样的实质就是在时间域将 $x(t)$ 乘以图 5-2b 所示的采样函数 $\delta_0(t)$，它是周期为 T 的 δ 函数序列，即采样频率 $f_s=1/T$，其傅里叶变换如图 5-2b 右边所示。时域的采样结果即如图 5-2c 所示的离散函数 $x(t)\delta_0(t)$。

根据卷积定理：在时间域两函数相乘对应于其频率域的卷积，即 $x(t)\delta_0(t)\rightleftharpoons X(f)*\Delta_0(f)$。显然，经过采样后得到的离散函数 $x(t)\delta_0(t)$ 的频谱 $X(f)*\Delta_0(f)$ 与原连续函数 $x(t)$ 的频谱 $X(f)$ 是不同的，并有可能在频率域的 $1/T$ 附近出现重叠现象，从而产生误差。为避免这一误差，必须满足 $f_s\geqslant 2f_{max}$，此处 f_{max} 表示原函数 $x(t)$ 所包含的最高频率成分。这又从另一个侧面证明了采样定理：采样频率必须高于被测信号所包含最高频率的两倍。

至此，采样后的离散函数 $x(t)\delta_0(t)$ 仍有无限个采样点，而计算机只能接收有限个点，因此要将 $x(t)\delta_0(t)$ 进行时域截断，取出有限的 N 个点。这相当于用宽度为 T_0 的矩形窗口函

数 $x_0(t)$ 与被测信号时域相乘。图 5-2d 表示该窗口函数 $x_0(t)$ 及其频谱 $X_0(f)$。同样根据卷积定理，N 个有限点的离散函数 $x(t)\delta_0(t)x_0(t)$ 的频谱应等于 $[X(f)*\Delta_0(f)]*X_0(f)$，即频域的卷积，如图 5-2e 所示。如前所述，由于矩形窗函数 $x_0(t)$ 的傅里叶变换 $X_0(f)$ 是一个抽样函数，即 $\mathrm{sinc}(\theta)$ 函数，同它做卷积必然会出现图 5-2e 所示的旁瓣。要减少因此带来的误差，增加截断长度 T_0 是有利的。

图 5-2e 中的傅里叶变换对中，频谱函数是连续函数，这仍不是计算机可接收的，为此还要将其离散化，即乘以频率采样函数 $\Delta_1(f)$。同样，按卷积定理，频率域两函数相乘对应于时间域要做卷积，如图 5-2e、f、g 所示。此处频率采样函数 $\Delta_1(f)$ 的采样间隔应为 $1/T_0$，以保证在时间域做卷积时不会产生重叠。$f_0=1/T_0$ 表示频率分辨率。

这样，图 5-2g 已经成为计算机可接收的离散傅里叶变换对。它们在时间域和频率域上均周期化了。分别取一个周期的 N 个时间采样值和 N 个频率值相对应，即 $T_0=NT$，从而导出了与原来连续函数 $x(t)$ 及傅里叶变换 $X(f)$ 相当的有限离散傅里叶变换对，分别称为离散傅里叶变换（DFT）和离散傅里叶逆变换（IDFT）。

实用中，为了提高谱线的频率分辨率，在原信号记录的末端填补一些零，相当于人为地增加了时域截断长度 T_0，从而减小了谱线间隔 f_0，也就是在原来频谱形式不变的情况下，变更了谱线的位置。这样，原来看不到的频谱分量就有可能看到了，即谱线变密了。

5.2.2　信号数字化处理过程中的几个主要问题

1. 采样及采样定理

在对连续信号进行离散时，首先遇到的问题就是采样问题，下面着重讨论如何确定采样间隔。

（1）信号的采样　对信号进行采样即进行模-数转换，其相当于用一个开关电路对模拟信号进行处理。设开关为 K，令它每隔 Δt 时间完成一次开关动作，并设其接通时间非常短。当模拟信号 $x(t)$ 加到该电路的输入端时，信号的输出则为离散的，其间隔为 Δt，幅值为每一次接通时信号 $x(t)$ 的瞬时值，写成 $x(n\Delta t)$，对这样 $x(t)$ 所对应的一系列的离散值 $x(n\Delta t)$，通常称为离散数据。再进一步量化和编码，就得到数字信号数据。

从数学上来考察采样过程，可以设 $x(t)$ 为原始模拟时间信号，$\delta_0(t)$ 为采样信号，这样 $x_s(t)$ 就可看成是 $x(t)$ 与脉冲序列 $\delta_0(t)$ 的乘积，如图 5-3 所示。

$$x_s(t)=x(t)\sum_{n=-\infty}^{\infty}\delta(t-nT) \tag{5-3}$$

式中　T——采样周期或采样间隔。

由于式（5-3）中 $x(t)$ 只在 $t=nT$ 时才有定义，故式（5-3）可进一步写成

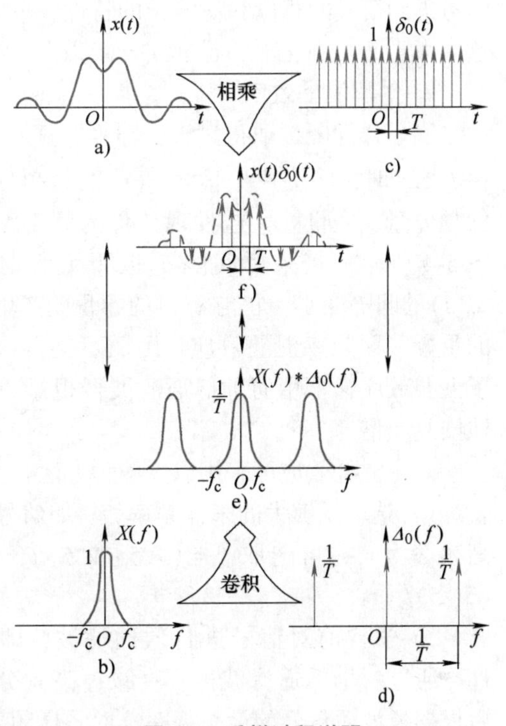

图 5-3　采样过程说明

$$x_s(t)=\sum_{n=-\infty}^{\infty}x(nT)\delta(t-nT) \tag{5-4}$$

（2）采样定理　人们希望，采样后离散信号的外包络线应与模拟信号一致，并能够将离散信号还原成原始的模拟信号而不发生失真。这方面主要取决于采样间隔 T。T 过大会产生失真，T 过小，数据的计算量将会增大，影响计算效率，所以需对 T 值进行合适的选取。

由式（5-4）可知，采样数据信号 $x_s(t)$ 等于 $x(t)$ 与脉冲序列 $\delta_0(t)$ 的乘积。

由卷积定理可知

$$x(t)\delta_0(t)\rightleftharpoons X(f)*\Delta_0(f) \tag{5-5}$$

式中　$X(f)$——$x(t)$ 的傅里叶变换；

$\Delta_0(f)$——$\delta_0(t)$ 的傅里叶变换。

假若 $x(t)$ 为图 5-3a 所示的时域函数，其傅里叶变换 $X(f)$ 如图 5-3b 所示，脉冲序列 $\delta_0(t)$ 如图 5-3c 所示，则其傅里叶变换如图 5-3d 所示。根据图 5-3 可以看出，采样信号 $x_s(t)$ 的频谱中包含了原信号 $x(t)$ 的频谱 $X(f)$。如果用一个低通滤波器把 $X(f)$ 从 $X_s(f)$ 中选出，则就可以通过 $X(f)$ 还原出 $x(t)$。同时，为了使 $X_s(f)$ 的各波形不发生重叠现象，能不失真地恢复原信号，更求 f_s 的取值满足 $f_s-f_c\geqslant f_c$，所以得到

$$f_s\geqslant 2f_c \tag{5-6}$$

式中　f_c——被测信号中所包含的最高频率，称为信号的截止频率；

f_s——采样频率。

式（5-6）说明，若要不失真地恢复原信号，采样频率至少应为被测信号中所包含的最高频率的两倍，这就是著名的采样定理。

在不考虑相位的理想情况下，低通滤波器的截止频率只要选为 f_c，即可得还原的信号。但考虑到信号的相位和滤波器的特性，f_s 一般应该选择大于 $2f_c$，工程中，常取 $f_s=5f_c$ 以上。

2. 频率混叠效应

当采样间隔 T 取得过大，即采样频率 f_s 过低，使 $f_s<2f_c$ 时，将会产生信号 $x(t)$ 的高频分量与其低频分量发生重叠，这种现象称为频率混叠。如图 5-4 所示，当采样间隔 T 取得太大时，频域 $\Delta_0(f)$ 的间隔变小，它与 $x(f)$ 的卷积就产生了相互的重叠，即频率混叠效应。由图可见，一旦发生了混叠效应，采用何种低通滤波器也难以无失真地恢复频谱。

减小混叠效应可采用以下两种办法：

1）选取足够大的采样频率 f_s。如信号中的最高频率为 f_m，可选取 $f_c=(1.5\sim2.5)f_m$，则 $f_s=(3\sim5)f_c$。

2）采样前对信号进行低通滤波，即让信号 $x(t)$ 通过一个低通滤波器，衰减掉高频分量，然后根据滤波后信号的最高频率选取采样频率 f_s。

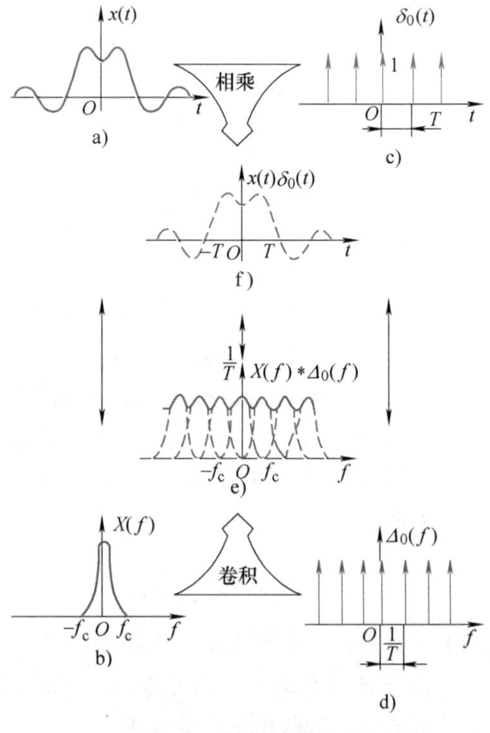

图 5-4　频率混叠效应

3. 截断、泄漏和窗函数

由于实际只能对有限长的信号进行处理，所以必须截断过长的时间信号历程。截断就是将信号乘以时域的有限宽矩形窗函数。“窗”的含义是透过窗口能够“看见”“外景”（信号的一部分），对时窗以外的信号视其为零。

从采样后的信号截取一段，就相当于在时域中用矩形窗函数 $w(t)$ 乘以采样后的信号。经这些处理后，其时、频域的相对应关系为

$$x_{\mathrm{a}}(t)p_{\delta}(t)w(t) \rightleftharpoons X_{\mathrm{a}}(\mathrm{j}\omega) * P_{\delta}(\mathrm{j}\omega) * W(\mathrm{j}\omega) \tag{5-7}$$

一般信号记录，常以某时刻作为起点截取一段信号，这实际上就是采用单边时窗，这时矩形窗函数为

$$w(t)=\begin{cases}1 & 0 \leqslant t \leqslant T \\ 0 & \text{其他}\end{cases} \tag{5-8}$$

由于 $W(\mathrm{j}\omega)$ 是一个无限带宽的 $\mathrm{sinc}(\theta)$ 函数，所以即使原时域信号是带限信号，在截断后也必然成为无限带宽信号，这种信号的能量在频率轴分布扩展的现象称为泄漏。同时，由于截断后信号带宽变宽，因此，无论采样频率多高，信号总是不可避免地出现混叠，故信号截断必然导致出现一些误差。

为了减小或抑制泄漏，提出了各种不同形式的窗函数来对时域信号进行加权处理，以改变时域截断处的不连续状况。所选择的窗函数应力求其频谱的主瓣宽度变窄些、旁瓣幅度变小些。窄的主瓣可以提高分辨能力；小的旁瓣可以减小泄漏。这样，窗函数的优劣大致可以从最大旁瓣峰值与主瓣峰值之比、最大旁瓣 10 倍频程衰减率和主瓣宽度三个方面来评价。

4. 频域采样、时域周期延拓和栅栏效应

经过时域采样和截断后，信号的频谱在频域是连续的。如果要用数字描述频谱，这就意味着首先必须使频率离散化，实行频域采样。频域采样与时域采样相似，在频域中用脉冲序列乘以信号频谱函数。这一过程在时域相当于将信号与周期脉冲序列做卷积，其结果是将时域信号平移至各脉冲坐标位置重新构图，从而相当于在时域中将窗内的信号波形在窗外进行周期延拓。所以，频率离散化，无疑已将时域信号“改造”成周期信号。总之，经过时域采样、截断、频域采样之后的信号是一个周期信号，与原信号是不一样的。

对一函数实行采样，实质就是“摘取”采样点上对应的函数值。其效果犹如透过栅栏的缝隙观看外景一样，只有落在缝隙前的少数景象被看到，其余景象都被栅栏挡住，视为零，这种现象称为栅栏效应。不管是时域采样还是频域采样，都有相应的栅栏效应。只不过时域采样如满足采样定理要求，栅栏效应不会有什么影响。而频域采样的栅栏效应则影响颇大，“挡住”或丢失的频率成分有可能是重要的或具有特征的成分，以致整个处理失去意义。

5. 频率分辨率、整周期截断

频率采样间隔 Δf 也是频率分辨率的指标。此间隔越小，频率分辨率越高，被“挡住”的频率成分越少。在利用离散傅里叶变换（DFT）将有限时间序列变换成相应的频谱序列的情况下，Δf 和分析的时间信号长度 T 的关系是

$$\Delta f=f_{\mathrm{s}}/N=1/T \tag{5-9}$$

这种关系是 DFT 算法固有的特征。这种关系往往会加剧频率分辨率和计算工作量之间的矛盾。

另外，在分析简谐信号的场合下，需要了解某特定频率 f_0 的谱值，希望 DFT 谱线落在

f_0 上。单纯减小 Δf，并不一定会使谱线落在频率 f_0 上。从 DFT 的原理来看，谱线落在 f_0 处的条件是：$f_0/\Delta f$=整数。考虑到 Δf 是分析时长 T 的倒数，简谐信号的周期 T_0 是其频率 f_0 的倒数，因此只有截取的信号长度 T 正好等于信号周期的整数倍时，才可能使分析谱线落在简谐信号的频率上，从而获得准确的频谱。显然，这个结论适用于所有周期信号。因此，对周期信号实行整周期截断是获得准确频谱的先决条件。从概念来说，DFT 的效果相当于将时窗内信号向外周期延拓。若事先按整周期截断信号，则延拓后的信号将和原信号完全重合，无任何畸变。反之，延拓后将在 $t=kT$ 交接处出现间断点，波形和频谱都发生畸变。其中 k 为某个整数。

5.3　随机信号

5.3.1　概述

随机信号属非确定性信号，是相对于确定信号而言的一种十分重要的信号。这种信号不能用确定的数学解析式表达其变化历程，即不可能预见其任一瞬时所应出现的数值，所以也无法用实验的方法再现，只能用数理统计概率方法描述。

随机信号在自然界中随处可见，如在道路上行驶的车辆受道路影响所产生的振动，气温的变化，海浪、地震以及机器振动的随机因素所产生的信号等，在测试过程中系统所受到的干扰，包括环境干扰以及内部干扰，无论是机械性的或是电学性的，很多都是随机信号。在声学研究中，客观世界的噪声大多是随机信号。

随机信号的主要特征参数有均值、方差、均方值、概率密度函数、相关函数和功率谱密度函数等描述术语。

随机信号是工程中经常遇到的一种信号，其特点为：

1）时间函数不能用精确的数学关系式来描述。

2）不能预测它未来任何时刻的准确值。

3）对于这种信号，每次观测结果都不同，但由大量的重复试验可知，它具有统计规律性，因而可用概率统计方法来描述和研究。

产生随机信号的物理现象称为随机现象。表示随机信号的单个时间历程 $x_i(t)$ 称为样本函数，某随机现象可能产生的全部样本函数的集合（也称总体）

$$\{x(t)\}=\{x_1(t)x_2(t)x_3(t)x_4(t)\cdots x_i(t)\cdots x_N(t)\}$$

称为随机过程。

图 5-5 所示为汽车在水平柏油路上行驶时，车架主梁上一点的应变时间历程。可以看到，在工况完全相同（车速、路面、驾驶条件等）的情况下，各时间历程的样本记录是完全不同的，这种信号就是随机信号。

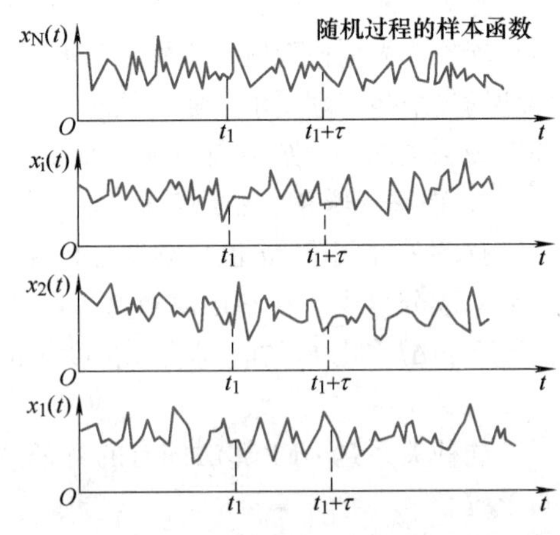

图 5-5　汽车车架主梁上一点的应变时间历程

随机过程在任何时刻 t_k 的各统计特性采用总体平均方法来描述。所谓总体平均，就是将全部样本

函数在某时刻的值 $x_i(t)$ 相加后再除以样本函数的个数，即

$$\mu_x(t_1) = \lim_{N\to\infty} \frac{1}{N}\sum_{i=1}^{N} x_i(t_1) \tag{5-10}$$

随机过程在 t_1 和 $t_1+\tau$ 两个不同时刻的相关性可用相关函数表示为

$$R_x(t_1, t_1+\tau) = \lim_{N\to\infty} \frac{1}{N}\sum_{i=1}^{N} x_i(t_1)x_i(t_1+\tau) \tag{5-11}$$

随机过程包括平稳随机过程和非平稳随机过程，平稳随机过程又包括各态历经随机过程和非各态历经随机过程。若随机过程的统计特征参数不随时间而变化，称为平稳随机过程，否则为非平稳随机过程。

对于一个平稳随机过程，若它的任一单个样本函数的时间平均统计特征等于该过程的集合平均统计特征，则称该平稳随机过程为各态历经随机过程，也称遍历性。工程上所遇到的很多平稳随机信号都具有各态历经性。有些虽不是严格的各态历经随机过程，但可以被当作各态历经随机过程来处理。本书仅限于讨论各态历经随机过程。

5.3.2 随机信号的主要特征参数

1. 均值、方差和均方值

对于一个各态历经随机信号 $x(t)$，其均值 μ_x 为

$$\mu_x = \lim_{T\to\infty} \frac{1}{T}\int_0^T x(t)\,\mathrm{d}t \tag{5-12}$$

式中 $x(t)$——样本函数；

T——观测时间；

μ_x——常值分量。

方差 σ_x^2 是描述随机信号的波动分量，定义为

$$\sigma_x^2 = \lim_{T\to\infty} \frac{1}{T}\int_0^T [x(t)-\mu_x]^2\,\mathrm{d}t \tag{5-13}$$

它表示信号 $x(t)$ 偏离其均值 μ_x 二次方的均值，方差的正二次方根 σ_x 称为标准偏差。

均方值 ψ_x^2 是随机信号 $x(t)$ 二次方的平均值，定义为

$$\psi_x^2 = \lim_{T\to\infty} \frac{1}{T}\int_0^T x^2(t)\,\mathrm{d}t \tag{5-14}$$

它用来描述信号的能量或强度，是 $x(t)$ 二次方的均值。均方值的正二次方根值称为方均根值 x_{rms}。参数 μ_x、${\sigma_x}^2$、ψ_x^2 之间的关系为

$$\sigma_x^2=\psi_x^2-\mu_x^2 \tag{5-15}$$

当 $\mu_x=0$ 时，$\sigma_x^2=\psi_x^2$。

从上述各式可以看出，用时间平均法计算随机信号特征参数，需要进行 $T\to\infty$ 的极限运算，这意味着要使用样本函数，因为样本函数是指观测无限长的样本记录，这是一个几乎无

法克服的困难。实际工程中，常常以有限长的样本记录来替代无限长的样本记录。用有限长度样本函数计算出来的特征参数均为理论参数的估计值，因此，随机信号的均值、方差和均方值的估计公式分别为

$$\hat{\mu} = \frac{1}{T}\int_0^T x(t)\,\mathrm{d}t \tag{5-16}$$

$$\hat{\sigma}_x^{\,2} = \frac{1}{T}\int_0^T [x(t) - \mu_x]^2\mathrm{d}t \tag{5-17}$$

$$\hat{\psi}_x^2 = \frac{1}{T}\int_0^T x^2(t)\,\mathrm{d}t \tag{5-18}$$

2. 概率密度函数（Probability Density Function）

随机信号的概率密度函数表示信号的瞬时幅值落在指定区间内的概率。它随所取范围的幅值而变化，因此是幅度的函数。如图 5-6 所示，一随机信号 $x(t)$ 的幅值落在 $[x,x+\Delta x]$ 区间内的时间为 T_x，则

$$T_x = \Delta t_1 + \Delta t_2 + \Delta t_3 + \cdots + \Delta t_n = \sum_{i=1}^{n} \Delta t_i \tag{5-19}$$

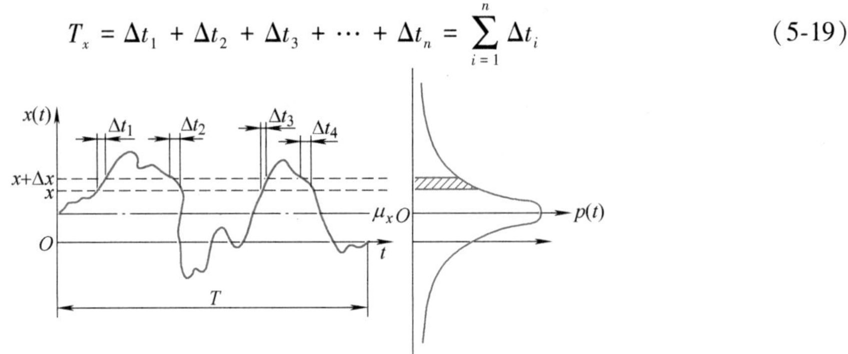

图 5-6　概率密度函数的说明

当记录时间 T 趋于无穷大时，比值 T_x/T 就是幅值落在 $[x,\ x+\Delta x]$ 区间内的概率，记作

$$P[x<x(t) \leqslant x+\Delta x] = \lim_{T\to\infty}\frac{T_x}{T} \tag{5-20}$$

定义随机信号的幅值概率密度函数 $p(x)$ 为

$$p(x) = \lim_{\Delta x\to 0}\frac{P[x < x(t) \leqslant x + \Delta x]}{\Delta x} = \lim_{\substack{\Delta x\to 0\\ T\to\infty}}\frac{T_x/T}{\Delta x} = \lim_{\substack{\Delta x\to 0\\ T\to\infty}}\left(\frac{1}{T\Delta x}\sum_{i=1}^{n}\Delta t_i\right) \tag{5-21}$$

概率密度函数提供了随机信号幅值域分布的信息，即概率相对于幅值的变化率，是随机信号的主要特性参数之一。

对概率密度函数积分而得到概率分布函数（Probability Distribution Function）为

$$P(x) = \int_{-\infty}^{\infty} p(x)\,\mathrm{d}x \tag{5-22}$$

随机信号 $x(t)$ 的值落在区间 (x_1,x_2) 内的概率为

$$P[x_1 < x(t) \leqslant x_2] = \int_{x_1}^{x_2} p(x)\mathrm{d}x = P(x_2) - P(x_1) \tag{5-23}$$

不同的随机信号具有不同的概率密度函数图形，可以借此识别信号的性质。图 5-7 所示为四种常见的均值为零的随机信号的概率密度函数 $p(x)$ 图形和自相关函数 $R_x(\tau)$ 图形。

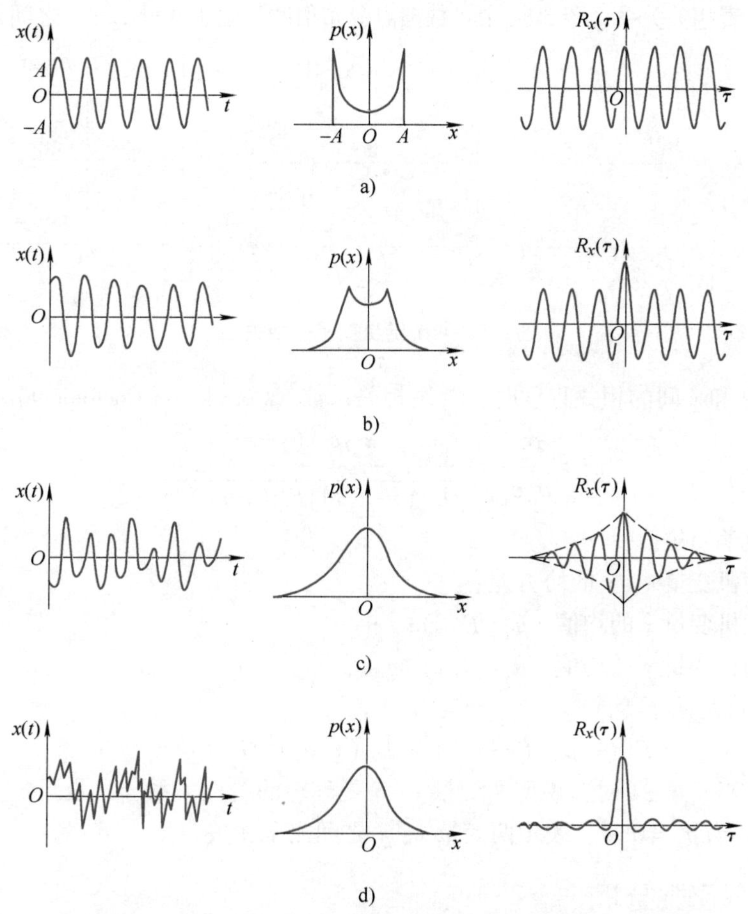

图 5-7　随机信号的概率密度函数图形和自相关函数图形

a）初相角随机变化的正弦信号　b）正弦信号加随机信号　c）窄带随机信号　d）宽带随机信号

5.4　信号的相关分析及应用

在测试技术领域中，在分析两个随机信号之间的关系，或是分析一个信号在一定时移前后之间的关系时，都需要相关分析，因此，相关是一个非常重要的概念。

5.4.1　相关系数

相关用于描述两个随机过程在某个时刻状态之间，或者一个随机过程自身在不同时刻的状态间的线性依从关系。

对确定性信号来说，两个变量之间可以用确定的函数关系来描述，两者为一一对应，并为确定的数值；如果两个随机变量之间不具有确定的关系，它们之间也可能存在某种内涵的、统计上可以确定的物理关系。

图5-8所示为两个随机变量 x 和 y 组成的数据点的分布情况。图5-8a中变量 x 和 y 有精确的线性关系，图5-8b中变量 x 和 y 没有确定的关系，但从总体来看，具有某种程度的线性关系，说明它们之间有着相关关系。图5-8c中各数据点分布很散，说明变量 x 和 y 之间是无关的。

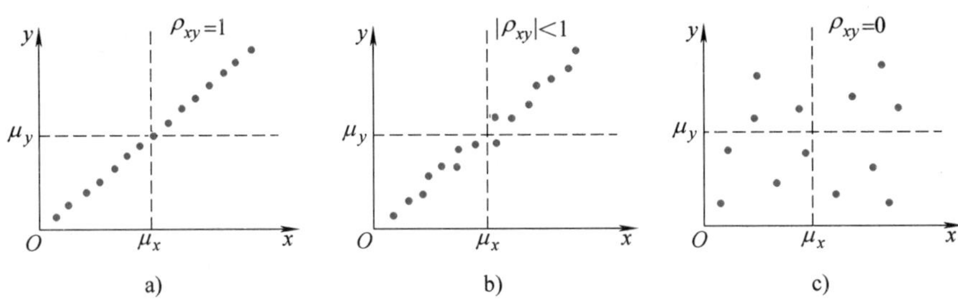

图5-8　两个随机变量的相关性

评价变量 x 和 y 间的相关程度时，常用相关系数（Correlation Coefficient）ρ_{xy} 来表示，即

$$\rho_{xy}=\frac{\sigma_{xy}}{\sigma_x\sigma_y}=\frac{E[(x-\mu_x)(y-\mu_y)]}{\sqrt{E[(x-\mu_x)^2]E[(y-\mu_y)^2]}} \tag{5-24}$$

式中　E——数学期望值；

σ_{xy}——随机变量 x、y 的协方差；

μ_x——随机变量 x 的均值，$\mu_x=E(x)$；

μ_y——随机变量 y 的均值，$\mu_y=E(y)$。

利用柯西-许瓦兹不等式

$$E[(x-\mu_x)(y-\mu_y)]^2\leqslant E[(x-\mu_x)^2]E[(y-\mu_y)^2] \tag{5-25}$$

可知 $|\rho_{xy}|\leqslant 1$。当 $\rho_{xy}=\pm 1$ 时，说明两变量 x、y 是理想的线性关系，只是当 $\rho_{xy}=-1$ 时，直线的斜率为负值。当 $\rho_{xy}=0$ 时，表示两变量 x、y 之间完全无关。

5.4.2　自相关函数分析

1. 自相关函数（Autocorrelation Function）的定义

假设 $x(t)$ 是各态历经随机过程的一个样本函数，$x(t+\tau)$ 是 $x(t)$ 时移 τ 后的样本，如图5-9所示，样本函数 $x(t+\tau)$ 和 $x(t)$ 相关的程度可以用相关系数 $\rho_{x(t)x(t+\tau)}$ 来表示，把 $\rho_{x(t)x(t+\tau)}$ 简化为 $\rho_x(\tau)$，则有

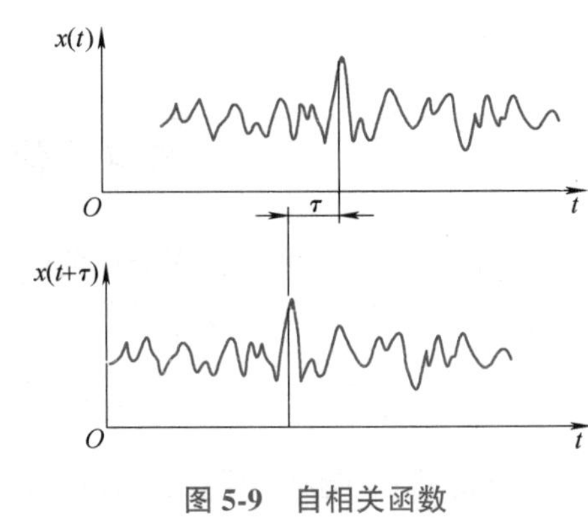

图5-9　自相关函数

$$\rho_x(\tau)=\frac{\lim\limits_{T\to\infty}\frac{1}{T}\int_0^T[x(t)-\mu_x][x(t+\tau)-\mu_x]\mathrm{d}t}{\sigma_x^2}$$

$$=\frac{\lim\limits_{T\to\infty}\frac{1}{T}\int_0^T x(t)x(t+\tau)\mathrm{d}t-\mu_x^2}{\sigma_x^2}$$

定义自相关函数 $R_x(\tau)$ 为

$$R_x(\tau)=\lim_{T\to\infty}\frac{1}{T}\int_0^T x(t)x(t+\tau)\,\mathrm{d}t \tag{5-26}$$

则有

$$\rho_x(\tau)=\frac{R_x(\tau)-\mu_x^2}{\sigma_x^2} \tag{5-27}$$

信号的性质不同，自相关函数的表达式也是不同的。

周期信号自相关函数的表达式为

$$R_x(\tau)=\frac{1}{T_0}\int_0^{T_0} x(t)x(t+\tau)\,\mathrm{d}t \tag{5-28}$$

式中 T_0——信号的周期。

非周期信号自相关函数的表达式为

$$R_x(\tau)=\int_{-\infty}^{\infty} x(t)x(t+\tau)\,\mathrm{d}t \tag{5-29}$$

从以上几个公式可以看出，$\rho_x(\tau)$ 和 $R_x(\tau)$ 均与 τ 有关，并且 $\rho_x(\tau)$ 和 $R_x(\tau)$ 呈线性关系。

2. 自相关函数的性质

1）根据定义，自相关函数为实偶函数，即$R_x(\tau)=R_x(-\tau)$。证明过程如下：

$$\begin{aligned}R_x(-\tau)&=\lim_{T\to\infty}\frac{1}{T}\int_0^T x(t)x(t-\tau)\,\mathrm{d}t\\&=\lim_{T\to\infty}\frac{1}{T}\int_0^T x(t-\tau+\tau)x(t-\tau)\,\mathrm{d}(t-\tau)\\&=R_x(\tau)\end{aligned}$$

2）根据式（5-27），则有

$$R_x(\tau)=\rho_x(\tau)\sigma_x^2+\mu_x^2$$

因为$|\rho_x(\tau)|\leqslant 1$，所以

$$\mu_x^2-\sigma_x^2\leqslant R_x(\tau)\leqslant\mu_x^2+\sigma_x^2$$

3）τ 值不同，$R_x(\tau)$ 也不同，当 $\tau=0$ 时，$R_x(\tau)$ 的值最大，并等于信号的均方值 ψ_x^2。

$$R_x(0)=\lim_{T\to\infty}\frac{1}{T}\int_0^T x(t)x(t)\,\mathrm{d}t=\psi_x^2=\mu_x^2+\sigma_x^2$$

4）当 $\tau\to\infty$ 时，$x(t)$ 和 $x(t+\tau)$ 之间不存在内在联系，彼此无关，故

$$\rho_x(\tau)\underset{\tau\to\infty}{\to}0,\quad R_x(\tau)\underset{\tau\to\infty}{\to}\mu_x^2$$

5）周期函数的自相关函数仍为周期函数，且两者的频率相同，但是丢失了原信号的相位信息。

图 5-10 所示为自相关函数的曲线及其性质。

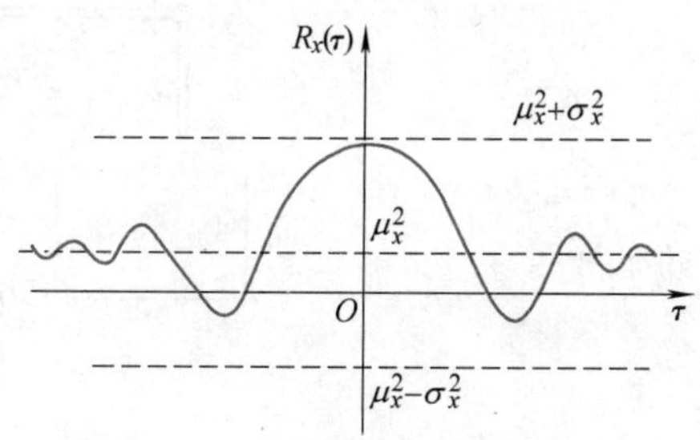

图 5-10 自相关函数的曲线及其性质

例 5-1　求正弦函数 $x(t)=A\sin(\omega t+\varphi)$ 的自相关函数。

解：正弦函数为周期函数，根据式（5-28）得

$$R_x(\tau)=\frac{1}{T_0}\int_0^{T_0}x(t)x(t+\tau)\mathrm{d}t$$

$$=\frac{1}{T_0}\int_0^{T_0}A^2\sin(\omega t+\varphi)\sin[\omega(t+\tau)+\varphi]\mathrm{d}t$$

式中　T_0——正弦函数的周期，$T_0=\dfrac{2\pi}{\omega}$。

令 $\omega t+\varphi=\theta$，则 $\mathrm{d}t=\mathrm{d}\theta/\omega$，则有

$$R_x(\tau)=\frac{A^2}{2\pi}\int_0^{2\pi}\sin\theta\sin(\theta+\omega\tau)\mathrm{d}\theta=\frac{A^2}{2}\cos\omega\tau$$

从例 5-1 可以看出，正弦函数的自相关函数是一个余弦函数，在 $\tau=0$ 时具有最大值。它保留了原信号的幅值和频率信息，但是丢失了原正弦信号中的初始相位信息。

从图 5-7 所示的四种常见的随机信号的自相关函数 $R_x(\tau)$ 图可以看出，只要信号中含有周期成分，其自相关函数 $R_x(\tau)$ 在 τ 很大时都不衰减，并且有明显的周期性。不含有周期成分的随机信号，在 τ 稍大时，自相关函数 $R_x(\tau)$ 将趋近于零；窄带随机信号（如噪声）的自相关函数有较慢的衰减特性，而宽带随机信号（如噪声）的自相关函数很快衰减到零。

自相关分析在工程应用中有着重要的意义，图 5-11 所示为用电感式轮廓仪测量工件表面粗糙度的示意图。金刚石触头将工件表面的凸凹不平度，通过电感式传感器转换为时间域信号（图 5-11a），再经过相关分析得到自相关图形（图 5-11b）。可以看出，这是一种随机信号中混杂着周期信号的波形，随机信号在原点处有较大相关性，随 τ 值增大而减小，此后呈现出周期性，这表明造成表面粗糙度的原因中包含了某种周期因素，从而进一步分析其原因。例如沿工件轴向，可能是走刀运动的周期性变化；沿工件切向，则可能是由于主轴回转振动的周期性变化等。又如在分析汽车车座位置的振动信号时，利用自相关分析来检测该信号是否含有某种周期成分（如发动机工作所产生的周期振动信号），从而可进一步改进座位的结构来消除这种周期性影响，达到改善舒适度的目的。

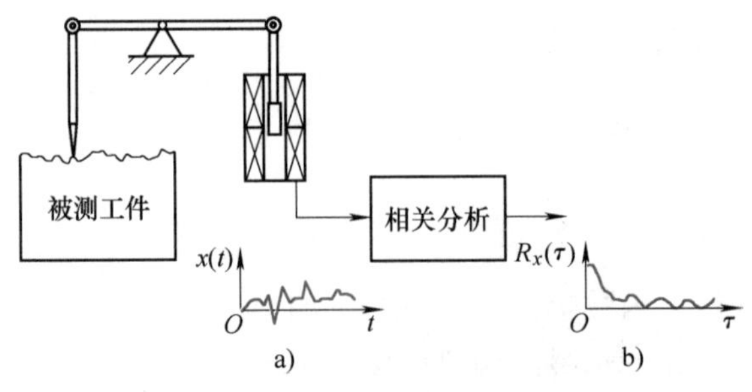

图 5-11　测量工件表面粗糙度与自相关函数

5.4.3　互相关函数分析

1. 互相关函数（Cross-Correlation Function）的定义

假设 $x(t)$ 和 $y(t)$ 是各态历经随机过程的两个样本函数，它们互相关函数的定义 $R_{xy}(\tau)$ 为

$$R_{xy}(\tau)=\lim_{T\to\infty}\frac{1}{T}\int_0^T x(t)y(t+\tau)\mathrm{d}t \tag{5-30}$$

时移为 τ 的两信号 $x(t)$ 和 $y(t)$ 的互相关系数为

$$\begin{aligned}\rho_{xy}(\tau)&=\frac{\lim\limits_{T\to\infty}\dfrac{1}{T}\displaystyle\int_0^T[x(t)-\mu_x][y(t+\tau)-\mu_y]\mathrm{d}t}{\sigma_x\sigma_y}\\&=\frac{\lim\limits_{T\to\infty}\dfrac{1}{T}\displaystyle\int_0^T x(t)y(t+\tau)\mathrm{d}t-\mu_x\mu_y}{\sigma_x\sigma_y}=\frac{R_{xy}(\tau)-\mu_x\mu_y}{\sigma_x\sigma_y}\end{aligned} \tag{5-31}$$

2. 互相关函数的性质

1）互相关函数 $R_{xy}(\tau)$ 是可正、可负的实函数。

2）根据式（5-31）得

$$R_{xy}(\tau)=\mu_x\mu_y+\rho_{xy}(\tau)\sigma_x\sigma_y$$

因为 $|\rho_{xy}(\tau)|\leqslant 1$，所以互相关函数的范围为

$$\mu_x\mu_y-\sigma_x\sigma_y\leqslant R_{xy}(\tau)\leqslant\mu_x\mu_y+\sigma_x\sigma_y$$

3）互相关函数既不是偶函数，也不是奇函数，即 $R_{xy}(\tau)$ 一般不等于 $R_{xy}(-\tau)$。但满足 $R_{xy}(\tau)=R_{yx}(-\tau)$，因为所讨论的随机过程是平稳的，在 t 和 $t-\tau$ 时刻从样本函数计算的互相关函数是一致的，即

$$\begin{aligned}R_{xy}(\tau)&=\lim_{T\to\infty}\frac{1}{T}\int_0^T x(t)y(t+\tau)\mathrm{d}t=\lim_{T\to\infty}\frac{1}{T}\int_0^T x(t-\tau)y(t)\mathrm{d}t\\&=\lim_{T\to\infty}\frac{1}{T}\int_0^T y(t)x(t-\tau)\mathrm{d}t=R_{yx}(-\tau)\end{aligned}$$

4）互相关函数 $R_{xy}(\tau)$ 的最大值不在 $\tau=0$ 处，而在偏离原点 τ_0 处，时移 τ_0 反映了 $x(t)$ 和 $y(t)$ 之间的滞后时间。图5-12所示为互相关函数的曲线及其性质。

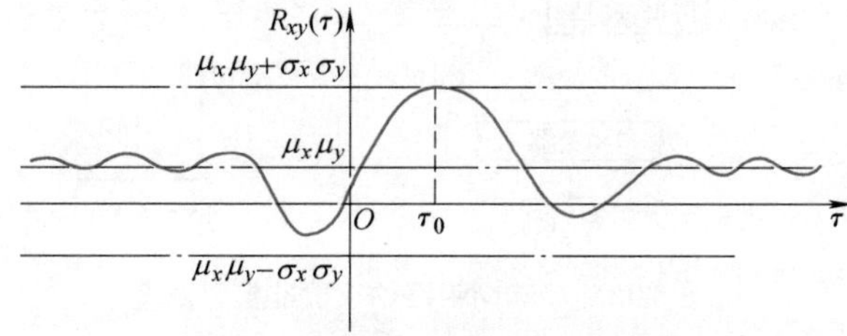

图5-12　互相关函数的曲线及其性质

5）两个统计独立的随机信号，当均值为零时，则 $R_{xy}(\tau)=0$。

6）两个同周期信号的互相关函数仍然是同频率的周期信号，但保留了原信号的相位信

息；两个非同频率的周期信号互不相关，即“同频相关，不同频不相关”。

例 5-2　设周期信号 $x(t)$ 和 $y(t)$ 分别为

$$x(t)=A\sin(\omega t+\theta)$$

$$y(t)=B\sin(\omega t+\theta-\varphi)$$

试求两个周期信号的互相关函数 $R_{xy}(\tau)$。

解：由于 $x(t)$ 和 $y(t)$ 是周期信号，则可以用一个共同周期内的平均值替代整个时间历程的平均值，所以

$$R_{xy}(\tau)=\lim_{T\to\infty}\frac{1}{T}\int_0^T x(t)y(t+\tau)\mathrm{d}t$$

$$=\frac{1}{T_0}\int_0^{T_0}[A\sin(\omega t+\theta)]B\sin[\omega(t+\tau)+\theta-\varphi]\mathrm{d}t$$

$$=\frac{1}{2}AB\cos(\omega\tau-\varphi)$$

从例 5-2 的结果可知，两个均值为零且具有相同频率的周期信号，其互相关函数保留了这两个信号的频率 ω、对应的幅值 A 和 B 以及相位差 φ 的信息。

3. 互相关技术的工程应用

在测试技术中，互相关技术得到了广泛的应用，利用互相关函数可以测量系统的延时，也可识别、提取混淆在噪声中的信号等。

（1）相关测速和测距　如测量运动物体的速度，图 5-13 所示为热轧钢带运动速度非接触测量的示意图，其测试系统由性能相同的两组光电池、透镜、可调延时器和相关器组成。当运动的热轧钢带表面的反射光经透镜聚焦在相距为 d 的两个光电池上时，反射光通过光电池转换为电信号，经可调延时器延时，再进行相关处理。当可调延时等于钢带上某点在两个测点之间经过所需的时间 τ 时，互相关函数为最大值。所测钢带的运动速度为 $v=d/\tau_m$。

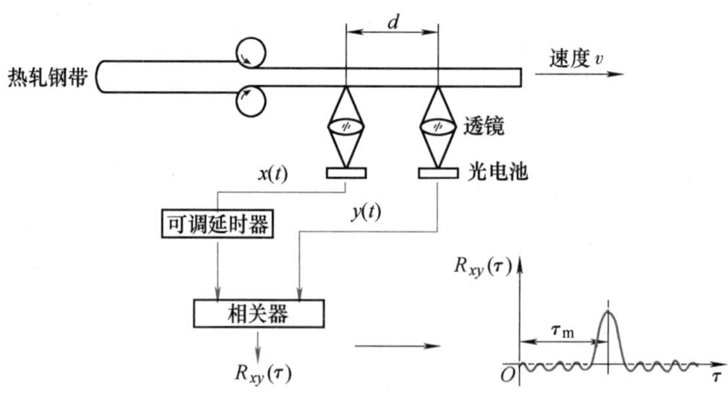

图 5-13　热轧钢带运动速度非接触测量

（2）利用相关分析进行故障诊断　图 5-14 中漏损处 k 为向两侧传播声响的声源。在两侧管道上分别放置传感器 1 和 2，因为放传感器的两点距漏损处不等远，所以漏油的声响传至两传感器就有时差 τ_m，在互相关函数图 $\tau=\tau_m$ 处，$R_{x_1x_2}(\tau)$ 有最大值。由 τ_m 可确定漏损处的位置。设两传感器的中点至漏损处的距离为s，声音通过管道的传播速度为 v，则

$$s=\frac{1}{2}v\tau_{m}$$

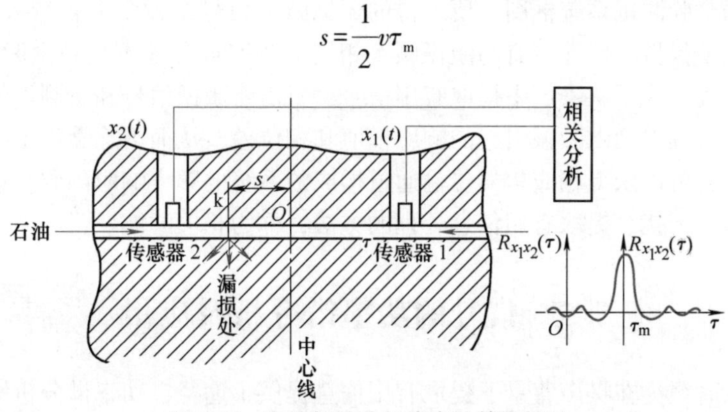

图 5-14　利用相关分析找出油管漏损处

又如，图 5-15 所示为利用互相关函数对汽车座位的振动进行不解体诊断，要测出振动是由发动机引起的，还是由后桥引起的，可在发动机、驾驶人座位、后桥上布置加速度传感器，然后将传感器获取的信号放大并进行相关分析。通过互相关函数看出，后桥与驾驶人座位的互相关性比发动机与驾驶人座位的大，所以，汽车座位的振动主要是后桥的振动引起的。

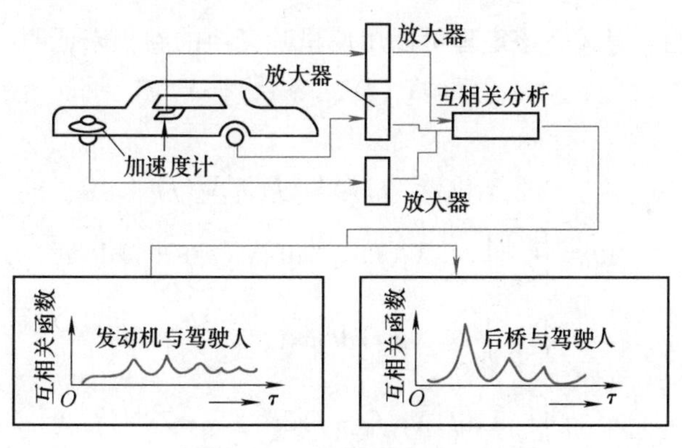

图 5-15　车辆振动故障检测

（3）在混有周期成分的信号中提取特定的频率成分　对某线性系统的激振试验，图 5-16

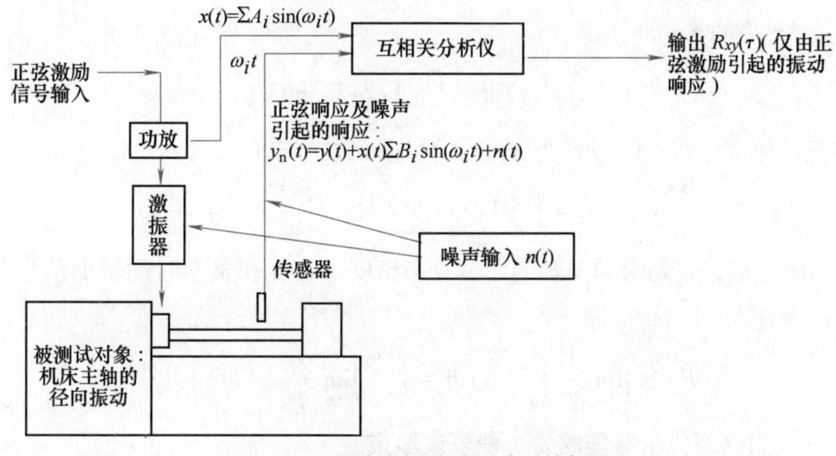

图 5-16　机床激振试验测试系统框图

所示为机床激振试验测试系统框图，所测得的振动响应信号中常常会含有大量的噪声干扰，根据线性系统频率保持特性，只有与激振频率相同的频率成分才可能是由激振引起的响应，其他成分均是干扰。为了从噪声中提取有用信号，只需将激振信号和所测得的响应信号进行互相关分析，就可以得到由激振引起的响应幅值和相位差，从而消除噪声干扰的影响。如果改变激振频率，就可以求得相应信号传输通道构成的系统的频率响应函数。这种应用相关分析原理来消除噪声干扰、提取有用信息处理的方法，称为相关滤波。

5.5　信号的功率谱分析及应用

相关分析从时域为在噪声背景下提取有用信息提供了途径，功率谱分析则从频域为研究平稳随机过程提供了重要方法。

5.5.1　巴塞伐尔（Paseval）定理

巴塞伐尔定理：在时域中信号的总能量等于在频域中信号的总能量，即

$$\int_{-\infty}^{+\infty} x^2(t)\,\mathrm{d}t = \int_{-\infty}^{+\infty} |X(f)|^2\,\mathrm{d}f \tag{5-32}$$

式（5-32）又称为能量等式。该定理可以用傅里叶变换的卷积来证明。

假设　　$x_1(t) \Leftrightarrow X_1(f),\quad x_2(t) \Leftrightarrow X_2(f)$

根据频域卷积定理，则

$$x_1(t)x_2(t) \Leftrightarrow X_1(f) * X_2(f)$$

$$\begin{aligned}\int_{-\infty}^{+\infty} x_1(t)x_2(t)\mathrm{e}^{-\mathrm{j}2\pi f_0 t}\mathrm{d}t &= \int_{-\infty}^{+\infty}\int_{-\infty}^{+\infty}[X_1(f)\mathrm{e}^{\mathrm{j}2\pi f t}\mathrm{d}f]x_2(t)\mathrm{e}^{-\mathrm{j}2\pi f_0 t}\mathrm{d}t \\ &= \int_{-\infty}^{+\infty}\int_{-\infty}^{+\infty}[X_1(f)\mathrm{d}f]x_2(t)\mathrm{e}^{-\mathrm{j}2\pi(f_0-f)t}\mathrm{d}t \\ &= \int_{-\infty}^{+\infty} X_1(f)X_2(f_0-f)\mathrm{d}f\end{aligned}$$

令 $f_0=0$，则

$$\int_{-\infty}^{+\infty} x_1(t)x_2(t)\,\mathrm{d}t = \int_{-\infty}^{+\infty} X_1(f)X_2(-f)\,\mathrm{d}f$$

又令 $x_1(t)=x_2(t)=x(t)$，得

$$\int_{-\infty}^{+\infty} x^2(t)\,\mathrm{d}t = \int_{-\infty}^{+\infty} X(f)X(-f)\,\mathrm{d}f$$

$x(t)$为实函数，则 $X(-f)=X^*(f)$，为 $X(f)$ 的共轭函数，所以

$$\int_{-\infty}^{+\infty} x^2(t)\,\mathrm{d}t = \int_{-\infty}^{+\infty} X(f)X^*(f)\,\mathrm{d}f = \int_{-\infty}^{+\infty} |X(f)|^2\,\mathrm{d}f$$

$|X(f)|^2$ 称为能量谱，它是沿频率轴的能量分布密度。这样在整个时间轴上信号的平均功率可计算为

$$P_{\mathrm{av}} = \lim_{T\to\infty}\frac{1}{T}\int_0^T x^2(t)\,\mathrm{d}t = \int_{-\infty}^{+\infty}\lim_{T\to\infty}\frac{1}{T}|X(f)|^2\,\mathrm{d}f \tag{5-33}$$

式（5-33）为巴塞伐尔定理的另一种表达形式。

5.5.2 功率谱密度函数

1. 自功率谱密度函数的定义及物理意义

设平稳随机信号 $x(t)$ 的均值为零且不含周期成分，则其自相关函数 $R_x(\tau)$ 在当 $\tau\to\infty$ 时有 $R_x(\tau\to\infty)=0$，则该自相关函数满足傅里叶变换的条件 $\int_{-\infty}^{+\infty}|R_x(\tau)|\mathrm{d}\tau<\infty$ 。于是存在 $R_x(\tau)$ 的傅里叶变换对

$$S_x(f)=\int_{-\infty}^{+\infty}R_x(\tau)\mathrm{e}^{-\mathrm{j}2\pi f\tau}\mathrm{d}\tau \tag{5-34}$$

其逆变换为

$$R_x(\tau)=\int_{-\infty}^{+\infty}S_x(f)\mathrm{e}^{\mathrm{j}2\pi f\tau}\mathrm{d}f \tag{5-35}$$

$S_x(f)$ 称为 $x(t)$ 的自功率谱密度函数（Power Spectrum Density Function），简称自谱（或自功率谱）。$R_x(\tau)$ 是对信号的时域分析，$S_x(f)$ 是对信号的频域分析，它们包含的信息是完全相同的。

$R_x(\tau)$ 为实偶函数，则 $S_x(f)$ 也为实偶函数，$S_x(f)$ 是在 $(-\infty,\infty)$ 频率范围内的自功率谱，所以称为双边自谱。根据 $S_x(f)$ 为实偶函数，而在实际应用中频率不能为负值，因此用在（0，∞）频率范围内的单边自谱 $G_x(f)$ 表示信号的全部功率谱，即 $G_x(f)=2S_x(f)$，如图 5-17所示。

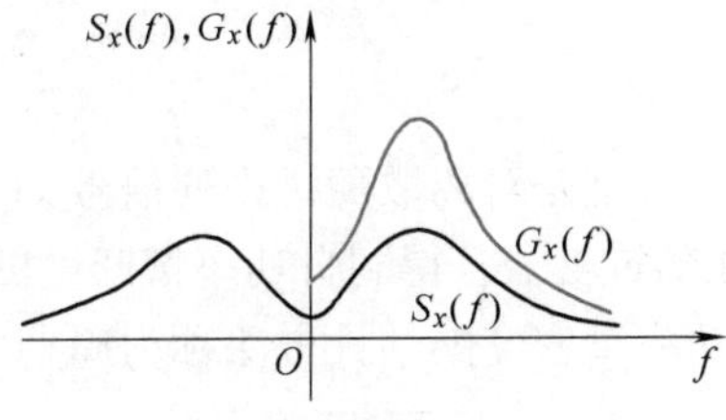

图 5-17 单边自谱和双边自谱

当 $\tau=0$ 时，根据自相关函数 $R_x(\tau)$ 和自功率谱密度函数 $S_x(f)$ 的定义，有

$$R_x(0)=\lim_{T\to\infty}\frac{1}{T}\int_0^T x^2(t)\mathrm{d}t=\lim_{T\to\infty}\int_0^T\frac{x^2(t)}{T}\mathrm{d}t=\int_{-\infty}^{+\infty}S_x(f)\mathrm{d}f \tag{5-36}$$

从物理意义上讲，$x^2(t)$ 看作信号的能量，$x^2(t)/T$ 看作信号的功率，则 $\lim\limits_{T\to\infty}\int_0^T\frac{x^2(t)}{T}\mathrm{d}t$ 为信号 $x(t)$ 的总功率。从式（5-36）可以看出，$S_x(f)$ 曲线下和频率轴包围的总面积与 $\frac{x^2(t)}{T}$ 曲线下的总面积相等，所以 $S_x(f)$ 曲线下和频率轴包围的总面积就是信号的总功率，$S_x(f)$ 的大小表示自功率谱密度函数沿频率轴的分布。

根据式（5-33）和式（5-36），可以得出

$$S_x(f)=\lim_{T\to\infty}\frac{1}{T}|X(f)|^2 \tag{5-37}$$

式（5-37）反映了自功率谱密度函数和幅值谱之间的关系。利用这一关系，就可以对时域信号直接做傅里叶变换来计算其功率谱。由此可见，自谱 $S_x(f)$ 反映信号的频域结构，这和幅值谱 $|X(f)|$ 一致，但自谱所反映的是信号幅值的二次方，因此其频域结构特征更为明显，如图 5-18 所示。

2. 自功率谱密度的估计

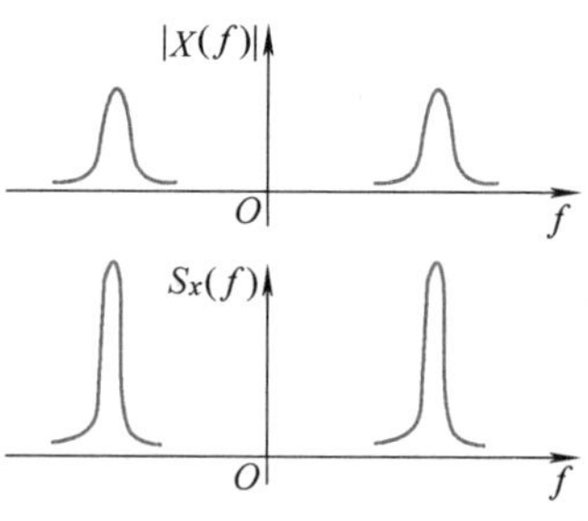

图 5-18 幅值谱与自功率谱

在实际测试中，信号的自功率谱密度只能在有限长度的时间区域内近似估计。根据自功率谱密度函数的定义，信号自功率谱密度估计应当先根据原始信号计算出其相关函数，然后对自相关函数做傅里叶变换。在实际自功率谱密度估计时，往往采用更为方便可行的方法。根据式（5-37）初步估计自功率谱密度，以 $\tilde{S}_x(f)$、$\tilde{G}_x(f)$ 分别表示双边谱和单边谱，即

$$\tilde{S}_x(f)=\frac{1}{T}|X(f)|^2 \tag{5-38}$$

$$\tilde{G}_x(f)=\frac{2}{T}|X(f)|^2 \tag{5-39}$$

对于数字信号，初步估计自功率谱密度为

$$\tilde{S}_x(k)=\frac{1}{N}|X(k)|^2 \tag{5-40}$$

$$\tilde{G}_x(k)=\frac{2}{N}|X(k)|^2 \tag{5-41}$$

这是对离散随机序列信号 $x(n)$ 进行快速傅里叶变换（FFT），取其模的二次方，再乘以 $1/N$ 或 $2/N$，得到自功率谱密度的初步估计。由于该变换具有周期函数的性质，因而这种自功率谱密度的估计方法称为周期图法。它是一种最常见、常用的自功率谱密度的估计算法。

3. 互功率谱密度函数

互相关函数 $R_{xy}(\tau)$ 在 $\tau\to\infty$ 时，有 $R_{xy}(\tau\to\infty)=0$，则该互相关函数满足傅里叶变换的条件 $\int_{-\infty}^{+\infty}|R_{xy}(\tau)|\mathrm{d}\tau<\infty$。于是存在 $R_{xy}(\tau)$ 的傅里叶变换对

$$S_{xy}(f)=\int_{-\infty}^{+\infty}R_{xy}(\tau)\mathrm{e}^{-\mathrm{j}2\pi f\tau}\mathrm{d}\tau \tag{5-42}$$

其逆变换为

$$R_{xy}(\tau)=\int_{-\infty}^{+\infty}S_{xy}(f)\mathrm{e}^{\mathrm{j}2\pi f\tau}\mathrm{d}f \tag{5-43}$$

$S_{xy}(f)$ 称为信号 $x(t)$ 和 $y(t)$ 的互功率谱密度函数（Cross Power Spectrum Density Function），简称互谱。

互相关函数 $R_{xy}(\tau)$ 并非偶函数，因此 $S_{xy}(f)$ 具有虚、实两部分。同样，$S_{xy}(f)$ 保留了 $R_{xy}(\tau)$ 中的全部信息。

5.5.3 功率谱的应用

1. 功率谱密度与幅值谱及系统的频率响应函数的关系

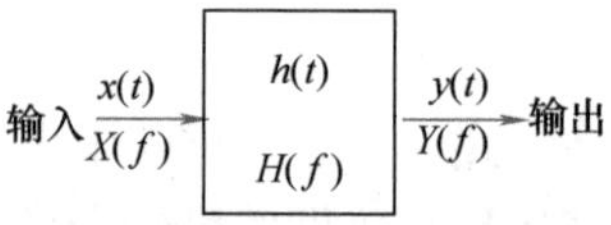

图 5-19 所示线性系统的输出 $y(t)$ 等于其输入 $x(t)$ 和系统的脉冲响应函数 $h(t)$ 的卷积，即

$$y(t)=x(t)*h(t)$$

输入 x(t) X(f) → h(t) H(f) → y(t) Y(f) 输出

图 5-19 线性系统

根据卷积定理，则上式在频域中为

$$Y(f)=X(f)H(f)$$

式中　$Y(f)$、$X(f)$、$H(f)$——f的复函数，其中，$H(f)$为系统的频率响应函数，反映了系统的传递特性。

如果$X(f)$表示为$X(f)=X_R(f)+jX_I(f)$，则$X(f)$的共轭值为

$$X^*(f)=X_R(f)-jX_I(f)$$

则

$$X(f)X^*(f)=X_R^2(f)+X_I^2(f)=|X(f)|^2$$

通过自谱可求得$H(f)$为

$$H(f)H^*(f)=\frac{Y(f)}{X(f)}\frac{Y^*(f)}{X^*(f)}=\frac{S_y(f)}{S_x(f)}=|H(f)|^2 \tag{5-44}$$

通过输入、输出自谱分析，就能得出系统的幅频特性，但丢失了相位信息。变换式（5-44），则得到输入、输出自谱与系统的频率响应函数的关系为

$$S_y(f)=|H(f)|^2S_x(f) \tag{5-45}$$

也可用自谱和互谱求得$H(f)$，即

$$H(f)=\frac{Y(f)}{X(f)}\frac{X^*(f)}{X^*(f)}=\frac{S_{xy}(f)}{S_x(f)}=\frac{G_{xy}(f)}{G_x(f)} \tag{5-46}$$

式（5-46）说明，系统的频率响应函数可以通过输入、输出互谱与输入自谱之比得出，由于$S_{xy}(f)$包含频率和相位信息，所以$H(f)$包含幅频和相频信息。变换式（5-46），则

$$S_{xy}(f)=H(f)S_x(f) \tag{5-47}$$

2. 利用互谱排除噪声影响

通常一个测试系统往往受到内部噪声和外部噪声的干扰，从而输出也会带入噪声干扰，但由于输入信号与噪声无关，所以它们的互相关函数为零。这一点说明，在利用自谱和互谱求系统频率函数时不会受到影响。

如图5-20所示，一个测试系统输入信号为$x(t)$，受到外界干扰，$n_1(t)$为输入噪声，$n_2(t)$为加于系统中间环节的噪声，$n_3(t)$为加在输出端的噪声。该系统的输出$y(t)$为

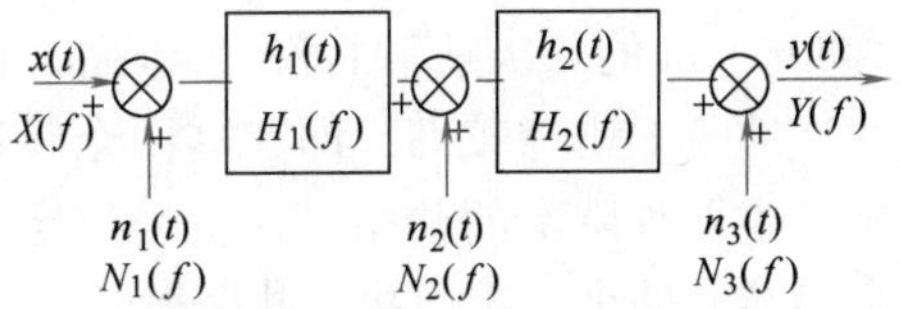

$$y(t)=x'(t)+n_1'(t)+n_2'(t)+n_3'(t) \tag{5-48}$$

图5-20　受外界干扰的系统

式中　$x'(t)$、$n_1'(t)$、$n_2'(t)$、$n_3'(t)$——系统对$x(t)$、$n_1(t)$、$n_2(t)$、$n_3(t)$的响应。

输入$x(t)$与输出$y(t)$的互相关函数为

$$R_{xy}(\tau)=R_{xx'}(\tau)+R_{xn_1'}(\tau)+R_{xn_2'}(\tau)+R_{xn_3'}(\tau) \tag{5-49}$$

由于输入$x(t)$和噪声$n_1(t)$、$n_2(t)$、$n_3(t)$是独立无关的，故互相关函数$R_{xn_1'}(\tau)$、$R_{xn_2'}(\tau)$和$R_{xn_3'}(\tau)$均为零，所以

$$R_{xy}(\tau)=R_{xx'}(\tau) \tag{5-50}$$

故

$$S_{xy}(f)=S_{xx'}(f)=H(f)S_x(f) \tag{5-51}$$

式中　$H(f)$——所研究系统的频率响应函数，$H(f)=H_1(f)H_2(f)$。

由此可见，利用互谱分析可排除噪声的影响，这是这种分析方法的突出的优点。然而应当注意到，利用式（5-51）求线性系统的$H(f)$时，尽管其中的互谱$S_{xy}(f)$可不受噪声的影响，但是输入信号的自谱$S_x(f)$仍然无法排除输入端测量噪声的影响，从而形成测量的误差。

为了测试系统的动特性，有时故意给正在运行的系统加特定的已知扰动——输入 $n(t)$。

3. 功率谱在设备诊断中的应用

图 5-21 所示为汽车变速器上加速度信号的功率谱图。图 5-21a 所示为变速器正常工作谱图，图 5-21b 所示为变速器运行不正常时的谱图。可以看到，图 5-21b 比图 5-21a 增加了 9.2Hz 和 18.4Hz 两个谱峰，这两个频率为设备故障的诊断提供了依据。

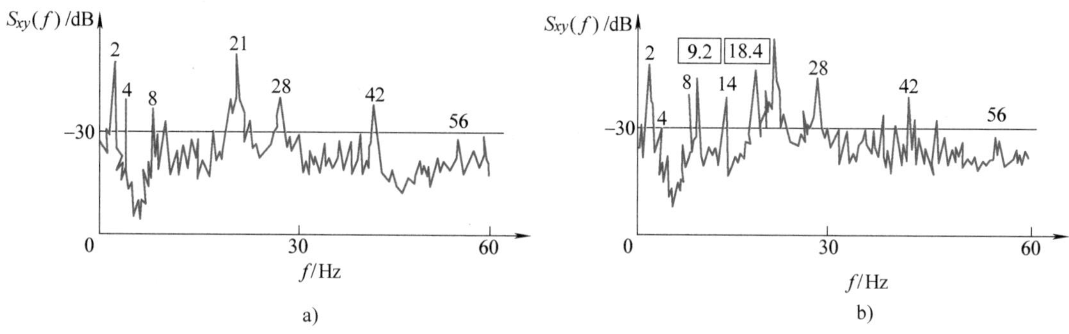

图 5-21　加速度信号功率谱图

4. 瀑布图

机器在增速或降速过程中，对不同转速时的振动信号进行等间隔采样，并进行功率谱分析，将各转速下的功率谱组合在一起成为一个转速-功率谱三维图，又称为瀑布图。图 5-22 所示为柴油机振动信号的瀑布图。图中在转速为 1480r/min 的三次频率上和 1990r/min 的六次频率上谱峰较高，即在这两个转速上产生两种阶次的共振，这就可以定出危险旋转速度，进而找到共振根源。

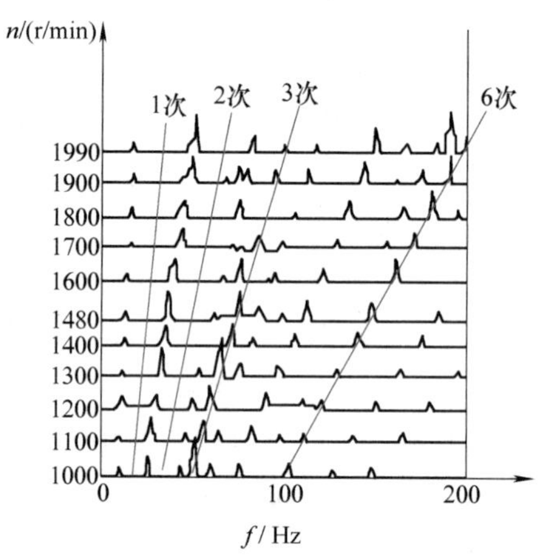

图 5-22　柴油机振动信号的瀑布图

5.5.4　相干函数

1. 相干函数的定义

相干函数是用来评价测试系统的输入信号与输出信号之间的因果关系的函数，即通过相干函数判别系统中输出信号的功率谱有多少是所测输入信号所引起的响应。通常相干函数用 $\gamma_{xy}^2(f)$ 表示，其定义为

$$\gamma_{xy}^2(f)=\frac{|S_{xy}(f)|^2}{S_x(f)S_y(f)}\qquad(0\leqslant\gamma_{xy}^2(f)\leqslant1)\tag{5-52}$$

如果相干函数为 0，表示输出信号与输入信号不相干；当相干函数为 1 时，表示输出信号与输入信号完全相干；若相干函数在 0~1 之间，则可能测试中有外界噪声干扰，或输出 $y(t)$ 是输入 $x(t)$ 和其他输入的综合输出，或联系 $x(t)$ 和 $y(t)$ 的线性系统是非线性的。

若系统为线性系统，则根据式（5-45）和式（5-47）可得

$$\gamma_{xy}^2(f)=\frac{|S_{xy}(f)|^2}{S_x(f)S_y(f)}=\frac{|H(f)S_x(f)|^2}{S_x(f)S_y(f)}$$

$$=\frac{S_y(f)S_x(f)}{S_x(f)S_y(f)}=1 \tag{5-53}$$

式（5-53）表明：对于线性系统，输出完全是由输入引起的响应。

2. 相干分析的应用

图5-23所示为船用柴油机润滑油泵的油压脉动与压油管振动的相干分析。润滑油泵转速 $n=781\text{r/min}$，油泵齿轮的齿数 $z=14$，测得油压脉动信号 $x(t)$ 和压油管振动信号 $y(t)$。压油管压力脉动的基频 $f_0=nz/60=182.24\text{Hz}$。

由图5-23c可以看出，当 $f=f_0=182.24\text{Hz}$ 时，$\gamma_{xy}^2(f)=0.9$；当 $f=2f_0\approx361.12\text{Hz}$ 时，$\gamma_{xy}^2(f)=0.37$；当 $f=3f_0\approx546.54\text{Hz}$ 时，$\gamma_{xy}^2(f)=0.8$；当 $f=4f_0\approx722.24\text{Hz}$ 时，$\gamma_{xy}^2(f)=0.75$。齿轮引起的各次谐频对应的相干函数值都比较大，而其他频率对应的相干函数值很小，由此可见，油管的振动主要是由油压脉动引起的。从图5-23a、b所示的 $x(t)$ 和 $y(t)$ 的自谱图中，也明显可见油压脉动的影响。

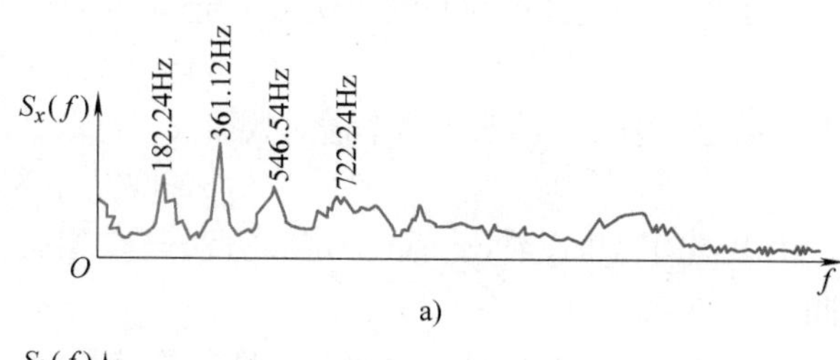

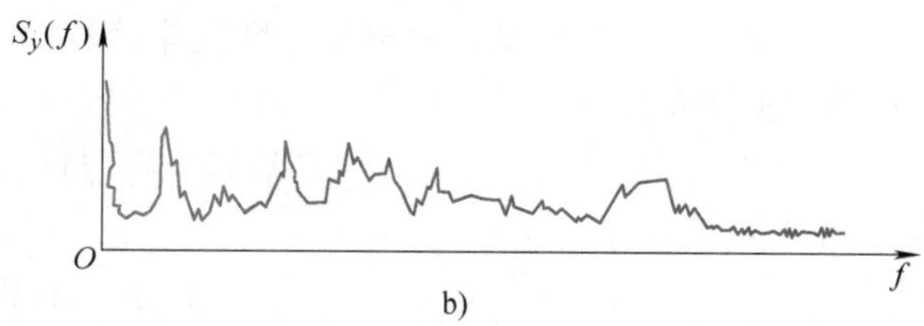

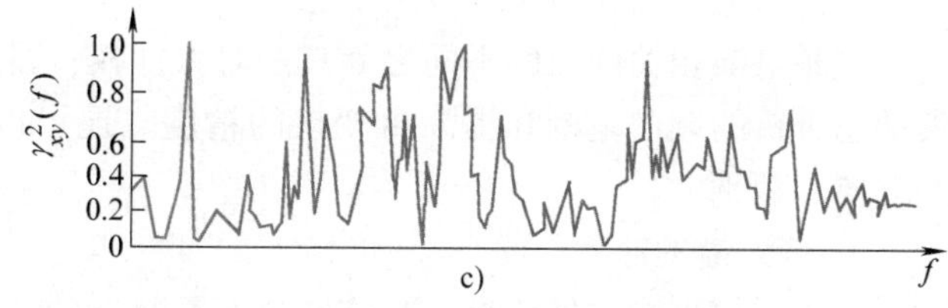

图5-23 油压脉动与压油管振动的相干分析

a）信号 $x(t)$ 的自谱 b）信号 $y(t)$ 的自谱 c）相干函数

5.5.5 倒频谱分析及应用

倒频谱（Cepstrum）分析也称为二次频谱分析，是近代信号处理科学的一项新技术，是检测复杂谱图中周期分量的有效工具。它在语音分析、回声剔除、振动和噪声源识别、设备故障振动等方面均有成功的应用。

1. 倒频谱的数学描述

已知时域信号 $x(t)$ 经过傅里叶变换后，可得到频域函数 $X(f)$ 或功率谱密度函数 $S_x(f)$，对功率谱密度函数取对数后，再对其进行傅里叶变换并取二次方，则可以得到倒频谱函数。其数学表达式为

$$C_{\text{p}}(q)=|F\{\lg S_x(f)\}|^2 \tag{5-54}$$

$C_{\text{p}}(q)$ 又称为功率倒频谱，或称为对数功率谱的功率谱。工程上常用的是式（5-54）的开方形式，即

$$C_{\text{o}}(q)=\sqrt{C_{\text{p}}(q)}=|F\{\lg S_x(f)\}| \tag{5-55}$$

$C_{\text{o}}(q)$ 称为幅值倒频谱，简称倒频谱。

2. 倒频谱自变量 q 的物理意义

自变量 q 称为倒频率，它具有与自相关函数 $R_x(\tau)$ 中的自变量 τ 相同的时间量纲，一般取 ms 或 s。因为倒频谱是傅里叶变换，积分变量是频率 f 而不是时间 τ，故倒频谱 $C_o(q)$ 的自变量 q 具有时间的量纲。q 值大的称为高倒频率，表示谱图上的快速波动和密集谐频；q 值小的称为低倒频率，表示谱图上的缓慢波动和散离谐频。

为了使 q 的定义更加明确，还可以定义

$$C_y(q)=F^{-1}\{\lg S_y(f)\} \tag{5-56}$$

即倒频谱定义为信号的双边功率谱对数加权，再取其傅里叶逆变换，联系信号的自相关函数为

$$R(\tau)=F^{-1}\{S_y(f)\} \tag{5-57}$$

由上述内容可以看出，这种定义方法与自相关函数很相近，变量 q 与 τ 在量纲上完全相同。

为了反映出相位信息，分离后能恢复原信号，又提出一种复倒频谱的运算方法。若信号 $x(t)$ 的傅里叶变换为

$$X(f)=X_R(f)+\mathrm{j}X_I(f) \tag{5-58}$$

则 $x(t)$ 的倒频谱为

$$C_o(q)=F^{-1}\{\lg X(f)\} \tag{5-59}$$

显而易见，它保留了相位的信息。

倒频谱与相关函数的不同之处只是对数加权，目的是使再变换以后的信号能量集中，扩大动态分析的频谱范围和提高再变换的精度。还可以解卷积（褶积）成分，易于对原信号的分离和识别。

3. 倒频谱的应用

对于高速大型旋转机械，其旋转状况是复杂的，尤其当设备出现不对中，轴承或齿轮的缺陷、油膜涡动、摩擦、陷流及质量不对称等现象时，则振动更为复杂，用一般频谱分析方法已经难于辨识（识别反映缺陷的频率分量），而用倒频谱则会增强识别能力。

如一对工作中的齿轮，在实测得到的振动或噪声信号中，包含着一定数量的周期分量。如果齿轮产生缺陷，则其振动或噪声信号还将大量增加谐波分量及所谓的边带频率成分。

边带频率的定义：设在旋转机械中有两个频率 ω_1 与 ω_2 存在，在这两个频率的激励下，机械振动的响应呈现出周期性脉冲的拍，也就是呈现其振幅以差频$(\omega_2-\omega_1)$（假设 $\omega_2/\omega_1>1$）进行幅度调制的信号，从而形成拍的波形，这种调幅信号是自然产生的。例如调幅波起源于齿轮啮合频率（齿数×轴转数）ω_0 的正弦载波，其幅值由于齿轮偏心影响成为随时间而变化的某一函数 $S_m(t)$，于是

$$y(t)=S_m(t)\sin(\omega_0 t+\varphi) \tag{5-60}$$

假设齿轮轴转动频率为 ω_m，则式（5-60）可写成

$$y(t)=A(1+m\cos\omega_m t)\sin(\omega_0 t+\varphi) \tag{5-61}$$

其图形如图 5-24a 所示，看起来像一周期函数，实际上它并非是一个周期函数，除非 ω_0 与 ω_m 呈整倍数关系，在实际应用中，这种情况并不多见。根据三角半角关系，式（5-61）可写成

$$y(t)=A\sin n(\omega_0 t+\varphi)+\frac{mA}{2}\sin[(\omega_0+\omega_m)t+\varphi]+\frac{mA}{2}\sin[(\omega_0-\omega_m)t+\varphi] \tag{5-62}$$

从式（5-62）不难看出，它是 ω_0、$\omega_0+\omega_m$ 与 $\omega_0-\omega_m$ 三个不同的正弦波之和，具有图 5-24b 所示的频谱图。这里 $\omega_0-\omega_m$ 与 $\omega_0+\omega_m$ 分别称为差频与和频，统称为边带频率。

实际上，如果齿轮缺陷严重或有多种故障存在，以致许多机械中经常出现不对准、松动、非线性刚度，或者出现拍波截断等时，则边带频率将大幅度增加。

在一个频谱图上出现过多的差频时，将难以识别，而对于倒频谱图而言则有利于识别，如图 5-25 所示。图 5-25a 所示为一个减速器的频谱图，图 5-25b 为图 5-25a 的倒频谱图。从倒谱图上可以清楚地看出，有两个主要频率分量 117. 6Hz(8. 5ms) 及 48. 8Hz(20. 5ms)。

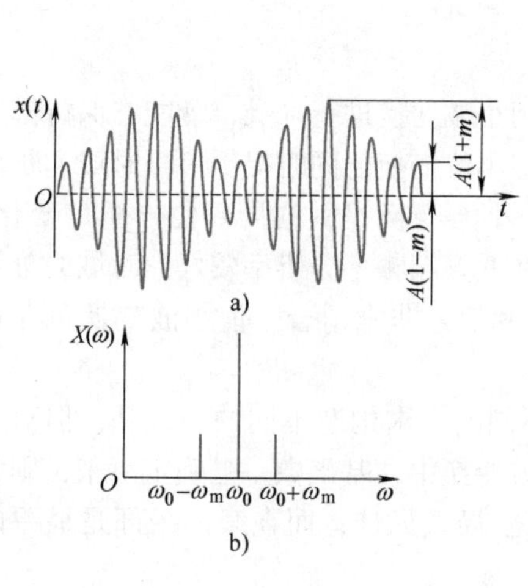

图 5-24 齿轮啮合中的拍波现象

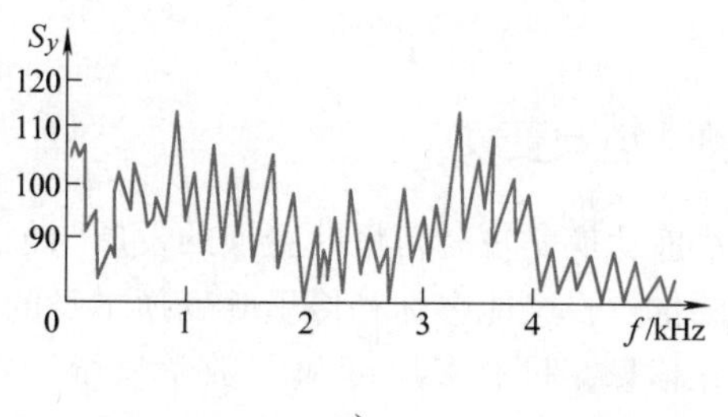

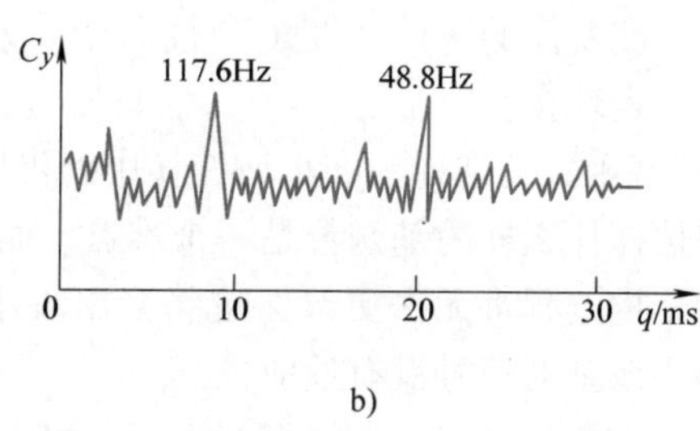

图 5-25 减速器的频谱图与倒频谱图

5. 6 现代信号处理方法简介

目前，现代信号处理方法有多种，本节主要介绍以下几种常用的现代信号处理方法。

5. 6. 1 短时傅里叶变换

傅里叶变换的引入使频谱分析在故障诊断领域得到普及，它将振动信号由时域转换到频域，可以发现在时域内不易观察到的信号特征。但是傅里叶变换只能处理线性平稳信号，而且只能应用在全局中，不能分析信号的局部变化，这在一定程度上限制了其应用。1946 年，Gabor 第一次提出了短时傅里叶变换的概念，即在傅里叶变换的框架下，将非平稳信号看作是若干个短时平稳信号的叠加，短时性可通过在时域上加窗来实现，通过平移窗可以覆盖整个时域，这样对每个窗内的平稳信号进行傅里叶变换就可以得到信号的时频表示。短时傅里叶变换能实现对非平稳信号的时频局部化分析，但是其时频窗口是固定的，如果窗函数确定，那么时频窗的大小也就确定了，即其时频分辨率是固定的，对信号没有自适应性。

5. 6. 2 Wigner-Ville 分布

Wigner 在 1932 年首先提出了 Wigner 分布的概念，并把它应用到量子力学领域。1948

年，Ville将其引入到信号分析领域，因此，Wigner分布又称为Wigner-Ville分布，简称WVD。与傅里叶谱不同，Wigner-Ville谱是分析非平稳时变信号的强有力的工具。利用解析信号可极大地压缩多分量信号的交叉耦合项，时-频图像和时域、频域信号图能相互对应，直观性强。它比短时傅里叶变换能够更好地描述信号的时变特征，Wigner-Ville分布在信号的探测和故障诊断中应用非常广泛。但是Wigner-Ville分布存在着交叉干扰项。交叉干扰项是指当信号含有多个成分时，信号的Wigner-Ville分布中将在两成分之间时-频中心坐标的中点处存在振荡分量，它提供了虚假的能量分布，影响了Wigner-Ville分布的物理解释。

5.6.3 小波变换

小波变换是短时傅里叶变换的发展与创新，应用小波变换进行降噪，既能够保持傅里叶变换的优点，又能够弥补傅里叶变换本身的不足，即小波变换能同时提供信号时域和频域的局部化信息，具有多尺度和“数学显微镜”特性。小波变换提供的局部化分析是变化的，在高频端频率分辨率不好，时域的分辨率较好，而在低频端频率分辨率较好，时域的分辨率较差。小波变换的这种“变焦”性质用来处理突变的信号非常适合。但小波变换也存在着局限性，表现在：

1）基函数的选择。在小波变换中，可以根据不同的要求构造不同的小波基，但对某个信号，选择什么样的基函数是一个难点。而且在小波变换中，基函数一旦确定下来，则整个分解和重构过程都无法更改，这将会出现小波基在全局上最佳，而在某一局部是最差的情况，即小波基对信号没有适应性。

2）小波基固定后，分解尺度一经确定，小波分解结果必须是某个频率段的波形，这个频率段只与信号分析频率有关，而与信号的本身并没有关系，所以小波不具有自适应的信号分解特性。

3）虽然小波变换能实现多分辨率分析，但这只是基于不同的小波基函数实现的，一旦小波基确定，分辨率也就确定，它并不会随着信号的变化而改变。

以上局限性在一定程度上限制了小波变换的应用。

5.6.4 Hilbert-Huang变换与经验模态分解

华人NordenE. Huang等在深入研究了瞬时频率概念后，根据他们的研究成果，创造性地提出了本征模函数（Intrinsic Mode Function，IMF）的概念及任意信号分解为模式分量的新方法，即为经验模态分解（Empirical Mode Decomposition，EMD）方法。将EMD方法和与之相应的Hilbert谱统称为Hilbert-Huang变换。其思想是：首先对信号进行EMD分解，得到一系列本征模函数（IMF），然后将各个IMF进行希尔伯特变换得到希尔伯特谱，最后根据谱图来分析信号的特征。Huang认为对信号进行EMD分解，可以得到一系列具有一定物理特性的模态函数，它也是一种时频域分析方法，是根据振动信号所具有的局部时变特征，进行自适应的时频域分解，能够得到极高的时频分辨率和良好的时频聚集性，对非线性、非平稳振动信号的分析是非常有效的。

经典的EMD分解方法存在抗混叠效应效果较差及模态混叠等问题，为了克服这些缺陷，Huang提出了EEMD分解方法。这是一种引入噪声辅助信号的处理方法，实质是先将原信号叠加高斯白噪声，然后对叠加信号进行多次的EMD分解，利用附加的白噪声频谱均匀分布、均值为零，使用足够次数平均值处理后就会相互抵消的特性，使得叠加的信号在不同尺度上具有连续性，使原始信号的极值点特性改变，有效地避免了混叠现象。

5.6.5　LMD分解

Jonathan S. Smith 提出了一种新的自适应时频分析方法——局部均值分解（Local Mean Decomposition，LMD），并将该方法应用到了脑电图（EEG）信号的分析，结果表明其时频分析的效果要优于传统时频分析方法和 HHT 方法。LMD 方法的实质是将一个复杂的多分量信号分解为若干个乘积函数（PF）分量之和。它是基于信号的局部特征尺度参数的，是依据信号本身而进行的自适应分解，得到的每一个 PF 分量都具有一定的物理意义，反映了信号的内在本质，这样进一步获得的时频分布也必然能够准确地表现出原信号的真实特征。另外，在 LMD 方法中，每一个 PF 分量都是由一个包络信号和一个纯调频信号相乘得到的。因此，PF 分量实际上就是一个单分量的调幅-调频信号，幅值调制信息和频率调制信息分别包含在包络信号和纯调频信号之中，能够很方便地实现解调。由此看出，LMD 方法是非常适合于处理非平稳和非线性信号的，特别是多分量的调幅-调频信号。

5.6.6　盲源分离方法

盲源分离（Blind Source Separation，BSS）是 20 世纪 90 年代发展起来的一门技术，是研究在未知系统的传递函数、源信号的混合系数和概率分布的情况下，通过某种信号处理的方法，仅仅通过观测信号就可以恢复出原始信号和传输通道参数的过程，即在对源信号和其传输通道都是未知的情况下，只是根据多个传感器所能够观测到的信号来估计并且将各个源信号恢复出来的一种技术。

实现混合信号盲源分离的方法有很多种，其中，独立分量分析（Independent Component Analysis，ICA）方法是解决 BSS 问题的最为有效的方法之一，它是根据实际测得的混合信号之间具有统计独立的特性，将某一路或几路信号按统计独立的原则分离出来，并且对这些信号进行分析与处理，得到若干个独立分量成分，即从混合信号中能够分离出各自独立的源信号。

在实际条件下，由于环境以及机械设备自身结构组成的复杂性，通过传感器采集到的振动信号通常是多个源信号与噪声的叠加，而且各信号的混合方式也很复杂，因此，盲源分离的模型很适合用来描述机械振动信号。

思考题与习题

5-1　信号处理的目的是什么？信号处理有哪些主要方法？各个方法的主要内容是什么？

5-2　什么是采样定理？它在信号处理过程中有何作用？

5-3　栅栏效应对周期信号处理有何影响？如何避免？

5-4　求正弦信号 $x(t)=x_0\sin\omega t$ 的绝对值 $|\mu_x|$ 和方均根值 x_{rms}。

5-5　求正弦信号 $x(t)=x_0\sin(\omega t+\varphi)$ 的均值 μ_x、均方值 ψ_x^2 和概率密度函数 $p(x)$。

5-6　考虑模拟信号

$$x_a(t)=3\cos 100\pi t$$

1）确定避免混叠所需要的最小采样率。

2）假设信号的采样率 $F_s=200\text{Hz}$，求采样后得到的离散时间信号。

3）假设信号的采样率 $F_s=75\text{Hz}$，求采样后得到的离散时间信号。

4）如果生成与3）得到的相同样本，相应的信号频率在 $0<F<F_s/2$ 范围内为多少？

5-7　考虑模拟信号

$$x_a(t)=3\cos 50\pi t+10\sin 300\pi t-\cos 100\pi t$$

该信号的奈奎斯特频率为多少？

5-8　试述正弦信号、正弦加随机信号、窄带随机信号和宽带随机信号自相关函数的特点。

5-9　相关分析和功率谱分析在工程上各有哪些应用？

5-10　已知某信号的自相关函数 $R(\tau)=100\cos 100\pi\tau$，试求：①该信号的均值 μ_x；②均方值 ψ_x^2；③功率谱 $S_x(f)$。

5-11　已知某信号的自相关函数为 $R(\tau)=\dfrac{1}{4}\mathrm{e}^{-2\alpha|\tau|}(\alpha>0)$，求它的自谱 $S_x(f)$。

5-12　求信号 $x(t)$ 的自相关函数，其中 $x(t)=\begin{cases}A\mathrm{e}^{-\alpha t} & (t\geqslant 0,\alpha>0)\\ 0 & (t<0)\end{cases}$。

5-13　信号 $x(t)$ 由两个频率和相位均不相等的余弦函数叠加而成，其数学表达式为 $x(t)=A_1\cos(\omega_1 t+\theta_1)+A_2\cos(\omega_2 t+\theta_2)$，求信号的自相关函数 $R_x(\tau)$。

5-14　已知信号的自相关函数为 $A\cos\omega t$，请确定该信号的均方值 ψ_x^2 和方均根值 x_{rms}。

5-15　图5-26所示为两信号 $x(t)$ 和 $y(t)$，求当 $\tau=0$ 时，$x(t)$ 和 $y(t)$ 的互相关函数值 $R_{xy}(0)$，并说明理由。

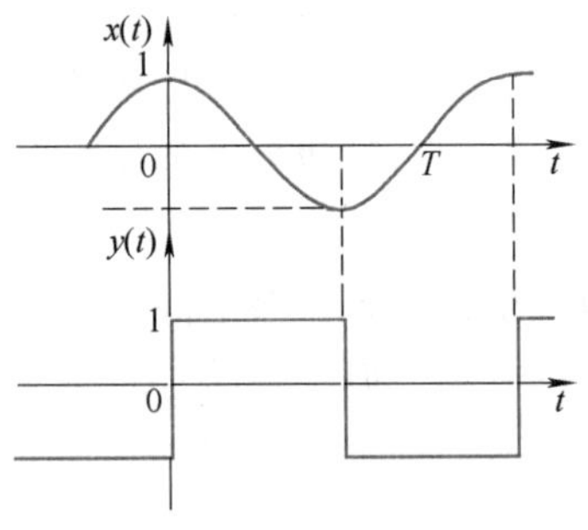

图5-26　题5-15图

5-16　某一系统的输入信号为 $x(t)$，若输出信号 $y(t)$ 与输入信号 $x(t)$ 波形相同，并且输入的自相关函数 $R_x(\tau)$ 和输入-输出的互相关函数的关系为 $R_x(\tau)=R_{xy}(\tau+T)$，说明该系统的作用。

第6章 测试技术的工程应用

6.1 位移的测量

6.1.1 位移的概念与测量传感器

位移是线位移和角位移的统称。位移是指物体上某一点在一定方向上的位置变动，因此位移是矢量。一般情况下，应使测量方向与位移方向重合，这样才能真实地测量出位移量的大小。根据被测量不同，位移测量可分为线位移测量和角位移测量。

根据传感器的变换原理，常用的位移传感器有电阻式、电感式、电容式、气动式、差动变压器式、感应同步、磁栅、光栅和激光等位移计以及电动千分表等。表 6-1 列出了较常见位移传感器的主要特点和使用性能。

表 6-1　常见位移传感器的主要特点和使用性能

形　式	测量范围	精确度	直线性	特　点
电阻式				
滑线式 线位移	1~300 mm	±0.1%	±0.1%	分辨率较好，可用于静态或动态测量，机械结构不牢固
角位移	0°~360°	±0.1%	±0.1%	
变阻器 线位移	1~1000 mm	±0.5%	±0.5%	结构牢固，寿命长，但分辨率差，电噪声大
角位移	0~60rad	±0.5%	±0.5%	
应变式				
非粘贴式的	±0.5%应变	±0.1%	±1%	不牢固
粘贴的	±0.3%应变	±2%~3%		牢固，使用方便，需温度补偿和高绝缘电阻输出幅值大，温度灵敏性高
半导体的	±0.25%应变	±2%~3%	满刻度±20%	
电感式				
自感式 变气隙型	±0.2 mm	±1%	±3%	只宜用于微小位移测量
螺管型	1.5~2 mm			测量范围较前者宽，使用方便可靠，动态性能较差
特大型	300~2000 mm		0.15%~1%	
差动变压器	±0.08~±75 mm	±0.5%	±0.0%	分辨率好，受到磁场干扰时需屏蔽
涡电流式	±2.5~±250 mm	±1%~3%	<3%	分辨率好，受被测物体材料、形状、加工质量的影响
同步机	360°	±0.1°~±0.7°	±0.5%	可在 1200 r/min 的转速下工作，坚固、对温度和湿度不敏感
微动同步器	±10°	±1%	±0.05%	非线性误差与电压比和测量范围有关
旋转变压器	±60°		±0.1%	

（续）

形　式	测量范围	精确度	直线性	特　点
电容式				
变面积	10^{-3}~100 mm	±0.005%	±1%	介电常数受环境温度、湿度变化的影响 分辨率很好，但测量范围很小，只能在小范围内近似地保持线性
变间距	10^{-3}~10 mm	0.1%		
霍尔元件	±1.5 mm	0.5%		结构简单，动态特性好
感应同步器				模拟和数字混合测量系统，数字显示（直线式感应同步器的分辨率可达1 μm）
直线式	10^{-3}~100 mm	2.5μm/250 mm		
旋转式	0°~360°	±0.5"		
计量光栅				模拟和数字混合测量系统，数字显示（长光栅分辨率为0.1~1 μm）
长光栅	10^{-3}~1000 mm	3 μm/1 mm		
圆光栅	0°~360°	±0.5"		
磁栅				测量时工作速度可达12 m/min
长磁栅	10^{-3}~10000 mm	5 μm/1 m		
圆磁栅	0°~360°	±1"		
角度编码器				分辨率好，可靠性高
接触式	0°~360°	10^{-6}r		
光电式	0°~360°	10^{-8}r		

6.1.2　位移测量实例

1. 轴位移的测量

轴位移在旋转机器中是一个十分重要的测量量，轴位移不仅能表明机器的运行特性和状况，而且能够指示推力轴承的磨损情况以及转动部件和静止部件之间发生碰撞的可能性。

由于工业现场的条件原因，目前常用电涡流位移传感器来测量轴位移。这里，位移测量只考虑传感器中的直流电压成分。

轴位移包括相对轴位移（即轴向位置）和相对轴膨胀。

（1）相对轴位移　相对轴位移指的是轴向推力轴承和导向盘之间在轴向的距离变化。轴向推力轴承用来承受机器中的轴向力，它要求导向盘和轴承之间有一定的间隙以便能够形成承载油膜。一般汽轮机在0.2~0.3mm之间，压缩机组在0.4~0.6mm之间。在这些间隙范围内，转子可以移动且不会与壳体部件相接触。如果小于这些间隙，则轴承就会受到损坏，严重时甚至导致整个机器损坏。因此需要监测轴的相对位移以测量轴向推力轴承的磨损情况（图6-1）。

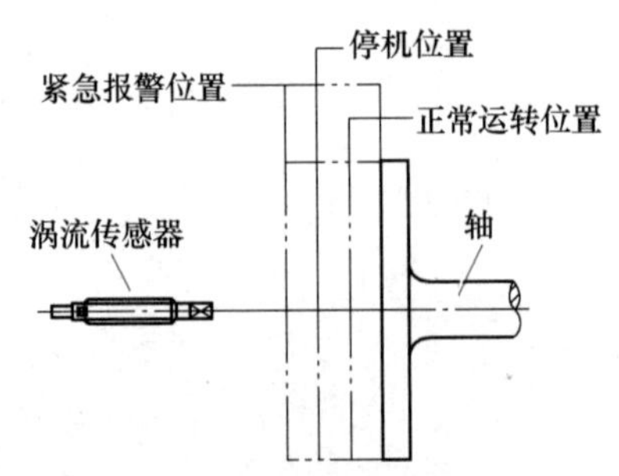

图6-1　相对轴位移测量示意图

（2）相对轴膨胀　相对轴膨胀是指旋转机器中旋转部件和静止部件因为受热或冷却导致的膨胀或收缩。测量相对轴膨胀（差胀）是很重要的，特别是在旋转机器的起/停机过程中因为机组受热和冷却，其转子和机壳会产生不同程度的膨胀或收缩。例如，功率大于 1000MW 的大汽轮机的相对轴膨胀可能达到 50 mm。

为了防止转子与机壳在这段时间内发生接触，应该在轴肩或相对锥面安装非接触式位移传感器测量，监测相对轴膨胀。非接触式位移传感器的工作方式有涡流式和感应式两种。因为膨胀量比较大，图 6-2 给出了各种不同量程范围所采用的测量方式。

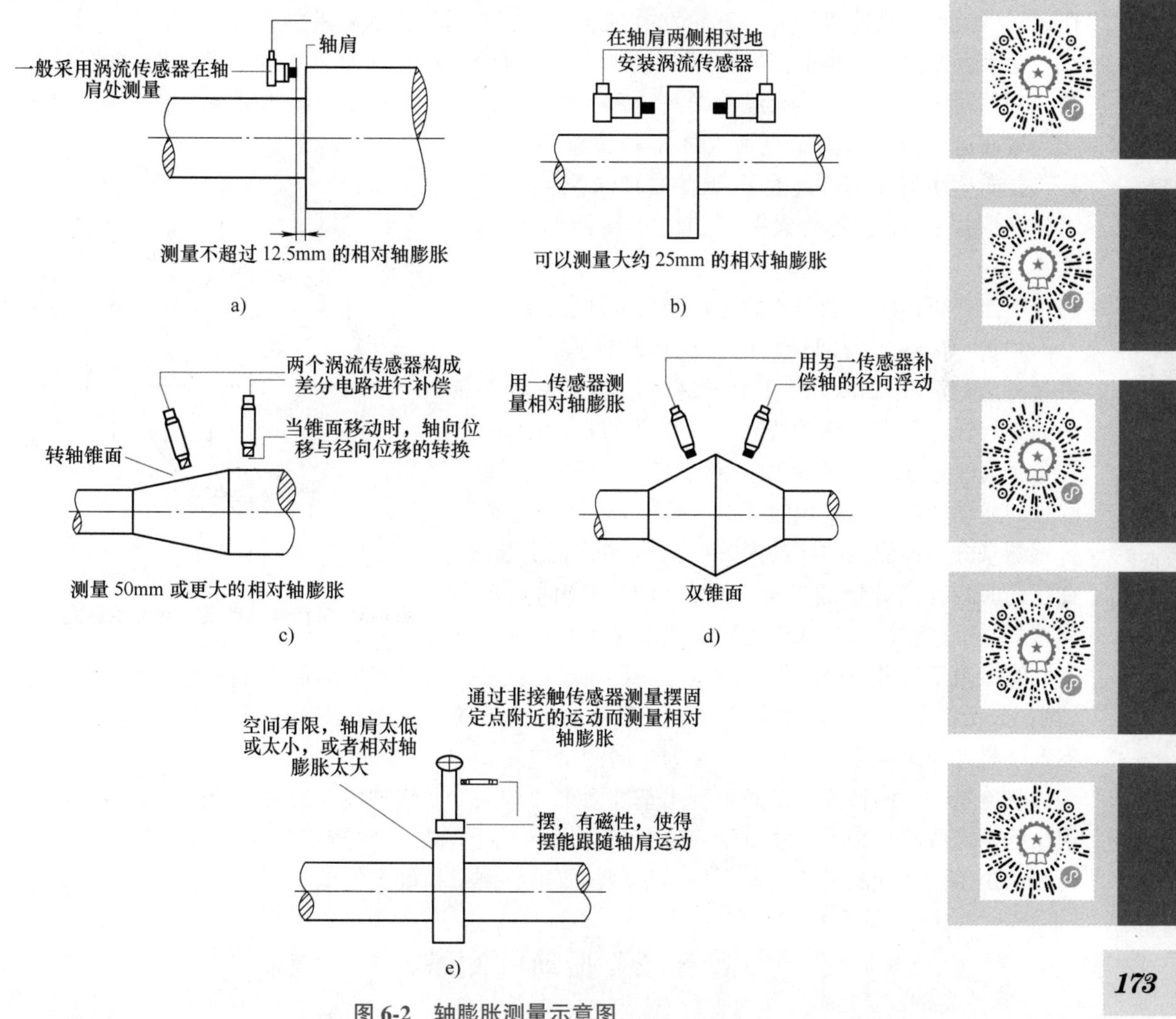

图 6-2 轴膨胀测量示意图

图 6-2a 所示为测量不超过 12. 5mm 的相对轴膨胀，一般采用涡流传感器在轴肩处直接测量；图 6-2b 中在轴肩两侧相对地安装涡流传感器，再结合监测仪器中的叠加电路，可以测量大约 25 mm 的相对轴膨胀；如果要测量 50 mm 或更大的相对轴膨胀，经常利用转轴上锥面进行测量，如图 6-2c 所示。当锥面移动时，轴向位移就转换为较小的径向位移，如锥角为 14°的锥面转换率为 1 ∶ 4。对于轴在轴承中浮动引起的真正径向位移，可以安装两个涡流传感器构成差分电路进行补偿 ；图 6-2d 所示为双锥面，采用这种方法测量相对轴位移，同样是用一个传感器测量相对轴膨胀，另一个传感器补偿轴的径向浮动；如果空间有限或者轴肩太低或太小，或者相对轴膨胀太大，通常采用摆式传感器进行测量。摆端的磁性使得摆能够跟随轴肩运动，这样通过非接触传感器测量摆固定点附近的运动，就能测量相对轴膨胀，

如图 6-2e所示。

2. 回转轴径向运动误差的测量

回转轴运动误差是指在回转过程中回转轴线偏离理想位置而出现的附加运动。回转轴运动误差的测量在机械工程的许多行业中都是很重要的。无论对于精密机床主轴的运动精度，还是对于大型、高速机组（如汽轮发电机组）的安全运行，都有重要意义。

运动误差是回转轴上任何两点发生与轴线平行的移动和在垂直于轴线的平面内的移动。前一种移动称为该点的端面运动误差，后一种移动称为该点的径向运动误差。

端面运动误差因测量点所在的半径位置不同而异，径向运动误差则因测量点所在的轴向位置不同而异。所以在讨论运动误差时，应指明测量点的位置。

下面介绍径向运动误差的常用测量方法。

测量一根通用的回转轴的径向运动误差时，可将参考坐标选在轴承支承孔上。这时运动误差所表示的是回转过程中回转轴线对于支承孔的相对位移，它主要反映轴承的回转品质。对于任意径向截面上的径向运动误差，可采用置于 x、y 方向的两只位移传感器来分别检测径向运动误差在 x、y 方向的分量。在任何时刻，两分量的矢量和就是该时刻径向运动误差矢量。这种测量方式称为双向测量法（图 6-3）。

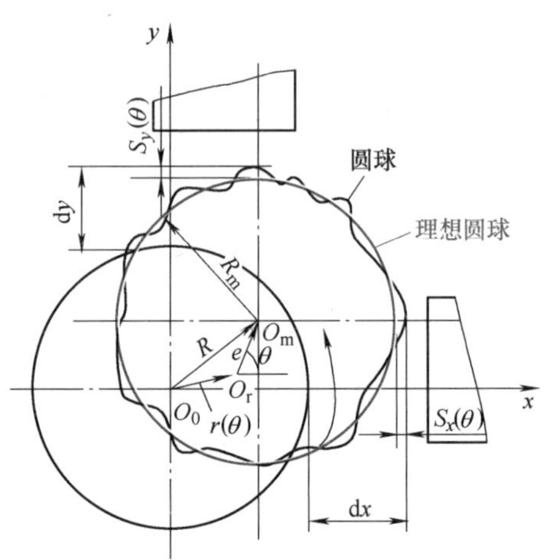

图 6-3　轴径向运动误差测量示意图

有时由于种种原因，不必测量总的径向运动误差，而只需要测量它在某个方向上的分量（例如分析机床主轴的运动误差对加工形状的影响就属于这种情况），则可将一只位移传感器置于该方向来检测。这种方式称为单向测量法。

在测量时，两种方法都必须利用基准面来“体现”回转轴线。通常是选用具有圆度误差很小的圆球或圆环来作为基准面。直接采用回转轴上的某一回转表面来作为基准面虽然可行，但由于该表面的形状误差不易满足测量要求，测量精确度较差。

6.2　振动的测量

随着现代工业技术的日益发展，除了对各种机械设备有低振动和低噪声的要求外，还需随时对机器的运行状况进行监测、分析、诊断，对工作环境进行控制等，这些都离不开振动测量；为了提高机械结构的抗振性能，有必要进行机械结构的振动分析和振动设计，找出薄弱环节，改善其抗振能力；为了保证大型机电设备安全、正常、有效地运行，必须检测其振动信息，监视其工况，并进行故障诊断。因此，振动的测试在生产和科研等各方面都有着十分重要的地位。

振动测试包括两方面的内容：一是测量工作机械或结构在工作状态存在的振动，如振动位移、速度、加速度，了解被测对象的振动状态、评定等级，寻找振源，以及进行监测、分析、诊断和预测；二是对机械设备或结构施加某种激励，测量其受迫振动，以便求得被测对象的振动力学参量或动态性能，如固有频率、阻尼、刚度、响应和模态等。

6.2.1　振动的类型及其表征参数

1. 振动类型

机械振动是指机械设备在运动状态下，机械设备或结构上某观测点的位移量围绕其均值或相对基准随时间不断变化的过程。

机械振动根据振动规律可以分成两大类：稳态振动和随机振动，如图6-4所示。

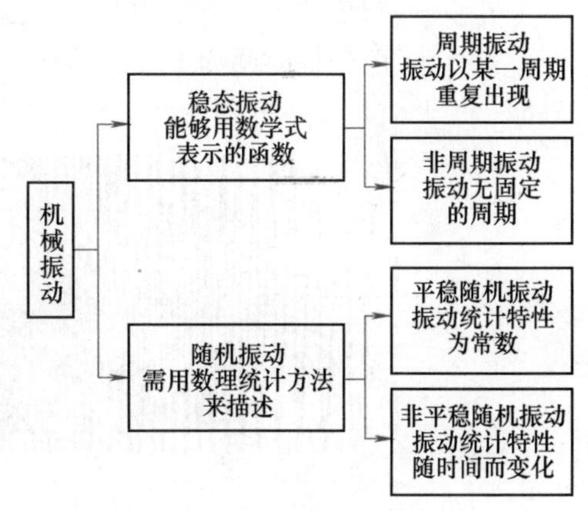

图6-4　振动种类和特征

2. 振动的基本参数

振动的幅值、频率和相位是振动的三个基本参数，称为振动三要素。只要确定这三个要素，也就决定了整个振动运动。

（1）幅值　幅值是振动强度大小的标志，它可以用不同的方法表示，如峰值、有效值、平均值等。

（2）频率　频率为周期的倒数。通过频谱分析可以确定主要频率成分及其幅值大小，从而可以寻找振源，采取措施。

（3）相位　振动信号的相位信息十分重要，如利用相位关系确定共振点、振型测量、旋转件动平衡、有源振动控制、降噪等。对于复杂振动的波形分析，各谐波的相位关系是不可缺少的。

6.2.2　振动的激励与激振器

1. 振动的激励

在测量机械设备或结构的振动力学参数量或动态性能，如固有频率、阻尼、刚度、响应和模态等时，需要对被测对象施加一定的外力，让其做受迫振动或自由振动，以便获得相应的激励及其响应。激励方式通常可以分为稳态正弦激振、瞬态激振和随机激振三种。

（1）稳态正弦激振　稳态正弦激振是最普遍的激振方法，它是借助激振设备对被测对象施加一个频率可控的简谐激振力。其优点是激振功率大，信噪比高，能保证响应测试的精度。稳态正弦激振要求在稳态下测定响应和激振力的幅值比和相位差。

为了测得整个频率范围内的频率响应，必须用多个频率进行试验以得到系统的响应数据，需要注意的是在每个测试频率处，只有当系统达到稳定状态才能进行测试，这对于小阻尼系统尤为重要，因此测试时间相对较长。

（2）瞬态激振　瞬态激振为对被测对象施加一个瞬态变化的力，是一种宽带激励方法。常用的激励方式有以下几种：

1）快速正弦扫描激振。激振信号由信号发生器供给，其频率可调，激振力为正弦力。但信号发生器能够做快速扫描，激振信号频率在扫描周期 T 内成线性增加，而幅值保持不变，如图6-5所示。

快速正弦扫描激振力信号的函数表达式为

$$\begin{cases} f(t)=A\sin[2\pi(at+b)t] \\ f(t+T)=f(t) \end{cases} \qquad 0<t<T \tag{6-1}$$

式中　T——信号的周期；

a、b——常数，$a=(f_{max}-f_{min})/T$，$b=f_{min}$；

f_{max}、f_{min}——扫描的上、下限频率。扫描的上、下限频率和周期根据试验要求可以改变，一般扫描时间为1~2s，因而可以快速测试出被测对象的频率特性。

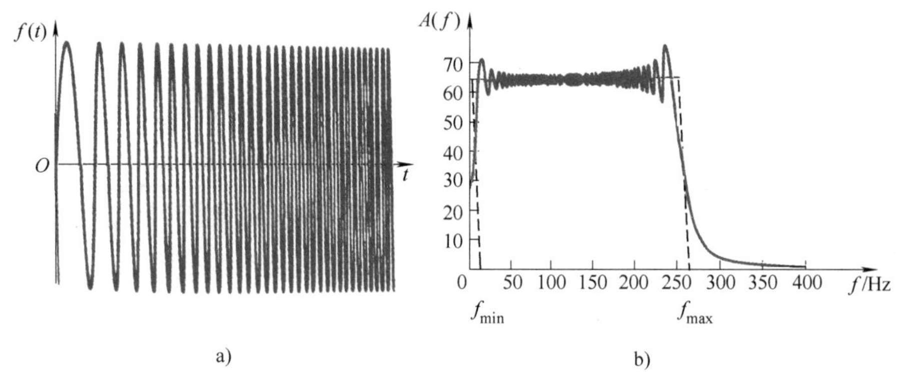

图6-5　快速正弦扫描信号及其频谱

a）正弦扫描信号　b）频谱

2）脉冲激振。脉冲激振是用一个装有传感器的锤子（又称脉冲锤）敲击被测对象，对被测对象施加一个力脉冲，同时测量激励和被测对象。脉冲的形成及有效频率取决于脉冲的持续时间 τ，τ 则取决于锤端的材料，材料越硬，τ 越小，频率范围越大。

脉冲锤激振简便有效，因此常被选用。但在着力点位置、力的大小、方向的控制等方面需要熟练的技巧，否则会产生很大的随机误差。

3）阶跃（张弛）激振。阶跃激振的激振力来自一根刚度大、质量轻的弦。试验时，在激振点处，由力传感器将弦的张力施加在被测对象上，使之产生初始变形，然后突然切断张力弦，这相当于对被测对象施加一个负的阶跃激振力。阶跃激振属于宽带激振，在建筑结构的振动测试中被普遍应用。

（3）随机激振　随机激振是一种宽带激振，一般用白噪声或伪随机信号作为激励信号。

白噪声的自相关函数是一个单位脉冲函数，即除 $\tau=0$ 处以外，自相关函数等于零，在 $\tau=0$ 时，自相关函数为无穷大，而其自功率谱密度函数幅值恒为1。实际测试中，当白噪声通过功率放大器并控制激振器时，由于功率放大器和激振器的通频带是有限的，所以实际的激振力频谱不能在整个频率域中保持恒值，但如果在比所关心的有用频率范围宽得多的频域内具有相等的功率密度时，仍可视为白噪声信号。

在工程上，为了能够重复试验，常采用伪随机信号作为测试信号，把它作为测试的输入激励信号。伪随机信号是一种有周期性的随机信号，将白噪声在时间 T（单位为s）内截断，然后按周期 T 重复，即形成伪随机信号，如图6-6所示。

伪随机信号的自相关函数与白噪声的自相关函数相似，但是它有一个重复周期 T，即伪随机信号的自相关函数 $R_x(\tau)$ 在 $\tau=0$，T，$2T$，…以及 $-T$，$-2T$，…各点取值 a^2，而在其余各点之值均为零。采用伪随机信号激励的测试方法，既具有纯随机信号的真实性，又因为有一定的周期性，而在数据处理中避免了统计误差。

许多机械或结构在运行状态下所受到的干扰力或动载荷往往都具有随机的性质，因而振

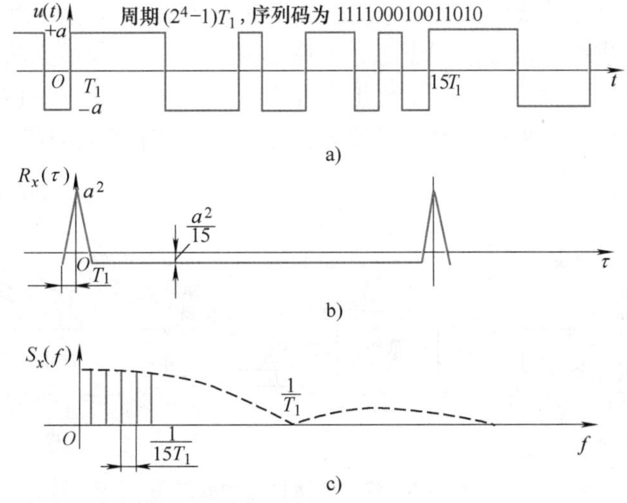

图 6-6 伪随机信号及其自相关函数与功率谱

a）伪随机信号 b）伪随机信号的自相关函数 c）伪随机信号的功率谱图

动测试可以在被测对象正常的运行状态下进行，如果用传感器测出这种干扰力及其系统的响应，就可以利用分析仪器对正在运行中的被测对象做“在线”分析。

2. 激振器

激振器是按一种预定的要求对被测对象施加一定形式激振力的装置。在测试中要求激振器在其频率范围内应提供波形良好、强度足够和稳定的交变力。某些情况下还需提供一恒力以便使被测对象受到一定的预加载荷，以消除间隙或模拟某种恒定力。

常用的激振器有电动式、电磁式和电液式三种，此外还有用于小型、薄壁结构的压电晶体激振器、高频激振的磁致伸缩激振器和高声强激振器等。这里介绍常用的激振器。

（1）电动式激振器　电动式激振器按其磁场的形成方法分为永磁式和励磁式两种。前者多用于小型激振器，后者多用于较大型的激振器，即振动台。电动式激振器的结构如图 6-7 所示，驱动线圈固装在顶杆上，并由支承弹簧支承在壳体中，线圈正好位于磁极与铁心的气隙中。当线圈通过经功率放大后的交变电流 i 时，根据磁场中载流体受力的原理，线圈将受到与电流 i 成正比的电动力的作用，此力通过顶杆传到被激对象（试件），即为激振力。

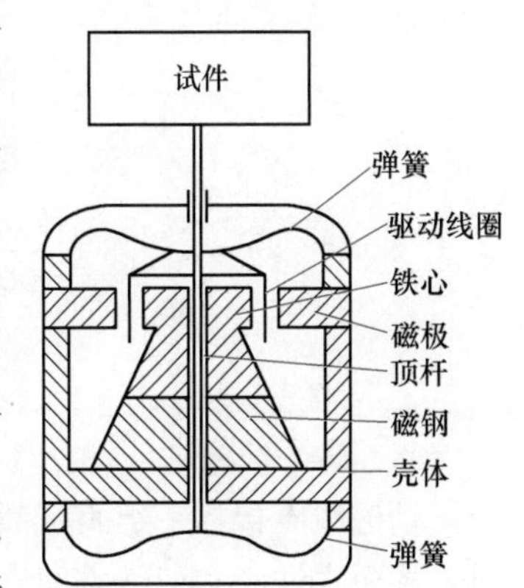

图 6-7 电动式激振器的结构

但是，由顶杆施加到试件上的激振力，不等于线圈受到的电动力。传动比（电动力与激振力之比）与激振器运动部分和试件本身的质量、刚度、阻尼等因素有关，而且还是频率的函数。只有在激振器可动部分的质量与试件的质量相比可略去不计，且激振器与试件的连接刚度好、顶杆系统刚性也很好的情况下，才可以认为电动力等于激振力。

电动式激振器主要用于对试件做绝对激振，因而在激振时最好让激振器壳体在空间保持基本静止，使激振器的能量尽量用于对试件的激励上。为此，激振器的安装更能满足这一要求。当要求做较高频率的激振时，激振器用软弹簧悬挂起来，如图 6-8a 所示，并加上必要的配重，以尽量降低悬挂系统的固有频率使它低于激振频率的 1/3。低频激振时，则将激振器刚性地安装在地面或刚性很好的架子上，如图 6-8b 所示。在很多无法找到安装激振器的参考场合，可将激振器用弹簧支撑在试件上，如图 6-8c 所示。此方法仅适用于试件的质量远远超过激振器的质量，且激振频率大于激振器安装固有频率的振动试验。

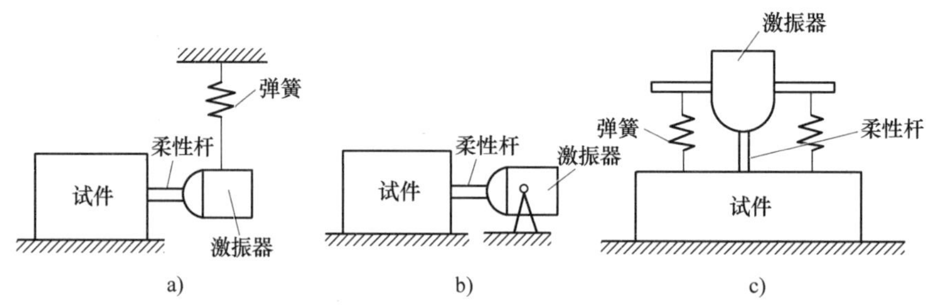

图 6-8　绝对式激振器的安装

为了保证测试精度，做到正确施加激振力，必须在激振器与试件之间用一根在激励力方向上刚度很大而横向刚度很小的柔性杆连接，既保证激振力的传递又大大减小对试件的附加约束。此外，一般在柔性杆的一端串联着一个力传感器，以便能够同时测量出激振力的幅值和相位角。

（2）电磁式激振器　电磁式激振器直接利用电磁力作为激振力，常用于非接触激振场合，特别是对回转件的激振，如图 6-9 所示。

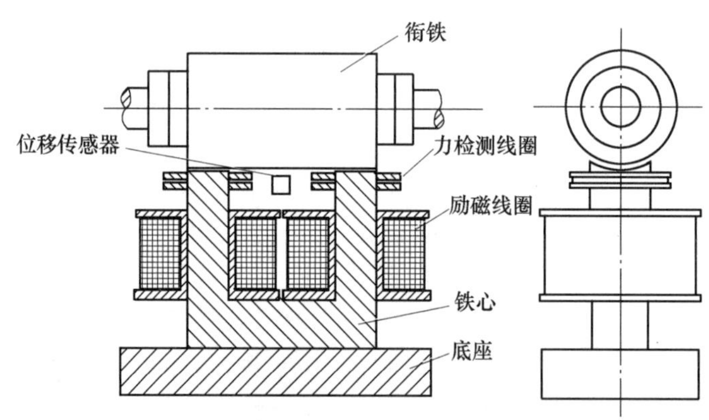

图 6-9　电磁式激振器

励磁线圈包括一组直流线圈和一组交流线圈，当电流通过励磁线圈时便产生相应的磁通，从而在铁心和衔铁之间产生电磁力，实现两者之间无接触的相对激振。用力检测线圈监测激振力，位移传感器测量激振器和衔铁之间的相对位移。

电磁式激振器的特点是与被激对象不接触，因此没有附加质量和刚度的影响，其频率上限为 500~800Hz。

（3）电液式激振器　在激振大型结构时，为得到较大的响应，有时需要很大的激振力，这时可采用电液式激振器。其结构原理如图 6-10 所示。

信号发生器的信号经过放大后，经由电动激振器、操纵阀和功率阀所组成的电液伺服阀，控制油路使活塞做往复运动，并以顶杆去激励被激对象。活塞端部输入一定油压的油，形成静压力 $p_{静}$，对被激对象施加预载荷。用力传感器测量交变激励力 p_1 和静压力 $p_{静}$。

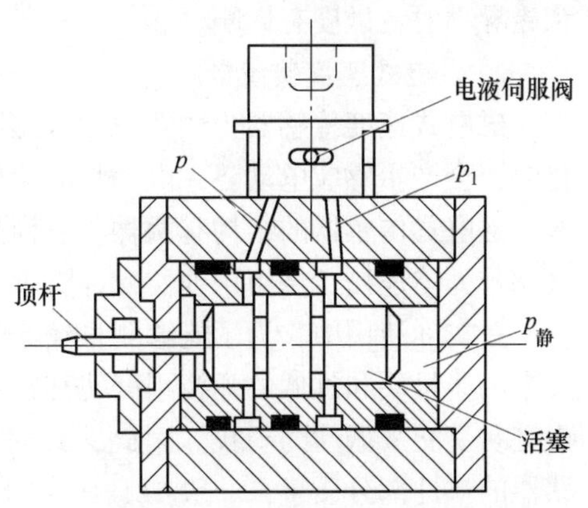

图 6-10　电液式激振器结构原理图

电液式激振器的优点是激振力大，行程大，单位力的体积小。但由于油液的可压缩性和调整流动压力油的摩擦，电液式激振器的高频特性变差，一般只适用于较低的频率范围，通常为零点几到数百赫兹，其波形也比电动式激振器差。此外，它的结构复杂，制造精度要求也高，并需一套液压系统，成本较高。

6.2.3　振动测量传感器

机械振动测试方法一般有机械方法、光学方法和电测方法。机械方法常用于振动频率低、振幅大、精度不高的场合。光学方法主要用于精密测量和振动传感器的标定。电测方法应用范围最广。各种方法要采用相应的传感器。

接触式传感器有磁电式、压电式及电阻应变式等，非接触式传感器有电涡流式和光学式等。在测试中所用的传感器多数是电涡流式、磁电式、压电式和电阻应变式。

1. 电涡流式位移传感器

电涡流式位移传感器是一种非接触式测振传感器，其基本原理是利用金属体在交变磁场中的涡电效应。传感器线圈的厚度越小，其灵敏度越高。

涡流传感器已成系列，测量范围从±0.5mm 至±10mm 以上，灵敏阈约为测量范围的0.1%。常用的外径 8mm 的传感器与工件的安装间隙约 1mm，在±0.5mm 范围内有良好的线性，灵敏度为 7.87mV/μm，频响范围为 0~1200Hz。图 6-11 为涡流传感器的示意图。

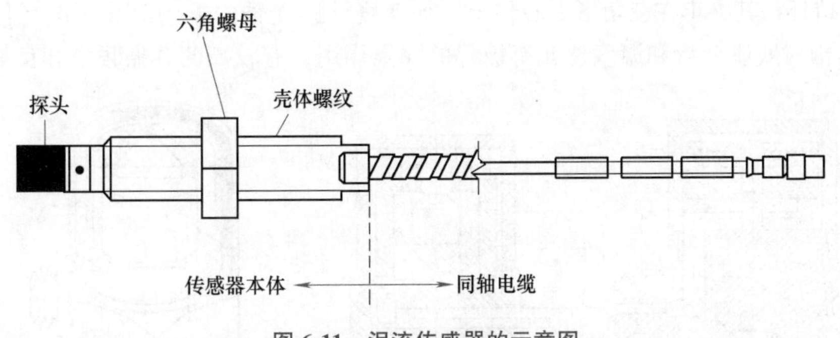

图 6-11　涡流传感器的示意图

这类传感器具有线性范围大、灵敏度高、频率范围宽、抗干扰能力强、不受油污等介质影响以及非接触测量等特点。涡流传感器属于相对式拾振器，能方便地测量运动部件与静止部件间的间隙变化。表面粗糙度对测量几乎没有影响，但表面的微裂缝和被测材料的电导率和磁导率对灵敏度有影响。

2. 磁电式速度传感器

磁电式速度传感器为惯性速度传感器，其工作原理为：当有一线圈在穿过其磁通发生变化时，会产生感应电动势，电动势的输出与线圈的运动速度成正比。

磁电式传感器的结构有两种：一种是线圈与壳体连接，磁钢用弹性元件支承；另一种是磁钢与壳体连接，绕组用弹性元件支承。常用的是后者。

在实际使用中，为了能够测量较低的频率，希望尽量降低绝对式速度计的固有频率，但过大的质量块和过低的弹簧刚度使其在重力场中静变形很大。这不仅会引起结构上的困难，而且易受交叉振动的干扰。因此，其固有频率一般取为 10～15Hz。上限测量频率取决于传感器的惯性部分质量，一般在 1kHz 以下。

磁电式振动速度传感器的优点是不需要外加电源，输出信号可以不经调理放大即可远距离传送，这在实际长期监测中是十分方便的。另一方面，由于磁电式振动速度传感器中存在机械运动部件，它与被测系统同频率振动，不仅限制了传感器的测量上限，而且其疲劳极限造成传感器的寿命比较短。因此在长期连续测量中必须考虑传感器的寿命，要求传感器的寿命大于被测对象的检修周期。

3. 压电式加速度传感器

（1）压电式加速度传感器的结构和安装　压电式加速度传感器又称压电式加速度计。它是利用某些物质如石英晶体的压电效应，在加速度计受振时，质量块加在压电元件上的力也随之变化。当被测振动频率远低于加速度计的固有频率时，则力的变化与被测加速度成正比。

常用的压电式加速度计的结构形式如图 6-12 所示。S 是弹簧，M 是质量块，B 是基座，P 是压电元件，R 是夹持环。图 6-12a 所示为中心安装压缩型，压电元件-质量块-弹簧系统装在圆形中心支柱上，支柱与基座连接。这种结构有高的共振频率，然而基座与测试对象连接时，如果基座有变形，则将直接影响拾振器的输出。此外，测试对象和环境温度变化将影响压电元件，并使预紧力发生变化，易引起温度漂移。图 6-12b 所示为环形剪切型，结构简单，能做成极小型、高共振频率的加速度计，环形质量块粘到装在中心支柱上的环形压电元件上。由于黏结剂会随温度增高而变软，因此最高工作温度受到限制。图 6-12c 所示为三角剪切型，压电元件由夹持环将其夹牢在三角形中心柱上。加速度计感受轴向振动时，压电元件承受切应力。这种结构对底座变形和温度变化有极好的隔离作用，有较高的共振频率和良好的线性。

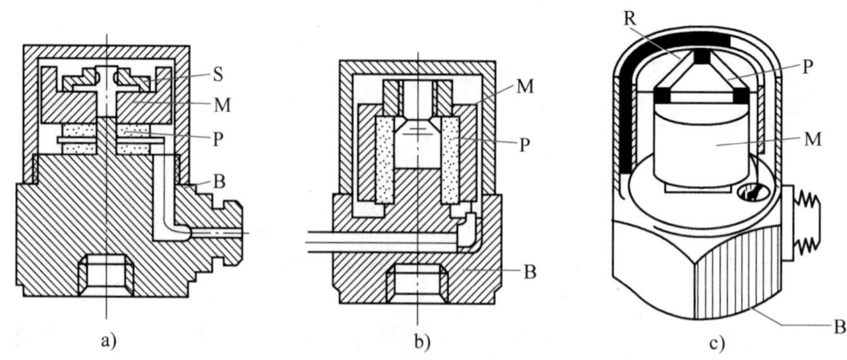

图 6-12　压电式加速度计的结构形式

a）中心安装压缩型　b）环形剪切型　c）三角剪切型

加速度计的使用上限频率取决于幅频曲线中的共振频率，如图 6-13 所示。一般小阻尼（$\zeta \leqslant 0.1$）的加速度计，上限频率若取为共振频率的 1/3，便可保证幅值误差低于 1dB（即 12%）；若取为共振频率的 1/5，则可保证幅值误差小于 0.5dB（即 6%），相移小于 3°。

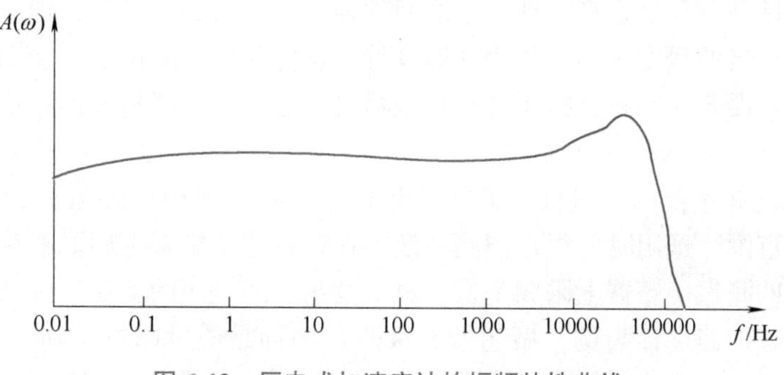

图 6-13　压电式加速度计的幅频特性曲线

共振频率与加速度计的固定状况有关，加速度计出厂时给出的幅频曲线是在刚性连接的固定情况下得到的。实际使用的固定方法往往难于达到刚性连接，因而共振频率和使用上限频率都会有所下降。加速度计与试件的各种固定方法如图 6-14 所示。其中图 6-14a所示采用钢螺栓固定，是使共振频率能达到出厂共振频率的最好方法。螺栓不得全部拧入基座螺孔，以免引起基座变形，影响加速度计的输出。在安装面上涂一层硅脂可增加不平整安装表面的连接可靠性。需要绝缘时，可用绝缘螺栓和云母垫片来固定加速度计（图 6-14b），但垫片应尽量薄。用一层薄蜡把加速度计粘在试件平整表面上（图 6-14c），也可用于低温（40℃以下）的场合。手持探针测振方法（图 6-14d）在多点测试时使用特别方便，但测量误差较大，重复性差，在上限频率测量中使用。用专用永久磁铁固定加速度计（图 6-14e），使用方便，多在低频测量中使用。此法也可使加速度计与试件绝缘。用硬性黏结螺栓（图 6-14f）或黏结剂（图 6-14g）的固定方法也常使用。某种典型的加速度计采用上述各种固定方法的共振频率分别约为：钢螺栓固定法 31kHz，云母垫片法 28kHz，涂薄蜡层法 29kHz，手持法 2kHz，永久磁铁固定法 7kHz。

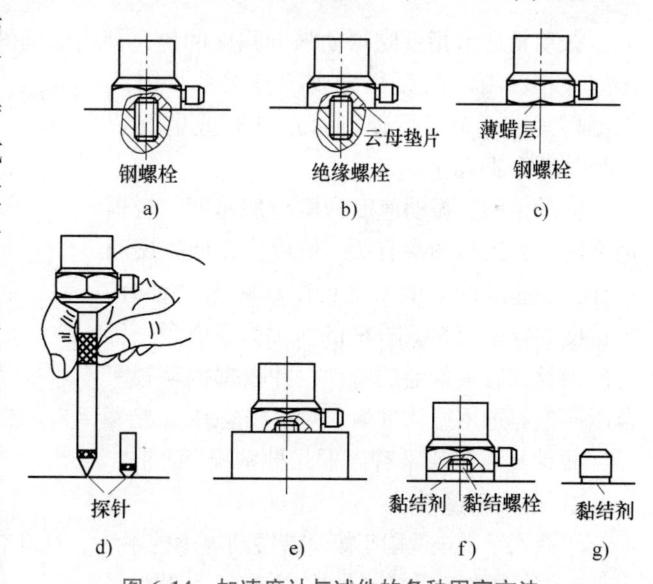

图 6-14　加速度计与试件的各种固定方法

（2）压电式速度传感器　由于上述磁电式速度传感器存在响应频率范围小、机械运动部件容易损坏、传感器质量大造成附加质量大等缺点，近年发展了压电式速度传感器，即在压电式加速度传感器的基础上，增加了积分电路，实现了速度输出。同样，这种传感器也全部实现了内置，具有替换磁电式速度传感器的倾向。

4. 测振传感器的合理选择

测振传感器的选择应注意下列几个问题：

（1）直接测量参数的选择 测振传感器的被测量是位移、速度或加速度。它们是 ω 的等比数列，能通过微积分电路来实现它们之间的换算。考虑到低频时，加速度的幅值有可能小到与测量噪声相当的程度，因此如用加速度计测量低频振动的位移，会因低信噪比使测量不稳定和增大测量误差，不如直接用位移拾振器更合理。用位移拾振器测量高频位移时也有类似的情况发生。

（2）传感器的频率范围、量程、灵敏度等指标 各种测振传感器都受其结构的限制而有其自身适用的范围，选用时要根据被测系统的振动频率范围来选用。对于惯性式测振传感器，一般质量大的测振传感器上限频率低、灵敏度高；质量小的测振传感器上限频率高、灵敏度低。以压电式加速度计为例，做超低振级测量的都是质量超过 100g、灵敏度很高的加速度计，做高振级（如冲击）测量的都是小到几克或零点几克的加速度计。

（3）使用的环境要求、价格、寿命、可靠性、维修、校准等 例如激光测振尽管有很高的分辨力和测量精确度，由于对环境（隔振）要求极严、设备又极昂贵，它只适用于实验室做精密测量或校准。电涡流和电容传感器均属非接触式，但前者对环境要求低而被广泛应用于工业现场对机器振动的测量中。而大型汽轮发电机组、压缩机组振动监测中用的拾振器，要能在高温、油污、蒸汽介质的环境下长期可靠地工作，常选用电涡流传感器。

6.2.4 振动量的测量

振动量通常指反映振动强弱程度的量，即指振动的位移、速度、加速度的大小。这三者之间存在着确定的微积分或积分关系，因此在测得其中一个量后便可通过计算或电路获得另外两个振动量。

振动位移、振动速度和振动加速度三者幅值之间的关系与频率有关，所以，在低频振动场合，加速度的幅值不大；在高频振动场合，加速度的幅值较大。图 6-15 所示为考虑到三类传感器及其后续仪器的特性，并根据振动频率范围而推荐选用振动量测量的参数范围。

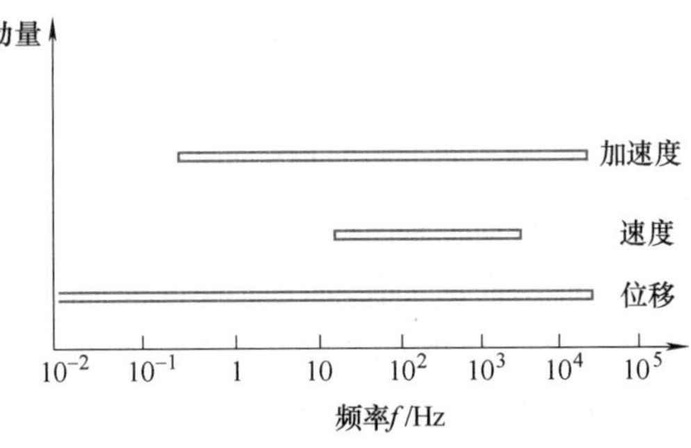

图 6-15 推荐选用振动量测量的参数范围

振动量测量通常有以下几种系统。

1. 正弦测量系统

正弦测量系统适用于按简谐振动规律的系统。对机电产品进行动态性能测试及环境考验时，也都是用正弦测量系统测量其响应。正弦测量系统的优点在于测量比较精确，因而也最为常用。

应用正弦测量系统，除了测量振幅外，有时还要求测量振幅对于激励的相位差，以及观察振动波形的畸变情况。典型的正弦测量系统如图 6-16 所示。

2. 动态应变测量系统

动态应变测量系统将电阻应变片贴在结构的测振点处，或直接制成应变片式位移计或加速度计，安装在测振点处，将应变片接入电桥，电桥由动态应变仪的振荡器供给稳定的载波电压，记录仪器（如示波器）或计算机来记录。动态应变测量系统的组成如图 6-17 所示。

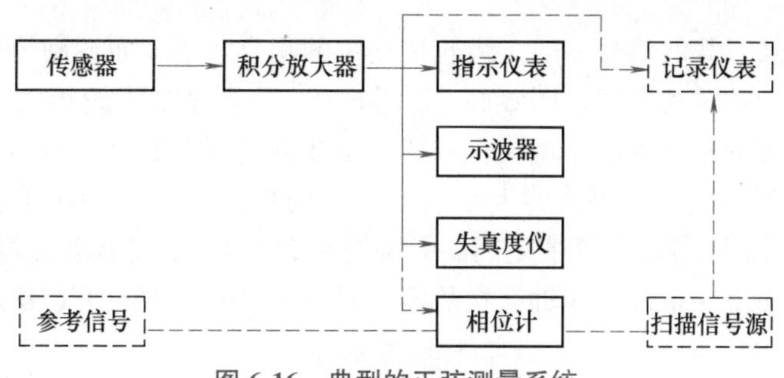

图 6-16 典型的正弦测量系统

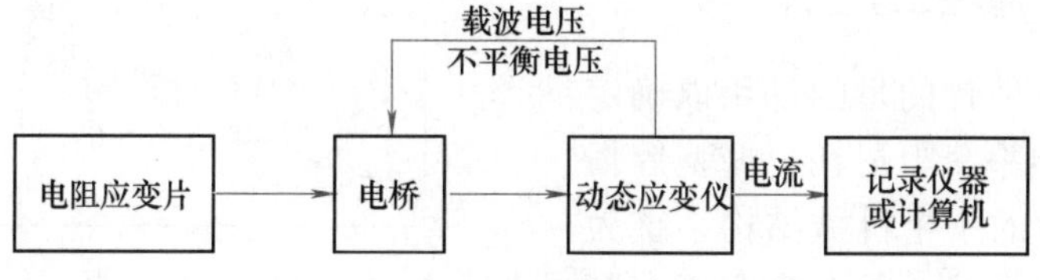

图 6-17 动态应变测量系统的组成

3. 频谱分析系统

频谱分析系统可以分为模拟量频谱分析系统和数字量频谱分析系统。

（1）模拟量频谱分析系统　传感器经微/积分放大器后，进入模拟量频谱分析仪。系统的核心是模拟量频谱分析仪，它由跟踪滤波器或一系列窄带带通滤波器组成，随着滤波器中心频率的变化，信号中的相应频率的谐波分量得以通过，从而可以得到不同频率的谐波分量的幅值或功率的值，由仪表显示或记录。

（2）数字量频谱分析系统　现代振动分析系统大多数是数字式分析系统。将来自传感器的模拟信号经过 A-D 转换，把模拟信号转换成数字序列信号，然后通过快速傅里叶变换（FFT）的计算，获得被测系统的频谱。

图 6-18 所示为某齿轮箱的振动及其分析。齿轮箱的振动信号一般至少由两部分组成：

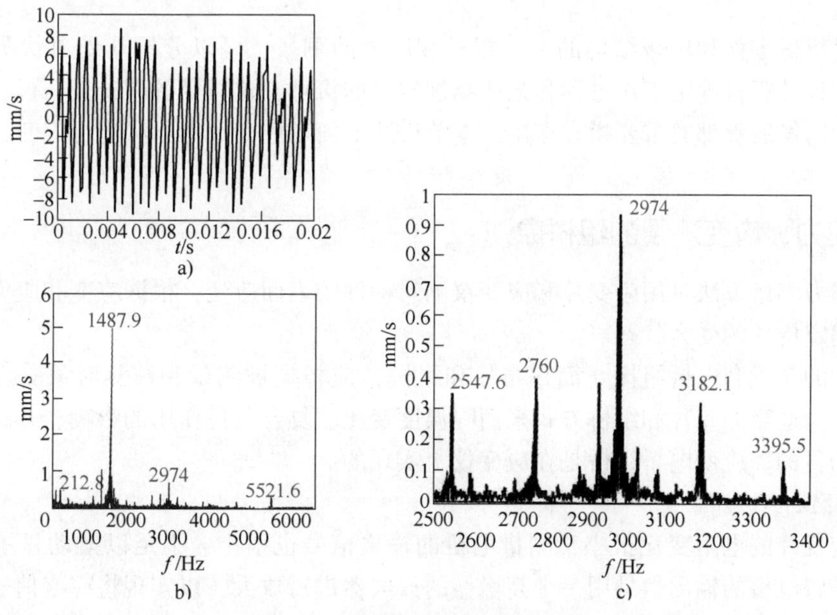

图 6-18 某齿轮箱的振动及其分析

a）齿轮箱时域波形图　b）齿轮箱频谱图　c）2974Hz 细化谱图

载波信号和调制信号。载波信号一般是齿轮传动中的啮合频率，而调制信号则往往是故障信息，一般为故障齿轮的转动频率。图6-18a和图6-18b分别是某齿轮箱的时域波形图和频谱图。齿轮振动信号无论是调幅还是调频，其特点是在频谱图上都会有对称的边频带，边频带的间隔反映了故障源的频率，幅值的大小表示故障的程度。对2974Hz附近进行细化分析，得到图6-18c所示图形。各相邻峰值之间的频率约在212.4Hz，即齿轮箱高速轴的转动频率，说明此频率为调制频率，也即高速轴存在故障。对1487.9Hz和5521.6Hz附近的频谱细化分析也有相同的结论。

6.2.5　机械振动参数的估计

机械振动参数估计的目的是用以确定被测结构的固有频率、阻尼比、振型等振动模态参数。实际的一个机械结构系统大多是多自由度振动系统，具有多个固有频率，在其频率响应曲线上会出现多个峰值，在奈奎斯特曲线中表现为多个圆环，如图6-19所示。根据线性振动理念，对于多自由度线性系统，在它任何一点的振动响应可以认为是反映系统特性的多个单自由度响应的叠加。对于小阻尼的系统，在某个固有频率附近，与其相应阶的振动响应就非常突出。

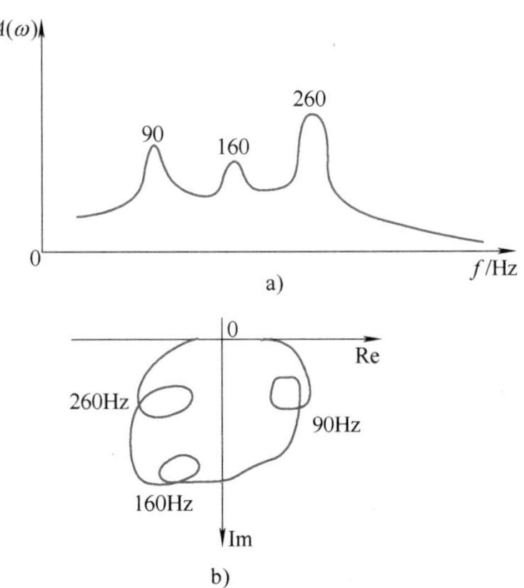

图6-19　多自由度系统的频率响应曲线

a）幅频响应曲线　b）奈奎斯特图

6.3　应变、力与力矩的测量

通过对机械零件和机械结构的力、扭矩和压力的测量，可以分析其受力状况和工作状态，验证设计计算，确定工作过程和某些物理现象的机理，这对设备的安全运行、自动控制及设计理论的发展等都有重要指导作用。本节讲述如何用应变片电测法进行应变、力与力矩的测量。

6.3.1　应力、应变测量的组桥原则

常用的力测量方法是用应变片和应变仪测量构件的表面应变，根据应变和应力、力之间的关系，确定构件的受力状态。

应变片的布置和电桥组接（简称布片和组桥）应根据被测量和被测对象受力分布来确定。还应利用适当的布片和组桥方式来消除温度变化、复合载荷作用的影响，并达到提高测量灵敏度的目的。应变电桥组桥是在应变仪上实现的。

1. 应变仪

电阻应变片的电阻变化很小，测量电桥的输出信号也很小，不足以推动显示和记录装置，因此需将电桥的输出信号用一个高增益的放大器进行放大，以实现将应变信号转变成有一定驱动能力的电压或电流信号输出，以便连接计算机进行数据处理和连接各种记录仪器。

完成这一任务的仪器称应变仪。电阻应变仪具有灵敏度高、稳定性好、可靠且能进行多点较远距离测量等特点，同时适用于室内及野外测量。

应变仪按被测应变的变化频率及相应的电阻应变仪的工作频率范围可分为静态电阻应变仪、静动态电阻应变仪、动态电阻应变仪和超动态电阻应变仪。

（1）静态电阻应变仪　静态电阻应变仪主要测量静载荷作用下物理量的变化，其应变信号变化十分缓慢或变化一次后能相对稳定。静态电阻应变仪一般是载波放大式的，使用零位法进行测量，进行多点测量时需选配一个预调平衡箱。各传感器和箱内电阻一起组桥，并进行预调平衡。预调或实测时需另配一手动或自动的多点转换开关，依次接通测量，如YJ-5型静态电阻应变仪。

（2）静动态电阻应变仪　静动态电阻应变仪以测量静态应变为主，也可测量频率较低的动态应变。YJD-1 和 YJD-7 型静动态电阻应变仪的工作频率分别为 0~10Hz 和 0~100Hz。

（3）动态电阻应变仪　动态电阻应变仪与各种记录仪配合用以测量动态应变，测量的工作频率可达 0~2000Hz，个别可达 10kHz。动态电阻应变仪具有电桥、放大器、相敏检波器和滤波器等。动态电阻应变仪用“偏位法”进行测量，可测量周期或非周期性的动态应变，如 YD-15 型动态电阻应变仪。

YD-15 型动态电阻应变仪采用载波电桥，放大器具有深度交直流负反馈。为从放大器输出的调制信号中检出应变信号，采用电桥调制以及与负载相对应的低阻相敏检波器来鉴别信号的大小和方向。由于低阻相敏检波器消耗功率较大，因此前置一缓冲级功率放大，经滤波后输出给记录器。稳压电源采用 24V 直流电压，野外作业可采用 22~25V 范围的蓄电池供电。

（4）超动态电阻应变仪　工作频率高于 10kHz 的应变仪称超动态电阻应变仪，用于测量冲击等变化非常剧烈的瞬间过程。超动态电阻应变仪工作频率比较高，要求载波频率就更高，因此，多采用直流放大器。如国产 Y6C-9 型超动态电阻应变仪采用直流供桥和直流放大电路，最高工作频率达 200kHz。

2. 单向应力状态应变测量中组桥及温度补偿

一个简化的单向受拉件如图 6-20 所示，在轴向力 p 作用下，试件为单向应力状态。故沿构件表面的轴线方向贴工作片 R_1，在温度补偿板上贴补偿片 R_t，将二者组成半桥即可测得轴向应变 ε_p。电桥的输出为

$$U_{BD}=\frac{1}{4}U_0\left(\frac{\Delta R_{1p}+\Delta R_{1t}}{R_1}-\frac{\Delta R_{2t}}{R_2}\right)=\frac{U_0}{4}\frac{\Delta R_{1p}}{R_1}=\frac{1}{4}U_0K\varepsilon_p \qquad (6\text{-}2)$$

式中　ΔR_{1t}、ΔR_{2t}——温度对 R_1、R_2 的影响；

ΔR_{1p}——因力 p 而产生的电阻变化。

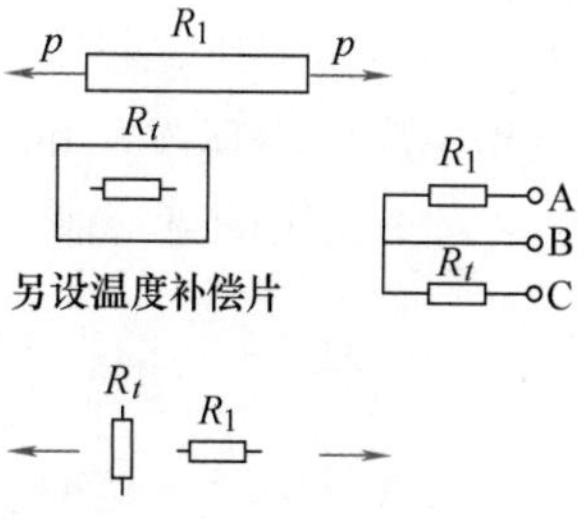

图 6-20　测轴向拉应变时的温度补偿

实现温度补偿必须满足以下条件：补偿板和试件的材料相同；工作片、补偿片完全相同，放在完全相同的温度场中，接在相邻桥臂。于是，静态电阻应变仪上的读数 $\varepsilon_{仪}=\varepsilon_p$。

图 6-20 中，沿轴向贴一片应变片，沿横向贴另一片，称为工作片补偿法。其输出电压为

$$U_{BD}=\frac{U_0}{4}K(\varepsilon_1-\varepsilon_2)=\frac{U_0}{4}K(1+\mu)\varepsilon_1 \qquad (6\text{-}3)$$

3. 拉（压）应变测量中弯矩影响的消除

图6-21所示为轴向拉（压）载荷下布片、接桥的又一实例。工作片在上、下表面对称粘贴，由加减特性可知，这样可以消除因加载偏心而造成的附加弯矩。其中全桥接法的输出是半桥接法的两倍。

4. 用全桥提高应变测量的灵敏度

图6-22所示布片方式实现了温度自补偿，又得到了最大输出应变值，还消除了因加载偏心而造成的附加弯矩。此时有

$$\varepsilon_{仪}=2(1+\mu)\varepsilon_1 \tag{6-4}$$

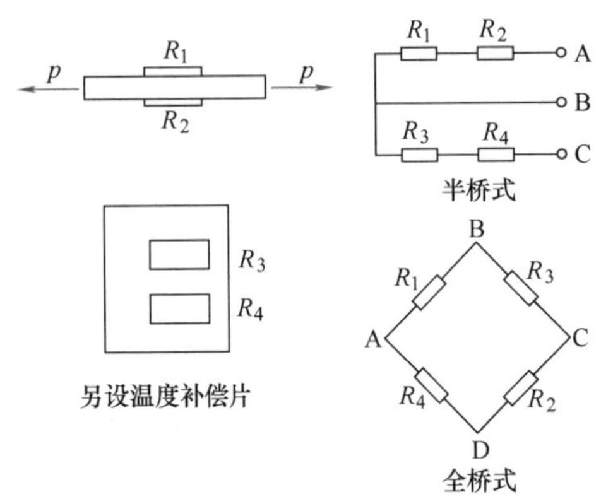

图6-21　用对称双工作片测轴向拉（压）应变

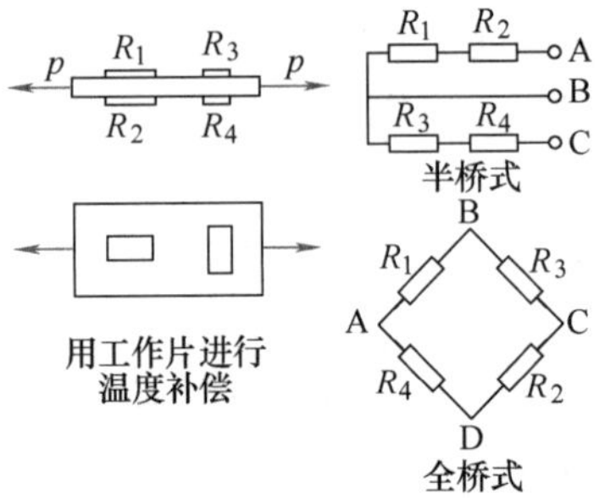

图6-22　用四片工作片测轴向拉（压）应变

5. 平面应力状态下主应力的测量

实际上，许多结构、零件处于平面应力状态下，其主应力方向可能是已知的，也可能是未知的。

（1）已知主应力方向　例如承受内压的薄壁圆筒形容器的筒体，其主应力方向是已知的。这时只需要沿两个互相垂直的主应力方向各贴一片应变片，另外再采取温度补偿措施，就可以直接测出主应变。其布片和组桥方法如图6-23所示。先测出应变值ε_1、ε_2，再由胡克定律计算出主应力，即

$$\begin{cases}\sigma_1=\dfrac{E}{1-\mu^2}(\varepsilon_1+\mu\varepsilon_2)\\[2ex]\sigma_2=\dfrac{E}{1-\mu^2}(\varepsilon_2+\mu\varepsilon_1)\end{cases} \tag{6-5}$$

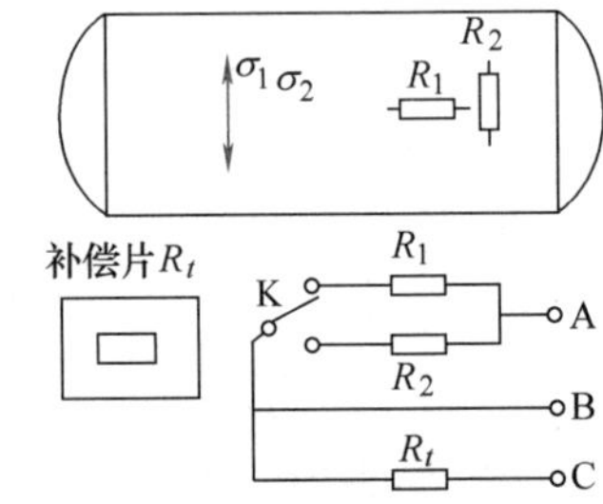

图6-23　主应力方向已知的平面应力测量的布片与组桥

（2）主应力方向未知的平面应力状态　当平面应力的主应力σ_1和σ_2的大小及方向都未知时，需对一个测点贴三个不同方向的应变片，测出三个方向的应变，才能确定主应力σ_1和σ_2及主方向角θ这三个未知量。

图6-24所示为边长为x和y、对角线长为l的矩形单元体。设在平面应力状态下，与主应力方向成θ角的任一方向的应变为ε'_θ，即图中对角线长度l的相对变化量。

由于主应力σ_x、σ_y的作用，该单元体在X、Y方向的伸长量为Δx、Δy，如图6-24a、b所示，该方向的应变为$\varepsilon_x=\Delta x/x$、$\varepsilon_y=\Delta y/y$；在切应力τ_{xy}作用下，原直角$\angle XOY$减小γ_{xy}，

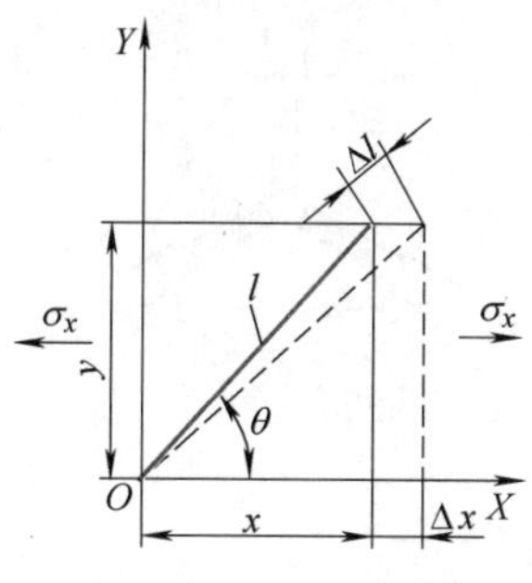

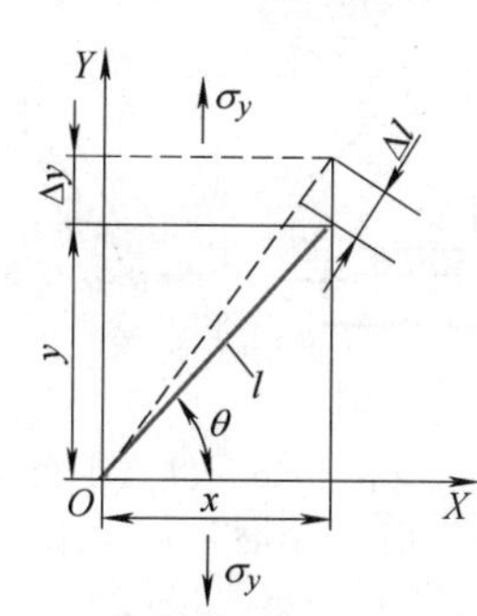

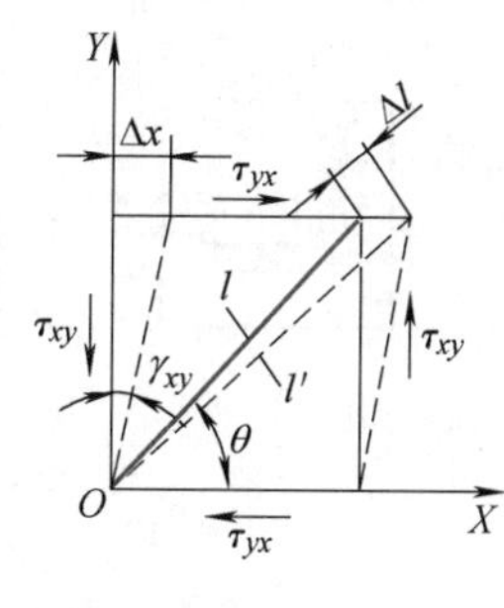

图 6-24 在 σ_x、σ_y 和 τ_{xy} 作用下单元体的应变

如图 6-24c 所示，即切应变 $\gamma_{xy}=\Delta x/y$。这三个变形引起单元体对角线长度 l 的变化分别为 $\Delta x\cos\theta$、$\Delta y\sin\theta$、$y\gamma_{xy}\cos\theta$，其应变分别为 $\varepsilon_x\cos2\theta$、$\varepsilon_y\sin2\theta$、$\gamma_{xy}\sin\theta\cos\theta$。当 ε_x、ε_y、γ_{xy} 同时发生时，则对角线的总应变为上述三者之和，可表示为

$$\varepsilon_\theta=\varepsilon_x\cos^2\theta+\varepsilon_y\sin^2\theta+\gamma_{xy}\sin\theta\cos\theta \tag{6-6}$$

利用半角公式变换后，式（6-6）可写成

$$\varepsilon_\theta=\frac{\varepsilon_x+\varepsilon_y}{2}+\frac{\varepsilon_x-\varepsilon_y}{2}\cos2\theta+\frac{\gamma_{xy}}{2}\sin2\theta \tag{6-7}$$

由式（6-7）可知 ε_θ 与 ε_x、ε_y、γ_{xy} 之间的关系。因 ε_x、ε_y、γ_{xy} 未知，实际测量时可任选与 X 轴成 θ_1、θ_2、θ_3 三个角的方向各贴一个应变片，测得 ε_1、ε_2、ε_3，连同三个角度代入式（6-7）中可得

$$\begin{cases}\varepsilon_1=\dfrac{\varepsilon_x+\varepsilon_y}{2}+\dfrac{\varepsilon_x-\varepsilon_y}{2}\cos2\theta_1+\dfrac{\gamma_{xy}}{2}\sin2\theta_1\\\varepsilon_2=\dfrac{\varepsilon_x+\varepsilon_y}{2}+\dfrac{\varepsilon_x-\varepsilon_y}{2}\cos2\theta_2+\dfrac{\gamma_{xy}}{2}\sin2\theta_2\\\varepsilon_3=\dfrac{\varepsilon_x+\varepsilon_y}{2}+\dfrac{\varepsilon_x-\varepsilon_y}{2}\cos2\theta_3+\dfrac{\gamma_{xy}}{2}\sin2\theta_3\end{cases} \tag{6-8}$$

由式（6-8）联立方程就可解出 ε_x、ε_y、γ_{xy}。再由 ε_x、ε_y、γ_{xy} 可求出主应变 ε_1、ε_2 和主方向与 X 轴的夹角 θ，即

$$\begin{cases}\varepsilon_1=\dfrac{\varepsilon_x+\varepsilon_y}{2}+\dfrac{1}{2}\sqrt{(\varepsilon_x-\varepsilon_y)^2+\gamma_{xy}^2}\\\varepsilon_2=\dfrac{\varepsilon_x+\varepsilon_y}{2}-\dfrac{1}{2}\sqrt{(\varepsilon_x-\varepsilon_y)^2+\gamma_{xy}^2}\\\theta=\dfrac{1}{2}\arctan\dfrac{\gamma_{xy}}{\varepsilon_x-\varepsilon_y}\end{cases} \tag{6-9}$$

将式（6-9）中的主应变 ε_1 和 ε_2 代入式（6-5）中，即可求得主应力。

在实际测量中，为简化计算，三个应变片与 X 轴的夹角 θ_1、θ_2、θ_3 总是选取特殊角，如 0°、45°和 90°或 0°、60°和 120°角，并将三个应变片的丝栅制在同一基底上，形成所谓应变花。图 6-25 所示为丝式应变花。设应变花与 X 轴的夹角为 $\theta_1=0°$，$\theta_2=45°$，$\theta_3=90°$，将此 θ_1、θ_2、θ_3 值分别代入式（6-8）得

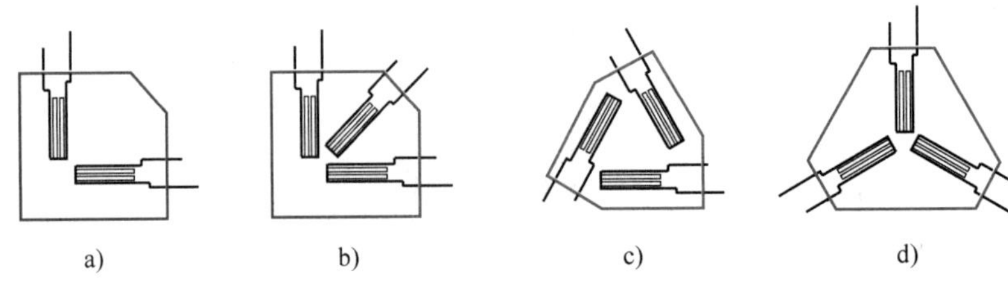

图 6-25　丝式应变花

a）二轴 90°　b）三轴 45°　c）三轴 60°　d）三轴 120°

$$
\begin{cases}
\varepsilon_0=\dfrac{1}{2}(\varepsilon_x+\varepsilon_y)+\dfrac{1}{2}(\varepsilon_x-\varepsilon_y)=\varepsilon_x \\
\varepsilon_{45}=\dfrac{1}{2}(\varepsilon_z+\varepsilon_y)+\dfrac{1}{2}\gamma_{xy} \\
\varepsilon_{90}=\dfrac{1}{2}(\varepsilon_x+\varepsilon_y)-\dfrac{1}{2}(\varepsilon_x-\varepsilon_y)=\varepsilon_y
\end{cases}
\tag{6-10}
$$

由式（6-10）可得

$$
\varepsilon_x=\varepsilon_0,\ \varepsilon_y=\varepsilon_{90},\ \gamma_{xy}=2\varepsilon_{45}-(\varepsilon_0+\varepsilon_{90})
\tag{6-11}
$$

将式（6-11）代入式（6-9）可得主应变 ε_1、ε_2 和主应变方向角 θ 的计算公式为

$$
\begin{cases}
\varepsilon_1=\dfrac{\varepsilon_0+\varepsilon_{90}}{2}+\dfrac{\sqrt{2}}{2}\sqrt{(\varepsilon_0-\varepsilon_{45})^2+(\varepsilon_{45}-\varepsilon_{90})^2} \\
\varepsilon_2=\dfrac{\varepsilon_0+\varepsilon_{90}}{2}-\dfrac{\sqrt{2}}{2}\sqrt{(\varepsilon_0-\varepsilon_{45})^2+(\varepsilon_{45}-\varepsilon_{90})^2}
\end{cases}
\tag{6-12}
$$

$$
\theta=\frac{1}{2}\arctan\frac{2\varepsilon_{45}-\varepsilon_0-\varepsilon_{90}}{\varepsilon_0-\varepsilon_{90}}
\tag{6-13}
$$

将式（6-12）代入式（6-5）得主应力计算公式为

$$
\begin{cases}
\sigma_1=\dfrac{E}{2}\left[\dfrac{\varepsilon_0+\varepsilon_{90}}{1-\mu}+\dfrac{\sqrt{2}}{1+\mu}\sqrt{(\varepsilon_0-\varepsilon_{45})^2+(\varepsilon_{45}-\varepsilon_{90})^2}\right] \\
\sigma_2=\dfrac{E}{2}\left[\dfrac{\varepsilon_0+\varepsilon_{90}}{1-\mu}-\dfrac{\sqrt{2}}{1+\mu}\sqrt{(\varepsilon_0-\varepsilon_{45})^2+(\varepsilon_{45}-\varepsilon_{90})^2}\right]
\end{cases}
\tag{6-14}
$$

对 $\theta_1=0°$、$\theta_2=60°$、$\theta_3=120°$的应变花，主应变 ε_1、ε_2 和主应变方向角 θ 及主应力 σ_1 和 σ_2 的计算公式为

$$
\begin{cases}
\varepsilon_1=\dfrac{1}{3}(\varepsilon_0+\varepsilon_{60}+\varepsilon_{120})+\dfrac{\sqrt{2}}{3}\sqrt{(\varepsilon_0-\varepsilon_{60})^2+(\varepsilon_{60}-\varepsilon_{120})^2+(\varepsilon_{120}-\varepsilon_0)^2} \\
\varepsilon_2=\dfrac{1}{3}(\varepsilon_0+\varepsilon_{60}+\varepsilon_{120})-\dfrac{\sqrt{2}}{3}\sqrt{(\varepsilon_0-\varepsilon_{60})^2+(\varepsilon_{60}-\varepsilon_{120})^2+(\varepsilon_{120}-\varepsilon_0)^2}
\end{cases}
\tag{6-15}
$$

$$
\theta=\frac{1}{2}\arctan\frac{\sqrt{3}(\varepsilon_{60}-\varepsilon_{120})}{2\varepsilon_0-\varepsilon_{60}-\varepsilon_{120}}
\tag{6-16}
$$

$$\begin{cases}\sigma_1=\dfrac{E}{3}\left[\dfrac{\varepsilon_0+\varepsilon_{60}+\varepsilon_{120}}{1-\mu}+\dfrac{\sqrt{2}}{1+\mu}\sqrt{(\varepsilon_0-\varepsilon_{60})^2+(\varepsilon_{60}-\varepsilon_{120})^2+(\varepsilon_{120}-\varepsilon_0)^2}\right]\\ \sigma_2=\dfrac{E}{3}\left[\dfrac{\varepsilon_0+\varepsilon_{60}+\varepsilon_{120}}{1-\mu}-\dfrac{\sqrt{2}}{1+\mu}\sqrt{(\varepsilon_0-\varepsilon_{60})^2+(\varepsilon_{60}-\varepsilon_{120})^2+(\varepsilon_{120}-\varepsilon_0)^2}\right]\end{cases}\tag{6-17}$$

其他形式应变花的计算公式可查阅有关文献。

6.3.2　力参数测量的应用

1. 轧制力测量

目前广泛采用两种测量轧制力的方法。第一种是通过测量基架立柱的拉伸应变测量轧制力，又称应力测量法；第二种是用专门设计的测力传感器直接测量轧制力，至于所用的变换原理及传感器形式，则有电阻应变式、压磁式、电容式及电感式等。这里主要讨论应力测量法。

轧制时，轧机牌坊立柱产生弹性变形，其大小与轧制力成正比，所以测出轧机牌坊立柱的应变就可推算出轧制力。测量方法如图 6-26 所示。

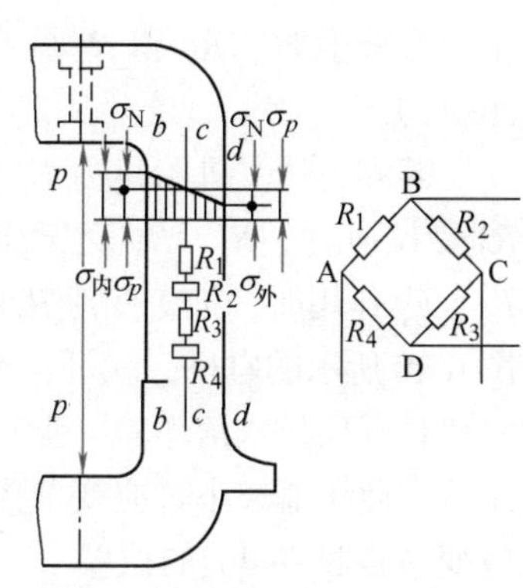

图 6-26　轧机立柱上应变片的布置和接线方式

对于闭口牌坊，轧制时轧机牌坊立柱同时受拉应力 σ_p 和弯曲应力 σ_N。

由图可见，最大应力发生在立柱内表面 b—b 上，其值为

$$\sigma_{max}=\sigma_p+\sigma_N \tag{6-18}$$

最小应力发生在立柱外表面 d—d 上，其值为

$$\sigma_{min}=\sigma_p-\sigma_N \tag{6-19}$$

在中性面 c—c，弯曲应力等于零，只有轧制力引起的拉应力 σ_p，即

$$\sigma_p=(\sigma_{max}+\sigma_{min})/2 \tag{6-20}$$

由此可见，为了测得拉应力，必须把应变片粘贴在轧机牌坊立柱的中性面 c—c 上，以消除弯曲应力。一扇牌坊所受到拉力为

$$p_1=2\sigma_pA \tag{6-21}$$

式中　A——牌坊一个立柱的横截面积。

若四根立柱受力条件相同，则总轧制力为

$$p=2p_1=4\sigma_pA \tag{6-22}$$

2. 切削力测量

切削力的测量是一种比较典型的多向动态力测量。切削力信号是复杂的信号，一般情况下是随机信号。图 6-27 所示八角环型车削测力仪为典型的切削力测量装置。

该测力仪的弹性元件是由整体钢材加工成八角状结构，从而避免接触面间的摩擦和螺钉夹紧的影响。在八角环弹性元件的适当位置粘贴电阻应变片。测试时，将测力仪安装在刀架上，车刀安装在测力仪的前端。车削时，进给力 F_x 使八角环受到切向推力，背向力 F_y 使八角状环受到压缩，主

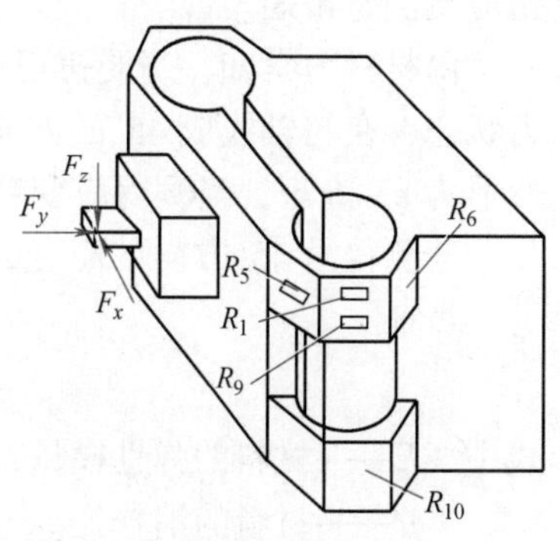

图 6-27　八角环型车削测力仪

切削力 F_z 使八角环上面受拉伸、下面受压缩。对这种不同的受力情况，在八角环上适当地布置应变片就可在相互极小干扰的情况下分别测出各个切削分力。

八角环弹性元件是由圆环演变来的（如图 6-28中的八角环上的布片和组桥），若在圆环上施加单向径向力 F_y，其各处的应变不同，其中在与作用力成 39.6°处（大约是 R_5、R_6 处）应变力为零，此处称为应变节点。在水平中心线上则有最大应变，因此将应变片 R_1 ~ R_4 贴在水平中心线上时，R_1 和 R_3 受拉应力，R_2 和 R_4 受压应力。

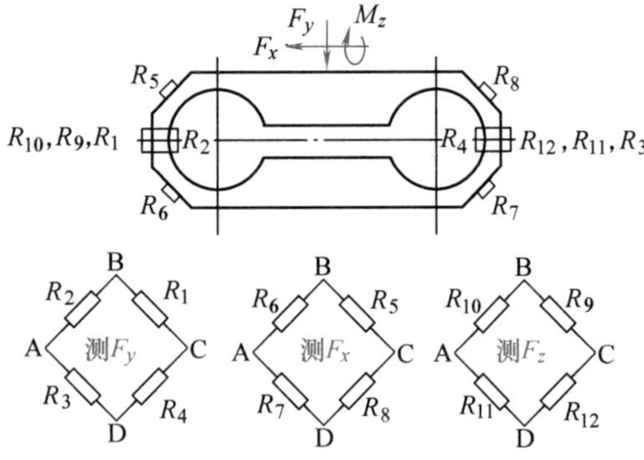

图 6-28 八角环上的布片和组桥

若测力仪受进给抗力 F_x 作用，则应变片 R_5、R_7 受拉应力，R_6、R_8 受压应力。当圆环同时受 F_y、F_x 作用时，把应变片 R_1 ~ R_4、R_5 ~ R_8 组成如图 6-28 所示的电桥，就可互不干扰地分别测得 F_y 和 F_x。由于八角环易于固定夹紧，所以常用它代替圆环。八角环的应变节点位置随环的厚度与平均半径的比值不同而变化。当在径向力作用下，此比值较小时应变节点在 39.6°处，随着比值的增大此角度也变大。当比值为 0.4 时，应变节点将在 45°的位置。

当测力仪受主切削力 F_z 的作用时，其八角环既受到垂直向下的力，又受到由于 F_z 引起的弯矩 M_z 的作用。力与各应变片轴向垂直不产生影响，M_z 测力仪上部环受拉应力，下部环受压应力，因此将应变片组成如图 6-28 所示的电桥就可测出 F_z。

车削测力仪在结构和贴片方式上做适当的改变，还可用于测试铣削、钻削、磨削、滚齿等加工过程中的切削力。

6.3.3 扭矩的测量

在许多场合，扭矩的理论计算不仅十分困难，而且计算的准确性也低，而实际测量则是确定传动扭矩的可靠方法。

1. 扭矩测量中应变计的布置和组桥方法

扭矩的测量方法较多，其原理都是通过测量与扭矩有对应关系的其他物理量（如轴体的扭转变形、应力、磁阻或磁导率等）来实现的。常用的测量方法是通过测量轴体表面的扭应变测量扭矩。

由材料力学知，当受扭矩作用时，轴表面有最大切应力 τ_{max}。轴表面的单元体为纯切应力状态，在与轴线成 45°的方向上有最大正应力 σ_1 和 σ_2，其值为 $|\sigma_1| = |\sigma_2| = \tau_{max}$。相应的变形为 ε_1 和 ε_2，当测得应变后，便可算出 τ_{max}。测量时应变计沿与轴线成 45°的方向粘贴。

若测得沿 45°方向的应变 ε_1，则相应的切应变为

$$\tau = \frac{E\varepsilon_1}{1+\mu} \tag{6-23}$$

式中 E——材料的弹性模量；

μ——材料的泊松比。

于是，轴的扭矩为

$$T=\tau W_n=\frac{E\varepsilon_1}{1+\mu}W_n \tag{6-24}$$

式中 W_n——材料的抗扭模量。

测扭矩时，电阻应变计须沿主应变 ε_1 及 ε_2 的方向（与轴线成45°及135°夹角）。应变计的数目、布置及组桥方式，应考虑灵敏度、温度补偿及抵消拉、压及弯曲等因素干扰的要求。图 6-29 所示为几种应变片的布片和组桥方式。

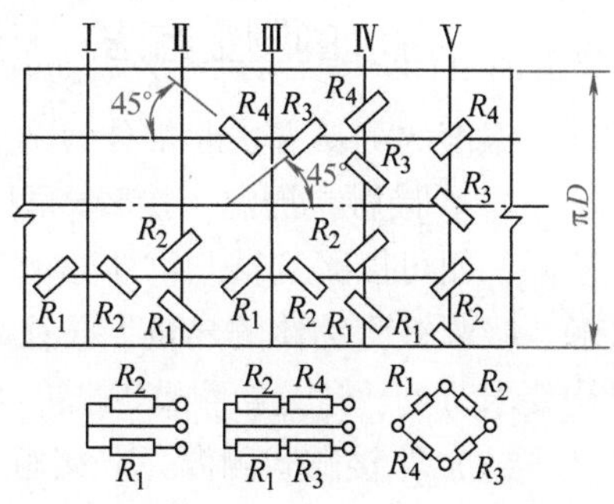

图 6-29 应变片的布片和组桥方式

Ⅰ为双片集中轴向对称（横八字）布置，应变计 R_1 及 R_2 互相垂直，其敏感栅中心分别处于同一母线的两个邻近截面的圆周上，组成半桥的相邻两臂。这种布置方式的贴片及引线较为简单，可抵消弯曲影响，但不能完全抵消弯曲影响，可用于轴体不受弯曲的场合。

Ⅱ为双集中径向对称（竖八字）布置，与Ⅰ不同之处仅在于 R_1 和 R_2 处于同一截面周边的邻近两个点上，这种布片方式不能完全抵消弯曲影响，其适用条件同Ⅰ。

Ⅲ为四片径端对称的双横八字布置，其中 R_1、R_2 及 R_3、R_4 各按Ⅰ的方式分别布置在同一直径两个端点的邻近部位。在轴体表面展开图中，互相垂直的两个应变栅的中心共线，四片可组成半桥或全桥工作。当组成全桥时，其输出灵敏度为Ⅰ的两倍。无论组成半桥或全桥方式工作，皆可完全抵消拉（压）及弯曲的影响。

Ⅳ为四片径端对称的双竖八字布置，可视为Ⅱ的复合。其中 R_1、R_2 及 R_3、R_4 分别处于同一截面同一直径两个端点的邻近部位，且在轴体表面展开图中，四个敏感栅的中心共线。

Ⅴ为四片均布的双竖八字布置，与Ⅳ的区别仅在于四片圆周均布。Ⅳ与Ⅴ可组成全桥或半桥方式工作，其灵敏度及抵抗非测力因素的性能同Ⅲ。

2. 扭矩信号的传输

采集传动轴应变量的主要问题是应变信号的传输。信号的传输有有线传输和无线传输两种方式。集流器是装在旋转轴上的应变片与测量仪器之间传递转轴扭矩的器件。集流器利用接触电阻较低的材料，制成和轴一起旋转的动环和不动的定环或零件（如电刷、铜线等），利用它们之间的滑动接触实现信号的传输。常用的集流器有拉线式集流器和电刷式集流器。应指出，当通过集流装置供电及引出信号时，采用全桥方式可使接触电阻变化对输出的影响大为降低。

无线传输方式分为电波收发方式和光电脉冲传输方式。从使用角度来看，它们都取消了中间接触环节、导线和专门的集流装置，但电波收发方式测量系统需要有可靠的发射、接收和遥测装置，并且其抗干扰能力较差，在长期测量过程中，性能不稳定。而光电脉冲传输方式作为一项新技术在冶金机械等重要生产设备的测量中得到越来越广泛的应用。为了使测量信号无干扰地从传动轴传输到测量仪表及计算机控制系统，先将电桥得到的模拟信号数字化，其数据通过光信号无接触地从转动的测量盘传送到固定的接收器上，经过解码器进行解码后还原成所需要的测量信号。在整个光电传输过程中，测量信号不受外界干扰，准确可靠。

6.4　温度的测量

6.4.1　温度的测量方法

温度的测量方法通常分为两大类，即接触式测温和非接触式测温。

(1) 接触式测温　接触式测温是使被测物体与温度计的感温元件直接接触，使其温度相同，便可以得到被测物体的温度。接触式测温时，由于温度计的感温元件与被测物体相接触，吸收被测物体的热量，往往容易使被测物体的热平衡受到破坏。所以，对感温元件的结构要求苛刻，这是接触式测温的缺点，因此接触式测温不适于小物体的温度测量。

(2) 非接触式测温　非接触式测温是温度计的感温元件不直接与被测物体相接触，而是利用物体的热辐射原理或电磁原理得到被测物体的温度。常用的非接触式测温仪器是红外探测器。

非接触式测温时，温度计的感温元件与被测物体有一定的距离，靠接收被测物体的辐射能实现测温，所以不会破坏被测物体的热平衡状态，具有较好的动态响应。但非接触式测温的精度较低。表6-2列出了两种测温方法的比较。

表6-2　接触式与非接触式测温方法的比较

	接　触　式	非接触式
必要条件	感温元件必须与被测物体相接触；或感温元件与被测物体虽然接触，但后者的温度不变	感温元件能接收到物体的辐射能
特点	不适宜热容量小的物体温度测量；不适宜动态温度测量；便于多点、集中测量和自动控制	被测物体温度不变；适宜动态温度测量；适宜表面温度测量
测量范围	适宜1000℃以下的温度测量	适宜高温测量
测温精度	测量范围的1%左右	一般在10℃左右
滞后	较大	较小

接触式测温时，由于温度计的感温元件与被测物体相接触，吸收被测物体的热量，往往容易使被测物体的热平衡受到破坏。所以，对感温元件的结构要求苛刻，这是接触式测温的缺点，因此不适于小物体的温度测量。

6.4.2　热电偶与热电阻

1. 热电偶

(1) 热电偶分度表　热电偶的热电动势（俗称毫伏值或毫伏信号）与温度关系特性可以用列表法来表示，即通常所称的“分度表”。分度表是通过大量的实验，选择了在不同的温度范围内线性最好的偶丝材料，测试其热电动势与温度的对应关系，并经过数据处理以后获得的。在实际工作中，分度表的用处很大，知道热电偶的热电动势就可以根据其大小在分度表中查出相应的温度。与热电偶配套的显示仪表、调节器或温度变送器的线路就是根据分度表来进行设计生产的。定型产品热电偶的分度表是经过有关部门批准作为行业或国家标准颁布的，成为统一的分度表，凡是按定型产品生产的热电偶，均应符合其相应的分度表。

(2) 热电偶的基本参数 分度号是热电偶分度表的代号，在热电偶和显示仪表配套时必须注意其分度号是否一致，若不一致就不能配套使用。

测量温度范围是指热电偶可以按规定的允许误差进行测量的温度范围，至于热电偶的实际工作温度是与很多因素有关的。

允许误差（简称允差）是指热电偶当参比端温度为0℃时，其测量温度与热电动势的关系。

在推荐测量温度下，测量精度高，使用时间长。

(3) 常用热电偶的基本要求

1）物理化学性能稳定。

2）测量温度范围宽。

3）热电性能好。

4）电阻温度系数小。

5）有良好的机械加工性能。

6）价格低廉，并尽量少用稀有及贵重金属。

(4) 热电偶的温度补偿法 由热电偶的作用原理可以知道，热电偶的热电动势大小不但与测量端的温度有关，而且与参比端的温度有关。实际使用的热电偶分度表中的热电动势值，都是在参比端为0℃时的情况下给出的。如果热电偶的参比端不是0℃，那么即使测得了热电动势值，也不能直接使用分度表，因此也就不能知道测量端的准确温度，即产生了测量误差，而消除这种误差的方法就是温度补偿法。

补偿导线法是温度补偿法的一种，补偿导线是这样一种导线，它在温度为0~200℃范围内，其热电特性与热电偶近似，而且价格低廉。这种导线就称为热电偶补偿导线（或延长导线）。

补偿导线的作用原理是热电偶的四个定律中的中间温度定律，即当连接导线CD和热电极AB具有相同的热电特性时，补偿导线连接回路的总热电动势只与测量端、补偿导线与显示仪表的连接处的温度有关，而与热电偶参比端的温度无关。

使用补偿导线的优点在于：

1）补偿导线可以改善热电回路的机械和物理特性，如使用软的或硬而细的补偿导线，可以增加一部分回路的柔软可挠性。

2）补偿导线同样还可以用来调整回路的电阻值和屏蔽外界干扰。

3）补偿导线还可以把温度测量的信号从现场传送到集中控制室或温度恒定的场所。

2. 热电阻

热电阻感温元件的电阻与温度关系特性可以用列表法来表示，简称为“分度表”。分度表是通过大量的实验，测试并经过数据处理以后获得。在实际工作中分度表的用处很大，如已知热电阻的电阻值就可以根据其大小在分度表中查出相应的温度。与热电阻配套的显示仪表、调节器或温度变送器的线路就是根据分度表来进行确定的。铂热电阻和铜热电阻是统一设计的定型产品，凡是分度号相同的铂热电阻和铜热电阻均应符合其相应的分度表的规定。作为分度表分度测试的样品——感温元件，其在温度为0℃时的电阻值 R_0 以及电阻比 W_{100} 应是稳定的。

3. 对测温工具的要求

(1) 冶金工业 钢铁工业中被测对象的特点是温度高，环境温度也高。有色金属冶炼工业除温度高外，还有金属的腐蚀，以及环境中的尘埃和水汽等。另外，制氧设备还有测量低温-200℃的要求。

（2）电力工业　在火力发电中，要求测温工具的测量精度高和热响应时间快。

（3）石油和化学工业　石油和化学工业要求测温工具的温度测量范围很宽，从低温（-200℃左右）到高温（1300℃左右）；被测量的介质有固体、液体和气体，其特性有酸性、中性和碱性，以及易燃和易爆；其环境条件有露天和具有腐蚀性气氛。因此要求热电偶和热电阻的结构能适应上述条件。

（4）机械工业　机械工业的测温工具主要应用在材料的热处理方面。温度测量范围通常是1300℃以下，但被测量的介质具有很大的腐蚀性。

4. 热电偶、热电阻的安装要求

1）在管道上安装时，感温元件应与被测介质形成逆流，至少与被测介质成90°角。

2）无论测量任何介质的温度，感温元件都应放置在需要测量的位置，如果是管道，则应将感温元件放在管道中流速最高的位置。对于热电阻，应将最高流速的位置放在感温元件的1/2处；对于热电偶，应将最高流速的位置放在热电偶感温元件工作端的焊接点上。

3）应有足够的插入长度。实验证明，热电偶、热电阻的测量误差是随着插入长度的增加而减少的。因此在条件许可时，应尽量地增加插入长度，以保证其测量精确性。

4）为了避免液体浸入热电偶、热电阻的接线盒内，在安装时应注意将接线盒朝上，接线盒的出线螺栓朝下。热电偶、热电阻的接线盒不要经常处于高温和有害气氛侵蚀的位置。如果实在不可避免，可用角尺形的结构形式。

6.4.3　非接触式温度计

非接触式温度计在测量时与被测物质并不接触，而是利用被测物质所反射的电磁辐射，根据其波长分布或速度和温度之间的函数关系进行温度之间的测量。这种温度计不干涉被测体系，无滞后现象，但测温精度较差。

1. 全辐射温度计

全辐射温度计由辐射感温器、显示仪表及辅助装置构成，其工作原理如图6-30所示。被测物体的热辐射能量，经物镜聚集在热电堆（由一组微细的热电偶串联而成）上并转换成热电动势输出，其值与被测物体的表面温度成正比，用显示仪表进行指示记录。图中，补偿光栏由双金属片控制，当环境温度变化时，光栏相应调节照射在热电堆上的热辐射能量，以补偿因温度变化影响热电动势数值而引起的误差。

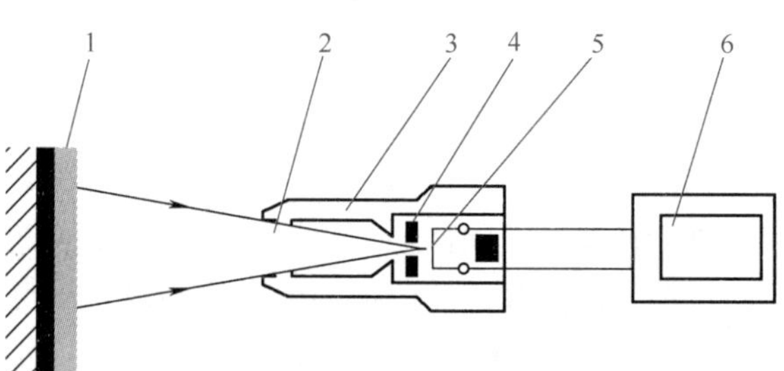

图6-30　全辐射温度计的工作原理

1—被测物体　2—物镜　3—辐射感温器
4—补偿光栏　5—热电堆　6—显示仪表

绝对黑体的热辐射能量（W/m）与温度之间的关系为$E_0=\sigma T^4$。但所有物体的全发射率ε_T均小于1，则其辐射能量与温度之间的关系表示为$E_0=\varepsilon_T\sigma T^4$。一般全辐射温度计选择黑体作为标准体来分度仪表，此时所测的是物体的辐射温度，即相当于黑体的某一温度T_p。在辐射感温器的工作谱段内，当表面温度为T_p的黑体的积分辐射能量和表面温度为T的物体的积分辐射能量相等时，即 $E_0=\sigma T_p^4=\varepsilon_T\sigma T^4$，则物体的真实温度为

$$T = T_p\sqrt[4]{1/\varepsilon_T} \tag{6-25}$$

因此，当已知物体的全发射率 ε_T 和辐射温度计指示的辐射温度 T_p，就可算出被测物体的真实表面温度。

2. 光学高温计和光电高温计

光学高温计是发展最早、应用最广的非接触式温度计之一。它结构简单，使用方便，测温范围广（700~3200℃），一般可满足工业测温的准确度要求，目前广泛用于高温熔体、炉窑的温度测量，是冶金、陶瓷等行业十分重要的高温仪表。

光学高温计是利用受热物体的单色辐射强度随温度升高而增加的原理制成的，由于采用单一波长进行亮度比较，也称单色辐射温度计。物体在高温下会发光，也就具有一定的亮度。物体的亮度 B_λ 与其辐射强度 E_λ 成正比，即 $B_\lambda=CE_\lambda$，式中 C 为比例系数。所以受热物体的亮度大小反映了物体的温度数值。通常先得到被测物体的亮度温度，然后转化为物体的真实温度。

光学高温计的缺点是以人眼观察，并需用手动平衡，因此不能实现快速测量和自动记录，且测量结果带有主观性。最近，由于光电探测器、干涉滤光片及单色器的发展，光学高温计在工业测量中的地位逐渐下降，正逐渐被较灵敏、准确的光电高温计所代替。

在光学高温计基础上发展起来的光电高温计用光敏元件代替人眼，实现了光电自动测量。其特点是：灵敏度和准确度高；波长范围不受限制，可见光与红外范围均可，测温下限可向低温扩展；响应时间短；便于自动测量和控制，能实现自动记录和远距离传送。

3. 比色高温计

通过测量热辐射体在两个以上波长的光谱辐射亮度之比来测量温度的仪表，称为比色高温计。

图 6-31 所示为光电比色高温计的原理结构图。被测对象经物镜 1 成像于光栏 3，经光导棒 4 投射到分光镜 6 上，它使长波（红外线）辐射线透过，而使短波（可见光）部分反射。透过分光镜的辐射线再经滤光片 9 将残余的短波滤去，而后被红外光电元件硅光电池 10 接收，转换成电量输出；由分光镜反射的短波辐射线经滤光片 7 将长波滤去，而被可见光硅光电池 8 接收，转换成与波长亮度成函数关系的电量输出。将这两个电信号输入自动平衡显示记录仪进行比较得出光电信号比，即可读出被测对象的温度值。光栏 3 前的平行平面玻璃片 2 将一部分光线反射到瞄准反射镜 5 上，再经圆柱反射镜 11、目镜 12 和棱镜 13，便能从观察系统中看到被观测对象的状态，以便校准仪器的位置。

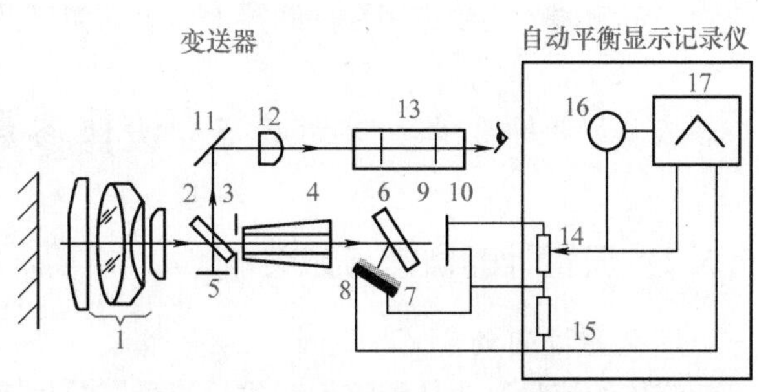

图 6-31　光电比色高温计的原理结构图

1—物镜　2—平行平面玻璃片　3—光栏　4—光导棒　5—瞄准反射镜　6—分光镜　7、9—滤光片　8、10—硅光电池　11—圆柱反射镜　12—目镜　13—棱镜　14、15—负载电阻　16—可逆电动机　17—放大器

这种高温计属非接触测量，量程为 800~2000℃，精度为 0.5%，响应速度由光电元件及二次仪表记录速度而定。其优点是：测温准确度高，反应速度快，测量范围宽，可测目标小，测量温度更接近真实温度，环境的粉尘、水汽、烟雾等对测量结果的影响小，可用于冶

金、水泥、玻璃等行业。

4. 红外温测

红外温测也是基于辐射原理来测温的。红外探测器是红外探测系统的关键元件。目前已研制出几十种性能良好的探测器，大体可分为两类：

（1）热探测器　热探测器基于热电效应，即入射辐射与探测器相互作用时引起探测元件的温度变化，进而引起探测器中与温度有关的电学性质变化。常用的热探测器有热电堆型、热释电型及热敏电阻型。

（2）光探测器（量子型）　光探测器（量子型）的工作原理基于光电效应，即入射辐射与探测器相互作用时，激发电子。光探测器的响应时间比热探测器短得多。常用的光探测器有光导型（即光敏电阻型，常用的光敏电阻有 PbSe、PbTe 及 HgCdTe 等）和光生伏特型（即光电池）。

目前用于辐射测温的探测器已有长足发展。我国许多单位可生产硅光电池、钽酸钾热释电元件、薄膜热电堆热敏电阻及光敏电阻等。

图 6-32 所示为红外测温仪的工作原理。被测物体的热辐射线由光学系统聚焦，经光栅盘调制为一定频率的光能，落在热敏电阻探测器上，经电桥转换为交流电压信号，放大后输出显示或记录。光栅盘由两片扇形光栅板组成，一块固定，一块可动，可动板受光栅调制电路控制，并按一定频率正、反向转动，实现开（透光）、关（不透光），使入射线变为一定频率的能量作用在探测器上。表面温度测量范围为 0~600℃，时间常数为 4~10ms。

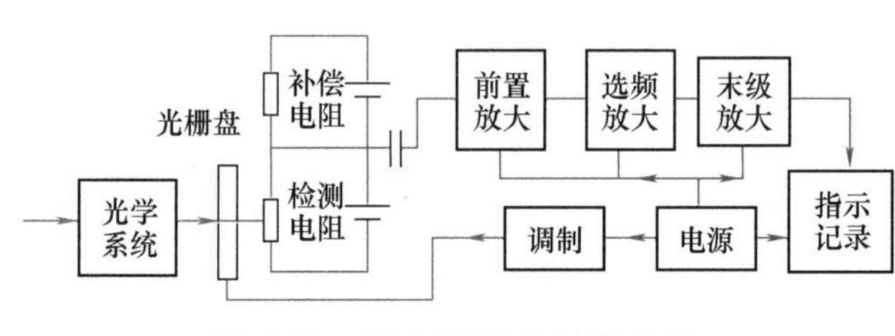

图 6-32　红外测温仪的工作原理

6.5　流体参数的测量

6.5.1　流量计的概念与分类

1. 流量计的概念

流体的流量分为体积流量和质量流量，分别表示某瞬时单位时间内流过管道某一截面处流体的体积或质量，单位分别为 m^3/s 和 kg/s。

测量流量所用的仪表称为流量计，而计量总量的仪表则称为计量表。但随着流量检测技术的发展，大部分流量计可以选择加装累积流量功能的装置，因此多数流量计和计量表都同时具有测量流量和累积计算总量的功能，因此，习惯上又把流量计和计量表统称为流量计。

2. 流量计的分类

测量瞬时流量的流量计种类繁多，一般根据其原理来分类，常见的有以下几种。

（1）差压式流量计　流体在流过管道内某一收缩装置时，截面变窄而使静压发生变化，因此在这一装置前后就要产生压差。这个压差的大小与流量有关，测出压差大小即可得到瞬时流量，这是节流式的差压式流量计。另一种皮托管式流量计也可归为差压式流量计。

（2）流体阻力式流量计　一般有以下两种：

1）转子流量计。在垂直的锥形管道里放一个可以自由运动的浮子，浮子受到流体的作用力（自下而上）而悬浮在锥形的测量管中。当流量增大时，浮子受到的作用力增大，结果使它浮到流通面积较大的位置重新达到平衡，所以可根据浮子的位置确定流量的大小。

2）靶式流量计。这类流量计是在管道内放一阻流体（靶），当介质流过阻流体时，随流量的大小不同作用于阻流体的力不同，因而可根据受力大小确定流量的大小。

（3）测速式流量计　一般有以下五种：

1）涡轮流量计。涡轮流量计利用流体的流动推动叶轮旋转，由测量叶轮的转速而求出被测介质的流量。

2）电磁流量计。电磁流量计是利用电磁感应原理来测量介质流量的，因此它只能用于导电介质。

3）超声流量计。声波在流动的介质中传播时，其传播的速度随介质的流速发生变化。假如其方向和介质运动方向相同，当介质的流速增大时，声波的传播速度也加快；反之则传播速度减小。

4）热量流量计。被加热的元件，在被测介质中热量的消耗主要有导热、对流和辐射三种形式。如果其他条件不变，元件在流体流动时的热损失就只取决于被测介质的流速。热量流量计就是根据这样的原理工作的。

5）标志法测速流量计。选择适当的方法，在运动的液体中制造一个标志，通过测量此标志的移动速度来测量介质的速度，再求出相应的流量大小。

（4）流体振动式流量计　利用流体在管道中流动时产生的流体振动和流量之间的关系来测量流量，这类流量仪表均以频率输出，便于数字测量。

在此主要介绍差压式流量计和超声流量计。

6.5.2　差压式流量计

差压式流量计是工业中使用很多的流量计之一。根据调查，在工业中系统中使用的流量计30%以上是差压式流量计。因为差压式流量计具有一系列优点，如测量方法简单、没有可动零件、工作可靠、适应性强、可不经流量标定而能保证一定的测量精度等，因此广受欢迎。

差压式流量计是发展比较早、研究比较成熟及比较完善的仪表。国际标准化组织（ISO）汇总了各国的研究成果，于2003年发布了相应的国际标准。我国参照ISO2003年版的国际标准制定了相应的国家标准。随着对标准节流装置的进一步研究，这个标准也在不断地发展。

1. 流量公式

差压式流量计的原理是利用节流件前后的压差与平均流速或流量的关系，由压差测量值计算出流量值。因此，必须掌握压差与流量的关系，这一关系可以从流体力学的连续方程和伯努利方程导出。

当一流体流过如图6-33所示的带有节流的管道时，根据流体的连续性方程有

$$A_1v_1 = A_2v_2 = q_V \tag{6-26}$$

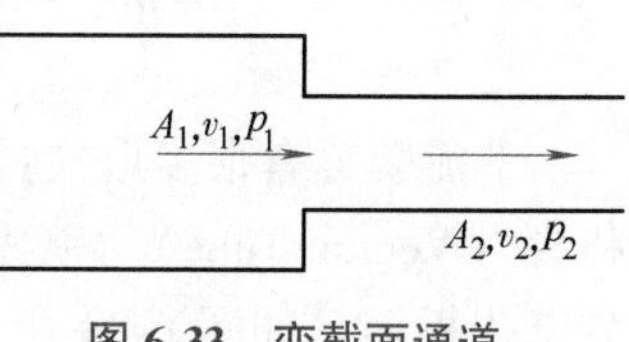

图6-33　变截面通道

由于管道截面积$A_1>A_2$，则$v_1<v_2$，即窄管内流体的动能增大。又根据流体的能量守恒定律，流体流线上各点的动能、位能和压力能总和保持不变。用伯努利方程表示为

$$gZ_1+\frac{1}{2}v_1^2+\frac{p_1}{\rho}=gZ_2+\frac{1}{2}v_2^2+\frac{p_2}{\rho} \tag{6-27}$$

式中　Z_1、Z_2——管道截面中心处的高度坐标。

假定管道为水平放置，$Z_1=Z_2$，则

$$\frac{1}{2}v_1^2+\frac{p_1}{\rho}=\frac{1}{2}v_2^2+\frac{p_2}{\rho} \tag{6-28}$$

由于$v_1<v_2$，可知$p_1>p_2$，也可写成

$$q_V=\frac{A_2}{\sqrt{1+\left(\frac{A_2}{A_1}\right)^2}}\sqrt{\frac{2(p_1-p_2)}{\rho}} \tag{6-29}$$

一般地，$A_2\ll A_1$，$q_V\approx A_2\sqrt{\frac{2(p_1-p_2)}{\rho}}$。

也可写成

$$q_V=a\varepsilon\alpha\sqrt{\frac{2\Delta p}{\rho}} \tag{6-30}$$

式中　α——流量系数；

ε——气体膨胀系数，对不可压缩流体$\varepsilon=1$，对可压缩流体$\varepsilon<1$，是一个考虑可压缩流体全部影响的一个系数；

a——节流件的最小截面积；

ρ——流体的密度；

Δp——节流件的前后压差。

流量公式表明，当a、ε、ρ、α均为常数时，流量与压差的二次方根成反比。

流量系数α、气体膨胀系数ε均用实验方法求得。有了质量流量的公式，就可以得到体积流量q_V的公式。

流量系数是一个比较复杂的因素，由于取压的方式和位置不同就会有不同的值。

质量流量q_m的计算公式为

$$q_m=\rho q_V=\alpha\varepsilon a\sqrt{2\rho\Delta p} \tag{6-31}$$

2. 节流装置

节流装置有很多形式：有固定节流装置，如文丘利管（Ventur Tube）、喷嘴、多尔管（Dull Tube）、节流孔板等，如图6-34所示；也有变节流装置，如转子式流量计。

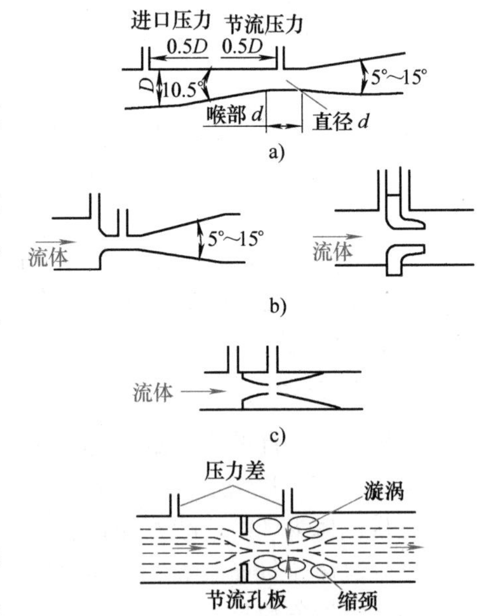

图6-34　节流装置

图 6-34a 所示的文丘利管带有从工作管道直径逐渐向节流喉部直径减小的锥度，其喉部节流直径选择在（0.224~0.742）D 范围内，入口锥度为 10.5°±1°，出口锥度为 5°~15°。节流喉部前后的压差可以由一个简单的 U 形管压力计或膜片式压力计等实验室仪器测得，工业应用时采用差压变送器等测得。

图 6-34b 所示的文丘利式喷嘴和流体喷嘴为文丘利管的简化和价廉的形式。文丘利喷嘴的入口管段比文丘利管短，而流体喷嘴的则更短。这两种喷嘴与文丘利管所产生的压力差相近，精度上也相仿（大约为±0.5%），但价格较低廉。

图 6-34c 所示为文丘利管的另一种改型——多尔管，它变得更短，用于位置受限的场合。

图 6-34d 所示的节流孔板为一个带孔的圆板。由于节流小孔所引起的流体“缩颈”现象，流体的最小流动截面积并不在节流孔处，而是在节流孔板后面的某处更小的横截面。一般在节流孔板前一个管径长和节流孔板后半个管径长的两处测量其压力差，称为 $D—D/2$ 取压。国际标准和国家标准推荐的取压方式有三种，即角接取压、法兰取压和 $D—D/2$ 取压。

6.5.3　超声流量计

超声流量计（Ultrasonic Flow Meters，以下简称 USF）是通过检测流体流动时对超声束（或超声脉冲）的作用，以测量体积流量的仪表，可分为时差式超声流量计、多普勒超声流量计、气体超声流量计。

1. 工作原理

封闭管道用 USF 测量时，按测量原理不同可分为传播时间法、多普勒（效应）法、波束偏移法、相关法和噪声法。在此主要介绍应用最多的传播时间法和多普勒（效应）法。

（1）传播时间法　声波在流体中传播，顺流方向声波传播速度会增大，逆流方向则减小，同一传播距离就有不同的传播时间。利用传播速度之差与被测流体流速的关系求流速，称为传播时间法。按测量具体参数不同，传播时间法分为时差法、相位差法和频差法。现以时差法阐明工作原理。

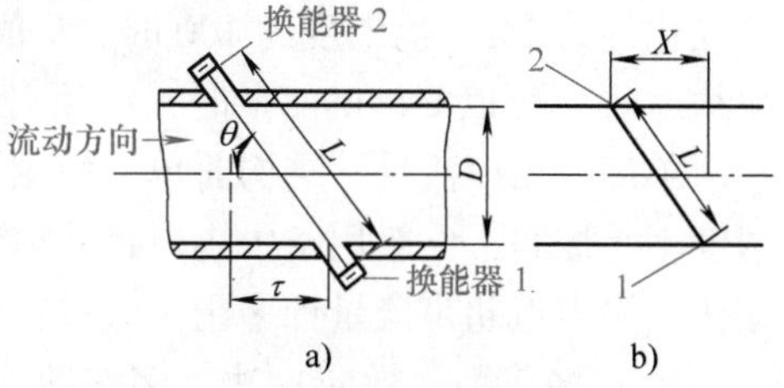

图 6-35　传播时间法原理

a）原理结构　b）简化图

1）流速方程式。如图 6-35 所示，超声波逆流从换能器 1 送到换能器 2 的传播速度 c 被流体流速 v_m 所减慢，即

$$\frac{L}{t_{12}} = c + v_m\left(\frac{X}{L}\right) \tag{6-32}$$

反之，超声波顺流从换能器 2 传送到换能器 1 的传播速度则被流体流速加快，即

$$\frac{L}{t_{21}} = c - v_m\left(\frac{X}{L}\right) \tag{6-33}$$

式（6-32）减式（6-33），并变换，得

$$v_m = -\frac{L^2}{2X}\left(\frac{1}{t_{12}} - \frac{1}{t_{21}}\right) \tag{6-34}$$

式中　L——超声波在换能器之间传播路径的长度（m）；

X——传播路径的轴向分量（m）；

t_{12}、t_{21}——从换能器1到换能器2和从换能器2到换能器1的传播时间（s）；

c——超声波在静止流体中的传播速度（m/s）；

v_m——流体通过换能器1、2之间声道上的平均流速（m/s）。

时（间）差法与频（率）差法以及相（位）差法间原理方程式的基本关系为

$$\Delta f = f_{21} - f_{12} = \frac{1}{t_{21}} - \frac{1}{t_{12}} \tag{6-35}$$

$$\Delta\phi = 2\pi f(t_{12} - t_{21}) \tag{6-36}$$

式中　Δf——频率差；

$\Delta\phi$——相位差；

f_{12}、f_{21}——超声波在流体中的顺流和逆流的传播频率；

f——超声波的频率。

从中可以看出，相位差法本质上和时差法是相同的，而频率与时间有时互为倒数关系，三种方法没有本质上的差别。目前相位差法的仪器已不采用，频差法的仪表也不多。

2）流量方程式。传播时间法所测量和计算的流速是声道上的线平均流速，而计算流量需要已知流通横截面的面平均流速，二者的数值是不同的，其差异取决于流速分布状况。因此，必须用一定的方法对流速分布进行补偿。体积流量 q_V 为

$$q_V = \frac{v_m}{K}\frac{\pi D_N^2}{4} \tag{6-37}$$

式中　K——流速分布修正系数，即声道上平均流速 v_m 和平面平均流速 v 之比，$K=v_m/v$；

D_N——管道内径。

K 是单声道通过管道中心（即管轴对称流场的最大流速处）的流速分布修正系数。K 值随着管道雷诺数 Re 的变化而变化，仪表范围度（流量量程上限和下限的比值）为10时，K 值变化约为1%；范围度为100时，K 值变化约为2%。流动从层流转变为紊流时，K 值要变化约30%。所以要精确测量时，必须对 K 值进行动态补偿。

单声道超声流量计结构简单、使用方便，但这种流量计对流态分布变化适应性差，测量精度不易控制，一般用于中小口径管道和对测量精度要求不高的管渠。与单声道超声流量计相比，多声道超声流量计多用于大口径管道和流态分布复杂的管渠。

（2）多普勒（效应）法　多普勒（效应）法USF利用在静止（固定）点检测从移动源发射的声波产生多普勒频移现象。

1）流速方程式。如图6-36所示，换能器A向流体发出频率为 f_A 的连续超声波，经照射域内液体中的散射体悬浮颗粒或气泡散射，散射的超声波产生多普勒频移 f_d，换能器B收到频率为 f_B 的超声波，其值为

$$f_B = f_A\frac{c + v\cos\theta}{c - v\cos\theta} \tag{6-38}$$

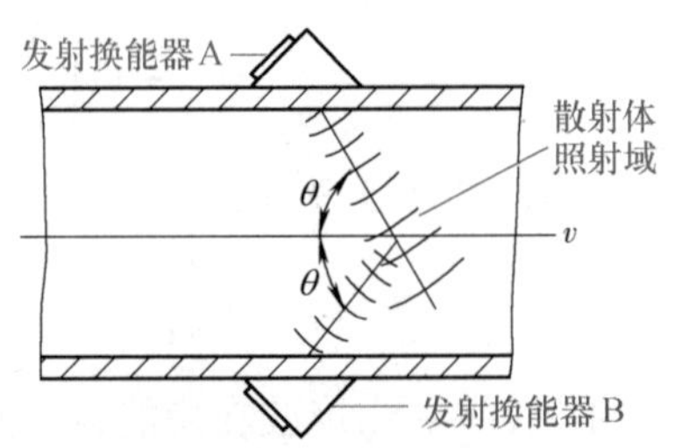

图6-36　多普勒法超声流量计原理图

式中　v——散射体运动速度。

多普勒频移 f_d 与散射体流动速度成正比，即

$$f_d = f_B - f_A = f_A \frac{2v\sin\theta}{c} \tag{6-39}$$

测量对象确定后，式（6-39）右边除 v 外均为常量，移行后得

$$v = \frac{c}{2\cos\theta}\frac{f_d}{f_A} \tag{6-40}$$

2）流量方程式。多普勒法USF的流量方程式形式上与式（6-40）相同，只是所测得的流速是各散射体的速度 v（代替式中的 v_m），与载体液体管道平均流速数值并不一致。方程式中流速分布修正系数 K_d 代替 K_0，K_d 是散射体的照射域在管中心附近的系数，其值不适用于在大管径，或者含较多散射体并且达不到管中心附近的情况。

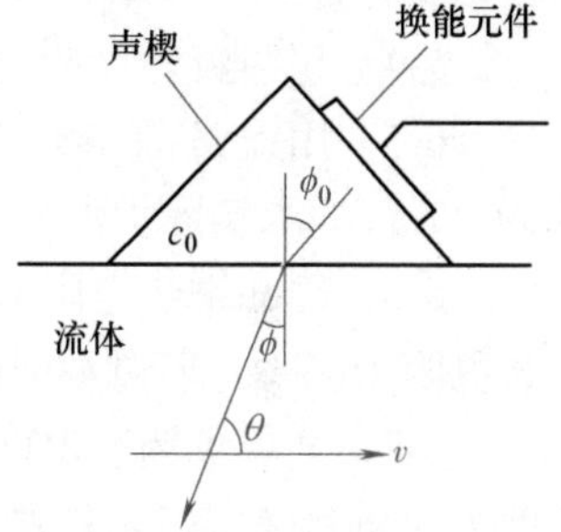

图6-37 声楔的射角

3）液体温度影响的修正。式（6-40）中有流体声速 c，而 c 是温度的函数，液体温度变化会引起测量误差。由于固体的声速温度变化影响比液体小一个数量级，即在式（6-40）中的流体声速 c 用声楔的声速 c_0 取代，以减小用液体声速时的影响。因为从图6-37可知，$\cos\theta=\sin\phi$，再按斯纳尔定律 $\sin\phi/c=\sin\phi_0/c_0$，由式（6-40）便可得式（6-41），其中 $c_0/\sin\phi_0$ 可视为常量。

$$v = \frac{c_0}{2\sin\phi_0}\frac{f_d}{f_A} \tag{6-41}$$

2. 测量精确度

（1）传播时间法　传播时间法比多普勒法有较高的测量精确度，液体基本误差为±0.5%R（Reference error，引用误差）至±5%FS（Full Scall，满量程），重复性为0.1%R～0.3%R；气体基本误差为±0.5%R～±3%FS，重复性为0.2%R～0.4%FS，高精度仪表均为多声道仪表。中小口径液体管段式超声流量传感器通常都用水做实验校验，具有±0.5%R的高精度。管外夹装换能器或在现场管道固定安装换能器的仪表，要通过定标计算接入现场管道流通面积和传播距离长度测量误差。夹装在管道的不确定性、声耦合变化等因素，应尽量降低。若安装调试不细致，测量精确度有可能降低到5%，甚至更低。测量精确度还取决于声道数设置及其布置位置。

（2）多普勒法　典型仪表的基本误差为±(1%～10%）FS，重复性为（0.2%～1%)FS。工业用多普勒法USF的超声波频率为0.5～2MHz。多普勒信号包含着不同散射体移动速度的频谱，检测电路提供多普勒频移若干平均测量值以求得速度。所测的散射体速度和流体平均流速之间的关系，随着不同状况而变化，有一定的不确定性。

多普勒法USF性能因受以下一些原因所形成的因素影响，整体性能要比传播时间法低得多，例如：散射体的性质；非轴向速度分量形成的多普勒频移增宽；被照射域位置的不确定性；散射体和基相液体间的滑差。因此，有些制造厂的技术数据仅列出仪表的重复性而不列测量精确度或基本误差。

流体运行流速不能过低，过低的流速会使散射体分布不均匀。若测量管水平安装，气体会浮升在顶部流动，颗粒会沉淀于底部。最低流速通常为0.1～0.6m/s。

思考题与习题

6-1　利用涡电流传感器测量物体的位移，试问：

1）如果被测物体由塑料制成，位移测量是否可行？为什么？

2）为了能够对物体进行位移测量，应采取什么措施？应考虑什么问题？

6-2　在静态和动态测量时如何选用应变片？

6-3　简述标准节流装置的组成环节及其作用。对流量测量系统的安装有哪些要求？为什么要保证测量管路在节流装置前后有一定的直管段长度？

6-4　超声流量计测量速度差的方法有哪几种？分别说明其基本原理。

6-5　用镍铬-镍硅热电偶测量炉温，当冷端温度 $T_0=30℃$ 时，测得热电动势 $E(T,T_0)=39.17\text{mV}$，求实际炉温。

6-6　已知铜热电阻 Cu_{100} 的百度电阻 $W(100)=1.42$，当用此热电阻测量 50℃ 温度时，其电阻为多少？若测温时的电阻为 92Ω，则被测温度是多少？

6-7　某单色辐射温度计的有效波长 $\lambda_e=0.9\mu\text{m}$，被测物体发射率 $\varepsilon_{\lambda T}=0.6$，测得亮度温度为 $T_L=1100℃$，求被测物体的实际温度。

6-8　如图 6-38 所示，在一个受拉弯综合作用的构件上贴上 4 个电阻应变片。试分析各应变片感受的应变，将其值填写在应变表中，并分析如何组桥才能进行下述测试：①只测弯矩，消除拉应力的影响；②只测拉应力，消除弯矩的影响。电桥输出各为多少？

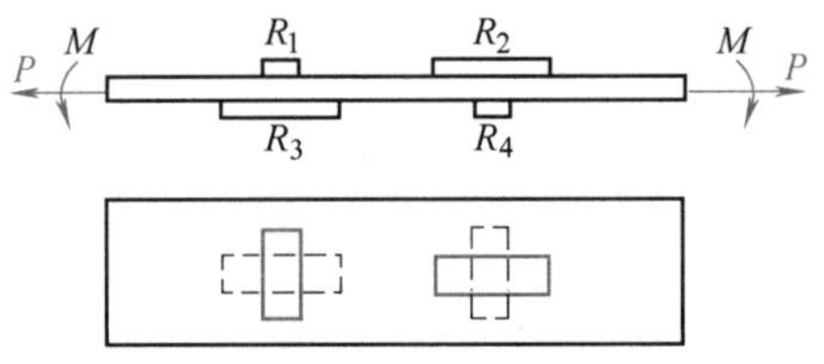

图 6-38　题 6-8 图

6-9　一等强度梁上、下表面贴有若干参数相同的应变片，如图 6-39 所示。梁材料的泊松比为 μ，在力 p 的作用下，梁的轴向应变为 ε，用静态应变仪测量时，如何组桥方能实现下列读数：①ε；②$(1+\mu)\varepsilon$；③$4\varepsilon$；④$2(1+\mu)\varepsilon$；⑤0；⑥$2\varepsilon$。

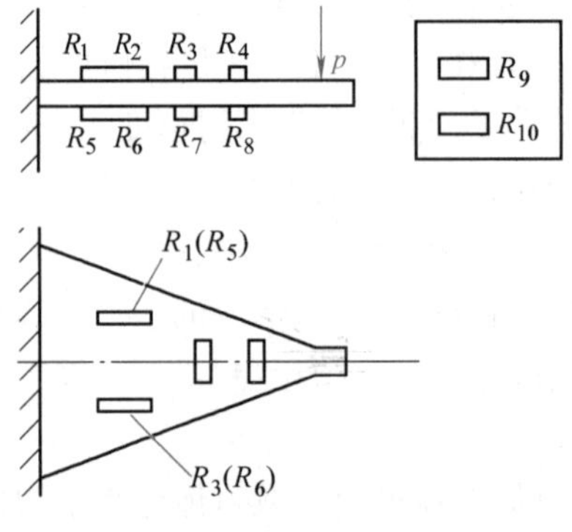

图 6-39　题 6-9 图

第7章

现代测试系统与虚拟仪器

随着电子信息技术的飞速发展，现代测试技术已具有信息获取、存储、传输、处理等综合功能；微型化、集成化、远程化、网络化、虚拟化成为以计算机为核心的现代测试技术的发展趋势。从小规模的简单测量仪表到大规模的分布式自动测试系统，计算机硬件和软件都发挥着重要的作用。

在手持式仪表和小型便携式仪器中，硬件电路主要由嵌入式计算机系统（微处理器）和外围测量电路构成，数据采集、数据处理、数据存储、数据显示等测量功能的实现及测量过程的控制，主要依靠嵌入到仪器硬件中的软件完成。在这类检测仪器中，通常由传感器或变送器将被测信号转换成电压或电流信号，再经放大、滤波、调理、采样后，进入计算机内存，由计算机软件对测量数据进行分析和处理。

这里说的计算机通常是微型计算机或以微处理器为核心的小规模嵌入式计算机系统，内部安装嵌入式操作系统或不安装操作系统，测试程序由用户根据测试功能进行专门开发，程序经调试完成后，直接下载到计算机内部的程序存储器内，该类存储器可永久存储信息，不会因系统停电而丢失数据。目前，常用的计算机芯片包括 ARM 系列微处理器、DSP 系列微处理器以及 Intel 8051 系列单片机，常用的嵌入式计算机操作系统包括 Linux、Windows CE、Android 等。

在较大规模的测控系统中，大都采用了虚拟仪器（Virtual Instrument，VI）的设计思想对系统进行设计和构建。整个系统由通用计算机硬件、测量仪表、虚拟仪器软件组成，计算机和测量仪表通过计算机总线（或仪表总线）相互连接。根据测试功能和测试系统复杂程度的不同，通用计算机系统的配置和测量仪表的类型及数量也不同。系统的功能主要体现在软件方面，针对不同的测试功能，只需编写相应的虚拟仪器软件，在很大程度上，不需要调整硬件结构和组成，充分体现“软件即仪器”的设计理念。经过几十年的发展，虚拟仪器已经得到了广泛认可，虚拟仪器软件开发环境不断完善，虚拟仪器技术在测试技术领域的应用日趋广泛。

7.1 虚拟仪器的产生

仪器是人类认识世界的基本工具，也是人们获取信息的主要手段之一。电子测量仪器发展至今，经历了指针式仪表、模拟器件仪器、数字器件仪器、智能仪器（基于微型计算机的仪器）、虚拟仪器等发展阶段。其间，微电子技术和计算机技术对仪器技术的发展起了巨大的推动作用。

随着科学技术和现代工业技术的发展，新的测试理论和测试方法不断涌现并发展成熟，在许多方面已经冲破了传统仪器的概念，电子测量仪器的功能和作用也发生了质的变化。在高速发展的信息社会，大量的信息交换，对电子测量和仪器技术的要求越来越高，测试内容和测试对象日趋复杂，测试工作量与日俱增，对测试速度和测试精度的要求不断提高。对于仪器体积、功耗、成本和使用方便的要求，促使仪器的集成度越来越高。

自 1986 年美国国家仪器公司（NI）提出虚拟仪器的概念以来，集计算机技术、通信技术和测量技术于一体的模块化仪器，在世界范围内得到了认同与应用，逐步形成了现代仪器仪表的发展模式。

虚拟仪器技术是基于计算机的仪器及测量技术。它以通用计算机作为测试系统的核心硬件，配合适当的测量模块和传感器件，由软件实现人机交互操作和全部的测量与数据处理功能，所有的仪器操作按键和测量数据显示窗口都显示在计算机的屏幕上。与传统仪器不同，虚拟仪器技术旨在在通用计算机平台上，配合相应的测量仪表（或测量设备），根据测量需求设计相应的软件，高效率地构建起形形色色的测量系统。虚拟仪器系统利用通用计算机的运算与处理能力、图形与图像的处理与表现能力、大容量的数据存储能力、丰富的软件支撑能力，比传统仪器具有更友好的仪器操作界面、更灵活多样的测量功能、更丰富的测量结果表现形式、更可靠的数据保存途径，更利于仪器的升级完善，更便于网络化仪器的发展。

经过几十年的发展，以 LabVIEW 为代表的图形化虚拟仪器开发环境，技术日趋成熟，资源日趋丰富，标准化程度不断提高，在测试技术领域得到了广泛应用。

7.2 虚拟仪器的组成及特点

7.2.1 虚拟仪器的组成

虚拟仪器由硬件和软件两大部分构成，硬件通常包括通用计算机和外围硬件设备。通用计算机可以是笔记本式计算机、台式计算机或工作站等。外围硬件设备可以是内嵌式数据采集模块、兼容通用接口总线（General Purpose Interface Bus，GPIB）标准的测量仪表、VXI 标准测量模块、PXI 标准测量模块，以及其他独立的传感测量装置等。其中，最常用的外围硬件设备是基于 PCI 总线的内嵌式数据采集卡，或是基于各类串行通信总线的便携式数据采集模块。模块化的 I/O 硬件如图 7-1 所示。

虚拟仪器的软件包括计算机操作系统、仪器驱动程序和测试应用程序三个层次。操作系统可以选择 Windows、Linux 及其他常用的计算机操作系统。仪器驱动程序是直接控制或操作各类测量仪表硬件接口的程序。测试应用程序借助仪器驱动程序实现对外围测量仪表或模块的控制并与之进行数据交换，应用程序还包括实现仪器测量功能的各类数据处理程序和实现虚拟仪器操作面板的显示控制程序。通常，仪器使用者按照虚拟仪器面板的操作指示，完成整个仪器测量过程的操作。虚拟仪器系统组成如图 7-2 所示。

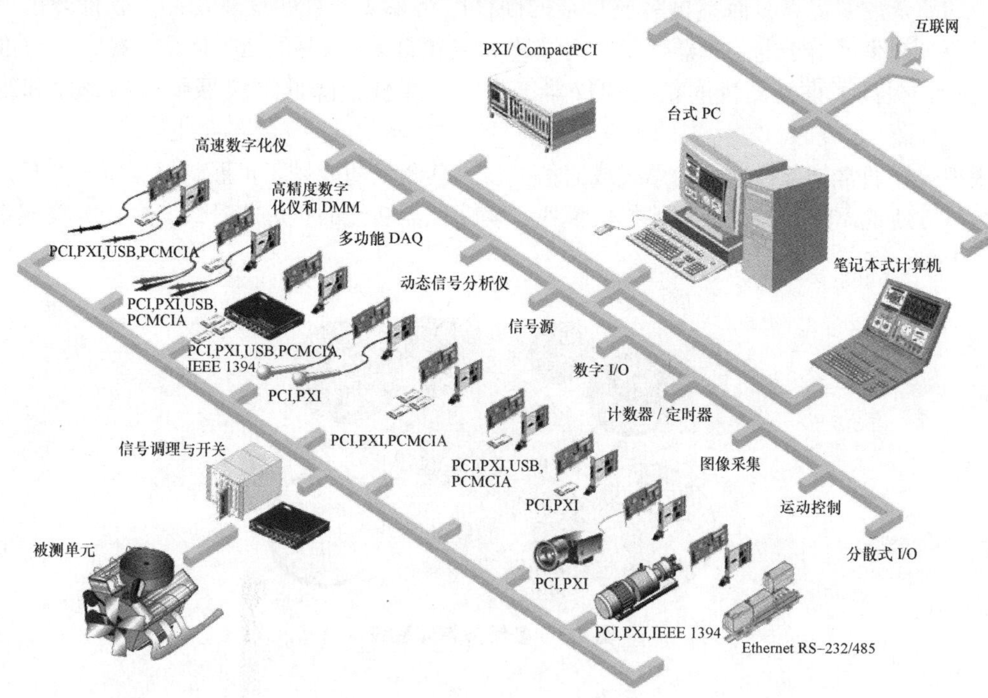

图 7-1 模块化的 I/O 硬件

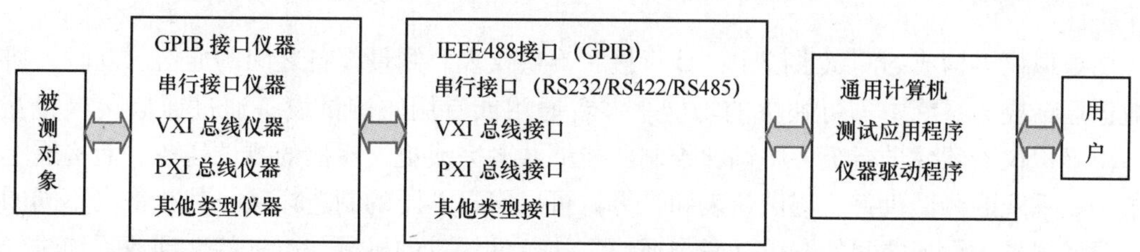

图 7-2 虚拟仪器系统组成

7.2.2 虚拟仪器的特点

虚拟仪器的主要特点有：

1）虚拟仪器的功能由用户自行定义，不同的软件对应不同的仪器功能。

2）硬件通用性强，通用的计算机和数据采集模块可以用于不同功能的仪器。

3）充分发挥计算机的数据处理能力和屏幕显示能力，具有完美的人机交互界面。

4）开放式的系统结构，可方便地连接网络、外设及其他仪器设备。

5）具备完善的数据编辑、存储和打印功能。

6）同一组仪器硬件可以构成多种不同的仪器。

7）借助丰富的软件开发资源，降低了软件开发和维护费用。

另外，与传统仪器相比，借助计算机的资源，虚拟仪器可以将一些原来由硬件电路完成的功能转化为软件实现，减少了测试系统的硬件环节。例如，在 LabVIEW 的数学模板中，具有丰富、成熟、常用的数学模型，如 FFT 和数字滤波器，直接调用相关的函数就可以完成相应的复杂数学运算，而不再需要复杂的硬件电路来实现这些运算功能。硬件环节的减少，进一步减少了由于电子元器件随时间漂移和老化带来的问题，减少了仪器定期校准的繁杂劳动，提高了重复测量的精度和仪器工作的可靠性，降低了仪器硬件的开发和维护成本。

虚拟仪器通常具备标准化的总线或通信接口，其测量功能易于扩展。根据用户的具体要求，可以方便地添加、减少或更换扩展模块，实现仪器功能的扩展或升级。多任务集成系统如图7-3所示。

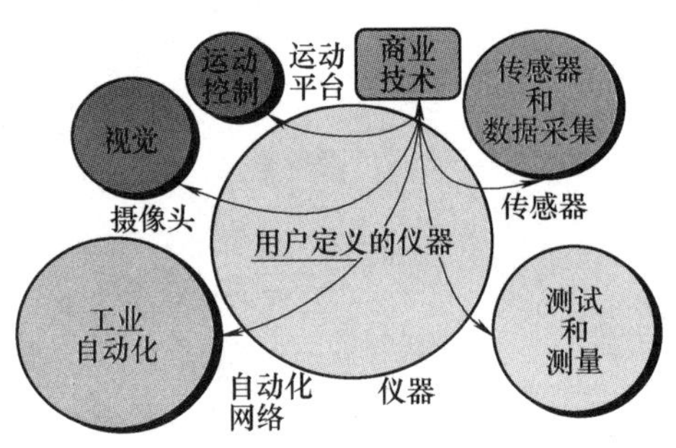

图7-3 多任务集成系统

7.3 虚拟仪器与测试系统总线

由虚拟仪器构成的测试系统中，计算机、测量仪表、测量设备之间的通信、互联、协同作业已逐渐成为系统中不可缺少的功能。多台通用或专用的测试设备通过通信接口相互连接，由虚拟仪器软件进行统一协调和控制，能够共同完成更大规模的测试任务。而构成上述复杂测试系统的测试设备、测试仪表和计算机可以来自不同的制造厂家，甚至来自不同的国家。要实现各个设备之间的有效互联与通信，从硬件接口的机械与电气特性到数据传输的技术规范，各设备必须遵从统一的通信与互联标准。随着测试技术、通信技术和计算机技术的发展，各类仪器互联标准已经日趋完善，包括GPIB、VXI、PXI在内的仪表总线标准已经在测试技术领域得到了广泛的应用。下面将分别介绍这三类总线的发展及应用情况。

7.3.1 GPIB标准

1. GPIB的发展历程

GPIB是通用接口总线的简称，也称作IEEE488接口总线。1965年，美国惠普公司（HP）设计出HP-IB仪器接口总线，用于自行设计生产的一系列可编程序仪器与计算机进行连接。当时的HP-IB仪器总线的数据传输速率最高可达1Mbyte/s，由于系统性能优越，很快得到了广泛应用。

1975年，国际电气与电子工程师学会（Institute of Electrical and Electronics Engineers，IEEE）采纳了HP-IB技术，将其定为IEEE488—1975标准并加以推广，同时正式提出将其改称为通用接口总线（GPIB）。IEEE488—1975标准定义了连接器与电缆的机械和电气接口技术规范，同时定义了访问握手、寻址和传送字节流的通信协议，可用于多个可程控仪器组建自动测试系统，以完成多参量自动测试。

1987 年，IEEE488—1975 标准提升为 IEEE488. 1—1987，全称是“用于可编程序仪器的 IEEE 标准数字化接口（IEEE standard digital interface for programmable instrumentation）”。这一新标准进一步确定了 GPIB 的机械和电气特性，从而极大地方便了可编程序仪器的连接。但是 IEEE488. 1—1987 标准只从硬件连接的角度定义了 GPIB 的特性，并没有规定字节流的意义，没有规定数据格式和消息交换协议，导致各个仪器厂商生产的仪器在这些方面难以统一。为此，IEEE 又同时建立了 IEEE488. 2—1987 标准，较全面地补充了 IEEE488. 1—1987 标准缺少的功能。这一标准描述了向仪器传送命令和向控制器返回响应的方法，在代码、格式、通用配置命令和仪器特殊命令方面对原有标准做了扩充。

GPIB 标准从一问世就得到人们的重视，通过 GPIB 接口卡和连接电缆，将仪器与计算机互连或仪器与仪器互连，使电子测量由独立手工操作的单台仪器，发展为由多台仪器构成的大规模自动测试系统。目前，各大仪器公司生产的台式仪器中几乎都装备有 GPIB 接口，多家集成电路制造商也生产了各种 GPIB 接口芯片，如 Motorola 公司的 MC68488、MC3440、MC3441、MC3443、MC3447 和 MC3448，Intel 公司的 8291、8292 和 8293 以及 NEC 公司的 upD7210 等。

2. GPIB 的结构和工作方式

GPIB 是一组 24 芯电缆，其中 16 芯用作信号线，其余被用作逻辑地或屏蔽线。16 芯信号线又分为三组，其中有 8 芯数据线、3 芯握手线以及 5 芯控制线。GPIB 是一种采用异步数据传送方式的双向总线。GPIB 上的信息按照字节为单位传输，每次一个字节，每个字节包含 8 个数据位。GPIB 上可以连接多台测试设备或仪器，各台设备或仪器可以处于以下任何一种角色（状态）或者同时充当几种角色（状态）：

（1）空闲（idle）状态　设备处于等待状态，不进行任何数据交换或处理。

（2）接收信息（listener）状态　接收来自发送设备的数据信息。

（3）发送信息（talker）状态　向一个或多个接收设备提供数据信息。

（4）控制器（controller）状态　综合控制和协调总线上的各类设备的工作状态及数据流向。

同一时刻，可以有任意数量的设备处于空闲状态或接收信息状态，但只能有一台设备处于发送信息状态或控制器状态。每一台设备在总线上的状态不是固定的，同一台设备在某一时刻处于发送信息状态，在下一个时刻，可能转化为接收信息状态或空闲状态。每一时刻的设备状态由控制器根据系统的需要进行统一规划安排。另外，也可以组建没有控制器的系统，但这类系统中，设备的状态是固定不变的。

GPIB 上的设备可以充当不同的角色。例如，计算机可以充当控制器、接收信息状态或发送信息状态；数字电压表可以是信息发送状态或接收信息状态；而打印机只能是接收信息状态。为实现计算机对具有 GPIB 接口的仪器的控制，通常在计算机扩展总线上扩展 GPIB 控制卡，计算机作为控制器，而连接在 GPIB 上的其他仪器处于接收信息状态或发送信息状态。一台运行虚拟仪器软件的计算机，一块 GPIB 接口卡和若干台配备 GPIB 接口总线的仪器，通过标准 GPIB 电缆连接即可构成一套典型的 GPIB 仪器系统。

GPIB 总线使用负逻辑（高电平为 0、低电平为 1），通常总线电缆互连的装置总数不超过 15 个，总线电缆总长度不超过 20m，数据传输速度可达 1Mbyte/s（改进版可达到 8Mbyte/s）。若电缆长度超过规定长度，传输信号波形可能产生畸变，从而导致数据传输的可靠性下降。图 7-4 所示为采用 GPIB 组成的计算机测试系统框图。

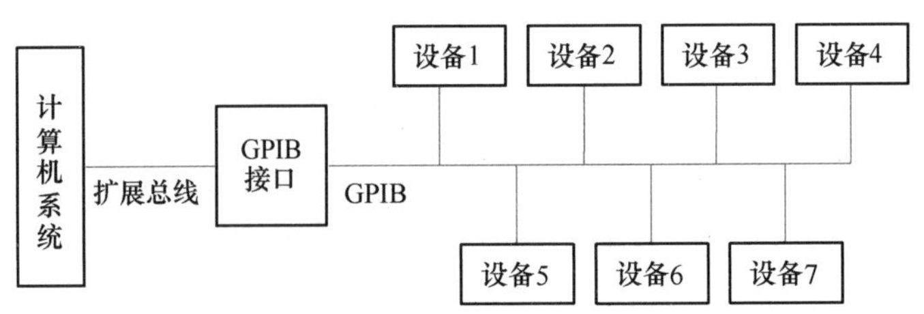

图 7-4　采用 GPIB 组成的计算机测试系统框图

GPIB 标准的成功之处在于，它使测试系统的互连和通信标准化。但 GPIB 的局限性是最高数据传输速率为 1 兆字节每秒。在进行高速数据传输或有大量数据必须从仪器传到计算机进行专门处理时，这一数据传输率可能不够，高速 VXI 总线则很好地解决了这一问题。

7.3.2　VXI 和 PXI 总线

1. VXI 总线

1987 年问世的 VXI（VMEbus eXtensions for Instrumentation）总线，吸取了 VME 总线和 GPIB 技术的一些优点，是一种完全开放的、适合多台设备环境的模块化仪器总线标准。由于它的标准开放，结构紧凑，具有数据吞吐能力强、定时和同步精确、模块可重复利用、众多仪器厂商支持等优点，它很快就得到了广泛的应用。

VXI 总线是真正的开放式标准总线。其设计初期，主要服务于美国国防、航空、航天测试系统，后来在工业、农业、科研、医药等行业的测试领域得到了推广应用。目前，已经有众多仪器制造厂商加入到 VXI 总线联盟，推出了近万种仪器产品。各厂商生产的 VXI 总线产品均具备相同的机械与电气规范，不同厂商生产的同类 VXI 产品具有互换性，用户可以根据标准化的体系结构设计自己的专用模块。

VXI 总线采用了模块化设计，所有仪器模块以板卡的形式，沿机箱导轨插入机箱，板卡顶端是 VXI 总线连接器，通过连接器与机箱背板上的 VXI 总线母板连接牢固。模块及机箱的尺寸严格按照 A、B、C、D 四种规格设计，仪器模块的数量和功能由用户根据测试系统功能要求，自行配置。通常，各仪器模块通过 VXI 总线连接到一台配置了 VXI 总线接口（或通信协议转换器）的通用计算机，整个测试系统在运行于计算机的虚拟仪器软件的管理和协调下执行测试任务。

2. VXI plug&play 规范

VXI plug&play 是指 VXI 的“即插即用”规范，简称 VPP。自 1987 年 VXI 总线联盟成立并发布 VXI 总线规范以来，VXI 总线系统在多个领域获得了广泛的应用。初期的标准只解决了仪器的硬件规范问题，总线规范详细定义了模块尺寸、背板通信协议以及系统初始化过程，但对于系统级软件体系结构、被测设备（Unit Under Test，UUT）夹具与接口、产品实现和技术支持等标准并未达成共识。1993 年 9 月成立的包括 NI、HP 和 Tektronix 等公司在内的 VXI plug&play 联盟［于 2002 年加入可互换虚拟仪器（Interchangeable Virtual Instrumentation Foundation，IVI）基金会］，为了解决 VXI 总线仪器达到“即插即用”的目的，制定了 VXI 总线仪器的硬件结构和仪器驱动程序设计规范。其中，虚拟仪器软件架构（Virtual Instrument Software Architecture，VISA）就是 VXI plug&play 联盟最重要的成果之一。VISA 定义了新一代仪器通信接口的软件规范，该规范不仅适用于 VXI 接口，还可用于 GPIB、串行口（如 RS232）和其他常用的通信接口。各个仪器生产厂商可以根据这一标准定义自己的 VISA 版本，为自己生产的总线仪器设备编写驱动程序，在向用户提供仪器硬件的同时，也提供仪器驱动程序。NI 公司随同其 LabVIEW 软件提供了 NI-VISA，Tektronix 公司随同其示波器系列产品提供了 Tek VISA 等。尽管各家产品的具体实现方法不同，但其对外的硬件接口和软件驱动程序接口都按照统一的标准设计。图 7-5 给出了 VISA I/O 库在测试程序与仪器总线之间所起的作用。可以看到，VISA 作为测试程序和数据传输总线的中间层，为应用程序和仪器总线的通信建立了通道。

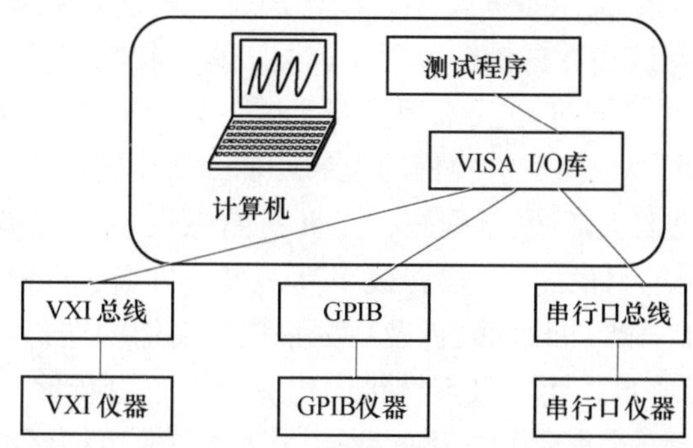

图 7-5　VISA I/O 库在测试程序与仪器总线之间所起的作用

使用 VISA 程序库函数对各类总线仪器设备进行编程，程序设计者可以忽略总线接口的具体硬件操作细节，无论连接介质或总线如何变化，只要该接口支持 VISA 标准，测试程序就可以不加修改地应用到这些接口上。

3. PXI 总线

1997 年 9 月，NI 公司推出了一种全新的开放式、模块化的仪器总线规范 PXI，PXI 是英文 PCI eXtension for Instrumentation 的缩写，是广泛应用于个人计算机的扩展总线（PCI 总线）在测试仪器领域的扩展。该标准将 Compact PCI 规范定义的外部组件互连（Peripheral Component Interconnect，PCI）总线技术，发展为适合于工业环境应用的测试技术仪表总线。标准对总线及总线连接件的机械结构、电气信号定义、电源功耗、散热性能、总线接口通信协议、总线接口的驱动程序编写规范做了严格的规定。基于 PXI 总线的测试系统由 PXI 机箱和显示屏幕组成，机箱内部安装了相互独立的按照 PXI 总线标准设计的计算机核心模块和仪表模块（插卡），所有模块共享 PXI 总线，实现模块之间的数据通信，从外形看很像传统的工业控制计算机，系统运行符合工业标准的计算机操作系统，测试软件通常采用虚拟仪器软件开发环境开发。

由于 PXI 总线由 PCI 总线发展而来，保持了与工业 PC 软件标准的兼容性，PXI 用户能够尽可能多地使用各种 PC 软件工具和开发环境，包括台式 PC 的操作系统、底层的器件驱动程序、虚拟仪器驱动程序等。PXI 定义了包括基于 Windows NT、Windows 2000 及更新的操作系统版本的系统软件框架，规定所有 PXI 模块都应有完善的器件驱动程序以利于系统集成。

7.4 虚拟仪器软件开发平台

虚拟仪器软件是真正体现“虚拟仪器”概念的核心内容，通常，软件开发成本在虚拟仪器系统的开发成本中所占比例也是最高的。目前，在虚拟仪器领域常用的软件开发平台主要有NI公司的LabVIEW和Lab Windows/CVI。

7.4.1 LabVIEW软件开发平台

LabVIEW（Laboratory Virtual Instrument Engineering Workbench，实验室虚拟仪器工程平台）是一种图形化的编程语言和开发环境，又称为G语言（graphical language）。与其他编程语言相同，LabVIEW既定义了数据类型、结构类型、语法规则等编程语言基本要素，也提供了断点设置、单步调试和数据探针等程序调试工具，在功能的完整性和应用的灵活性上不逊于任何高级语言。对仪器设计及编程人员而言，LabVIEW最大的优势表现在两方面：一方面是为设计者提供了一个便捷、轻松的设计环境，使用这种语言编程时，基本上不需要写烦琐的程序代码，而是绘制程序流程图，尤其对熟悉仪器结构和硬件电路的工程技术人员，编程就如设计电路图一样，上手快，效率高；另一方面，LabVIEW不仅提供了与遵从GPIB、VXI、RS232和RS485协议的硬件及数据采集卡通信的全部功能，还内置了TCP/IP、ActiveX等软件标准的库函数，用户只需直接调用，免去了自行编写程序的烦琐。而且LabVIEW作为开放的工业标准，提供了支持各种接口总线和常用仪器的驱动程序，它广泛地被工业界、学术界和研究部门所接受，被公认为测试与仪器开发的最佳平台。

虚拟仪器是LabVIEW首先提出的创新概念，用LabVIEW编写的程序都冠以.vi扩展名，其含义是虚拟仪器。最初，LabVIEW提出的虚拟仪器概念，实际上可简单表述为：一个虚拟仪器可以由前面板、数据流框图和图标连接端口组成。

前面板（Front Panel）相当于真实物理仪器的操作面板，针对测试和过程控制领域，LabVIEW提供了大量的仪器面板中的控制对象，用户通过Control菜单在面板上选择控制对象的显示方式，如表头、旋钮、图表、数字输入、字符串输入等，各虚拟仪器程序的建立、存取、关闭等操作也均由面板上的命令菜单完成。此外，用户还可以通过属性控制将现有的控制对象修改成适合个性化的控制对象。图7-6所示为两通道数字示波器前面板。

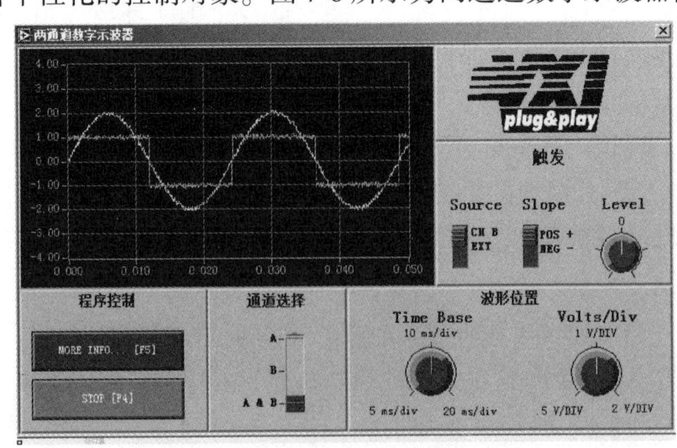

图7-6 两通道数字示波器前面板

数据流框图（Block Diagram）就相当于仪器的电路结构，前面板和数据流框图有各自的设计窗口，在数据流框图中，LabVIEW 使用图标表示功能模块，把繁杂、费时的语言编程简化成用菜单或图标提示的方法选择功能，并用线条把各种功能连接起来。图标间的连线表示在各功能模块间传递的数据。用户可以通过 Function 选项选择不同的图形化程序模块，组成相应的测试逻辑功能。Function 选项中不仅包含了一般语言的基本要素，如算术运算及逻辑运算函数、数组及串操作等，而且还包括了与文件输入/输出、数据采集、GPIB 及串口控制有关的专用程序模块。

图标连接端口则负责前面板窗口和框图窗口之间的数据传输与交换。

LabVIEW 提供程序调试功能，用户可以在源代码中设置断点，单步执行源代码，在源代码中的数据流连线上设置探针，在数据流程图中可以以较慢的速度运行程序，根据连线上显示的数据值检查程序运行的逻辑状态。

利用 LabVIEW 可产生独立运行的可执行程序文件。LabVIEW 解决了图形化编程平台运行程序速度慢的问题。LabVIEW 支持多种操作系统环境，在 Windows、UNIX、Linux 和 Macintosh 等系统平台上都可以提供相应版本的 LabVIEW，并且在任何一个平台上开发的 LabVIEW 应用程序都可以移植到其他平台上。

LabVIEW 的基本程序单元是一个虚拟仪器。每一个虚拟仪器均由前面板和数据流框图及图标连接端口三部分组成，图标连接端口则负责前面板窗口和数据流框图窗口之间的数据传输与交换。前面板与数据流框图的构成见表 7-1。对于简单的测试任务，可以由一个虚拟仪器完成；而复杂的测试应用程序可以通过虚拟仪器之间的层次调用来完成。高层功能的虚拟仪器可调用一个或多个低层特殊功能的虚拟仪器，实现了软件的重用。

表 7-1　前面板与数据流框图的构成

前面板（Front Panel）	数据流框图（Block Diagram）
通过 Control 菜单定义 数值（Numeric）子模板 布尔值（Boolean）子模板 字符串和路径（String & Path）子模板 数组和簇（Array & Cluster）子模板 列表（List & Table）子模板 图形（Graph）子模板 对话（Dialog）子模板 输入/输出（I/O）子模板 等	通过 Functions 选项选择 结构（Structures）子模板 数值运算（Numeric）子模板 字符串（String）子模板 数组（Array）子模板 簇（Cluster）子模板 比较（Comparison）子模板 时间和对话框（Time & Dialog）子模板 文件输入/输出（File I/O）子模板 分析功能（Analysis）子模板 仪表输入/输出（Instrument I/O）子模板 数据采集（Data Acquisition）子模板 仪器驱动（Instrument Drivers）子模板 等

目前，虚拟仪器概念已经发展成为一种创新的仪器设计思想，成为实现复杂测试系统和测试仪器的主要方法和手段。图 7-7a、b 分别为调幅波解调器的前面板设计窗口和数据流框图编辑窗口。用该虚拟仪器可观察调幅波以及经过巴特沃斯滤波器后的解调信号波形。

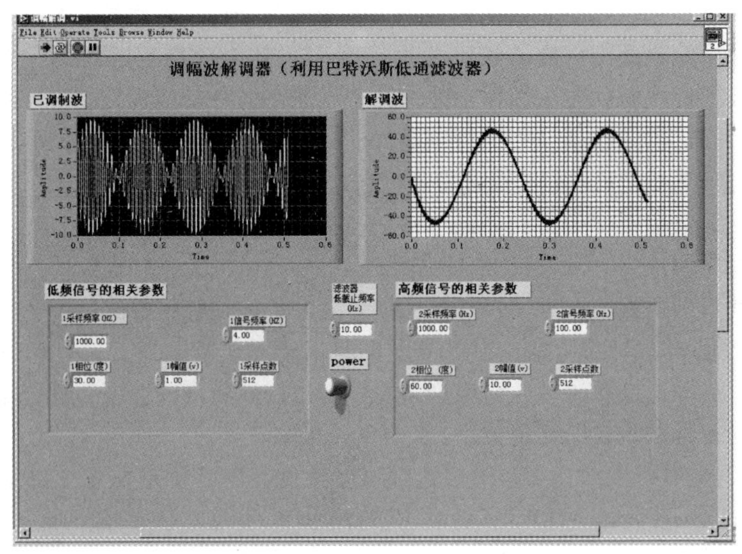

a)

b)

图 7-7　调幅波解调器

a）前面板设计窗口　b）数据流框图编辑窗口

7.4.2　Lab Windows/CVI 软件开发平台

有 C 语言编程经验的用户也可以使用 NI 的另一种虚拟仪器开发平台 Lab Windows/CVI 来简化程序开发，提高编程速度。Lab Windows/CVI 是 NI 公司开发的 Measurement Studio 软件组中的一员。它是面向计算机测控领域的虚拟仪器软件开发平台，支持多种操作系统环境（如 Windows、Linux、Mac OS 和 UNIX 等）。

Lab Windows/CVI 以 ANSI C 为核心，将功能强大、应用广泛的 C 语言与测控专业工具有机地结合起来，实现了数据的采集、分析和显示；和标准 C/C++兼容，可实现用户库、目标模块、动态链接库（DLL）的相互调用，可直接生成 DLL，生成的 DLL 也可被 LabVIEW 直接调用；Lab Windows/CVI 提供各种方便的界面生成、编辑、调试工具，另外，它具有集成化开发平台、交互式编程方法、丰富的面板功能和函数库；提供支持 GPIB、VXI、RS232 等总线的驱动程序，数据采集卡及网络连接功能等特点使其自身功能更加强大，应用更方便，成为当今市场上流行的虚拟仪器软件开发工具之一。

Lab Windows/CVI 与其他虚拟仪器开发工具相比，具有以下特点：

1）Lab Windows/CVI 采用标准 C 编程语言，熟悉 C 语言的程序员无需再花时间去学习其他计算机语言，从而节省了开发时间。

2）具有图形界面自动生成功能，无需程序员编写代码设计用户界面，减轻了程序员的编程负担。

3）具有访问各种外部硬件接口、屏幕操作、文件操作、算术运算、信号处理等功能的函数库，为程序员提供了充足的可调用资源。

Lab Windows/CVI 主要用于各种测试、控制、故障诊断及信息处理的软件开发。

思考题与习题

7-1　什么是 VXI 总线和 PXI 总线？

7-2　简要说明 LabVIEW 的三大组成部分，并说明它们之间的关系。

附　　录

附录 A　MATLAB 编程实验

MATLAB 取自矩阵（Matrix）和实验室（Laboratory）两个英文单词的前三个字母，它不仅能方便地实现数值计算、优化分析、数据处理、自动控制和信号处理等领域的数学计算，也能快捷地实现计算可视化、图形绘制、场景创制和渲染、图像处理、虚拟现实和地图制作等分析处理工作。本书将利用 MATLAB 编程为学生提供一个实验环境，以验证所学的概念和算法，使学生加深对本课程内容的理解。

1. 时域信号与频域信号的描述

例 1　利用 MATLAB 编程，实现三角函数叠加产生一个周期方波。

```
Clear; clc;
t=0:0.031:3.14;
y= (sin(2* pi* t)+1/3* sin(3* 2 * pi* t)+1/5* sin(5* 2* pi* t)+1/7* sin(7* 2* pi* t));
plot(y)
```

例 2　产生一组信号，由两个频率为 50Hz 和 120Hz 叠加而成的正弦信号，观察其时域波形和相应频谱。程序如下：

```
Fs = 1000;                          %采样频率
T = 1/Fs;                           %采样时间
L = 1000;                           %信号长度
t = (0:L-1) * T;
y = 0.6* sin(2* pi* 50* t) + sin(2* pi* 120* t); %两个正弦信号合成
subplot(211)
xlabel('time (ms)')
plot(Fs * t(1:50),y(1:50))
NFFT = 2^nextpow2(L);               %两个合成正弦信号进行频谱分析
Y =fft(y,NFFT)/L;
f = Fs/2 * linspace(0,1,NFFT/2+1);
subplot(212)
plot(f,2 * abs(Y(1:NFFT/2+1)))
xlabel('频率 (Hz)')
ylabel('幅值 |Y(f) |')
```

例 3　判断两不同周期信号的频率比为无理数时，则叠加后信号无公共周期。

假设两个信号叠加为：$f_1(x)=\sin\sqrt{3}\pi t+\sin 4\pi t$，其 MATLAB 程序如下：

```
t=0:0.5:20;
y=sin(2* sqrt(10)* pi* t)+sin(4* pi* t);
plot(y)
```

2. 测量系统的基本特性

1）伯德图（Bode Plot）。实际是绘制在直角坐标上的两个独立曲线，即将振幅与频率的关系曲线和相位滞后角与频率的关系曲线，绘制在直角坐标图上，它表示频率与振幅、相位之间的关系。

例 4 绘制一阶惯性环节 $G(s)=\dfrac{1}{4s+1}$的 Bode 图的 MATLAB 程序。

```
num=1;
den=[4 1];
G=tf(num,den);
bode(G,'r')
```

例 5 有一个二阶系统，其自然频率 $\omega_n=2$，阻尼因子 $\zeta=0.2$，绘制系统的幅频和相频曲线的 MATLAB 程序。

```
[a,b,c,d]=ord2(2,0.2);
bode(a,b,c,d);
title(' Bode Plot' )
grid on
```

2）奈奎斯特图（Nyquist Plot）。对于一个连续时间的线性非时变系统，将其频率响应的增益及相位以极坐标的方式在复平面中绘出，常在控制系统或信号处理中使用，可以用来判断一个有反馈系统是否稳定。奈奎斯特图上每一点都是对应一特定频率下的频率响应，该点相对于原点的角度表示相位，而和原点之间的距离表示增益，因此奈奎斯特图将振幅及相位的伯德图综合在一张图中。

例 6 用 MATLAB 绘制一阶惯性环节 $G(s)=\dfrac{1}{4s+1}$的 Nyquist 图，其 MATLAB 程序如下：

```
num=1;
den=[4 1];
G=tf(num,den);
nyquist(G,'r')
```

3. 信号的调理

例 7 理想低通滤波器 MATLAB 程序。

```
clc; clear;
M=256;
N=256;
d0=50;
m=fix(M/2);
n=fix(N/2);
```

```
for i=1:M
for j=1:N
d=sqrt((i-m)^2+(j-n)^2);
if(d<=d0)
h(i,j)=1;
else
h(i,j)=0;
end
end
end
mesh(h)
```

例8　巴特沃斯低通滤波器MATLAB程序。

```
clc; clear;
M=256;
N=256;
d0=50;
n=2;
m=fix(M/2);
n=fix(N/2);
for i=1:M
for j=1:N
d=sqrt((i-m)^2+(j-n)^2);
h(i,j)=1/(1+0.414* (d/d0)^(2* 2));
end
end
mesh(h)
axis off
```

4. 信号处理

1）相关分析程序。自相关函数用于描述随机信号$X(t)$在任意两个不同时刻t_1、t_2的取值之间的相关程度。设原函数是$f(t)$，则自相关函数定义为$R(u)=f(t)^*f(-t)$，其MATALB程序如下：

```
dt=0.1;
t=[0:dt:100];
x=cos(t);
[a,b]=xcorr(x,'unbiased');
plot(b* dt,a)
```

2）功率谱密度程序。

```
t=0:0.0001:0.1;                  %时间间隔为0.0001s,说明采样频率为10000Hz
x=square(2* pi* 1000* t);        %产生基频为1000Hz的方波信号
n=randn(size(t));                %白噪声
f=x+n;                           %在信号中加入白噪声
figure(1);
subplot(2,1,1);
```

```
plot(f);                                   %画出原始信号的波形图
ylabel('幅值(V)');
xlabel('时间(s)');
title('原始信号');
y=fft(f,1000);                             %对原始信号进行离散傅里叶变换,参加 DFT 采样点的个数
                                             为 1000
subplot(2,1,2);
m=abs(y);
f1=(0:length(y)/2-1)'* 10000/length(y);    %计算变换后不同点对应的幅值
plot(f1,m(1:length(y)/2));
ylabel('幅值的模');
xlabel('时间(s)');
title('原始信号傅里叶变换');               %用周期图法估计功率谱密度
p=y.* conj(y)/1000;                        %计算功率谱密度
ff=10000* (0:499)/1000;                    %计算变换后不同点对应的频率值
figure(2);
plot(ff,p(1:500));
ylabel('幅值');
xlabel('频率(Hz)');
title('功率谱密度(周期图法)')
```

3）瀑布图程序。

```
t=0:0.01:10;
f=1:5;
[t,f]=meshgrid(t,f);
y=0.2* sin(2* pi* f.* t);
waterfall(t,f,y)
xlabel('t');
ylabel('f');
zlabel('y')
```

附录 B　实验指导书

实验一　电阻应变片的粘贴

一、实验目的

1）了解电阻应变片的结构、种类。
2）了解测量各种载荷时应变片的布片方式。
3）了解应变片的粘贴工艺过程，初步掌握粘贴技术、粘贴质量的检查方法。

二、实验预习内容

1）金属电阻应变片的结构、种类。
2）测量各种载荷时应变片的布片与接桥原则。

3）粘贴剂的种类、特性和使用。

三、实验仪器

表1　实验一实验仪器

序　号	名　称	数　量	序　号	名　称	数　量
1	电阻应变片	若干	11	玻璃器皿	若干
2	弹性元件	若干	12	脱脂棉	若干
3	惠斯登电桥		13	粘贴剂	若干
4	万用表		14	聚乙烯薄膜	若干
5	兆欧表		15	毛笔	若干
6	放大镜		16	防潮蜡	若干
7	镊子		17	红外线灯	
8	电络铁、焊丝、焊锡		18	绝缘胶带	若干
9	砂纸	若干	19	导线	若干
10	丙酮				

四、实验内容

1. 根据实验目的确定贴片位置

每人对三种加载装置制定布片方案，布片时依据的原则如下：

1）使测量载荷的灵敏度最高，应将应变片的轴线与试件最大应变方向一致。

2）在同一测试系统中要选择灵敏度系数相同的同一批应变片，并用惠斯登电桥精确测定每片应变片的阻值，同一测量电桥各片阻值的差值越小越好，差值不能超过应变仪电阻平衡范围（约0.52）。

3）画出应变片的纵、横轴中线。

2. 试件的表面处理

试件贴片部位需要处理的面积应大于应变片的底基。

1）用砂纸消除试件表面的铸斑、漆块，油渍尘埃等，贴的试件不应有裂纹和不平现象，表面粗糙度值不宜过小。

2）用组砂纸将贴片处打成与应变片轴线成45°或135°的交叉线路。

3）用药棉沾丙酮擦洗试件表面，以药棉擦后不显黑迹为止。擦好的表面切勿用手或其他物体触碰。

3. 定位划线

根据测试目的及要求在试件上确定贴片的位置和方向，用别针轻轻划出贴应变片位置的中心线，使贴片准确，提高测量精度。

4. 涂布胶层和贴片

涂胶和贴片的方法随着所用黏结剂和应变片类型不同而异，常用的黏结剂分为有机黏结剂和无机黏结剂两种。有机黏结剂包括可溶性胶、靠化学反应聚合（固化）的胶和热塑性胶。可溶性胶有硝化纤维素（万能胶），靠化学反应聚合的胶有酚醛黏结剂、环氧树脂胶、α-氰基丙烯酸乙酯黏结剂502胶。无机黏结剂即陶瓷黏结剂（高温用）。本次实验采用的是α-氰基丙烯酸乙酯黏结剂502胶，此胶固化速度非常快，所以涂胶贴片的动作要很敏捷。用毛笔蘸少许胶水快速在试件上涂一层，涂层要薄而均匀，在应变片的背后也用毛笔涂层胶，然后迅速地将应变片贴在划有中心线的位置上，若此时应变片的中心线与试件所划中心没对准，在胶未固化之前可移动应变片使中心对准，贴片时拿着应变片的两根引线轻轻放在贴片位置并对准中心线。对准中心线后，将聚乙烯薄膜放在应变片上，用手指在薄膜上对应变片进行滚压。挤出多的胶水和气泡，使应变片与试件紧密粘合，滚压时防止应变片在试件上错动，注意切勿将胶水粘在手上。滚压半分钟左右，剥开薄膜的一端向另一端水平方向拉掉，不要向上提拉。

5. 干燥

根据不同黏结剂干燥规范不同，用502胶粘合后，干燥时不需加压，在室温自然干燥10~30min，为加速固化过程可用红外线灯照射，照射温度控制在40~80℃范围内。

6. 焊引线

焊前将引线轻轻拉起，在其下方试件表面上贴上绝缘胶带，再将引线弯成如图1所示的“缓冲带”，其上用绝缘胶带固定引出末端。为了保证焊点的机械和电气性能，导线的焊端应清洁和无氧化物，应变片的引出线绕在连接线上，然后进行焊锡；也可将引出线与连接线平行相靠近焊锡。焊点不要太大，而且要光滑，严防虚焊、假焊，焊好后将引线用绝缘胶带固定。

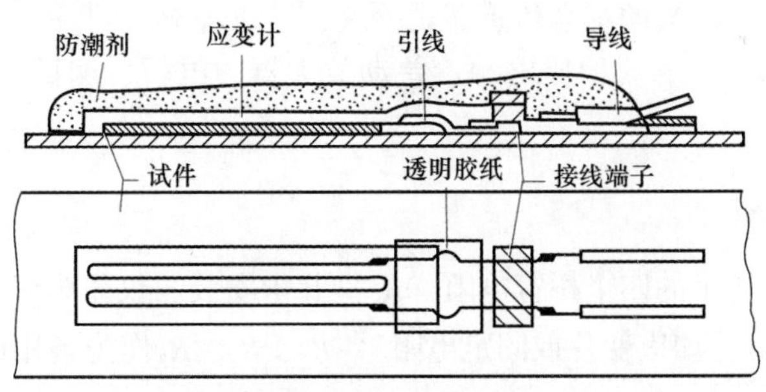

图1 应变片引线的焊接与固定示意图

7. 粘贴质量检查

1）用放大镜观察电阻应变片与试件粘贴得是否均匀牢固，有无气泡现象，是否贴在划线定位处。

2）用万用表检查线栅有无断路现象，电阻值是否与原始阻值相符。

3）用兆欧表检查绝缘电阻，绝缘电阻小，表示粘贴质量不好，会使应变仪调节平衡有困难及应变片在工作时产生较大的蠕变。一般要求绝缘电阻在60~100MΩ以上，短期动态测量时可允许低于10MΩ。

8. 防潮处理

KH502按出厂说明不要求加压和人工干燥，但耐水性差，所以需采取良好的防潮措施。防潮密封时用烙铁将配制好的防潮蜡熔化，蜡的覆盖面积应大于应变片的底基。

五、思考题

1）划线误差和贴片时的对中误差对力（或扭矩）的测量和应变测量有什么影响？

2）总结应变片粘贴工艺过程要点，分析粘贴成功或失败的原因。试阐述在具体工作中当需要用应变片做测试手段时，应如何选用黏结剂和贴片工艺。

实验二　悬臂梁动态参数测试与电桥特性实验

一、实验目的

1）了解应变片半桥、全桥的测量原理，并对半桥、全桥进行灵敏度比较。

2）测试悬臂梁的动态参数——自然频率f_0。

3）掌握传感器、激振器等常用振动测试仪器的使用方法。

二、实验预习内容

1）金属电阻应变片测量应变的工作原理。

2）直流电桥电路结构、平衡条件。

3）直流电桥加减特性内容。

4）悬臂梁的激励方式。

三、实验仪器

1）6个规格型号为CSY的综合传感器试验仪、导线若干。

2）所需单元和部件：直流稳压电源、差动放大器、电桥、测微器、V/F表、激振器、低频信号发生器。

四、实验注意事项

1）电桥单元上部所示的四个桥臂电阻（R_x）并未安装，仅作为组桥示意标记，表示在组桥时应外接桥臂电阻（如应变片或固定电阻）。R_1、R_2、R_3作为备用的桥臂电阻，按需要可接入桥路。

2）做此实验时应将低频放大器、音频放大器的幅度调至最小，以减小其对直流电桥的影响。

3）实验过程中，直流稳压电源输出不允许大于10V，以防应变片过热损坏。

4）不能用手触及应变片及过度弯曲平行梁，以免应变片损坏。

5）实验中用到所需单元时，则该单元上有电源开关的应合上开关，完成实验后应关闭所有开关及输出。

6）半桥、全桥的应变片应注意工作状态与受力方向，不能接错。

五、实验内容

1. 双臂半桥

1）将两片应变片与电桥平衡网络、差动放大器、电压表、直流稳压电源连接起来，组成一个测量线路（这时直流稳压电源输出应置于±4V 档，电压表应置于 20V 档）。此时两片应变片处于 R_x 位置组成半桥。

2）转动测微器，使双平行梁处于（目测）水平位置。

3）将直流稳压电源置于±4V 档，调整电桥平衡电位器 W1，使电压表指示为 0，稳定数分钟后，将电压表量程置于 2V 档后，再仔细调零。

4）往下旋动测微器，使梁的自由端产生位移，记下电压表显示的数值。每隔 1mm 记一个数值，将所记数据填入下表。

X/mm										
U/mV										

5）将受力方向相反的两片应变片换成同方向应变片后，情况又会怎样？

2. 四臂全桥

1）将四片应变片与电桥平衡网络、差动放大器、电压表、直流稳压电源连接起来，组成一个测量线路（这时直流稳压电源输出应置于 0±4V 档，电压表应置于 20V 档）。此时四片应变片组成全桥。

2）转动测微器，使双平行梁处于（目测）水平位置。

3）将直流稳压电源置于±4V 档，调整电桥平衡电位器 W1，使电压表指示为 0，稳定数分钟后，将电压表量程置于 2V 档后，再仔细调零。

4）往下旋动测微器，使梁的自由端产生位移，记下电压表显示的数值。每次位移 1mm 记一个电压数值，将所记数据填入下表。

X/mm										
U/mV										

3. 测试悬臂梁的动态参数——自然频率 f_0

1）将测试系统接成双臂半桥或四臂全桥的形式，将 V/F 表置于 2kHz 档，移开测微器。

2）将低频信号发生器的输出连接到激振器Ⅱ。

3）旋转低频信号发生器的频率输出旋钮，从小到大递增，当悬臂梁的振幅最大时，V/F表的读数即是悬臂梁的自然频率 f_0。

六、思考题

当悬臂梁振动时，分析应变片受力频率变化时的响应输出电压的动态特性。

实验三　差动变压器测量位移

一、实验目的

1）说明差动变压器的工作原理。

2）说明如何选取适当的线路对残余电压进行补偿。

3）说明差动变压器测量系统的组成的标定方法。

二、实验内容

1）差动变压器的性能。

2）零点残余电压补偿。

3）差动变压器的标定。

三、基本原理

1）差动变压器是由初级线圈和次级线圈及一个铁心组成，本实验采用三节式结构。

2）这种传感器的次级线圈有两个，一个感应电动势增加，另一个感应电动势则减少，将两只次级线圈反向串接（同名端连接），这种接线方式就称之为差动变压器。

3）由于差动变压器次级线圈的等效参数不对称，初级线圈的纵向排列的不均匀性，次级线圈的不均匀、不一致性，铁心特性的非线性等，因此在铁心处于差动线圈中间位置时其输出电压并不为0，称为零点残余电压。

四、实验所需部件

音频振荡器、双线示波器、万用表、测微头、电桥、差动放大器、差动变压器、移相器、相敏检波器、低通滤波器、电压表。

五、实验步骤

1. 差动变压器的性能

1）按图2接线，示波器第一通道灵敏度500mV/cm，第二通道灵敏度10mV/cm。

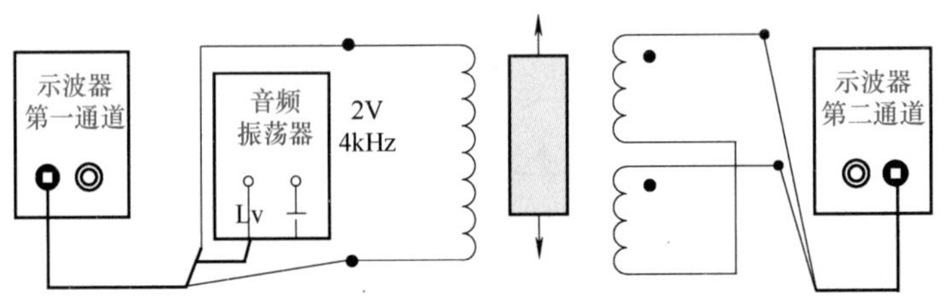

图2　差动变压器实验接线图

2）调整主机箱中的端子输出，调节音频振荡器的频率，输出频率为4kHz，调节输出幅度旋钮，使输入到初级线圈的电压 $U_{p\text{-}p}$ 为2V（可用示波器监测）。

3）旋动测微头，带动铁氧体磁心在差动线圈中上下运动时，观察示波器中显示的初级线圈波形和次级线圈波形，当次级线圈波形输出变化很大、基本能过零点，而且相位与初级线圈波形（Lv音频信号 $U_{p\text{-}p}=2V$ 波形）相比较，同相或反向变化时，说明已连接的初、次级线圈及同名端是正确的，否则应继续改变连接线直到正确为止。

4）注意线圈初、次级的相应关系：当铁心从上至下运动时，相位由反相变为同相。

5）仔细调节测微头，使示波器第二通道的波形峰峰值 $U_{p\text{-}p}$ 最小，输出电压为差动变压器的零点残余电压，这时可以左右移动，假设其中一个方向为正位移，则另一方向位移为负，从 $U_{p\text{-}p}$ 最小开始旋动测微头，每隔2mm从示波器上读出输出电压值，填入下表。

X/mm										
U_{op-p}/V										

6）再从 U_{p-p} 最小处开始旋动测微头。注意左、右移动时，初级、次级线圈波形的相位关系。可以看出它与输入电压的相位差约为 π/2，因此是正交分量。

7）根据所得结果，画出 $U_{op-p}-X$ 曲线，求出灵敏度 $S=\dfrac{\Delta U_{op-p}}{\Delta X}$，指出线性范围。

2. 零点残余电压补偿

1）按图 3 接线。利用示波器第一通道灵敏度 500mV/cm，音频振荡器输出 U_{op-p} 为 2V。第二通道灵敏度 2mV/cm，将差放增益旋动调到最大 100 倍。

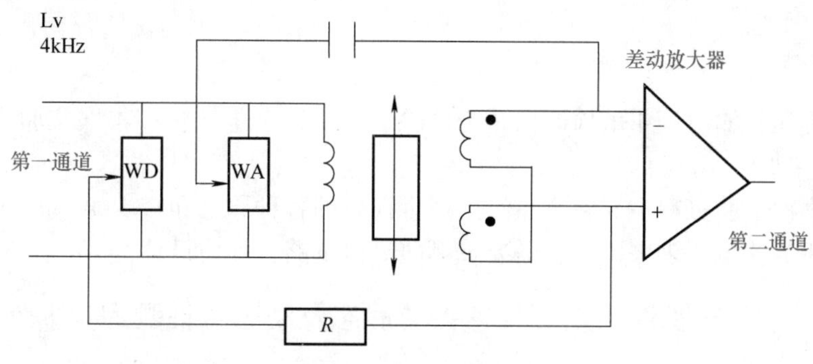

图 3　差动放大器接线图

2）调整测微头，使差动放大器输出电压 U_{p-p} 最小。

3）调整电桥的 WD、WA，使输出电压进一步减小。

4）提高示波器第二通道的灵敏度，观察零点残余电压的波形，注意与激励电压相比较。

5）从示波器上观察差动变压器的零点残余电压值（峰峰值）U_{op-p}（注意这时的零点残余电压是经放大后的零点残余电压，实际零点残余电压 $=U_{op-p}/K$，K 为放大倍数）。

6）可以看出，经过补偿后的残余电压波形是一不规则波形，这说明波形中有高频成分存在。

3. 差动变压器的标定

1）按图 4 接线，差放增益 100 倍，音频幅度 U_{op-p} 1.5V。

2）调整差动变压器铁心处于线圈中间增益位置。

3）调节各部分电路，使系统输出为 0（在调节过程中可以使梁有一个较大的位移，然后调节移相器，使系统输出电压最大，但保证波形不失真，灵敏度最高）。

4）调节测微头，记录实验数据。做出 $U_{op-p}-X$ 曲线，求出灵敏度，并画出波形图。

5）从 U_{p-p} 最大开始旋动测微头，每隔 2mm 从示波器上读出输出电压 U_{op-p} 值，填入下表。

X/mm										
U_{op-p}/V										

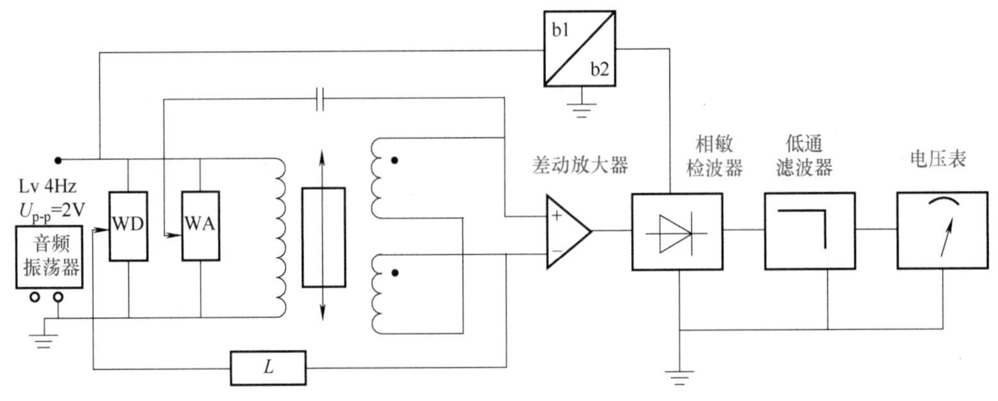

图4　差动变压器接线图

六、思考题

1）差动变压器输出经相敏检波器是否消除了零点残余电压？在本次实验中你测量的零点残余电压是多少？

2）分析本次实验过程中导致测量结果产生误差的各种原因和减少误差的方法。

3）如果用直流电压表来读数，需要加哪些测量电路？如何设计？

实验四　电容传感器的静态及动态特性测定

一、实验目的

了解差动变面积式电容传感器的原理及其特性。

二、实验原理

电容式传感器有多种形式，本实验所采用的仪器是差动变面积式电容传感器。传感器由两片定片和一组动片组成。当安装于振动台上的动片上、下改变位置，与两组静片之间的重叠面积发生变化时，极间电容也发生相应变化，成为差动电容。如将上层定片与动片形成的电容定为 C_{x1}，下层定片与动片形成的电容定为 C_{x2}，当将 C_{x1} 和 C_{x2} 接入双T型桥路作为相邻两臂时，桥路的输出电压量与电容量的变化有关，即与振动台的位移有关。

三、实验设备

1）CSY-10 型传感器实验仪、示波器。

2）所需单元及部件：电容传感器、电压放大器、低通滤波器、F/V 表、激振器。

3）示波器有关旋钮的初始位置：差动放大器增益旋钮置于中间，F/V 表置于 V 表 20V 档。

四、电容传感器的静态测定实验步骤

1）按图5接线。

2）调节测微头，使输出为0。

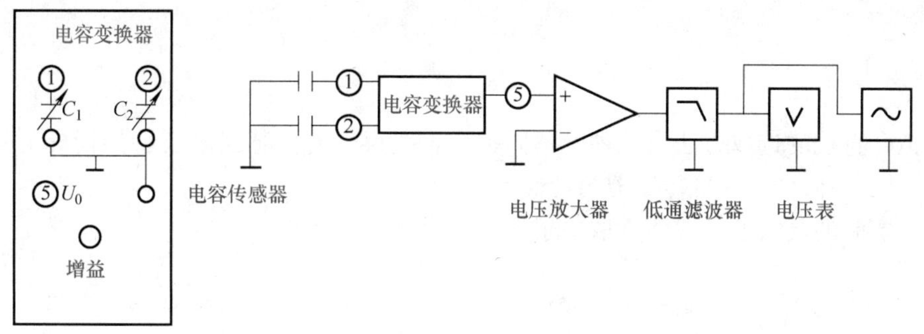

图 5　实验四接线图

3）转动测微头，每次 0.1mm，记下此时测微头的读数及电压表的读数，填入下表，直至电容动片与上（或下）静片覆盖面积最大为止。

X/mm										
U/mV										

4）退回测微头至初始位置，并开始以相反方向旋动。同上法，记下 X 及 U 值，填入下表，计算系统灵敏度 S。$S=\Delta U/\Delta X$（式中 ΔU 为电压变化，ΔX 为相应的梁端位移变化），并作出 U–X 关系曲线。

X/mm										
U/mV										

五、电容传感器的动态测定实验步骤

1）转动测微器，将振动平台中间的磁铁与测微头分离，并将测微头缩至测微器中，使梁振动时不至于再被吸住（这时振动圆平台处于自由静止状态，电容片的一组动片一般处于二组定片之间）。

2）根据图 5 所示的电路结构，将电容片的动片和二组定片，与电容变换器、电压放大器、低通滤波器、示波器连接起来，组成一个测量线路。

3）将 F/V 表置于 F 表 2kHz 档，低频振荡器的输出端与频率表的输入端连接起来。

4）固定低频振荡器的幅度旋钮至某一位置，调节频率，调节时用频率表监测频率，用示波器读出峰峰值并填入下表。

f/Hz	5	6	7	8	9	10	11	12	13	14	15
U_{p-p}/V											

该实验的注意事项如下：

① 实验过程中，低频振荡器的幅度旋钮不能旋得过大，以梁振动时不碰其他物体为佳。

② 必要时要调整电容片的相对位置，使电容片一组动片处于二组定片的中间附近。

③ 如果差动放大器输出端用示波器观察到波形中有杂波，请将电容变换器增益进一步

减小。

六、思考题

1）拟合直线的选取方法有几种？不同拟合直线得出的传感器静态特性指标的数值会一致吗？此时应如何合理评价传感器的特性？

2）本实验的灵敏度和线性度取决于哪些因素？

参考文献

[1] 熊诗波．机械工程测试技术基础［M］．4版．北京：机械工业出版社，2018.

[2] 强锡富．传感器［M］．3版．北京：机械工业出版社，2001.

[3] 李晓莹，张新荣，任海果，等．传感器与测试技术［M］．2版．北京：高等教育出版社，2019.

[4] 胡向东，耿道渠，胡蓉，等．传感器与检测技术［M］．4版．北京：机械工业出版社，2021.

[5] 孙建民，杨清梅．传感器技术［M］．北京：清华大学出版社，2005.

[6] 封士彩．测试技术学习指导及习题详解［M］．北京：北京大学出版社，2009.

[7] 董海森．机械工程测试技术学习辅导［M］．北京：中国计量出版社，2004.

[8] RICHARD C D，ROBERT H B. 现代控制系统［M］．北京：科学出版社，2002.

[9] 程珩，程明璜．倒频谱在齿轮故障诊断中的应用［J］．太原理工大学学报，2003，34（11）：661-667.

[10] 樊长博，张来斌，殷树根，等．应用倒频谱分析法对风力发电机组齿轮箱故障诊断［J］．科学技术与工程，2006，6（2）：187-188.

[11] 舒服华．基于倒频谱分析的球磨机减速机故障诊断［J］．机械装备，2007（3）：36-39.

[12] 李刚，林凌．现代测控电路［M］．北京：高等教育出版社，2004.

[13] 孙传友，等．测控电路及装置［M］．北京：北京航空航天大学出版社，2002.

[14] 张国雄．测控电路［M］．4版．北京：机械工业出版社，2011.

[15] 尤丽华．测试技术［M］．北京：机械工业出版社，2002.

[16] 张洪亭，王明赞．测试技术［M］．沈阳：东北大学出版社，2005.

[17] 范云霄，刘桦．测试技术与信号处理［M］．北京：中国计量出版社，2002.

[18] 施文康，徐晓芬．检测技术［M］．2版．北京：机械工业出版社，2005.

[19] 卢文祥，杜润生．工程测试与信息处理［M］．2版．武汉：华中科技大学出版社，2002.

[20] 江征风．测试技术基础［M］．2版．北京：北京大学出版社，2007.

[21] 汉泽西，肖志红，董浩．现代测试技术［M］．北京：机械工业出版社，2006.

[22] 赵永立，杨建成，张玉红．基于LabVIEW的虚拟振动测试分析系统［J］．天津工业大学学报，2006，25（4）：4.

[23] 潘海彬，周哲，李伯全．基于虚拟仪器技术的便携式噪声检测和分析系统［J］．农业机械学报，2007（4）：208-210.

[24] 江伟，袁芳．基于虚拟仪器技术的振动测试系统的设计［J］．微计算机信息，2006（10）：313.

[25] 朱启琨，谭志洪．基于LabVIEW的虚拟低频振动测量系统研制［J］．仪表技术，2006（4）：2.

[26] 苏彦勋，梁国伟，盛健．流量计量与测试［M］．北京：中国计量出版社，1992.

[27] 刘欣荣．流量计［M］．2版．北京：水利电力出版社，1990.

[28] 卿太全，郭明琼．最新传感器选用手册［M］．北京：中国电力出版社，2009.

[29] 马良埕．应变电测与传感技术［M］．北京：中国计量出版社，1993.

[30] 奥本海姆，谢弗．离散时间信号处理［M］．刘树棠，黄建国，译．西安：西安交通大学出版社，2001.

[31] 丁玉美，高西全．数字信号处理［M］．2版．西安：西安电子科技大学出版社，2002.

[32] JOHN G P, DIMITRIS G M. 数字信号处理：第 4 版 [M]. 方艳梅，刘永清，等译 . 北京：电子工业出版社，2007.

[33] 郑君里，应启珩，杨为理 . 信号与系统 [M]. 2 版 . 北京：高等教育出版社，2000.

[34] 吴道悌 . 非电量电测技术 [M]. 2 版 . 西安：西安交通大学出版社，2001.

[35] 张重雄 . 虚拟仪器技术分析与设计 [M]. 北京：电子工业出版社，2007.

[36] 常作升，范福钧 . 轻工测试技术 [M]. 西安：西安交通大学出版社，1989.

[37] 贾民平，张洪亭 . 测试技术 [M]. 2 版 . 北京：高等教育出版社，2009.

[38] ERNEST O D. 测量系统应用与设计：第 5 版 [M]. 王伯雄，等译 . 北京：电子工业出版社，2007.

[39] RAMON P-A，JOHN G W. 传感器和信号调节：第 2 版 [M]. 张伦，译 . 北京：清华大学出版社，2003.

[40] 唐文彦，张晓琳 . 传感器 [M]. 6 版 . 北京：机械工业出版社，2021.

[41] 许同乐 . 旋转机械故障信号处理与诊断方法 [M]. 北京：高等教育出版社，2020.